"十二五"国家重点出版规划

先进燃气轮机设计制造基础专著系列

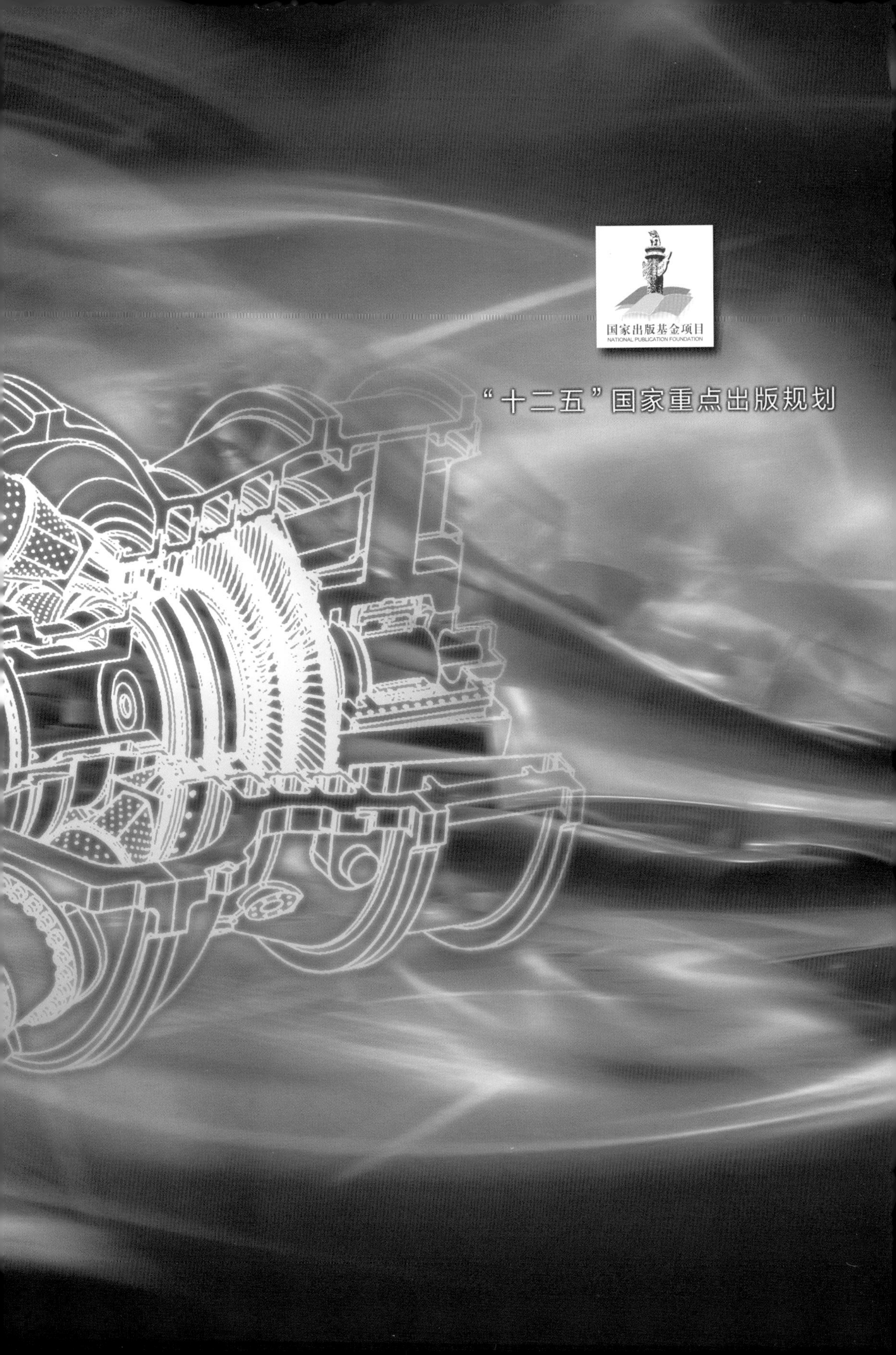
国家出版基金项目
NATIONAL PUBLICATION FOUNDATION
"十二五"国家重点出版规划

“十二五”国家重点出版规划

先进燃气轮机设计制造基础专著系列

丛书主编 王铁军

高温透平叶片增材制造技术

李涤尘 鲁中良 张安峰 著

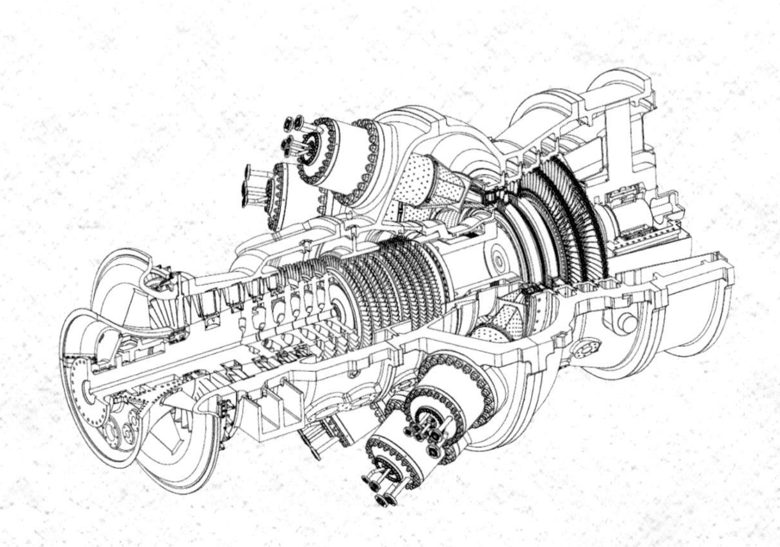

内容简介

本书针对目前涡轮叶片制造技术的难点和未来发展高冷却效率涡轮叶片制造的需求，介绍了两种基于增材制造技术(3D打印)的空心叶片制造技术方法。第一种方法是光固化原型的空心叶片内外结构一体化铸型制造方法，该技术与现有叶片铸造技术结合可以提升空心叶片制造效率和复杂内腔结构制造能力。第二种方法是激光直接成形方法制造涡轮叶片技术，该方法是为空心叶片制造探索新的工艺途径。相关研究为解决复杂涡轮叶片制造提供了新的制造技术路线，具有良好的工程应用前景。

本书主要为从事涡轮动力装备设计与制造、增材制造技术研究的工程技术人员和科研人员提供新技术参考。

图书在版编目(CIP)数据

高温透平叶片增材制造技术/李涤尘，鲁中良，张安峰著.—西安:西安交通大学出版社，2015.12
(先进燃气轮机设计制造基础专著系列/王铁军主编)
ISBN 978-7-5605-8194-1

Ⅰ.①高… Ⅱ.①李… ②鲁… ③张… Ⅲ.①燃气轮机-透平-叶片-制造 Ⅳ.①TK47

中国版本图书馆CIP数据核字(2015)第311550号

书　　名　高温透平叶片增材制造技术
著　　者　李涤尘　鲁中良　张安峰
责任编辑　屈晓燕　田　华

出版发行　西安交通大学出版社
(西安市兴庆南路10号　邮政编码710049)
网　　址　http://www.xjtupress.com
电　　话　(029)82668357　82667874(发行中心)
(029)82668315(总编办)
传　　真　(029)82668280
印　　刷　中煤地西安地图制印有限公司

开　　本　787mm×1092mm　1/16　**印张**　21.25　**彩页**　4页　**字数**　458千字
版次印次　2016年10月第1版　2016年10月第1次印刷
书　　号　ISBN 978-7-5605-8194-1
定　　价　180.00元

读者购书、书店添货，如发现印装质量问题，请与本社发行中心联系、调换。
订购热线:(029)82665248　(029)82665249
投稿热线:(029)82664954　QQ:8377981
读者信箱:lg_book@163.com

“十二五”国家重点出版规划

先进燃气轮机设计制造基础专著系列

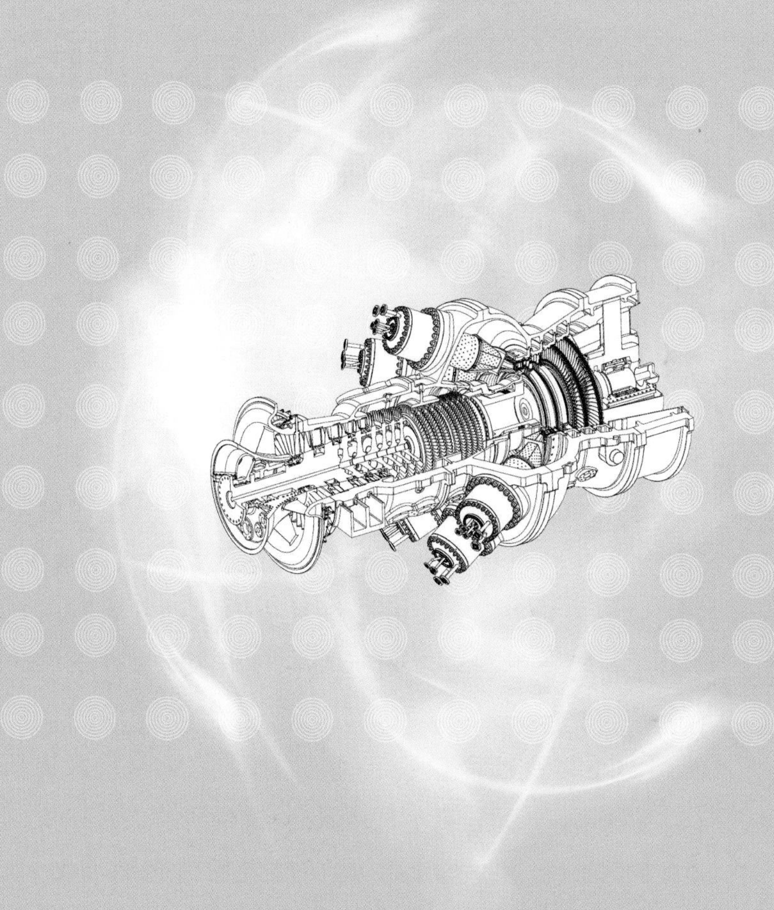

总 序

20 世纪中叶以来，燃气轮机为现代航空动力奠定了基础。随后，燃气轮机也被世界发达国家广泛用于舰船、坦克等运载工具的先进动力装置。燃气轮机在石油、化工、冶金等领域也得到了重要应用，并逐步进入发电领域，现已成为清洁高效火电能源系统的核心动力装备之一。

发电用燃气轮机占世界燃气轮机市场的绝大部分。燃气轮机电站的特点是，供电效率远远超过传统燃煤电站，清洁、占地少、用水少，启动迅速，比投资小，建设周期短，是未来火电系统的重要发展方向之一，是国家电力系统安全的重要保证。对远海油气开发、分布式供电等，燃气轮机发电可大有作为。

燃气轮机是需要多学科推动的国家战略高技术，是国家重大装备制造水平的标志，被誉为制造业王冠上的明珠。长期以来，世界发达国家均投巨资，在国家层面设立各类计划，研究燃气轮机基础理论，发展燃气轮机新技术，不断提高燃气轮机的性能和效率。目前，世界重型燃气轮机技术已发展到很高水平，其先进性主要体现在以下三个方面：一是单机功率达到 30 万千瓦至 45 万千瓦，二是透平前燃气温度达到 1600～1700 ℃，三是联合循环效率超过 60%。

从燃气轮机的发展历程来看，透平前燃气温度代表了燃气轮机的技术水平，人们一直在不断追求燃气温度的提高，这对高温透平叶片的强度、设计和制造提出了严峻挑战。目前，有以下几个途径：一是开发更高承温能力的高温合金叶片材料，但成本高、周期长；二是发展先进热障涂层技术，相比较而言，成本低，效果好；三是制备单晶或定向晶叶片，但难度大，成品率低；四是发展先进冷却技术，这会增加叶片结构的复杂性，从而大大提高制造成本。

整体而言，重型燃气轮机研发需要着重解决以下几个核心技术问题：先进冷却技术、先进热障涂层技术、定（单）向晶高温叶片精密制造技术、高温高负荷高效透平技术、高温低 NO_x 排放燃烧室技术、高压高效先进压气机技术。前四个核心技术属于高温透平部分，占了先进重型燃气轮机设计制造核心技术的三分之二，其中高温叶片的高效冷却与热障是先进重型燃气轮机研发所必须解决的瓶颈问题，大型复杂高温叶片的精确成型制造属于世界难题，这三个核心技术是先进重型燃气轮机自主研发的基础。高温燃烧室技术主要包括燃烧室冷却与设计、低 NOx 排放与高效燃烧理论、燃烧室自激热声振荡及控制等。高压高效先进压气机技术的突破点在于大流量、高压比、宽工况运行条件的压气机设计。重型燃气轮机制造之所以被誉为制造业皇冠上的明珠，不仅仅由于其高新技术密集，而且在于其每一项技术的突破与创新都必须经历“基础理论→单元技术→零部件试验→系统集成→样机综合验证→产品应用”全过程，可见试验验证能力也是重型燃气轮机自主能力的重要标志。

我国燃气轮机研发始于上世纪 50 年代，与国际先进水平相比尚有较大差距。改革开放以来，我国重型燃气轮机研发有了长足发展，逐步走上了自主创新之路。“十五”期间，通过国家高技术研究发展计划，支持了 E 级燃气轮机重大专项，并形成了 F 级重型燃气轮机制造能力。“十一五”以来，国家中长期科学和技术发展规划纲要（2006～2020 年），将重型燃气轮机等清洁高效能源装备的研发列入优先主题，并通过国家重点基础研究发展计划，支持了重型燃气轮机制造基础和热功转换研究。

2006 年以来，我们承担了“大型动力装备制造基础研究”，这是我国重型燃气轮机制造基础研究的第一个国家重点基础研究发展计划项目，本人有幸担任了项目首席科学家。以 F 级重型燃气轮机制造为背景，重点研究高温透平叶片的气膜冷却机理、热障涂层技术、定向晶叶片成型技术、叶片冷却孔及榫头的精密加工技术、大型盘式拉杆转子系统动力学与实验系统等问题，2011 年项目结题优秀。2012 年，“先进重型燃气轮机制造基础研究”项目得到了国家重点基础研究发展计划的持续支持，以国际先进的 J 级重型燃气轮机制造为背景，研究面向更严酷服役环境的大型高温叶片设计制造基础和实验系统、大型拉杆组合转子的设计与性能退化规律。

这两个国家重点基础研究发展计划项目实施十年来，得到了二十多位国家重点基础研究发展计划顾问专家组专家、领域咨询专家组专家和项目专家组专家的大力支持、指导和无私帮助。经过项目组的共同努力，在重型燃气轮机高温透平叶片的冷却机理与冷却结构设计、热障涂层制备与强度理论、大型复杂高温叶片精确成型与精密加工、透平密封技术、大型盘式拉杆转子系统动力学、重型燃气轮机实验系统建设等方面取得了可喜进展。我们拟通过本套专著来总结十余年来的研究成果。

第 1 卷：高温透平叶片的传热与冷却。主要内容包括：高温透平叶片的传热及冷却原理，内部冷却结构与流动换热，表面流动传热与气膜冷却，叶片冷却结构设计与热分析，相关的计算方法与实验技术等。

第 2 卷：热障涂层强度理论与检测技术。主要内容包括：热障涂层中的热应力和生长应力，表面与界面裂纹及其竞争，层级热障涂层系统中的裂纹，外来物和陶瓷层烧结诱发的热障涂层失效，涂层强度评价与无损检测方法。

第 3 卷：高温透平叶片增材制造技术。重点介绍高温透平叶片制造的 3D 打印方法，主要内容包括：基于光固化原型的空心叶片内外结构一体化铸型制造方法和激光直接成型方法。

第 4 卷：高温透平叶片精密加工与检测技术。主要内容包括：空心透平叶片多工序精密加工的精确定位原理及夹具设计，冷却孔激光复合加工方法，切削液与加工质量，叶片型面与装配精度检测方法等。

第5卷:热力透平密封技术。主要内容包括:热力透平非接触式迷宫密封和蜂窝/孔形/袋形阻尼密封技术，接触式刷式密封技术相关的流动，传热和转子动力特性理论分析，数值模拟和实验方法。

第6卷:轴承转子系统动力学(上、下册)。上册为基础篇，主要内容包括经典转子动力学及一些新进展。下册为应用篇，主要内容包括大型发电机组轴系动力学，重型燃气轮机组合转子中的接触界面，预紧饱和状态下的基本解系和动力学分析方法，结构强度与设计准则等。

第7卷:叶片结构强度与振动。主要内容包括:重型燃气轮机压气机叶片和高温透平叶片的强度与振动分析方法及实例，减振技术，静动频测量方法及试验模态分析。

希望本套专著能为我国燃气轮机的发展提供借鉴，能为从事重型燃气轮机和航空发动机领域的技术人员、专家学者等提供参考。本套专著也可供相关专业人员及高等院校研究生参考。

本套专著得到了国家出版基金和国家重点基础研究发展计划的支持，在撰写、编辑及出版过程中，得到许多专家学者的无私帮助，在此表示感谢。特别感谢西安交通大学出版社给予的重视和支持，以及相关人员付出的辛勤劳动。

鉴于作者水平有限，缺点和错误在所难免。希望广大读者不吝赐教。

《先进燃气轮机设计制造基础》专著系列主编
机械结构强度与振动国家重点实验室主任 王铁军

2016年9月6日于西安交通大学

前 言

涡轮叶片是重型燃气轮机、航空发动机和船用燃气轮机的核心部件，由于其处于涡轮机温度最高、应力最复杂、环境最恶劣的部位而被列为第一关键件。英国著名的航空发动机公司——罗尔斯·罗伊斯公司CEO Jhon Rose爵士称其为制造业“王冠上的明珠”。空心涡轮叶片的性能水平(特别是承温能力)成为涡轮机械动力设备先进程度的重要标志，在一定意义上，也是一个国家制造技术水平的标志。涡轮叶片制造技术是国内外近20年来极为关注的重大技术问题，科学家与工程技术人员在不懈地探索叶片设计、材料与制造的科学原理和实现技术。本书的主要内容来自承担国家重点基础研究发展计划(973)项目“大型动力装备制造基础研究”之课题4“复杂构件的控形控性制造方法研究”。在课题研究中力图突破现有的传统涡轮叶片制造技术，从增材制造这一新兴制造方法方面探索涡轮叶片制造的新技术。

现有涡轮熔模铸造工艺过程周期长，特别是陶瓷型芯型壳的多步成型组合方法，组合时极易产生装配误差，造成叶片穿孔，成品率低，无法满足新型叶片设计要求。针对目前涡轮叶片制造技术的难点和未来发展高冷却效率涡轮叶片制造的需求，开展了两种以增材制造为特点的新技术研究，一种方法是基于光固化原型的空心叶片内外结构一体化铸型制造方法，第二种方法是激光直接成形方法制造涡轮叶片技术。基于国家重点基础研究计划课题的研究成果形成了本书的主要内容。书中主要介绍了两种基于增材制造技术(3D打印)的空心叶片制造的研究成果。

本书安排了11章内容。第1章绪论介绍了涡轮叶片制造的基本情况以及增材制造技术在涡轮叶片制造方面的初步研究。第2章到第6章介绍了基于光固化原型的空心叶片内外结构一体化铸型制造方法，该部分阐述了一体化铸型制造原理，研究了陶瓷铸型精度与性能调控方法，论述叶片铸型制造工艺，并进行了制造精度评价。该技术与现有叶片铸造技术结合可以提升空心叶片制造效率和复杂内腔结构制造能力。第7章到第11章介绍了激光直接成形方法制造涡轮叶片技术，介绍了激光直接成形过程装备系统，分析了激光成形过程中的结构成形稳定机制，研究了成形过程中定向晶组织的调控方法，实现了叶片制作与精度控制。该方法是为空心叶片制造探索新的工艺途径。研究工作表明，相关研究可以实现复杂冷却结构、异形气膜孔的涡轮叶片快速制造，为解决复杂涡轮叶片制造提供了新的制造技术路线，具有良好的工程应用前景。

本书主要为从事涡轮动力装备设计与制造、增材制造技术研究的工程技术人员和科研人员提供新技术参考。

在相关研究和本书的成稿过程中，得到了西安交通大学卢秉恒院士、虞烈教授和“大型动力装备制造基础研究”首席科学家王铁军教授的指导和帮助，课题相关合作单位东方汽轮机有限公司的王为民总工程师、王建录总工程师、赵世全副总工程师、杨功显副总工程师，清华大学黄天佑教授、康进武副教授等给与了协助和支持。在相关研究中，科研团队的研究生吴海华、朱刚贤、贺斌、苗恺、Do XuanTuoi、夏磊、谢磊、同颖稚、郭永娜、郭楠楠、崔锋录、孙博、徐东阳、陈晓杰、左艳峰、周志敏、邓星、张利峰、皮刚、付伟、同治强、路桥潘等在研究中做了大量的研究工作。在此一并感谢。

涡轮叶片制造是一个多学科和多技术综合的难题，需要科研人员和工程技术人员不断探索和实践。本书内容只是其中的一个新方法和新工艺探索，尚有许多问题需要研究和实践。书中有许多不足和问题，诚恳期待读者和专家给予批评和指正。

西安交通大学

机械制造系统工程国家重点实验室

李涤尘　鲁中良　张安峰

目录

第1章 绪 论

透平叶片是燃气轮机的关键零部件，由于处于温度最高、应力最复杂、环境最恶劣的部位，其结构设计与制造质量直接影响着燃气轮机的综合性能。透平叶片的性能水平（特别是承温能力）成为热动力设备先进程度的重要标志，在一定意义上，也代表着一个国家综合制造能力。透平叶片制造技术是国内外近20年来极为关注的重大技术问题，科学家与工程技术人员在不懈地探索叶片设计、材料与制造的科学原理和实现技术。采用更高的透平前燃气温度是提高燃气轮机性能的一项主要措施。仅依靠改善合金的热强性能已无法满足透平前进口温度不断升高的要求，改善叶片冷却结构、提高热端核心部件的承温能力就成为透平叶片设计制造者所追求的目标[1-3]。

1.1 透平叶片制造的国内外现状

早在1963年11月，中国科学院金属研究所师昌绪、胡壮麒等人率先将简单对流式气冷技术、精密铸造技术应用于航空发动机的透平叶片制造，克服了型芯材料的选择、脱芯、壁厚测量、防护涂层及冶炼中的若干难题，成功制造出九孔K17镍基铸造合金空心气冷透平叶片，并应用于中国歼8、歼7Ⅱ等先进机种的发动机上。该成果使我国的透平叶片制造水平迈上两个台阶：由锻造合金改为真空精铸，由实心叶片改为空心叶片。

20世纪80年代航空部621研究所和西北工业大学等单位联合开展了无余量叶片熔模铸造工艺研究，研制了蜡模模料、型芯、型壳材料及其制作工艺，以铜川上店土熟料或铝钒土混合料代替刚玉型壳材料，实现了型壳材料上的重大突破；设计并制造了高精度、高光洁度的模具和检测装置，制订了合理的制壳工艺和熔炼浇注工艺，首次浇铸出斯贝低压一级无余量空心导向叶片，其精度、光洁度及冶金质量均达到国外相应标准。该成果不仅将我国精密铸造水平推向国际先进行列，而且为发展我国透平叶片及薄壁复杂整体构件制造技术奠定了理论和工艺基础。

贵州新艺机械厂是我国航空工业叶片专业化制造企业，也是中国航空工业发动机叶片精密铸造中心，目前建有国内最大的精密铸造叶片、定向晶叶片、单晶叶片生产线，实现了无余量、定向凝固透平叶片批量生产。但与发达国家相比，我国透平叶片制造水平尚有较大的差距，尤其缺乏大尺寸叶片、高效气冷叶片的制造能力和技术。

美国GE公司提出了一种高效冷却叶片制造新方法。首先利用熔模铸造技术铸造出空心、带有冷却通道的叶片骨架，然后将填充剂充填在冷却通道中，再应用电子束物理气相沉积（Electron Beam Physical Vapor Deposition，EB－PVD）工艺在叶片骨架表面上涂铺上一层金属涂层，最后清除掉填充剂，获得双层壁结构的高效冷却叶片。GE公司和俄罗斯鲁宾斯基发动机设计制造局相互协作，成功地将这种叶片应用于航空发动机、工业燃气透平发动机中，如涡扇发动机D277和发动机RD238。但利用EB－PVD制备的金属涂层孔隙率高达7%，叶片承受高温能力有限；另外，金属涂层与基体的热特性不同，在高温、高压环境中金属涂层有可能从叶片骨架上脱落[6]。针对高效冷却叶片结构特点，俄罗斯全俄航空材料研究院采取的制造方法有所不同，仍旧采取传统的熔模铸造工艺生产这种叶片，叶片双层壁以及叶身上的发汗冷却孔完全由组合的陶瓷型芯形成，只是进气边、叶盆和叶背上少量的孔洞通过二次加工获得。首先制备用于形成内部冷却通道的中心型芯以及用于形成双层壁、发汗冷却孔的镶嵌型芯，然后把镶嵌型芯与中心型芯组合在一起，获得组合式陶瓷型芯，再经压制蜡模、涂挂制壳、浇注、脱芯、打孔后，获得能在2000 K下工作的高效冷却叶片[7]。在制造发汗冷却结构或高效冷却叶片过程中，由于中心型芯和镶嵌型芯是分开制备的，在压制蜡模之前，需要用一种特殊的材料把它们粘结在一起，如何准确地定位、组合在一起，保证所有的型芯之间具有正确的空间位置关系，是其中一个技术难点。再次，中心型芯的制造方法与传统的型芯制造过程大致相同，但镶嵌型芯的制造却非常困难。受制于镶嵌型芯的结构和尺寸特点，与之对应的陶瓷粉料粒度比较细小，粉料粒度越细，比表面能越大，烧结时，烧结驱动力和烧结收缩也越大，裂纹倾向性也增大，很难保证制造精度。因此，如何保证如此薄而细小的型芯在烧结过程中不断裂、不产生裂纹，并获得较高的制造精度，是另一个技术难点。俄罗斯全俄航空材料研究院成功地解决了上述技术难题，铸造出了直径仅为$\Phi 0.6$ mm的发汗孔。但这种组合工艺需要开发数量众多的金属模具，生产周期长，制造成本高。目前国内尚未开展组合式型芯制造技术研究，仍采取整体方式制备型芯，即一次性压注成形，型芯的复杂程度常受到金属模具结构本身的限制。

美国 Allison 公司利用 Lamilloy 技术和 Castcool 技术生产出发汗冷却结构的透平叶片，并成功地应用于 AE301X 发动机。据该公司称，在未来的几年内，将使透平叶片的承温能力在原有的基础上再提高 300 ℃以上。Allison 获得成功的主要原因是其拥有先进的型芯、蜡料和型壳制造技术，发汗孔最小直径可达到 Φ0.25 mm[7]。高效气冷叶片或发汗冷却叶片的冷效系数为 0.5～0.6，透平前燃气温度高达 2000 K 以上，冷却空气的需要量比目前减少 15%～30%，寿命提高 2～4 倍，叶片制造的合格率更高。总之，无论是美国的 Allison 公司、GE 公司还是俄罗斯在高效气冷叶片制造技术方面都已经处于世界先进行列，这预示着新一代航空发动机的革命即将到来[7]。

美国的 GE 公司、Allison 公司、PW 公司研制高效冷却叶片的冷却结构与传统的叶片有明显不同。首先，由单层壁结构改变成双层壁结构，其次，叶身设计了数量众多的 Φ0.5～2 mm 的小孔。叶片冷却效果从 300 ℃提高到 600 ℃以上，冷效系数达到 0.5～0.6，叶片承温能力显著提高。高效冷却叶片所需要的冷却空气更少，更多的空气流入燃烧室，从而提高燃烧效率，改善透平发动机的综合性能，但高效冷却叶片壁厚更薄，内部冷却通道更复杂、曲折，制造难度更大，对传统的透平叶片制造技术提出了挑战[8,9]。最新研究表明，冷却气膜孔几何形状对冷却效率有很大的影响[5]。圆柱形孔射流法向动量很大，非常集中，生成较强的耦合涡，冷却效率最低；扇形孔减弱了射流的法向动量，并产生一定的展向速度，有利于提高冷却效率[10-12]；收缩-扩张形孔减小了射流的流向厚度，增大了射流的展向宽度，且产生了更大的展向速度，扩大了射流的覆盖区域，形成了与圆形孔及扇形孔射流相比作用相反的耦合涡，使气膜更好地贴附于壁面，冷却效率更高；相对于圆柱形孔和扇形孔，当吹风比为 0.5 时，收缩-扩张形孔的平均气膜冷却效率提高了约 110% 和 15%，吹风比为 2 时，提高约 560 %和 60 %[14-17]。用扩张-收缩形气膜孔代替传统的圆柱形气膜孔，只需少量的空气就可以获得良好的冷却效果，从而让更多的空气参与燃烧，有助于提高透平进口温度，增加热效率，提高推重比及降低耗油率[18]。

空心叶片的制造采用熔模铸造技术熔模铸造(Investment Casting，IC)是一门古老而年轻的铸造技术，适合生产高尺寸精度(CT4－6)、低表面粗糙度(Ra 1.6～3.2 μm)、形状复杂(特别具有复杂的内部结构)薄壁铸件和整体铸件。在第二次世界大战中未开始用于生产喷气发动机的透平叶片的制造。透平叶片熔模铸造工艺流程，包括型芯模具准备、制芯、蜡模模具准备、型芯与蜡模模具组装、制备蜡模、涂挂陶瓷浆料、制壳、化蜡、焙烧、浇注金属、脱芯、激光打孔等多个工艺步骤，其中陶瓷型芯、型壳制备是基础。陶瓷型芯用于形成叶片内部复杂的冷却通道。陶瓷型芯的制造质量直接影响叶片的合格率、尺寸精度和生产成本。目前，国内外大多采用压力注射成形技术制备陶瓷型芯，主要有增塑剂、陶瓷粉料和矿化剂的准备、陶瓷浆料制备、压制陶瓷型芯、脱模、修型及校正、装钵焙烧、高温强化、低温强化、烘干、性能测试、检验入库等工艺环节[19]。叶片内部冷却通道结构越复杂，陶瓷型芯压力注射成形难度越大，对陶瓷浆料本身的流动性及注射压力要求越高。通过添加增塑剂可提高陶瓷浆料的流动性，提高成形工艺性，但增加了坯体脱脂难度，易产生鼓泡、开裂、变形等缺陷。压力注射成形工艺对各成形工艺参数控制要求极为严格，需配备昂贵的陶瓷型芯成形专用设备，聘任高水平的操作人员[20]。预制陶瓷型芯需准确组装到陶瓷型壳中，才能获得用于浇注金属铸件陶瓷铸型。陶瓷型壳通过在蜡模上反复涂挂陶瓷浆料、多次干燥而成，这种陶瓷型壳有 5～8 层组成，制备周期长，效率低，层与层之间连接强度弱、抗弯强度低，需在高压蒸汽条件下缓慢烧失蜡型，才能避免陶瓷型壳开裂。此外，因制芯材料和制壳材料不一致，多层式陶瓷型壳与陶瓷型芯之间不能完全固定连接在一起，通常一端连接，一端处于“自由状态”。研究表明用快干型硅溶胶如 FS-30、PFS-25 代替传统的硅溶胶，可将层间干燥时间缩短到 1～2 h，从而提高制壳效率，一般在制壳后 24 h 后即可脱蜡[21]。另外，通过事先在陶瓷浆料中添加少量的尼龙纤维（直径为 $\Phi 20\ \mu m$，长度为 1 mm）或液态聚合物（如聚乙烯醇(PVA)或乳胶）可提高陶瓷型壳强度，因而减少了涂挂次数，可缩短制壳周期[22-24]。

现有的叶片熔模铸造工艺存在一些不足之处，主要表现在以下几方面。

(1)在型芯组合以及型芯与蜡模模具组合过程中存在安装间隙，在高温金属液的冲击力和重力作用下，非固定性连接的陶瓷型芯易偏离原来位置，在薄壁或双层壁结构的空心透平叶片铸造过程中，易出现偏芯、穿孔等缺陷。目前国产透平叶片成品率低，动力叶片的成品率仅 20%～25%。虽然用铂钉可以对型芯进行点固定，但不能从根本上解决高温下型芯“漂移”问题，同时增加了制造成本，影响了叶片铸件组织性能。

(2)难以实现具有复杂冷却结构的透平叶片“自由”制造。由于存在空间位置相互干涉问题，采取现有的型芯、型壳分开制备技术无法制造双工质双通道新型冷却叶片；受到现有的熔模铸造工艺水平和气膜孔加工技术的限制，无法制造出带有异形气膜孔的透平叶片。

(3)叶片熔模铸造工艺过程复杂、周期长,影响铸件尺寸精度的因素多,例如模料的收缩变形、熔模的变形、型壳在加热和冷却过程中的线性变化、合金的收缩率以及在凝固过程中铸件的变形等,都会影响叶片铸件的尺寸精度,其稳定性、一致性有待提高。

(4)复杂陶瓷型芯成形金属模具以及蜡模压制模具开发周期长、设计制造难度大、成本高,一般需要3~6个月,耗费几万到几十万元,熔模铸造工艺只适合大批量生产,而不适合单件、小批量生产,不适合新产品的开发。

基于快速制造高性能复杂金属零件的需求,诞生了选择性激光熔化(Selective Laser Melting,SLM)成形技术,SLM成形过程主要包括以下步骤:①在保护性气体作用下,通过送粉系统向工作台输送粉末,由铺粉辊铺平;②通过高能激光束熔化切片区域内的金属粉末;③工作缸下降一切片厚度;④重复步骤①~③直至整个零件成形完毕。

因此,SLM技术是基于分层-叠加制造的思想,利用高能量激光束将金属粉末逐层熔化并成形为金属零件,具有制作形状复杂、相对密度高、节省材料、无需工装模具与刀具等优点[25-27]。

国外近年来开始研究基于SLM技术制造透平叶片。德国弗劳恩霍夫激光技术学会于2010年4月报道,航空发动机引擎中的叶片可以通过SLM成形技术快速制造,并且价格合理。图1-1为该单位制造的叶片,经测试用这种方法制造的叶片其力学性能至少和传统方法制造的叶片一样。同时他们还发现,所有制造叶片的材料并不适合于SLM技术,到目前为止,他们用Inconel 718、镍基高温合金和钛合金材料所制成的叶片性能和精度较高。但是,从图1-1照片来看,距离使用还有较大差距。

2011年3月31日美国报道了用SLM技术制造透平叶片的专利,该专利提供的叶片示意图如图1-2所示,其中55为空洞,60为网格结构。该专利公开了用SLM技术制造叶片的方法,基于铺粉熔融的方法逐层堆积叶片轮廓和内部空洞结构(图1-2)。

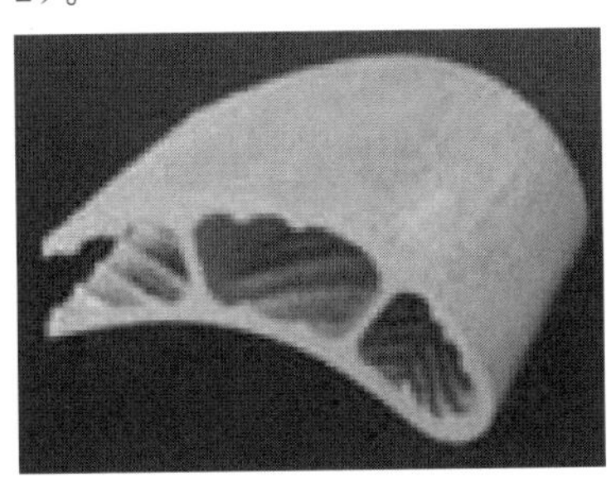

图1-1 透平叶片

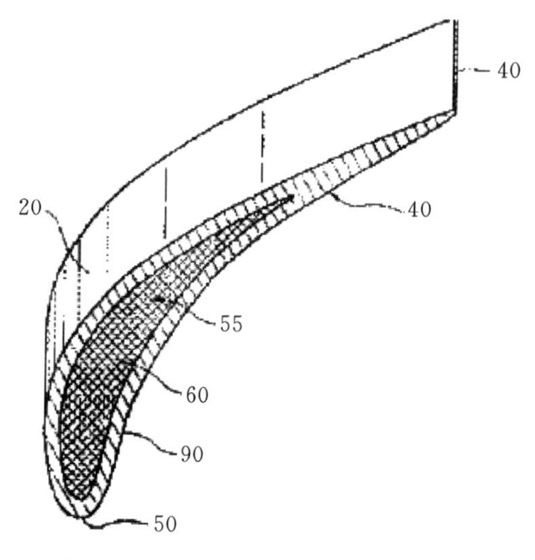

图 1-2 SLM 工艺制造透平叶片的专利

在诸多研究机构和公司中，MCP 公司采用 SLM 技术已经完成了复杂形状零件的成形，特别是空心透平叶片的成形，叶片具有密实的内部组织和较高的精度和表面质量，如图 1-3 所示，但具体力学性能的数据未见报道。基于 SLM 技术，透平叶片的定向晶或者单晶组织几乎不能实现，并且 SLM 成形过程容易出现球化、孔隙、裂纹、翘曲变形等缺陷，同时成形材料的选择性也受到限制，这些势必严重影响着该技术在高性能透平叶片制造方面的发展和应用。

图 1-3 MCP 制备叶片

1.2 透平叶片增材制造研究进展

1.2.1 型芯型壳一体化铸型制造技术

在国家重点基础研究发展计划（973 计划）课题（复杂构件的高能束控形

控性制造，课题编号：2007CB707704；大型变截面定向晶高温叶片的精确制造与缺陷形成机理，课题编号：2013CB035703）等资助下，西安交通大学李涤尘教授带领课题组提出了空心透平叶片的整体式陶瓷铸型制备方法，首先通过紫外激光快速成形制造透平叶片树脂原型，以代替型芯金属模具和“熔模”，缩短模具开发周期，降低模具开发难度和成本；然后通过凝胶注模成形工艺代替传统的陶瓷型芯压注成形工艺和涂挂制壳工艺，实现型芯/型壳一体化成形，保证型芯、型壳之间位置精度，消除由装配所引起的尺寸误差和型芯偏移，从而降低偏芯、穿孔等缺陷。因此，型芯型壳一体化陶瓷铸型具有成形复杂结构内部冷却通道能力，为双工质双通道透平叶片的制造提供了新的技术方法。

图1-4显示了具体工艺流程图，首先设计并制造出空心透平叶片光固化树脂原型，并设计凝胶注模陶瓷浆料的材料配方，完成高固相、低粘度陶瓷浆料的制备；然后将水基陶瓷浆料灌入叶片光固化树脂原型中，在引发剂和催化剂作用下原位固化成形，获得型芯型壳一体化陶瓷铸型坯体；再基于冷冻干燥方法去除湿态陶瓷铸型坯体内部水分，脱脂和烧结陶瓷铸型坯体，以实现陶瓷铸型几何结构的完整性和制造精度以及良好的铸型综合性能，使之满足叶片单晶、定向凝固工艺要求；最后将高温金属液浇注到透平叶片陶瓷铸型中，获得空心透平叶片铸件。

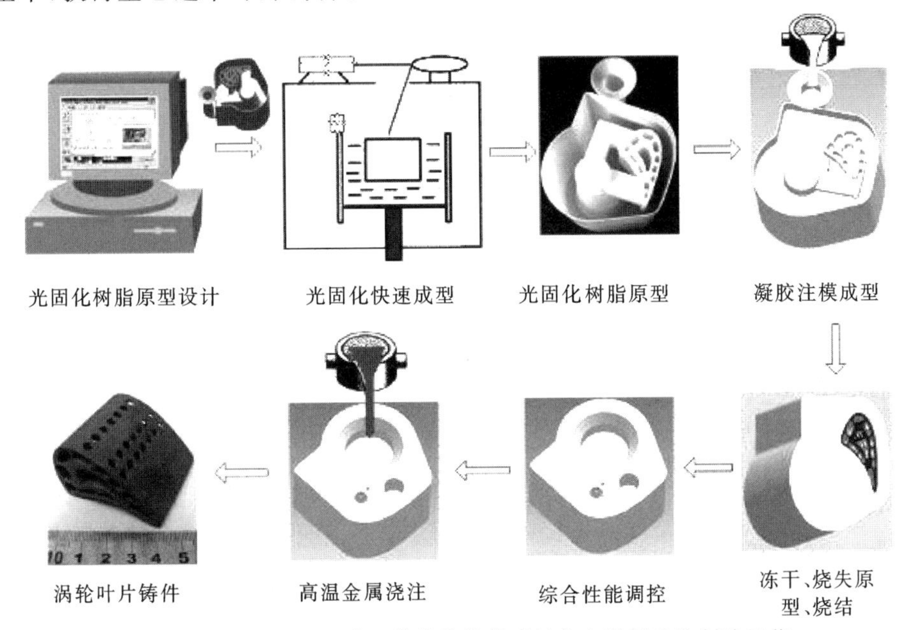

图1-4　基于型芯型壳一体化陶瓷铸型的空心透平叶片制造工艺

由上可知,型芯型壳一体化陶瓷铸型制造技术具有以下特点:

(1)通过凝胶注模成形工艺代替传统的涂挂制壳工艺,一次性成形,极大地提高了制壳效率;通过整体式陶瓷铸型代替疏松多孔的多层式陶瓷型壳,提高了型壳抗弯强度,降低了型壳在光固化树脂原型烧失过程中开裂可能性。

(2)型芯与型壳制备材料一致,避免了因热膨胀系数不一致而引起的透平叶片尺寸精度难以控制问题。

(3)叶片光固化树脂原型易烧失,避免了脱模过程对陶瓷坯体的损伤。同时无需设计分模面,叶片光固化树脂原型可以设计成一个整体结构,设计过程更加简单,利用光固化快速成形技术可以直接将CAD模型转换成实物,可见即可得,也方便了修改光固化树脂原型和再设计,缩短设计周期,降低制造成本。

(4)陶瓷型芯的几何结构和形状不再受模具本身的制约,使得制造具有复杂内部冷却结构的空心透平叶片成为可能。

(5)整体式陶瓷铸型中型芯与型壳固定地连接在一起,芯壳无需组合,消除了装配误差,减少了偏芯、穿孔等铸造缺陷产生的可能性。叶片上的气膜孔以及型芯两端均可作为型芯与型壳的连接点,增加了型芯本身强度和稳定性,可防止高温金属液浇铸过程中型芯断裂、变形和偏移,有利于保证空心透平叶片质量和制造精度。

(6)透平叶片上的气膜孔可以直接铸出,从而省去二次加工环节,降低叶片制造成本,并解决异形气膜孔无法加工成形难题。

基于型芯型壳一体化铸型制造方法,实现空心透平叶片快速制造,需要解决以下关键技术问题。

1. 陶瓷浆料制备工艺

高固相、低粘度的陶瓷浆料是整体式陶瓷铸型凝胶注模成形工艺的基础,低粘度的陶瓷浆料具有良好的流动性,便于填充复杂的光固化树脂原型型腔,获得高固相陶瓷浆料的目的是尽可能减小陶瓷坯体干燥收缩率和烧成收缩率。在研究固相体积分数、粗细颗粒配比、pH值、分散剂和球磨时间等对陶瓷浆料流变性影响的基础上,制订陶瓷浆料制备工艺方案。

2. 陶瓷铸型坯体干燥工艺

如何去除厚大陶瓷铸型坯体中的水分,特别是被树脂原型包裹着的细长型芯中水分非常关键,另外,为了防止湿态陶瓷坯体因干燥收缩受到树脂模具的阻碍而产生裂纹，破坏了陶瓷铸型几何结构的完整性，应尽可能降低陶瓷坯体干燥收缩率。本文首次将冻干技术引入整体式陶瓷铸型坯体干燥处理，既保证铸型坯体干透，又获得“近零”干燥收缩率，保证陶瓷铸型坯体在失水过程中不变形、不开裂。

3. 陶瓷铸型坯体脱脂工艺

光固化树脂原型热膨胀系数比陶瓷铸型的大1～2个数量级，在树脂原型烧失过程中，陶瓷型壳存在开裂的危险，因此，烧失叶片树脂原型是另一个关键工艺环节，以便留下中空的陶瓷铸型型腔，以浇注高温金属液，获得叶片铸件。故需研究树脂原型热解机理、陶瓷坯体强度随温度变化规律，分析焙烧过程中树脂原型与陶瓷型壳坯体之间热应力大小，采取合理的工艺措施，保证陶瓷铸型焙烧过程不开裂。

4. 低烧成收缩率

整体式陶瓷铸型具有十分复杂的空间几何结构，在气膜孔型芯与中心型芯以及气膜孔型芯与型壳相互连接处存在截面“突变”现象，在坯体烧结过程中，常因烧成收缩率过大而产生裂纹，导致气膜孔型芯脱落、断裂，破坏陶瓷铸型结构的完整性。因此，有待研究降低陶瓷铸型烧成收缩率的工艺措施，制订合理的烧结工艺，控制陶瓷铸型烧结后的尺寸变化，优化陶瓷配方，降低烧成收缩率，防止烧结裂纹产生。

5. 陶瓷铸型高温性能改善

整体式陶瓷铸型应具有良好的高温性能，以满足涡轮叶片定向凝固和单晶铸造工艺要求。需研究不同陶瓷配方、不同烧结工艺下陶瓷铸型高温性能变化规律，获得最佳陶瓷铸型配方和烧结工艺。通过真空压力浸渍提高陶瓷铸型室温、高温力学性能，研究不同的浸渍工艺对浸渍强化效果的影响，分析真空压力浸渍前后的物相组成及孔容变化，揭示真空压力浸渍强化机理。

针对型芯型壳一体化陶瓷铸型制造技术的上述问题，本书第2章至第6章将作系统、详细的介绍。

1.2.2 激光金属直接成形技术

激光金属直接成形技术(LMDF)是以激光束为热源，在同步送粉(丝)条件下，由惰性气体将金属粉末送入激光束形成的熔池，在金属基材上逐层堆积出三维实体零件的一种增材制造技术。LMDF技术具有以下优点：

(1)成形的产品零件可以不受形状、结构复杂程度及尺寸大小的限制,摆脱了传统“去除”加工法的局限性。

(2)通过改变合金粉末的成分,容易制造具有不同成分或功能梯度的零件,实现了柔性设计和制造。

(3)因为激光具有热输入量高、能量集中的优点,可以完成难熔金属或金属间化合物等难加工材料的成形。

(4)降低生产成本,缩短产品的研发周期。

(5)制造的零件具有很高的力学性能。由于 LMDF 成形过程具有快速熔化-凝固特征,所以制造的金属零件内部致密、组织细小,无需中间热处理,性能优于铸件。

(6)理论上可以实现柱状晶甚至单晶微观组织的生长。

美国、英国等西方发达国家率先开始高度关注 LMDF 技术的开发,相继投入大量人力物力对其展开深入研究,在商业应用与开发方面做出了卓有成效的业绩。20 世纪 80 年代末,美国能源部同时资助 Sandia 国家实验室、Los Alamos 国家实验室及 Michigan 大学分别对 LMDF 工艺展开研究[28],此后一系列的 LMDF 工艺相继出现,其命名也多种多样。1996 年,美国 Sandia 国家实验室与美国 UTRC 联合研制开发出一种称作激光工程化净成形技术(Laser Engineered Net Shaping,LENS)的金属零件快速成形技术,成功地把同步送粉 LC 技术和 RP 技术融合成先进的激光直接成形技术,使 RP 技术进入了激光近形制造的崭新阶段[29,30]。Sandia 国家实验室建立的 LENS 系统主要由 Nd:YAG 固体激光器、可调气体成分的手套箱、多坐标数控系统和送粉系统组成。图 1-5 为采用 LENS 方法加工的镍基高温合金涡轮机叶片。该实验室的制件成形效率较低,其堆积速率仅为8 cm^3/h。目前,Optomec Design Company 专门从事该技术的商业开发。1994 年,美国 Los Alamos 国家实验室与 SyntheMet 公司合作开发了直接光学制造(Directed Light Fabrication,DLF)的金属零件快速成形技术[31,32]。DLF 在金属零件的成形原理上和 LENS 基本相同,成形的金属材料也基本一致。美国 Los Alamos 国家实验室建立的 DLF 系统也主要由大功率 Nd:YAG 固体激光器、五轴联动数控工作台、惰性气体工作室及真空干燥箱、可以输送不同成分粉末的送粉装置及粉末回收装置组成。DLF 工艺的沉积速率达到 12 cm^3/h。目前 SyntheMet 正致力于该技术的商业开发。

1999 年,美国密歇根大学研究开发了直接金属沉积技术 (Direct Metal Deposition,DMD) [33,34]。DMD 将激光技术、传感器技术、计算机数控平台技

图 1-5　LENS 工艺成形件

术、CAD/CAM 软件技术及熔覆冶金技术等融合为一起，构建成一种闭环控制系统以成形精度较高的金属零件，在成形原理上和 LENS 基本相同。POM 公司与密歇根大学合作将 DMD 技术商业化。2009 年 POM 公司与密歇根大学联合报道可以基于 DMD 技术制造透平叶片，同时提出了一种控制透平叶片组织的方法，图 1-6 为该单位未成形完整的叶片。该系统利用感应线圈加热成形过程中的叶片，感应线圈由 12 kW 的电源驱动。同时该系统还装有多路双色温度传感器实时测量叶片轮廓各点处的温度，当熔池在叶片轮廓上移动的过程中，实时调节感应线圈的加热功率，使得叶片轮廓各点处保持相对恒定的温度，进而保持热流方向的一致性。

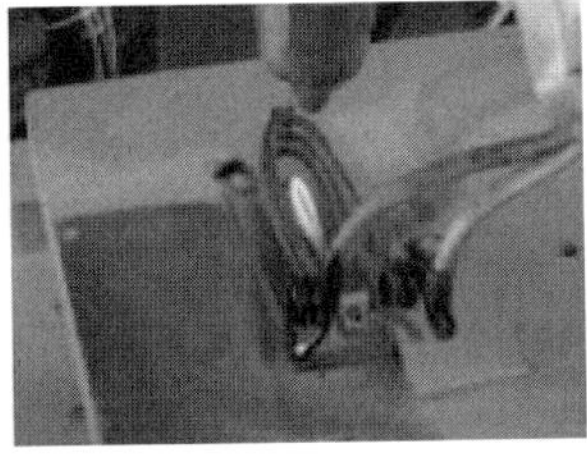
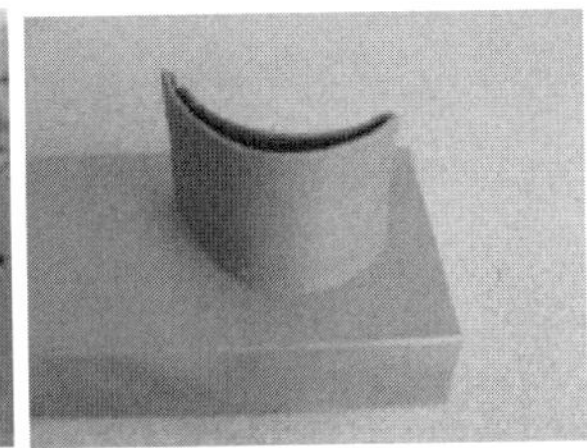

图 1-6　美国密歇根大学的叶片研究

图 1-7 所示为该系统控制下成形叶片不同部位的组织，可见用感应线圈

加热保持温度过程中叶片各部位温度的一致性是提高叶片组织性能的基础。同时，采用诸如激光功率等工艺参数的反馈控制对控制叶片内部柱状晶的连续生长有较大的帮助。德国弗劳恩霍夫激光技术学会于2011年2月报道用激光累加制造的方法，通过沉积和后续磨削加工能制造简单形状的叶片，但叶片力学性能未见相关报道，图1-8为该单位成形的叶片及加工流程。

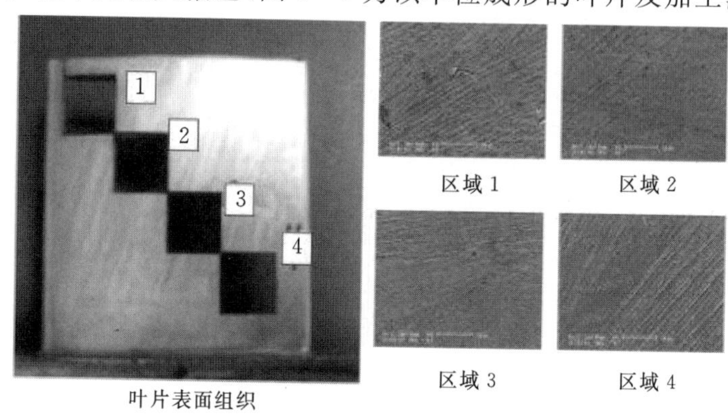

图1-7 各区域的组织结构

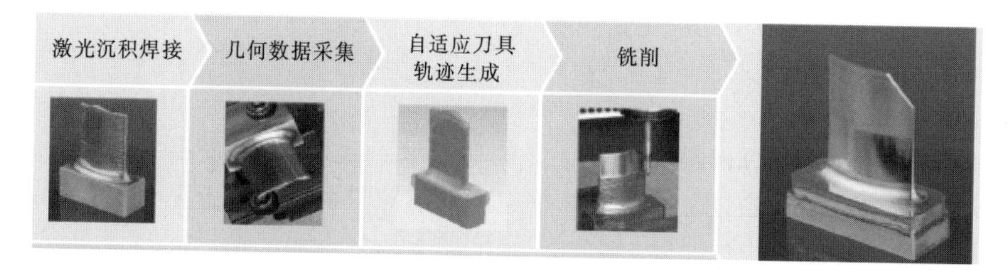

图1-8 德国弗劳恩霍夫叶片制造过程

从国外的发展来看，激光金属直接制造叶片和控制组织是一个发展方向，但是面临的困难还非常大，复杂的内流道结构还难以实现。西安交通大学在国家973项目支持下，以燃气轮机空心透平叶片为目标，对激光金属直接制造透平叶片的组织也开展了相关研究，在复杂内流道的制造方面取得了有效的进展。

由上可知，尽管在硬件系统、材料、成形工艺、成形精度控制等方面，LMDF技术得到长足的进步，基于LMDF技术能够制造满足一定性能要求的金属零件，但成形质量(尺寸精度、表面粗糙度及侧面光洁度等)一直是该技术发展的难题。本书第7章至第11章将详细介绍透平叶片的激光金属直接成形技术，旨在为科研人员和技术人员在透平叶片制造方面提供帮助和借鉴，推动我国透平叶片的快速发展与应用。

参考文献

[1] Mraz S J. Birth of an engine blade[J]. Machine Design, 1997, 69 (14): 39－44.

[2] Ford T. Single crystal blades[J]. Aircraft Engineering and Aerospace Technology, 1997, 69 (6):564－566.

[3] Rashid A K M B,Campbell J. Oxide defects in a vacuum investment-cast Ni-based turbine blade[J]. Metallurgical and Materials Transactions A, 2004, 35A(7): 2063－2071.

[4] 张效伟,朱惠人.大型燃气涡轮叶片冷却技术[J]. 热能动力工程, 2008, 23 (1): 1－6.

[5] 倪萌,朱惠人,裘云,等.航空发动机涡轮叶片冷却技术综述[J]. 燃气轮机技术, 2005, 18 (4):25－32.

[6] 田国利.高效气冷叶片的最新动态[J]. 材料工程, 1999, (7): 41－42.

[7] 桂忠楼,张鑫华,钟振纲,等. 高效冷却单晶涡轮叶片制造技术的发展[J]. 航空制造工程,1998, (2): 11－13.

[8] 刘军.航空发动机气膜冷却孔的打孔工艺[J]. 航空发动机, 1995, (2): 31－36.

[9] 张晓兵. 激光加工涡轮叶片气膜孔的现状及发展趋势[J]. 应用激光, 2002, 22 (2): 227－229.

[10] 戴萍,林枫.燃气轮机叶片气膜冷却研究进展[J]. 热能动力工程, 2009, 24 (1): 1－6.

[11] 戴萍,林枫. 气膜孔形状对冷却效率影响的数值研究[J]. 动力工程, 2009, 29 (2): 117－122.

[12] 姚玉,张靖周,郭文. 气膜孔形状对导叶冷却效果影响的数值研究[J]. 航空动力学报, 2008,23 (9): 6661－1761.

[13] 郭婷婷,刘建红,宋东辉,等.不同形状气膜孔对气膜冷却效果的影响[J]. 动力工程, 2006, 26(3): 333－336.

[14] 刘存良,朱惠人,白江涛.收缩-扩张形气膜孔提高气膜冷却效率的机理研究[J]. 航空动力学报, 2008, 23 (4): 598－604.

[15] Porter J S, Sargison J E, Walker G J, et al. A comparative investiga-

tion of round and fan-shaped cooling hole near flow fields[J]. Journal of Turbomachinery, 2008, 130 (4):1021-1028.

[16] Colban W, Thole K A, Haendler M. A comparison of cylindrical and fan-shaped film-cooling holes on a vane endwall at low and high freestream turbulence levels[J]. Journal of Turbomachinery, 2008, 130 (3): 1007-1015.

[17] 赵梦梦,张弛,林宇震,等. 弯曲多孔壁不同倾斜角气膜孔整体气膜冷却效率研究[J]. 航空动力学报, 2007, 22 (2): 210-215.

[18] Gritsch M, Colban W, Schür H, et al. Effect of hole geometry on the thermal performance of fan-shaped film cooling holes[J]. Journal of Turbomachinery, 2005, 127 (4): 718-725.

[19] 叶久新,文晓涵. 熔模精铸工艺指南[M]. 长沙: 湖南科学技术出版社, 2006:15-35.

[20] Kryachek V M. Injection Moulding[J]. Powder Metallurgy and Metal Ceramics, 2004, 43 (7):336-348.

[21] 张锡平,闫双景,吕志刚,等. 新型 PFS-25 快干硅溶胶的研制[J]. 铸造技术, 2002, 23 (6):365-367.

[22] Yuan C, Jones S, Blackburn S. The influence of autoclave steam on polymer and organic fibre modified ceramic shells[J]. Journal of the European Ceramic Society, 2005, 25 (7): 1081-1087.

[23] Jones S, Yuan C. Advances in shell moulding for investment casting [J]. Journal of Materials Processing Technology, 2003, (135): 258-265.

[24] 陈冰. 聚合物和纤维增强硅溶胶-国外精铸技术进展述评(4)[J]. 特种铸造及有色合金, 2005,25 (4): 231-233.

[25] Kruth J P, Froyen L, van Vaerenbergh J, et al. Selective laser melting of iron-based powder[J]. Journal of Materials Processing Technology, 2004, 149(1-3):616-622.

[26] Abe F, Osakada K, Shiomi M, et al. The manufacturing of hard tools from metallic powders by selective laser melting[J]. Journal of Materials Processing Technology, 2001, 111(1-3):210-213.

[27] Badrossamay M, Childs T H C. Further studies in selective laser melting of stainless and tool steel powders[J]. International Journal of Ma-

chine Tools & Manufacture, 2007, 47(5):779 - 784.

[28] 钟敏霖，宁国庆，刘文今. 激光熔覆快速制造金属零件研究与发展[J]. 激光技术，2002，(05):388 - 391.

[29] Schlienger E, Dimos D, Griffith M, et al. Near net shape production of metal components using LENS[C]. Honolulu, HI, 1998: 1581 - 1588.

[30] Griffith M L, Keicher D M, Atwood C L, et al. Free form fabrication of metallic components using laser engineered net shaping (LENS (TM))[C]// Bourell D L, Beaman J J, Marcus H L, Crawford R H, Barlow J W. Solid Freeform Fabrication Proceedings, September 1996, 1996: 125 - 131.

[31] Lewis G K, Nemec R B, Milewski J O, et al. Directed light fabrication [C]. Orlando, Florida, 1994: 17 - 26.

[32] Milewski J O, Lewis G K, Thoma D J, et al. Directed light fabrication of a solid metal hemisphere using 5 - axis powder deposition[J]. Journal of Materials Processing Technology, 1998, 75 (1 - 3): 165 - 172.

[33] Mazumder J, Dutta D, Kikuchi N, et al. Closed loop direct metal deposition: art to part[J]. Optics and Lasers in Engineering, 2000, 34 (4 - 6): 397 - 414.

[34] Mazumder J, Schifferer A, Choi J. Direct materials deposition: designed macro and microstructure[J]. Materials Research Innovations, 1999, 3 (3): 118 - 131.

第2章　凝胶注模原理

2.1　凝胶注模原理

在传统的陶瓷坯体成形工艺中，受到金属模具结构以及陶瓷坯体成形工艺能力的制约，难以实现陶瓷坯体自由成形。将快速成形技术与凝胶注模成形技术结合在一起，使自由成形任意复杂结构的陶瓷坯体成为可能[1,2]，清华大学蔡凯等将SLS技术与凝胶注模成形技术结合在一起，制备了氧化铝陶瓷结构件，其制备工艺流程如图2-1所示[3]。首先设计出模具CAD模型，然后应用SLS技术快速制备出可烧失性聚苯乙烯模具原型，再利用凝胶注模成形技术将低粘度高固相的陶瓷浆料灌注其中，待坯体干燥完毕后，烧失掉聚苯乙烯模具，获得形状复杂的陶瓷结构件。

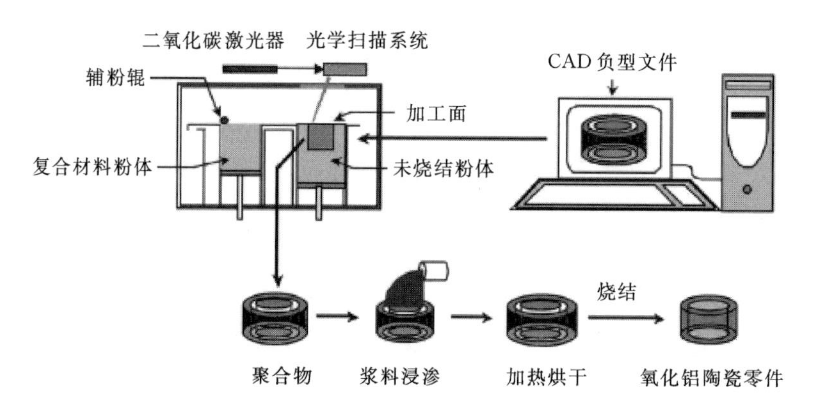

图2-1　基于SLS的复杂陶瓷件自由成形工艺流程

美国斯坦福大学将形状沉积制造技术(Shape Deposition Manufacturing, SDM)和凝胶注模成形技术结合在一起，成功制造了结构极为复杂的、中尺度的燃气轮机喷燃器氮化硅陶瓷组件[4,5]。

在研究凝胶注模成形工艺原理的基础上，清华大学黄勇等研制了新型陶瓷胶态压力注射成形机,实现了水基非塑性陶瓷浆料快速注射、原位固化成形等工艺过程自动化,成功地制备了各种高强度、高密度和高均匀性的陶瓷结构件。但注射压力较高,达到20～30 MPa,这对模具抗压性能有较高的要求,只适合金属模具,而塑料模具、树脂模具不适用。

在陶瓷浆料原位固化过程中,由于丙烯酰胺单体发生聚合反应时会释放一定的热量(聚合热为82.8 kJ/mol),因此,通常定义从施加各种外界诱导因素开始到体系温度开始上升的这段时间为聚合诱导期。在聚合诱导期内,陶瓷浆料具有良好的流动性,而一旦有机单体发生聚合反应,形成交联的聚丙烯酰胺网状结构,陶瓷浆料就失去流动性和充型能力,真空除气以及注模成形等工艺操作必须在聚合诱导期内完成。通过改变环境温度可诱发有机单体发生聚合反应,使陶瓷浆料原位固化,但所有与温度有关的固化方法都存在一个热量传递过程,陶瓷浆料各部分温度不可能趋于一致,温度梯度的存在将导致陶瓷浆料的不同步固化,坯体各个部分之间存在一定的应力梯度,有可能成为裂纹起源。清华大学杨金龙等采用压力作为控制聚合反应速度的主要手段,外加压力易于控制,且可控范围大,从而提高凝胶注模成形工艺的可控性,但需配备高压专用设备和金属模具[6]。与上述方法相比,通过加入引发剂和催化剂的方式诱发聚合反应更简单,成本也较低。丘坤元、郭新秋等通过往陶瓷浆料中添加引发剂和催化剂实现了陶瓷浆料原位固化,并研究了过硫酸铵($(NH_4)_2S_2O_8$,APS)和N,N,N′N′-四甲基已二胺($C_6H_{16}N_2$,TEMED)有机单体(AM)等对聚合速度R_p的影响,建立了聚合速度方程[7]

$$R_p = K[APS]^{0.40}[TMEDA]^{0.19}[AM]^{1.0} \qquad (2-1)$$

在公式(2-1)中,*TEMED*浓度反应级数小于0.5,*APS*浓度反应级数接近0.5,*AM*浓度符合一般一级关系。聚合速度R_p越快,诱导期越短,当有机单体含量一定时,聚合诱导期的长短只与催化剂加入量和引发剂有关,有待进一步通过实验测定。

通过将凝胶注模成形技术和光固化成形技术的结合,以代替传统的陶瓷型芯压注成形工艺和多次涂挂陶浆制壳工艺。该工艺由光固化树脂原型设计与制备、陶瓷浆料制备和凝胶注模动态成形等三个工艺环节组成。光固化树脂原型是型芯模具与蜡模模型的组合体,结构更复杂,制造难度更大;高固相、低粘度的陶瓷浆料是整体式陶瓷铸型制备的工艺基础。在热压注成形工艺中主要依靠熔融大量的增塑剂(如石蜡、蜂蜡、硬脂酸、聚乙烯、松香等)以保证固体粉末的流动性[8],而在凝胶注模成形工艺中通过研究固相颗粒在液相中相互作用机理,控制陶瓷颗粒之间范德华力、双电层静电斥力以及空间位阻作用力大小，获得满足成形工艺要求的陶瓷浆料。

2.2 凝胶注模模具

光固化树脂原型结构设计是否合理将直接影响陶瓷浆料能否顺利注入、能否保证型芯型壳的空间位置关系、能否顺利浇注高温金属液获得叶片铸件以及是否方便清除多余的液态树脂等。在光固化树脂原型设计时，应遵循以下设计基本原则。

1)光固化树脂原型既可代替蜡模作为“熔模”使用，又可作为陶瓷型芯金属模具使用，应保证结构与功能的统一；

2)尽可能将光固化原型设计成薄壁、多孔结构，一方面减少树脂用量，降低制造成本，另一方面有利于快速烧失光固化树脂原型；

3)为了避免在陶瓷浆料注入及固化成形过程不变形，光固化树脂原型应具有足够的强度及刚度；

4)应便于清除辅助支撑和多余液态光敏树脂；

5)应方便陶瓷浆料注入；

6)应考虑后续透平叶片铸造工艺，应设计用于形成浇注系统的树脂原型结构。

图 2-2 为按照“一型多铸”设计的光固化树脂原型 CAD 模型，包括透平叶片原型 1、模壳 2、过渡连接 3、浇注系统原型 4 和连接孔 5 等部分。

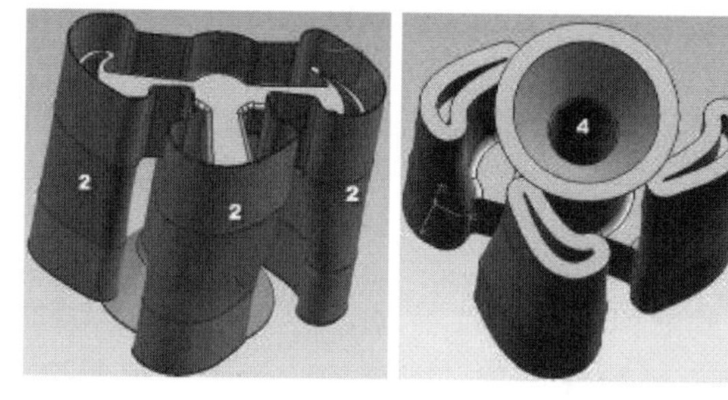

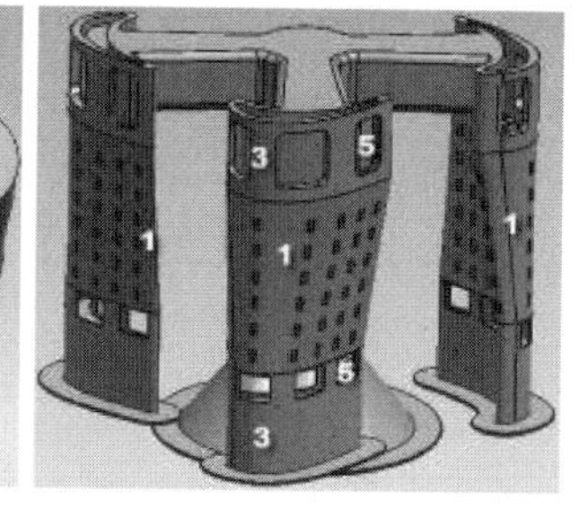

(a)顶端 (b)底端 (c)内部结构

图 2-2 光固化树脂原型 CAD 模型

叶片原型 1 包含空心透平叶片铸件所有的结构特征。模壳 2 是为了防止陶瓷浆料流失而设计的一种辅助性工艺结构，是将叶片外轮廓面向外偏置一定距离而得。根据熔模铸造工艺对型壳厚度的要求，偏置距离一般控制在 6～8 mm，如果型壳壁厚过小，刚度不足，浇注高温金属液时型壳易破裂，但如果陶瓷型壳壁厚过于厚大，就会对高温金属冶金工艺性能产生不利影响[9]，模壳厚度一般大于 2 mm 以保证具有一定的刚度和强度。叶片原型 1 和模壳 2 组合成一体，形成中空的模具型腔，陶瓷浆料将从开放式的顶端注入，充满叶片原型 1 内部冷却通道以及细小的气膜孔中，一次性形成陶瓷型芯、型壳坯体。过渡连接 3 将叶片原型 1 与模壳 2 固定连接在一起，保证它们之间具有正确的空间位置关系，在过渡连接 3 上设计多个连接孔 5，其目的是加强陶瓷型芯坯体与型壳坯体之间的连接性。浇注系统原型 4 烧失后，包裹其上的陶瓷坯体烧结成陶瓷铸型浇注系统，以用于高温金属液的注入。陶瓷铸型浇注系统的直浇道、横浇道和冒口等结构和尺寸大小参考相关的设计手册确定[10]。

表 2-1 为 DSM Somos@ ProtoCast AF 19120 树脂各项性能指标。其抗弯强度达到了 85.4～87.2 MPa，远远高于普通的模料 5～10 MPa，更适合制备大型、复杂的薄壁件，最小特征尺寸可达 0.2～0.5 mm，具有足够的硬度，能有效地防止摩擦损伤。另外，19120 光敏树脂玻璃化温度 50～53 ℃，在 56～58 ℃才开始变形，高于蜡质模料 30 ℃，便于存储和运输。DSM Somos@ ProtoCast AF 19120 是专门为快速铸造设计的一种不含锑的光敏树脂，不含锑使快速成形的母模燃烧更充分，残留灰烬更少，在 815.5 ℃下烘焙 2 小时残留灰烬少于 0.015%。

制备光固化树脂原型时，先将其 CAD 模型转换成为 *.STL 文件，然后导入 SPS450B 型光固化成形机中(见图 2-3)，自动生成分层厚度为 0.1 mm 的二维切片文件 *.SLC 文件，最后在 *.SLC 文件控制下快速成形光固化树脂原型，详细的成形工艺参数见表 2-2。

表 2-1　DSM Somos@ ProtoCast AF 19120 的技术指标

粘度 /cps(30℃)	密度 /g·cm^{-3}(25℃)	抗拉强度 /MPa	弹性模量 /MPa	缺口冲击量 /J·cm^{-2}	抗弯强度 /MPa	弯曲模量 /MPa	外观
265	1.10	51.7～54.9	2420～2540	0.12～0.24	85.4～87.2	2400～2460	桃红色
断裂延伸率/(%)	硬度 (shore D)	吸水率 /%	玻璃化温度 /℃	高温变形温度/℃	固化深度 Dp/mm	临界曝光量 Ec/mJ·cm^{-2}	泊松比
8～10	81	0.81～0.82	50～53	56～58	0.1651	8.16	0.41～0.43

表 2-2　光固化成形工艺参数

激光功率 /mW	填充扫描速度/mm·s^{-1}	填充向量间距/mm	支撑扫描速度/mm·s^{-1}	跳跨速度 /mm·s^{-1}	轮廓扫描速度/mm·s^{-1}	补偿直径 /mm	工作台升降速度/mm·s^{-1}
220—300	6000.00	0.10	2500.00	12000.00	2500.00	0.14	2.00

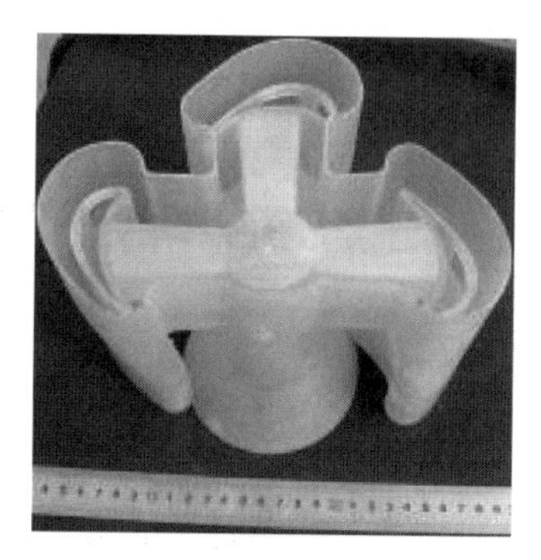

图 2-3 SPS450B 型光固化成型机(左)和光固化树脂原型(右)

2.3 陶瓷浆料

空心透平叶片原型不仅包含有复杂曲折的冷却通道,而且叶片身上布满了许多细小的气膜孔,直径仅 Φ1.5～2 mm。陶瓷浆料应具有良好的流动性,以填充其中。另外为了减小陶瓷铸型坯体的干燥收缩率和烧成收缩率,应尽可能提高陶瓷浆料的固相体积分数,陶瓷浆料粘度也随着固相体积分数的增加而增大,流动性变差[11~13]。因此,选择满足陶瓷铸型成形工艺性能要求的材料,并采取合理的制备工艺是获得高固相低粘度的陶瓷浆料的一项重要的基础工作。

2.3.1 陶瓷浆料制备

1. 凝胶体系

凝胶注模成形凝胶体系有两种:非水基凝胶体系和水基凝胶体系。与非水基凝胶体相比,水基凝胶体系使用去离子水作为溶剂,因此制备高固相、低粘度的陶瓷浆料更容易,而且干燥过程更易控,也避免了有机溶剂挥发造成的空气污染,在批量生产时优势更明显[14,15]。水基凝胶注模成形工艺中较多地使用的体系有两种:丙烯酸脂体系和丙烯酰胺体系。丙烯酸脂体系并非纯水溶液体系,需要共溶剂,并有相分离现象,陶瓷粉末在其中分散效果不佳,难以制备符合成形工艺要求的陶瓷浆料,目前普遍使用的是丙烯酰胺体系。

2. 实验材料

基体材料必须具备足够高的耐火度(熔点或软化点应在 1600 ℃以上)、与高温金属液不发生化学反应、组成和结构稳定并且易控制等特点。国内外陶瓷型芯、型壳制备广泛使用的基体材料是石英玻璃和电熔刚玉（$\alpha-Al_2O_3$），电熔刚玉熔点高，达到 2054 ℃，具有石英玻璃无法比拟的热强性和热稳定性，在焙烧和使用过程中没有晶型转变，结构更加稳定，耐高温性能更好，但如果有 Na_2O、SiO_2、Fe_2O_3 等杂质的存在，在焙烧过程中将形成低熔点相，降低陶瓷铸型的高温抗蠕变能力，因此，应尽量减小基体材料中杂质含量[16,17]。

选用的粗、细两种电熔刚玉粉末由山东省淄博星光磨料厂提供，理化指标见表 2-3，粒度分布由英国 2604LC 型马尔文粒度仪测定，见图 2-4。

表 2-3　电熔刚玉理化指标

化学成分	Al_2O_3	Na_2O	SiO_2	Fe_2O_3
质量分数/ %	99.32	0.48	0.04	0.05

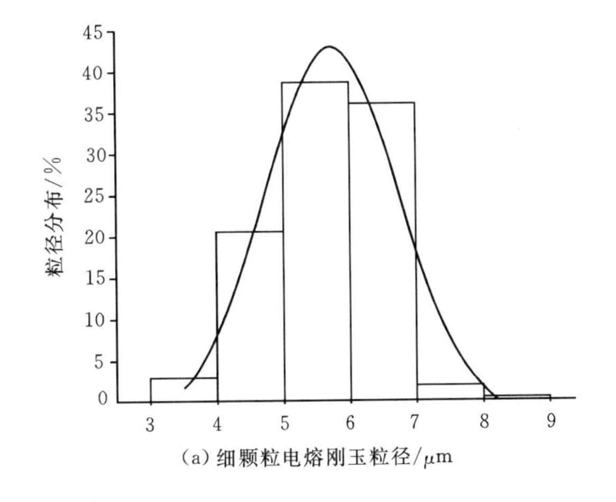

(a) 细颗粒电熔刚玉粒径/μm

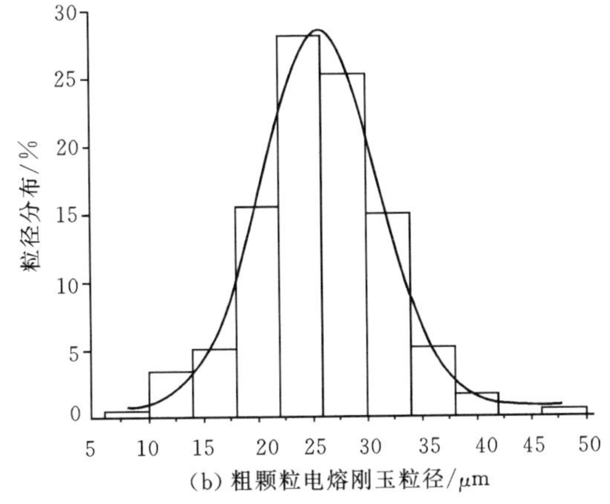

(b) 粗颗粒电熔刚玉粒径/μm

图 2-4　电熔刚玉细颗粒粒径分布(a)和粗颗粒粒径分布(b)

选择氧化镁和氧化钇为矿化剂，一方面可以降低烧结温度，另一方面在高温下生成的耐高温多晶相(钇铝石榴石和镁铝尖晶石)，改善陶瓷铸型高温性能。同时，镁铝尖晶石能够被碱溶液或熔融碱腐蚀，方便脱芯[18]。研究表明，在生成镁铝尖晶石过程中，伴随着较大的体积膨胀(7.35%)和线膨胀(2.45%)现象，但当氧化镁的加入量质量百分比超过5%，坯体表面易出现鼓包甚至涨裂缺陷[19,20]。选用的氧化钇、氧化镁微粉由国药集团化学试剂有限公司提供，高分析纯，4N，其粒度分布见图2-5。

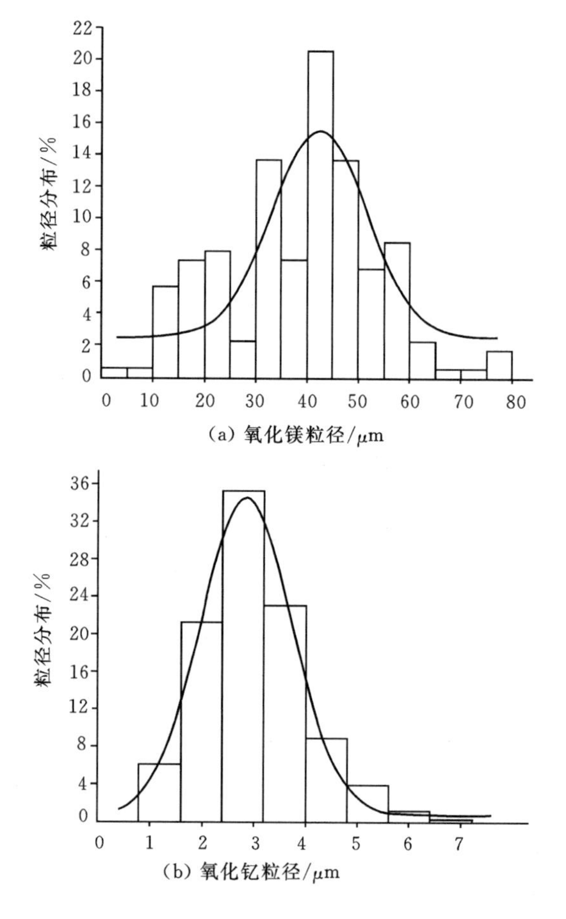

图2-5 氧化镁粒径分布(a)和氧化钇粒径分布(b)

陶瓷浆料包含有基体材料、矿化剂、溶剂、有机单体、交联剂以及其他添加物等，其组成比例不仅影响着陶瓷浆料的成形工艺性，而且影响陶瓷坯体烧成工艺性、陶瓷铸型室温抗弯强度和高温性能。实验选择材料如表2-4所示。电熔刚玉粗、细颗粒、氧化镁和氧化钇微粉之间质量比初步确定为75∶15∶4∶6。

表 2-4 实验材料

试剂	材料名称	生产厂家、规格
溶剂	去离子水	西安市蒸馏水厂、工业级
有机单体	丙烯酰胺(CH_3CONH_2,简称 AM)	天津市科密欧化学试剂开发中心、分析纯
交联剂	N,N′-亚甲基双丙烯酰胺($C_7H_{10}N_2O_2$,简称 MBAM)	天津市科密欧化学试剂开发中心、分析纯
分散剂	聚丙烯酸钠	西安化学试剂厂生产,质量浓度为 30%、分析纯
调节 pH 值	浓氨水	西安化学试剂厂生产、分析纯
增塑剂	PEG6000(聚乙二醇)	天津市科密欧化学试剂开发中心、分析纯

3. 实验设备

通过 KQM—X4Y/B 型行星式四头球磨机,干法球磨时旋转速度为 10 r/min,湿法球磨时旋转速度为 30 r/min。选择上海日岛科学仪器有限公司生产的 pHS-3C 型精密 pH 计测定陶瓷浆料 pH 值,选用福州科迪电子技术有限公司提供的 JZE 电子计重秤(最大称重 3 kg,d=10 g)称取电熔刚玉粉末,选择上海民桥精密科学仪器有限公司提供的 JA1103 电子秤(最大称重 110 g,d=1 mg)称取矿化剂、AM、MBAM、催化剂和引发剂。

4. 实验步骤

将电熔刚玉和矿化剂颗粒均匀地分散在去离子水中包括三个步骤:首先,电熔刚玉和矿化剂颗粒在去离子水中浸湿;其次,团聚的颗粒在机械力的作用下解体和分散;最后,使颗粒间有足够的相互排斥作用以防止再次团聚。目前采取物理分散技术(包括球磨、超声波处理和机械搅拌等)和化学分散技术均能够分散团聚的固相颗粒[21],但分散剂的性质和加入量、球磨时间以及固体颗粒组成会对陶瓷浆料的流变性产生影响[22]。另外,为了避免陶瓷铸型坯体中出现气孔缺陷,还需采取抽真空加机械搅拌的方式除去陶瓷浆料中的气体[23]。

陶瓷浆料制备工艺流程如图 2-6 所示。首先将有机单体 AM 和交联剂

MBAM 按照质量比 24∶1 溶解到去离子水中，配制质量分数为 15%～20%的预混液，再添加适量的分散剂（以陶瓷粉末的质量百分比计）和 PEG6000（以 AM 和 MBAM 加入量的质量百分比计），用浓氨水调节 pH 值，然后将配制好的预混液倒入球磨罐中，分批加入事先通过干法球磨混合均匀的陶瓷粉末，按照料球质量比1∶2.5加入刚玉磨球，湿法球磨一段时间后，过滤掉磨球，获得固相体积分数为 56%的陶瓷浆料。

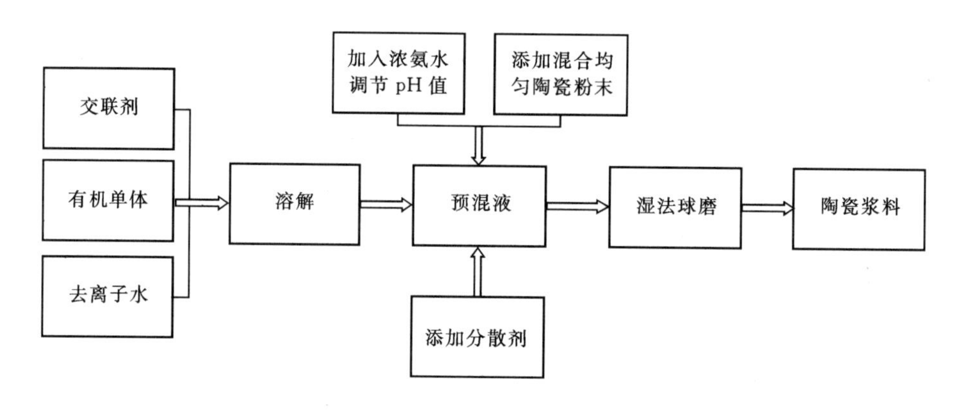

图 2-6 陶瓷浆料制备工艺流程

2.3.2 陶瓷浆料的粘度

浆料的表观粘度在微观上的表现之一为陶瓷颗粒之间的相互作用，这种相互作用可简化为颗粒之间的净相互作用力，即受到 DLVO 理论所定义的分子间范德华力和双电层排斥力[24]：范德华吸引力普遍存在于悬浮系中的颗粒之间，使颗粒间产生粘滞力；溶液中离子吸附与脱附产生了电荷，粉体悬浮于极性液体中从而在固液界面形成了电荷库仑力，即为静电双电层排斥力。所以单个陶瓷颗粒受到的总相互作用力为范德华吸引力与双电层排斥力之和：$U_{\text{total}} = U_{\text{repulsive}} + U_{\text{attracting}}$，当双电层排斥力不足以克服范德华引力时，颗粒之间会发生团聚和絮凝（见图2-7），只有当在一定颗粒间距下排斥力大于引力时，颗粒才能保持在稳定的分散状态，使浆料有好的流动性和低的粘度[25]。

使用美国 TA 流变仪 AR1500 测试陶瓷浆料的稳态流变特性，测试方式为圆筒式测量，测试机构及原理如图 2-8 所示，各流变参数可计算如下：

剪切速率：$\gamma = F_{\text{r}} \cdot \omega$

剪切应力：$\tau = F_{\sigma} \cdot M$

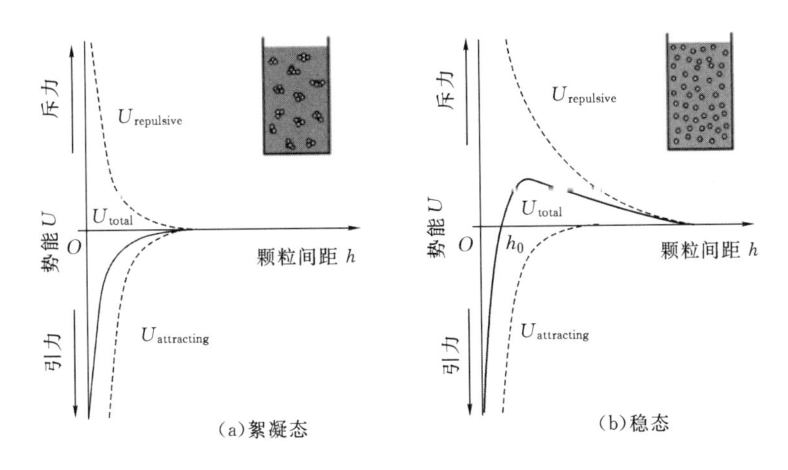

图2-7　悬浮系中颗粒的微观相互作用力

其中 $F_r = \dfrac{R_2^2 + R_1^2}{R_2^2 - R_1^2}$，$F_\sigma = \dfrac{R_1^2 + R_2^2}{4\pi H R_1^2 R_2^2}$

测试环境温度恒定为25℃，每组测试浆料先由转子在50 s^{-1}剪切速率下进行30s的初始剪切以保证有相同的流变学历史，流变学特性曲线在双对数坐标系下绘制，剪切速率测量范围选1～500 s^{-1}。

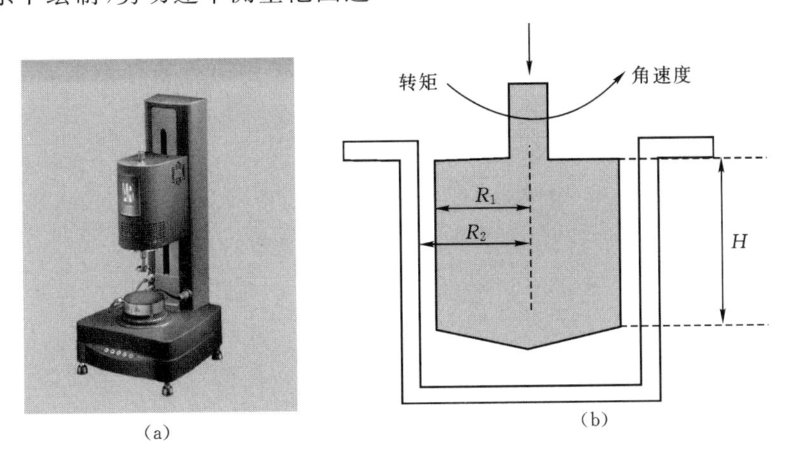

图2-8　流变仪及其测试原理

1.颗粒级配的影响

研究表明采取颗粒级配技术能显著降低陶瓷浆料粘度，有利于制备高固相含量的陶瓷浆料[26]。表2-5为陶瓷浆料制备实验方案，陶瓷浆料具有相同的固相体积分数，均为 56%，预混液质量分数为 15%，电熔刚玉粗细颗粒比例及矿化剂加入量不同，按照上述工艺流程制备陶瓷浆料。选择上海精密科学仪器有限公司提供的 NDJ－8S 型数显粘度计测定陶瓷浆料粘度。

表 2－5 陶瓷浆料制备实验方案

质量分数/% 实验编号	基体材料		矿化剂		代码
	粗颗粒	细颗粒	氧化镁	氧化钇	
1	0	100	—	—	—
2	25	75	—	—	—
3	50	50	—	—	—
4	60	40	—	—	—
5	65	35	—	—	—
6	70	30	—	—	—
7	75	25	—	—	A
8	80	20	—	—	—
9	90	10	—	—	—
10	75	15	4	6	B_1
11	75	14	4	7	B_2

图 2－9 所示为不同粗细颗粒配比的陶瓷浆料粘度变化曲线。全部由小颗粒组成的陶瓷浆料粘度最高，达到 2.726Pa・s，而当粗细颗粒之比为 60∶40 时，粘度最小，仅为 0.245 Pa・s，前者是后者的 11 倍。随着粗颗粒含量提高，粘度又开始增加，当粗细颗粒之比为 80:20 时，陶浆粘度达到了 1.236 Pa・s，失去了填充复杂光固化树脂原型能力。这是因为，陶瓷浆料中每个颗粒表面吸附一层厚度约 1.0nm 的水膜，小颗粒表面积比大颗粒表面积大，所吸附的水膜总量多，使得陶瓷浆料中自由水减少，颗粒移动时摩擦阻力变大，粘度增加，同时，小颗粒表面能较高，易产生局部团聚，团聚的假颗粒中包裹一些自由水，这也导致陶瓷浆料粘度升高[27]。因此，减小细颗粒比例可以迅速降低陶瓷浆料粘度。但随着级配所得浆料中粗颗粒含量的增多，浆料的流变类型发生变化，从 Casson 流变模型向 Bingham 流变模型和涨流流变模型转变[31]。Casson 流变模型呈现剪切稀化的特性，而 Bingham 流变模型具有一个近似稳定的塑性粘度，其颗粒间形成了疏松而有弹性的网状结构，陶瓷浆料在流动变形之前必须在一定程度上先拆散颗粒间的结构，使颗粒发生相对运动，具有一定的屈服值，粗颗粒含量为 65%、70%和 75%的陶瓷浆料属于此种模型。当粗颗粒含量达到 80%以上时，陶瓷浆料转变为膨胀型流体，具有剪切变稠特性和较高的粘度值。

2. 矿化剂的影响

图2-10所示为矿化剂对陶瓷浆料粘度影响，陶瓷浆料粘度随着矿化剂的加入而增大，当氧化钇的含量从6%增加至7 %时，陶瓷浆料粘度从0.875 Pa·s上升至1.202 Pa·s。这是因为氧化钇微粉极易团聚，从而使陶瓷浆料粘度上升。

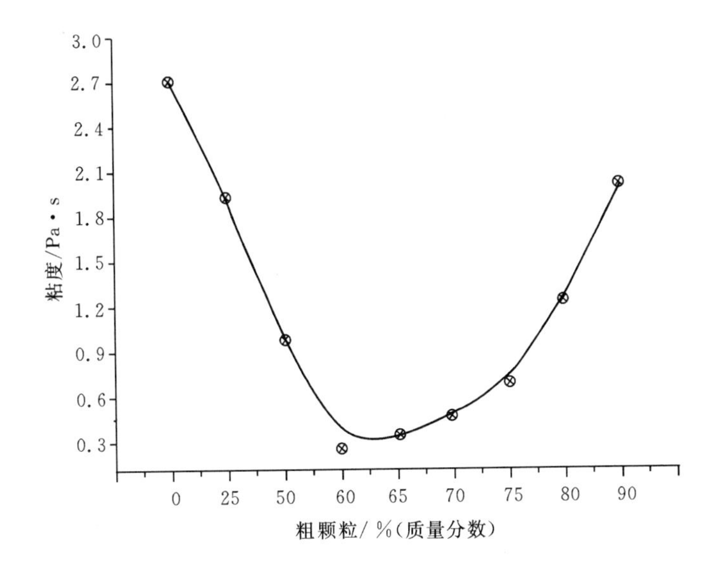

图2-9　颗粒级配陶瓷浆料粘度变化曲线

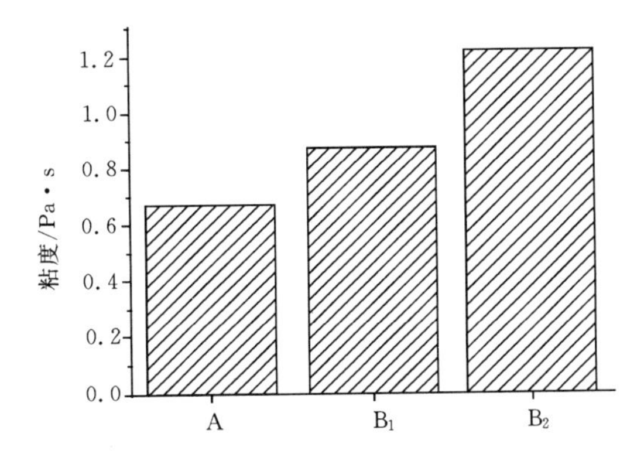

图2-10　矿化剂对陶瓷浆料粘度影响(质量分数为4%的MgO)

MgO粉末加入预混液中后，其与去离子水反应生成$Mg(OH)_2$，溶解的Mg^{2+}增加了反离子浓度，氧化镁的水解会使悬浮液呈弱碱性，降低了分散剂的分散效果，从而使陶瓷浆料粘度增加，流动性变差。为了保证陶瓷浆料的成形工艺性，合适的矿化剂加入量：MgO 质量分数为 4%，Y_2O_3 质量分数为 6%。

3. 分散剂添加量的影响

图 2-11 为在不同的分散剂作用下，陶瓷浆料粘度变化曲线。当分散剂加入量较小时，陶瓷浆料粘度随着分散剂的增加而逐步降低，并存在一个最低点，而后随着分散剂加入量增加，陶瓷浆料粘度开始增大。其原因是：聚丙烯酸钠对固相颗粒的分散是通过静电双电层稳定作用实现的，聚丙烯酸钠首先在水中电离出阴离子基团，阴离子基团与 $Al(OH)^{2+}$ 有较强的亲和作用，在固相颗粒表面形成一层溶剂化膜，使固相颗粒间的凝聚作用减弱、摩擦阻力减小，固相颗粒相互分散。当分散剂量太少，聚合物基团不能完全吸附所有固相颗粒表面，因此固相颗粒间静电斥力较小，不足以克服范德华吸引力，固相颗粒分散效果不好，陶瓷浆料稳定性差；当分散剂太多时，多余的分散剂并不会吸附在颗粒的表面，这使得陶瓷浆料中电解质含量增加，颗粒表面的双电层受到压缩而变薄，且聚合物自身粘度较高易桥联，导致浆料粘度上升。合适的分散剂量可以使聚合物基团一端吸附在颗粒表面，另一端伸向溶剂，聚合物充分分散，形成空间位垒和静电位阻，阻碍颗粒的聚集。实验结果表明当聚丙烯酸钠加入质量分数为 3.0%，陶瓷浆料粘度最小为 0.645 Pa·s。

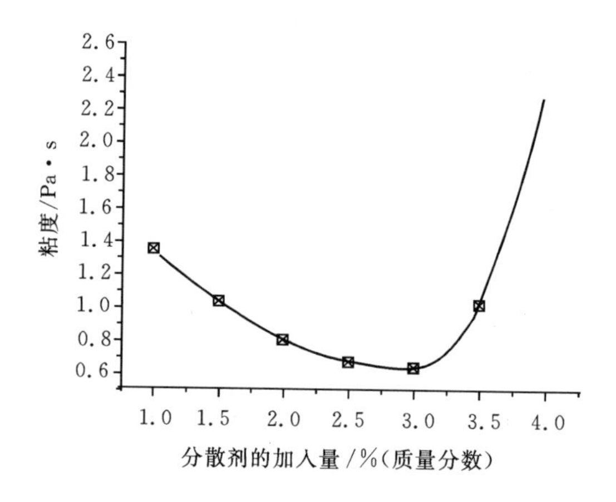

图 2-11　分散剂的加入量对陶瓷浆料粘度的影响

4. 球磨时间的影响

图 2-12 为球磨时间对陶瓷浆料粘度影响曲线（分散剂质量分数为 3.0%）。

陶瓷浆料的粘度随着球磨时间的延长先减小而后增大。当球磨时间小于 1.8 h 时，粘度随时间增加而逐渐减小，在 1.8～3 h，粘度变化幅度很小，呈略上升趋势，当球磨时间超过 3 h，陶瓷浆料粘度迅速增大。

通过球磨可以破坏颗粒之间的团聚，使分散剂充分地吸附在颗粒表面，有利于发挥静电双电层稳定作用，使得陶瓷浆料粘度降低。当分散剂与颗粒之间吸附达到平衡后，再继续增加球磨时间，对陶瓷浆料流变性不会有大的改善。相反，当球磨时间超过 3 h，由于不规则的陶瓷颗粒在不断的碰撞和挤压过程中逐渐球形化，使得颗粒粒径变小，其表面积增大，所吸附的水膜总量增多，相对而言，浆料中自由水减少，陶瓷颗粒之间摩擦阻力变大，陶瓷浆料粘度增加，合适的球磨时间应控制在 2～3 h。

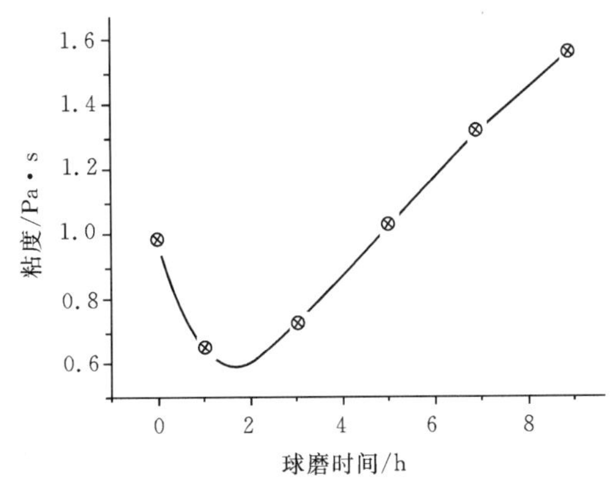

图 2-12 球磨时间对陶瓷浆料粘度的影响

5. pH 值的影响

pH 值对陶瓷浆料的流变性的影响如图 2-13 所示。陶瓷浆料的粘度随着 pH 值的增大而降低，存在一个最佳 pH 值点，约 9.5，随后陶瓷浆料的粘度有一定的回升。聚丙烯酸钠是一种阴离子型聚合电解质，在去离子水中发生离解反应，见反应式(2-2)。

$$RCOOH + H_2O = RCOO^- + H_3O^+ \tag{2-2}$$

聚丙烯酸钠的离解度随着 pH 值变化而变化，pH 值很小时，离解度趋近于零，几乎没有羧酸基存在，聚合物的电性为中性，此时仅有空间位阻作用，聚合电解质易团聚，导致陶瓷浆料粘度增大。随着 pH 值逐渐增大，聚合物的电性逐渐变为负电性，达到 9.5 时，离解度最大，固相颗粒分散性最佳。根据 DLVO 理论，在静电位阻稳定作用下，陶瓷浆料的稳定性和分散性均达到最佳状态，粘度也最小，继续提高料浆的 pH 值，颗粒对分散剂的饱和吸附量下

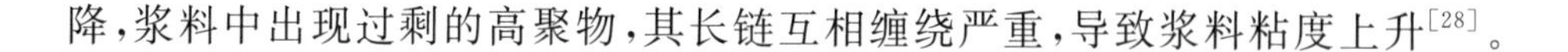

降，浆料中出现过剩的高聚物，其长链互相缠绕严重，导致浆料粘度上升[28]。

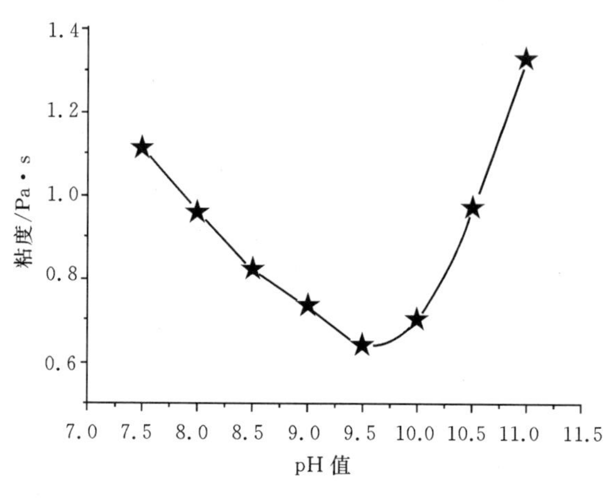

图 2-13 陶瓷浆料粘度与 pH 值的关系

6. PEG 对陶瓷浆料粘度影响

在预混液中加入适量的聚乙二醇（PEG6000），能有效克服有机单体聚合时氧阻聚问题，从而消除凝胶注模成形坯体的表面起皮现象，也有助于防止低固相体积分数陶瓷坯体在干燥过程中开裂[29,30]。但 PEG6000 的加入会对陶瓷浆料粘度有所影响，图 2-14 表示 PEG6000 的加入对陶瓷浆料粘度的影响曲线，随着 PEG6000 用量的增加，陶瓷浆料的粘度逐渐增加。

PEG 含有羟基和醚键两种亲水基，具有很好的水溶性和稳定性，不易受电解质及酸和碱影响。PEG 长链分子易与 $Al(OH)^{2+}$ 颗粒表面建立较强的氢键，其醚键也易与含氧的胶粒表面产生离子亲和作用，所以 PEG 比较容易吸附于固相颗粒表面，形成一层高分子保护膜。而其呈蛇形的分子键伸向水溶液中，又使得保护膜具有一定厚度，呈现空间位阻效应，更有效地防止微粉团聚。PEG 的空间位阻作用随着氧化铝颗粒表面吸附量的增加而增加，当吸附量过大时 PEG 分子间容易胶合，使氧化铝颗粒在水中的运动变得困难，从而增加了陶瓷浆料的粘度。因此，为了防止坯体起皮缺陷，同时保证陶瓷浆料的流动性，加入 PEG 一般质量分数为 10%～20%。

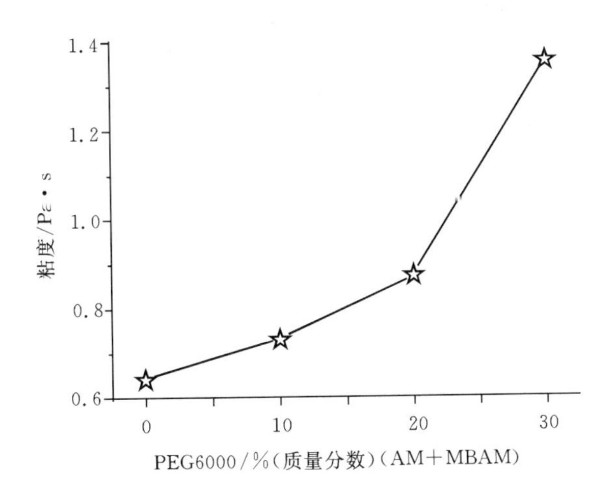

图 2-14　陶瓷浆料粘度与 PEG 用量的关系

7. 固相含量的影响

陶瓷浆料的充型能力不仅与其粘度大小相关，而且与浇注工艺条件(压力、固化时间、振动与否等)和模具结构相关。为了评价不同固相体积分数的陶瓷浆料充填能力，设计了如图 2-15 所示的标准试样，标准试样具有较曲折细小的流通通道，参照空心透平叶片的最小特征尺寸，U 型管径设计为 Φ2 mm，流道有足够的长度(210 mm)，U 形管道凸起高度为 30 mm。并提供稳定的浇注压头(浇注压头60 mm)和相同的浇注工艺条件，测试陶瓷浆料本身的流动性对充型能力的影响。

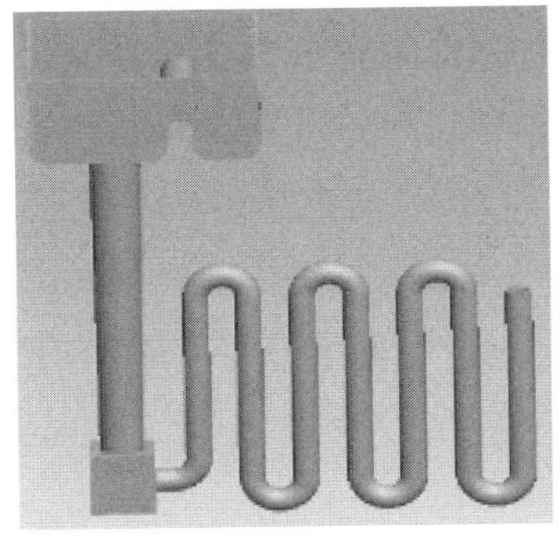
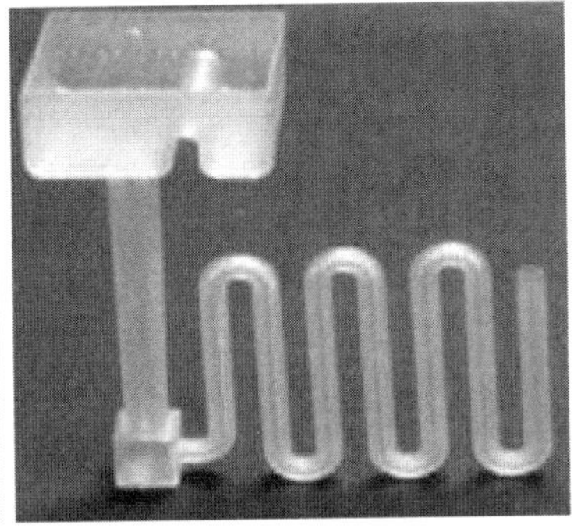

图 2-15　标准试样的 CAD 模型图和光固化树脂原型

按照上述配方设计及其制备工艺(分散剂加入量质量分数为 3.0%，球磨时间为2h,PEG加入量质量分数为10%,pH值为9.5),分别制备固相体积分数为45%、50%,55%、56%、58%、60%的陶瓷浆料,利用NDJ－8S型数显粘度计测定浆料粘度值。加入适量的催化剂和引发剂,控制注浆时间为10 min。充型时陶瓷浆料先缓慢地注入池型浇口杯中(35 mm×35 mm),然后溢过凸肩,平缓流到浇口杯的另一侧,再通过直浇道连续注入U形管道中。观察陶瓷浆料是否完全填充标准试样,并记录完全填充所需的时间,测量填充长度。

表2-6为不同固相体积分数的陶瓷浆料充型结果。

表2-6 不同固相体积分数的陶瓷浆料充型结果

固相体积分数/%	粘度值/Pa·s	填充状况	填充时间/s	填充长度/mm
45	0.110	完全流通	15	210
50	0.426	完全流通	25	210
55%	0.645	完全流通	40	210
56%	0.875	完全流通	100	210
58%	1.208	基本流通	240	210
60%	2.575	不流通	——	70

陶瓷浆料粘度随着固相体积分数的提高而增大。当陶瓷浆料粘度小于1 Pa·s时,能够在较短时间填充标准试样;而当粘度超过1 Pa·s时,如体积分数为58%的陶瓷浆料基本能够填充标准试样;而粘度超过2.575 Pa·s时,陶瓷浆料基本失去填充能力。粘度低的陶瓷浆料填充能力强,其固相体积分数也小,这种陶瓷浆料成形工艺性好,便于制备复杂陶瓷坯体,但干燥收缩率和烧成收缩率较大,容易开裂、变形,陶瓷浆料固相体积分数过大,粘度太高,不利于除去其中气泡[31]。在保证陶瓷浆料具有一定的充型能力前提下,尽可能选择高的固相体积分数。未作特别说明,本章后续实验中固相体积分数确定为56%,对应的粘度为0.875 Pa·s。

2.3.3 粘度预测理论模型

通过实验可以容易地确定一种选定的粗细颗粒级配粉体的最佳体积比,但如果该种特定的级配粉体其中的单级粉体发生了变化,那么最佳体积比需要重新通过实验来确定。同时由上一节研究表明,不同级配粉体在各自最佳体积比下的粘度可能还有很大差异,所以仅通过实验来确定一种最佳浆料是不科学、不经济的。故针对本工艺中使用的可能频繁变化的基体单峰粉体，建立粘度预测理论模型就显得意义重大。虽然理论模型的预测精度可能不足而难以直接确定一种最佳的级配粉体，但也可以起到缩小实验对象的范围，从而降低工作量和实验成本。

1. 粗细粉体体积比预测

固相粉体制成的陶瓷浆料的粘度是由溶剂粘度和相对粘度相乘得到的，相对粘度由固相粉体决定，并随着粉体固相含量的提高而成幂律增长，多数研究者认同的粘度方程包括 Krieger-Dougherty 方程[32-34]：

$$\eta = \eta_0 \left(1 - \frac{\phi}{\phi_{\max}}\right)^{-[\eta]\phi_{\max}} \tag{2-3}$$

以及 Quemada 方程：

$$\eta = \eta_0 \left(1 - \frac{\phi}{\phi_{\max}}\right)^{-\varepsilon} \tag{2-4}$$

其中 $\phi_{\max}$ 为一种粒度分布的粉体对应的最大固相含量，当该种粉体的固相含量 ϕ 达到 $\phi_{\max}$ 时，颗粒完全密实堆积，浆料无法流动，粘度趋于无穷大，所以 $\phi_{\max}$ 也可理解为堆积密实度。由以上两方程可以看出，$\phi_{\max}$ 越大，相同固相含量下浆料的相对粘度越小。所以可以通过考察不同粉体级配对应的最大固相含量来预测其浆料粘度。

Funk 和 Dinger 提出一种颗粒最紧密堆积时对应的粒度分布函数[35]：

$$V = \frac{D^n - D_{\min}^n}{D_{\max}^n - D_{\min}^n} \tag{2-5}$$

式中，V 为小于该尺寸的累积体积分数；$D_{\max}$ 为最大颗粒粒径；$D_{\min}$ 为最小颗粒粒径；当 n 取 0.25～0.3 时，密实度最大，本章取下限 0.25。可以计算同种基体颗粒在不同体积比下的实际粒度分布曲线与理想分布曲线的均方差，通过这个值的大小来反映不同级配粉体的堆积密实度与其理想最大密实度的偏差程度，从而判断其 $\phi_{\max}$ 的大小，偏差越大，$\phi_{\max}$ 越小，所以在相同固相含量时浆料表观粘度越大。使用六种基体单峰粉体进行级配，制成两种块状颗粒和一种球形颗粒的级配粉体，其粒度分布特点如图 2-16(a)(c)(e)所示，三种级配粉体的不同粗细体积比对应的累计体积分布及各自的 Dinger-Funk 理想分布如图 2-16(b)(d)(f)所示。

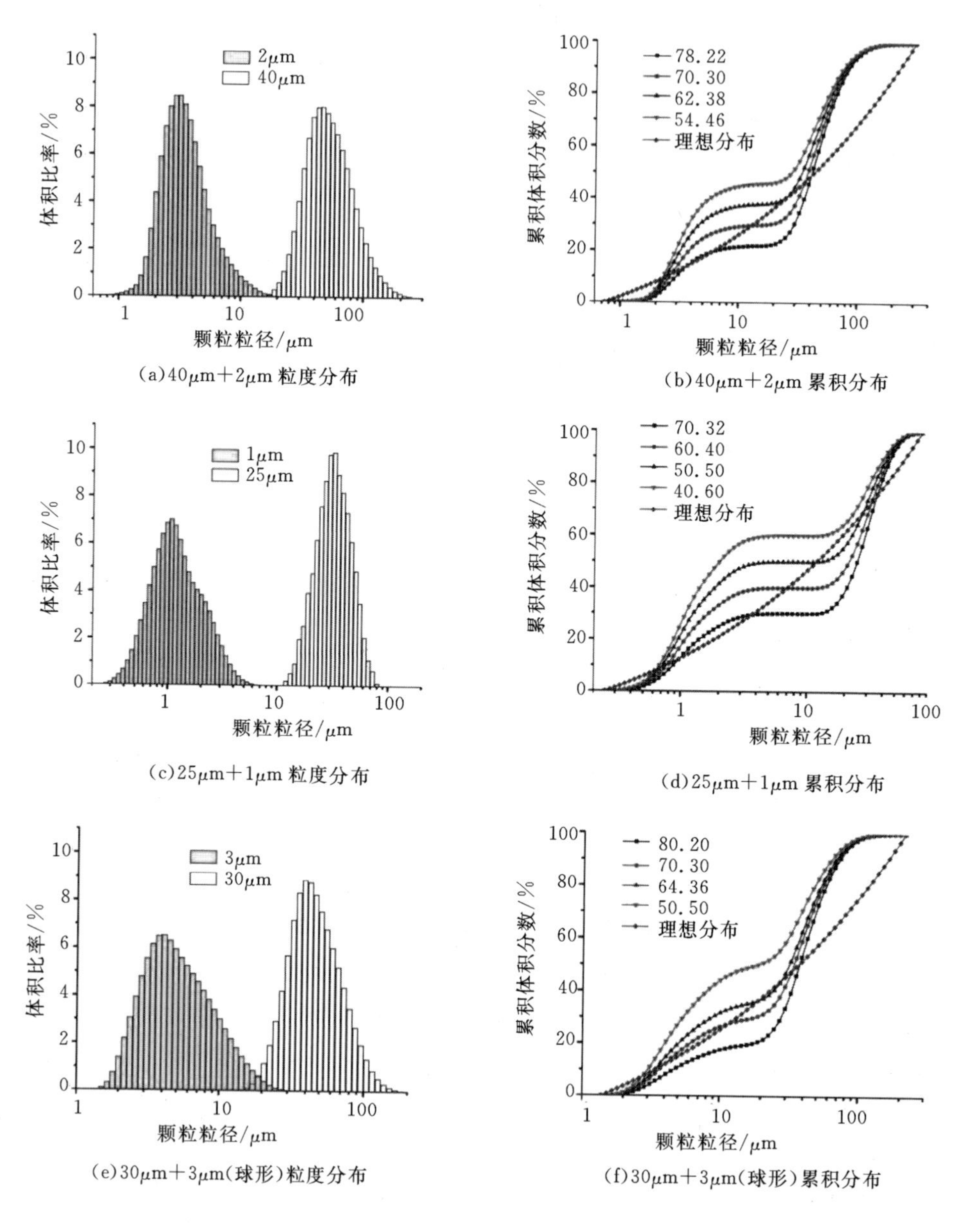

(a)40μm+2μm 粒度分布

(b)40μm+2μm 累积分布

(c)25μm+1μm 粒度分布

(d)25μm+1μm 累积分布

(e)30μm+3μm(球形)粒度分布

(f)30μm+3μm(球形)累积分布

图 2-16 级配颗粒体积比与 Dinger-Funk 理想分布对比

这种差异主要是由陶瓷颗粒在悬浮系中实际颗粒粒径变化导致的，这一点在前述章节中已做过一定的讨论。在实际颗粒悬浮系中，静电-空间稳定作用的分散剂吸附在陶瓷颗粒表面，使得颗粒有效粒径发生变化：$d_{eff}=d+\delta$，δ 为吸附层厚度，δ会因受到压缩和相互干涉而随固相含量发生变化，不规则块状与规则球状颗粒均存在这种增量。另外布朗运动使得颗粒自身产生自转，从而导致不规则块状颗粒的有效粒径增大，可以用比表面积表征，即 $d_{eff}=\frac{A_K}{A_Q}\cdot d$，其中 A_K 和 A_Q 分别为块状颗粒和理想球状颗粒的比表面积，鉴于使用的块状颗粒均为同一种制造工艺，可以认为 A_K/A_Q 为常数α，适用于所有块状级配粉体。这种因布朗运动产生的粒径增量不会随固相含量变化而变化，属于硬粒径增量，仅不规则颗粒存在。

综合以上讨论，陶瓷颗粒在悬浮系中的有效粒径为：$d_{eff}=\alpha\cdot d+\delta$，其中$\delta$大致取 60nm[36]，根据块状颗粒比表面积测定结果取 $\alpha=1.5$，按照有效粒径进行修正后的理论-实际偏差曲线与实验测得粘度的变化趋势得到了良好的吻合，即累积体积分数分布函数与 D－F 理想分布函数偏差越小，对应的浆料粘度越低，故可以使用偏差最低点对应的配比指导陶瓷级配粉体最佳体积比的确定。

2. 相对粘度估算

Dinger-Funk 方程的局限在于，对于具有相同单级基体粉体的级配粉体，可以通过对比不同单级粉体体积比下自身能达到的堆积密实度与最大密实度的接近程度，从而判断其最佳体积比，但无法得到不同基体级配粉体本身的最大密实度。对于任意基体分体材料的最大密实度估算，有诸多国外学者进行了研究，对他们的研究成果进行了选择和修正，同时提出了一些新的计算方法，整合应用于本工艺制备凝胶注模陶瓷浆料的粘度估算中。

McGeary[37]通过实验和理论计算推导出单一粒径的球形颗粒在正交化密实堆积时，其堆积密实度为 $\phi_{mono}=0.625$。由此可以计算 n 级级配颗粒的理想最大堆积密实度：

$$\phi_{nult}=1-(1-\phi_{mono})^n \tag{2-6}$$

Sudduth[38]提出了与 McGeary 的实验数据最相符合的理论公式：

$$\phi_{n\max}=\phi_{nult}-(\phi_{nult}-\phi_{mono})e^{\alpha(1-R)} \tag{2-7}$$

式中，α 为常数；R 为相邻级颗粒粒径比；ϕ_{mono} 为单一粒径颗粒的堆积密实度；ϕ_{nult} 为 n 级级配颗粒理想最大堆积密实度；$\phi_{n\max}$ 为 n 级级配颗粒实际最大堆积密实度。

容易发现，ϕ_{mono} 已知时，当 $n\to\infty$时，$\phi_{nult}\to 1$；当 $R=1$，$\phi_{n\max}=\phi_{mono}$；当 $R\to\infty$，$\phi_{n\max}=\phi_{nult}$。这可以容易理解为：单级级配颗粒的堆积密实度即等于单一粒径的堆积密实度，无限级级配并且粒径比趋于无穷大时，较细一

级的颗粒都能在较粗一级颗粒形成的间隙中达到自身的密实堆积，并且一级一级无限地填充使堆积密实度达到1，即完全填充。但大多数级配粉体所使用单级颗粒均为一种类正态分布的粉体，所以将这种宽分布粉体理解为一种由 m 种单一粒径颗粒级配而成的 m 级级配粉体，对于两种非单一粒径宽分布的单峰粉体，仅根据 R 计算的式(2-8)显然不再适用，Sudduth针对这种宽粒度分布的单峰粉体将式(2-8)修正如下[43]：

$$\phi_{n\max} = \phi_{\text{nult}} - (\phi_{\text{nult}} - \phi_{\text{mono}}) \mathrm{e}^{\alpha\left(1-\frac{D_5}{D_1}\right)} \tag{2-8}$$

$$D_x = \frac{\sum_{i=1}^{n} N_i d_i^{x}}{\sum_{i=1}^{n} N_i d_i^{x-1}} \tag{2-9}$$

其中，N_i 与 d_i 分别为单峰颗粒中第 i 级颗粒的个数与粒径。

所以对于任何单峰粉体，当其精确的粒度分布(由 n 级单一粒径组成)已知，则可以由上式预估其最大固相含量。当粉体分布形状畸变为双峰、多峰或过宽的粒径范围，则上式的误差迅速增大，所以上式仅适用于预测本工艺中的单峰粉体，而无法直接预测级配后粉体的最大固相含量。至今也没有一种公式或模型能够直接良好地预测出双峰级配粉体的最大固相含量，所以通过直接计算级配后粉体的 $\phi_{n\max}$ 从而通过K-D方程直接计算相对粘度是困难的。

Ferris[39]认为如果先后将单一粒径的细、粗颗粒加入到溶剂预混液中，当粗细颗粒粒径比足够大(＞10)时，已有的细颗粒悬浮系对于粗颗粒可以认为是另一种溶剂预混液，故可用粗细颗粒悬浮系的各自相对粘度相乘来计算级配悬浮系的相对粘度，即 $\eta_r = \eta_{cr} \cdot \eta_{fr}$ 。对于本章中三种级配颗粒，其粒径比均大于10，故可用上式计算最终浆料的相对粘度，其中粗细单峰颗粒的相对粘度可以通过K-D方程和Sudduth模型计算出的最大固相 $\phi_{n\max}$ 计算得到。

K-D方程中还需要的已知量为的单级粉体实际固相含量 ϕ，前述章节已经讨论了关于陶瓷颗粒在分散悬浮系中的软球模型，修正到K-D方程中单级粉体实际固相含量 ϕ 变为有效固相含量 ϕ_{eff} 。吸附层厚度与粒径大小是否相关在学术界说法不一，以本章中研究的几种陶瓷粉体为对象，当认为其颗粒表面吸附层厚度随粒径变化时，换算到K-D方程中得到的计算结果与实验测得数据相近，反之则相差较大，所以本章认为氧化铝颗粒的有效吸附层厚与粒径相关，对应关系按照Greenwood的研究结果[36]选取为：

$$\delta_i = \mathrm{d}_i{}^{\varepsilon} \tag{2-10}$$

δ_i 为第 i 级颗粒的吸附层厚度；ε 为常量，取0.8～0.9。

另外当颗粒间距因实际固相含量提高而变小时颗粒表面的吸附层厚度会受到压缩变薄，并且间距越小吸附层被压缩得越显着，同时也影响了浆料的有效固相含量。这种颗粒在悬浮分散系中因拥挤而受到压缩的变化规律可以很好地用自然律 e 来表征，本章定义压缩因子 γ =（受压缩有效固相含量）/（零压缩有效固相含量），表达式如下：

$$\gamma_c = \sum_{j=1}^{n} f_{cj}\left(1+\frac{\delta_{cj}}{d_{cj}}\cdot\left(1-\frac{X\varphi}{\varphi_{\max c}}\right)^{\frac{\varphi_{\max c}}{X\varphi}}\cdot \mathrm{e}\right)^3 \tag{2-11}$$

$$\gamma_f = \sum_{i=1}^{n} f_{fi}\left(1+\frac{\delta_{fi}}{d_{fi}}\cdot\left(1-\frac{(1-X)\varphi}{(1-X\varphi)\varphi_{\max f}}\right)^{\frac{(1-X\varphi)\varphi_{\max f}}{(1-X)\varphi}}\cdot \mathrm{e}\right)^3 \tag{2-12}$$

式中，φ 为级配粉体的实际固相含量；X 为级配粉体中粗粉所占体积百分比；f_{cj} 为粗粉中第 j 级单粒径颗粒占粗粉的体积百分比；f_{fi} 为细粉中第 i 级单粒径颗粒占细粉的体积百分比。

可见当 $\varphi \to 0$，$\gamma \to \sum_{i=1}^{n} f_i\left(1+\frac{\delta_{fi}}{d_{fi}}\right)^3$；$\varphi \to \varphi_{\max}$，$\gamma \to \sum_{i=1}^{n} f_i = 1$。

对于块状颗粒还需添加形状因子 β_k 来修正其不规则外形对有效固相含量的影响，形状因子与块状颗粒粒径大小有关，综合以上讨论可以得到总的级配浆料的相对粘度计算公式如下：

$$\eta_r = \eta_{cr}\cdot\eta_{fr} \tag{2-13}$$

$$\eta_{fr} = \left(1-\frac{(1-X)\varphi\,(1+\beta_{kf})^3\gamma_f}{(1-X\varphi)\varphi_{\max f}}\right)^{-[\eta]\varphi_{\max f}} \tag{2-14}$$

$$\eta_{cr} = \left(1-\frac{X\varphi\,(1+\beta_{kc})^3\gamma_c}{\varphi_{\max c}}\right)^{-[\eta]\varphi_{\max c}} \tag{2-15}$$

与式(2-11)、(2-12)联立可以求得 η_r，其中 φ、X、$[\eta]$、β_k 为已知量，f_{cj}、f_{fi}、d_{cj}、d_{fi} 通过粗、细粉体粒度分布测定可知。

2.4　陶瓷浆料充型能力

凝胶注模技术中使用的低粘度高固相含量陶瓷浆料的固相含量通常要求在 50%以上。这种高固相含量的陶瓷颗粒悬浮系属于非牛顿流体，其粘度随剪切速率变化而变化，仅使用某一剪切速率下的表观粘度来衡量和评价一种浆料的流动性是片面的。在实际充型过程中浆料流入光固化原型时各处流速不同从而使剪切速率不同，故每处所受的粘性力也不同。因此，需要研究陶瓷浆料的流变学特性，通过建立数学模型分析流变特性及工艺结构条件对陶瓷浆料充型能力的影响。

陶瓷浆料在充型树脂负型模具过程中的流动特性可以分为湍流和层流。在非细小结构处杂乱无章的湍流，可以通过非牛顿流体的有限容积数值计算模拟来进行大致分析；在气膜、冲击孔等类似圆管的细小结构处，根据大致计算的雷诺数(＜1)，填充过程可视为浆料在圆管中的层流。而实际上浆料难以充满的部位均发生在细小型芯处，故综合以上特点，可以通过分析一种非牛顿陶瓷浆料在细圆管中的流动，建立简化的数学模型，将一种陶瓷浆料在一定长度的圆管中的流动时间与结构、工艺参数以及浆料的流变特性参数联系起来，从而得到各参数对浆料的细微结构流动充型能力的影响。

对于正的速度梯度，流体内摩擦应力可表示剪切速率的幂[40]：

$$\tau_{yx} = \eta\left(\frac{\mathrm{d}u_x}{\mathrm{d}y}\right)^n \tag{2-16}$$

$$\ln\mu = \ln\frac{\tau_{yx}}{\dfrac{\mathrm{d}u_x}{\mathrm{d}y}} = (n-1)\ln\left(\frac{\mathrm{d}u_x}{\mathrm{d}y}\right)+\ln\eta \tag{2-17}$$

式中，τ_{yx} 为剪切内应力；$\mathrm{d}u_x/\mathrm{d}y$ 为正的速度梯度(剪切速率)；μ 为动力粘度；n 为无量纲参数；P 为 $1\mathrm{s}^{-1}$ 剪切速率下的粘度值。

牛顿流体符合牛顿内摩擦定律，对应 $n=1$，非牛顿流体通过参数 n 的变化反映自身流变特性。$n<1$ 对应伪塑性，$n>1$ 对应胀塑性，由式(2-17)易知 n 越小伪塑性越明显，n 越大胀塑性越明显。上节研究表明，本工艺使用的陶瓷浆料均由伪塑性向胀塑性转变，考虑到细小结构的尺寸十分微小，陶瓷浆料在其中缓慢的层流致使整个填充过程中剪切速率基本在 $50\ \mathrm{s}^{-1}$ 以下，而低于这个剪切速率时陶瓷浆料均呈现近线性的剪切稀化，所以本章取 n 为(0,1)内的变量即可满足实际分析需要。

图 2-17 为柱坐标下圆管内的流体微元的瞬态非恒定层流受力情况，忽略质量力，且流场关于 x 轴对称，所以 x 方向的表面力与惯性力受力平衡条件为：

$$-\frac{\partial\sigma_{xx}}{\partial x}\mathrm{d}x\cdot r\mathrm{d}\theta\mathrm{d}r+\left(\tau_{rx}+\frac{\partial\tau_{rx}}{\partial r}\mathrm{d}r\right)\cdot\mathrm{d}x(r+\mathrm{d}r)\mathrm{d}\theta-\tau_{rx}\cdot\mathrm{d}xr\mathrm{d}\theta=\rho r\mathrm{d}\theta\mathrm{d}x\mathrm{d}r\frac{\mathrm{d}v_x}{\mathrm{d}t} \tag{2-18}$$

化简并略去高阶微量得：

$$-\frac{\partial P}{\partial x}+\frac{\partial\tau_{rx}}{\partial r}+\frac{\tau_{rx}}{r}=\rho\frac{\mathrm{d}v_x}{\mathrm{d}t} \tag{2-19}$$

其中，ρ 为流体密度；P 为圆管内压力分布，是管长方向 x 和时间 t 的函数；v_x

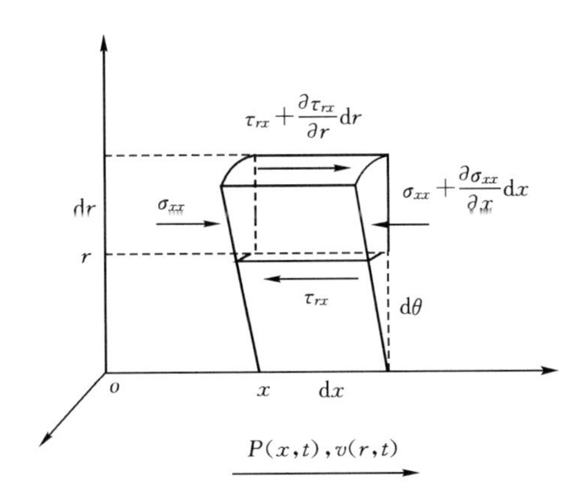

图 2 - 17　柱坐标圆管层流时的流体微元受力情况

为流体流速，由层流态和连续性条件可知，$v_x=v$ 仅为管径方向 r 和时间 t 的函数，故有：

$$\frac{\mathrm{d}v_x}{\mathrm{d}t}=\frac{\partial v_x}{\partial t}+v_x\frac{\partial v_x}{\partial x}=\frac{\partial v}{\partial t} \tag{2-20}$$

轴对称一维圆管层流中的非牛顿流体内摩擦关系为：

$$\tau_{rx}=\begin{cases}\eta\left(\frac{\partial v}{\partial r}\right)^n & \frac{\partial v}{\partial r}>0\\ -\eta\left(-\frac{\partial v}{\partial r}\right)^n & \frac{\partial v}{\partial r}<0\end{cases} \tag{2-21}$$

将式(2 - 20)、(2 - 21)代入式(2 - 19)中得：

$$-\frac{\partial P}{\partial x}+\eta n\left(-\frac{\partial v}{\partial r}\right)^{n-1}\frac{\partial^2 v}{\partial r^2}-\frac{\eta}{r}\left(-\frac{\partial v}{\partial r}\right)^n=\rho\frac{\partial v}{\partial t} \tag{2-22}$$

即为忽略质量力的非牛顿流体圆管瞬态层流下的纳维一斯托克斯方程。

由 v 与 x 无关可知压力沿程均匀损失，故有：

$$\frac{\partial P}{\partial x}=\frac{\partial}{\partial x}\frac{(H-\Delta)(l-x)}{l}=\frac{\Delta-H}{l} \tag{2-23}$$

式中，H 为水位压头；Δ 为管口局部压力损失；R 为圆管半径；l 为已流动长度。$x\rightarrow l$ 时，层流状态破坏，r 方向产生速度脉动使得液面均匀迁移，设此处 x 方向的速度为 u，仅为时间 t 的函数，则由连续性条件，t 时刻有：

$$\pi R^2u(t)=\int_0^R 2\pi r\cdot v(r,t)\mathrm{d}r \tag{2-24}$$

于是分别得到 l, Δ 为：

$$l=\int_0^t u(\tau)\mathrm{d}\tau=\int_0^t\left(\frac{1}{\pi R^2}\int_0^R 2\pi r\cdot v(r,\tau)\mathrm{d}r\right)\mathrm{d}\tau \tag{2-25}$$

$$\Delta = \xi \frac{\rho\ (u(t))^2}{2} \text{[41]} \tag{2-26}$$

其中 ξ 为局部阻力系数，由圆管入口形状决定。忽略管内末端气液两相界面液面附近的湍流，将上述四式代入方程(2-22)得：

$$\frac{HR^2 - \frac{2\xi\rho}{R^2}\left(\int_0^R rv\mathrm{d}r\right)^2}{2\int_0^t\int_0^R r \cdot v(r,\tau)\mathrm{d}r\mathrm{d}\tau} + \eta n \left(-\frac{\partial v}{\partial r}\right)^{n-1} \frac{\partial^2 v}{\partial r^2} - \frac{\eta}{r}\left(-\frac{\partial v}{\partial r}\right)^n = \rho\frac{\partial v}{\partial t} \tag{2-27}$$

以上非线性偏微分方程无法求得分析通解，故只寻求特解。暂不考虑实际情况下的初始条件，设 v 仅为 r 的一元函数，设 $H = \alpha t + \frac{2\xi\rho}{R^4}\left(\int_0^R rv\mathrm{d}r\right)^2$ 使方程恒成立，其中 $\alpha = \rho g v_{\uparrow}$ 表示单位时间液位压强的变化量，$v_{\uparrow}$ 表示液位上升速度，从而得：

$$\frac{\alpha R^2}{2\int_0^R rv\mathrm{d}r} + \eta\left(n\left(-\frac{\mathrm{d}v}{\mathrm{d}r}\right)^{n-1}\frac{\mathrm{d}^2 v}{\mathrm{d}r^2} + \frac{1}{r}\left(-\frac{\mathrm{d}v}{\mathrm{d}r}\right)^n\right) = 0 \tag{2-28}$$

简化后的方程物理意义发生变化，由瞬态非恒定层流变为在线性时变压头下经一段时间发展(初始速度不为零)的瞬态恒定层流，那么容易求得方程(2-22)在 $H = \alpha t + \frac{2\xi\rho}{R^4}\left(\int_0^R rv\mathrm{d}r\right)^2$ 条件下对应的特解。

根据边界条件 $v(R,t) = 0$，设 $v = a(R^\lambda - r^\lambda)$，代入式(2-28)得：

$$\frac{\alpha(\lambda + 2)}{a\lambda R^\lambda} - \eta(n\lambda - n + 1)(a\lambda)^n \lambda r^{n\lambda - n - 1} = 0 \tag{2-29}$$

由上式恒成立条件得：$\lambda = \frac{n+1}{n}$，进而反解得到 a，于是得到方程(2-22)的一组压力—速度分布特解：

$$P = \rho g v_{\uparrow} t - \left(\frac{3n+1}{n} \cdot \rho g v_{\uparrow}\right)^{\frac{n}{n+1}} (2\eta)^{\frac{1}{n+1}} \cdot \frac{x}{R} \tag{2-30}$$

$$v = \left(\frac{\rho g v_{\uparrow}}{2\eta}\right)^{\frac{1}{n+1}} \left(\frac{n}{3n+1}\right)^{\frac{n}{n+1}} \left(\frac{3n+1}{n+1}\right) \cdot \frac{R^{\frac{n+1}{n}} - r^{\frac{n+1}{n}}}{R^{\frac{1}{n}}} \tag{2-31}$$

其中 $0 < x < \left(\frac{\rho g v_{\uparrow}}{2\eta}\right)^{\frac{1}{n+1}} \left(\frac{n}{3n+1}\right)^{\frac{n}{n+1}} Rt$，$0 < r < R$

圆管内流动的初始发展阶段非常短因而忽略，由此将该组特解应用于陶瓷浆料流通冲击孔、气膜孔以使各参数与充型能力相关联。

易知平均流速为：

$$v_{avg}=\frac{1}{t}\int_0^t\left(\frac{1}{\pi R^2}\int_0^R 2\pi r v\,\mathrm{d}r\right)\mathrm{d}\tau=\frac{2}{R^2}\int_0^R vr\,\mathrm{d}r \tag{2-32}$$

将 v 代入，得：

$$v_{avg}=\left(\frac{\rho g v_{\uparrow}}{2\eta}\right)^{\frac{1}{n+1}}\left(\frac{n}{3n+1}\right)^{\frac{n}{n+1}}R \tag{2-33}$$

及压头-时间函数为：

$$H=\rho g v_{\uparrow}t+\frac{\rho\xi R^2}{2}\left(\frac{\rho g v_{\uparrow}}{2\eta}\right)^{\frac{2}{n+1}}\left(\frac{n}{3n+1}\right)^{\frac{2n}{n+1}} \tag{2-34}$$

上两式中各参变量的意义及量纲如下：

ρ 是浆料在 $1\mathrm{s}^{-1}$ 剪切速率下的粘度值，$\mathrm{Pa\cdot s}$；n 是浆料的流变特性参数；ξ 是气膜、冲击孔口处的局部阻力系数；R 是气膜、冲击孔的半径，m；$v_{\uparrow}$ 是液位上升速度，主要由浇注速度决定，$\mathrm{m\cdot s^{-1}}$。

可以认为，平均流速越快，或平均流速一致时所需压头越小，则陶瓷浆料填充固定长度的气膜、冲击孔型芯的性能越好。平均流速 v_{avg} 对以上五个参数的偏导数容易求得，从而分析各参数对陶瓷浆料充型能力的影响。

结构、工艺影响参数：ξ，R，$v_{\uparrow}$

$\frac{\partial H}{\partial\xi}>0$，$\frac{\partial v_{\mathrm{avg}}}{\partial R}>0$ 分别表明气膜、冲击孔径越大、进口处产生的阻力越小（边倒圆、倒斜角），越有利于浆料充型；$\frac{\partial v_{\mathrm{avg}}}{\partial v_{\uparrow}}>0$ 表明浇注速度越快越有利于微孔结构充型。

浆料流变特性影响参数：ρ，n

$\frac{\partial v_{avg}}{\partial\eta}<0$ 表明相同流变特性时 $1\mathrm{s}^{-1}$ 剪切速率下的粘度越低，越有利于充型。

$$\frac{\partial v_{avg}}{\partial n}=\left(\frac{\alpha}{2\eta}\right)^{\frac{1}{n+1}}\left(\frac{n}{3n+1}\right)^{\frac{n}{n+1}}\left(\frac{1}{n+1}\right)^2\left(\frac{n+1}{3n+1}-\ln\frac{(3n+1)\alpha}{2n\eta}\right) \tag{2-35}$$

令 $f(n)=\frac{n+1}{3n+1}-\ln\frac{(3n+1)\alpha}{2n\eta}$，求偏导易知 f 关于 n 单调递增，且 f 值还由 α，η 决定，根据各参数物理意义和实际浇注可能遇到的极限情况，可得 α，η 的具体数值范围为：液位上升速度 0.001～0.01 m/s 对应 $\alpha=26\sim300$；可用于灌注的浆料粘度对应 $\eta=0.1\sim5$，故有：$f(1)<0.5-\ln\frac{52}{5}<0$。

所以对于 $0<n<1$，在有实际意义的浇注条件下 $f(n)<0$ 成立，使

$\frac{\partial v_{avg}}{\partial n}<0$，进而表明 $1s^{-1}$ 处剪切速率相同时，伪塑性越明显，越有利于充型。以上结论是显然的，但是浆料的流变特性对其流动充型能力的影响程度在实际情况中是否很小，进而可忽略，还需要通过实验进行论证。

2.5 真空振动成形

空心透平叶片原型内部分布着复杂、曲折、细长的冷却通道，仅依靠陶瓷浆料自重填充这些通道比较困难，有可能出现浇不足，不利于获得较高致密度的陶瓷铸型坯体。在凝胶注模成形工艺中，由于陶瓷浆料注模操作过程与固化成形过程可分离，因此浆料固化时间完全可控，只需在聚合诱导期内完成陶瓷浆料注模成形操作，采取真空动态成形工艺是可行的。

图 2－18 为研制的真空振动成形机及结构原理图，它由真空搅拌除气室、注浆室、储料罐、振动系统以及控制系统等部分组成。注模成形前，将陶瓷浆料放入成形机除气室中以除去陶瓷浆料中气泡，边抽真空边搅拌，真空度为 0.01 Mpa，搅拌除气 3～5 min，搅拌的目的是打破陶瓷浆料中气泡内部压力平衡，使之破裂，另外，经搅拌后陶瓷浆料变稀，粘度降低，气泡易上浮，获得更佳的除气效果[42]；对注浆室和储料罐进行抽真空，使两者之间形成一定的压力差；打开球阀，开启振动系统，在压力作用下，陶瓷浆料通过浇注系统由储料罐平稳地注入光固化树脂原型中，实现了型芯、型壳一次性整体成形，保证了型芯、型壳之间位置精度。

(a)凝胶注模振动成型机

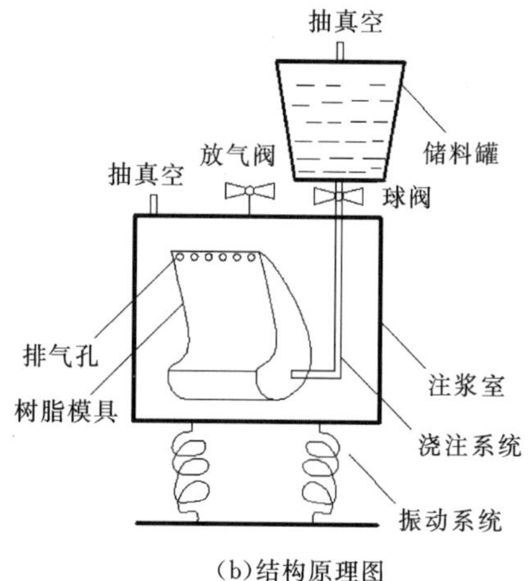

(b)结构原理图

图 2－18 凝胶注模振动成型机及其结构原理图

1. 可控固化

(1)固化机理

丙烯酰胺是含有单功能团的单体，N，N′-亚甲基双丙烯酰胺是含有双功能团的交联剂。丙烯酰胺有机单体的交联聚合反应包括链的引发反应、链的增长反应和交联反应三个过程[43,44]。有机单体在交联聚合反应过程会产生一定的收缩，这有助于陶瓷浆料固化成形后生成的坯体更好地复印叶片光固化树脂原型上所有的细节特征。

①链的引发反应。引发剂 I 分解出两个初级自由基 M·，初级自由基 M·引发单体成为单体自由基。

$$\mathrm{I} \xrightarrow{\triangle} 2\mathrm{M}\cdot \tag{2-36}$$

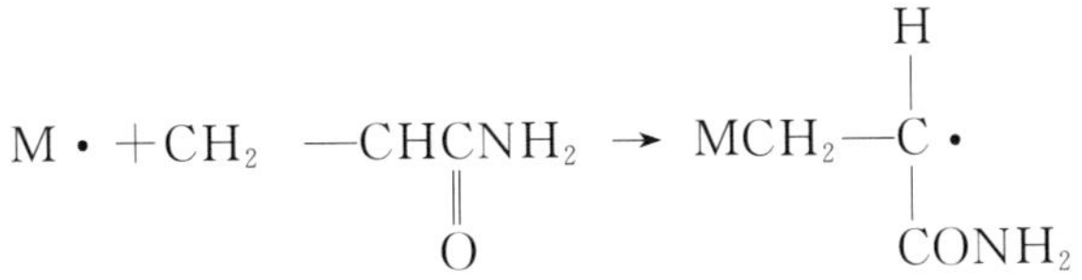

$$\mathrm{M}\cdot + \mathrm{CH_2}\text{—}\underset{\substack{\| \\ \mathrm{O}}}{\mathrm{CHCNH_2}} \rightarrow \mathrm{MCH_2}\text{—}\underset{\substack{| \\ \mathrm{CONH_2}}}{\overset{\substack{\mathrm{H} \\ |}}{\mathrm{C}}}\cdot \tag{2-37}$$

②链的增长反应，单体自由基与 AM 聚合反应生成链自由基。

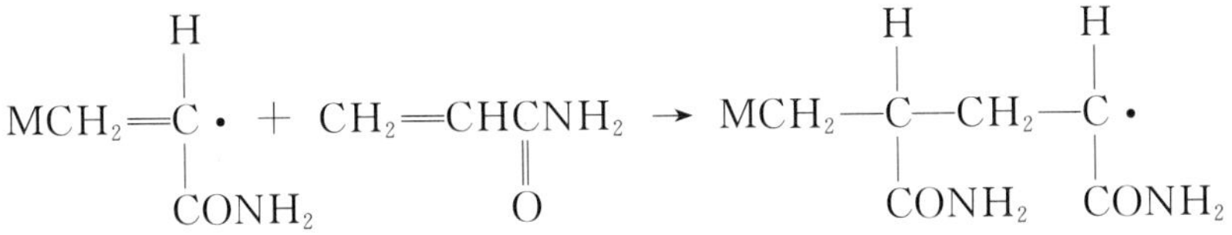

$$\mathrm{MCH_2}{=}\underset{\substack{| \\ \mathrm{CONH_2}}}{\overset{\substack{\mathrm{H} \\ |}}{\mathrm{C}}}\cdot + \mathrm{CH_2}{=}\underset{\substack{\| \\ \mathrm{O}}}{\mathrm{CHCNH_2}} \rightarrow \mathrm{MCH_2}\text{—}\underset{\substack{| \\ \mathrm{CONH_2}}}{\overset{\substack{\mathrm{H} \\ |}}{\mathrm{C}}}\text{—}\mathrm{CH_2}\text{—}\underset{\substack{| \\ \mathrm{CONH_2}}}{\overset{\substack{\mathrm{H} \\ |}}{\mathrm{C}}}\cdot \tag{2-38}$$

③交联反应，长链分子与 MBAM 交联反应生产三维网状聚合物。

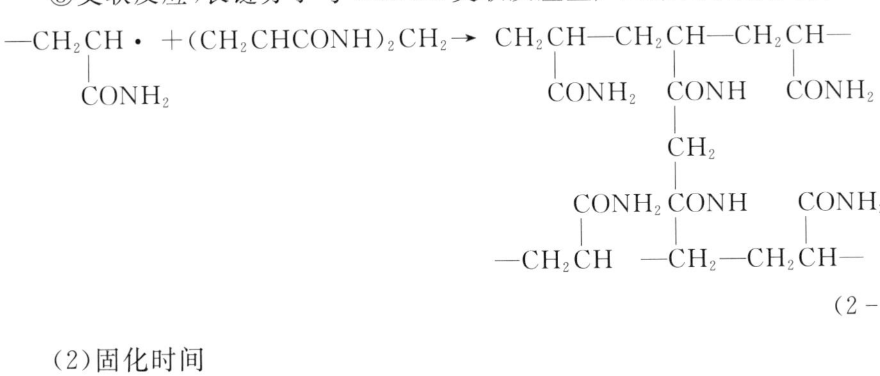

$$\text{—}\mathrm{CH_2}\underset{\substack{| \\ \mathrm{CONH_2}}}{\mathrm{CH}}\cdot + (\mathrm{CH_2CHCONH})_2\mathrm{CH_2} \rightarrow \begin{array}{l} \mathrm{CH_2}\underset{\substack{| \\ \mathrm{CONH_2}}}{\mathrm{CH}}\text{—}\mathrm{CH_2}\underset{\substack{| \\ \mathrm{CONH} \\ | \\ \mathrm{CH_2} \\ | \\ \mathrm{CONH} \\ |}}{\mathrm{CH}}\text{—}\mathrm{CH_2}\underset{\substack{| \\ \mathrm{CONH_2}}}{\mathrm{CH}}\text{—} \\ \text{—}\mathrm{CH_2}\overset{\substack{\mathrm{CONH_2} \\ |}}{\mathrm{CH}}\ \ \text{—}\mathrm{CH_2}\text{—}\mathrm{CH_2}\overset{\substack{\mathrm{CONH_2} \\ |}}{\mathrm{CH}}\text{—} \end{array} \tag{2-39}$$

(2)固化时间

选择由国药集团化学试剂有限公司生产的过硫酸铵分析纯($(\mathrm{NH_4})_2\mathrm{S_2O_8}$，APS)为引发剂，上海市前进农场试剂厂生产的四甲基已二胺分析纯($(\mathrm{C_6H_{16}N_2}$，

TEMED)为催化剂，用去离子水作为溶剂，将它们分别配置成质量浓度为33%和25%的溶液，加入量均以预混液质量为参考，预混液中AM/MBAM的质量浓度为15%。

图2-19为催化剂加入量对诱导期的影响曲线(APS加入量恒定，质量分数为1%)。TEMED能促进聚合，TEMED加入量越大，诱导期越短。这是因为催化剂的加入有效地降低了聚合反应的活化能。相关文献报道，加入催化剂后凝胶固化反应的活化能从149.4 kJ/mol降低到71.2 kJ/mol，从而提高AM的聚合速率R_p，缩短凝胶固化时间。

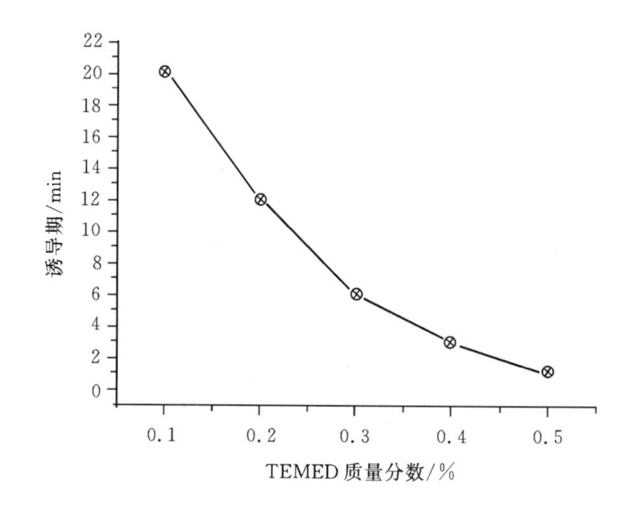

图2-19 催化剂加入量对诱导期的影响(APS质量分数为1%)

图2-20为引发剂加入量对诱导期的影响曲线(TEMED加入量恒定，为0.2%)。实验表明诱导期随着引发剂加入量增大而缩短。引发剂加入量越大，浆料中初级自由基浓度越大，AM的聚合速率R_p越高，相应地固化诱发时间较短。

在聚合诱导期内必须完成除气、注浆(包括振动)等工艺操作，实验表明完成上述工艺操作过程需要10～15min，由图2-19和图2-20实验结果可知，合适的APS质量分数为1%～2%，质量分数0.1～0.2%的TEMED。

2. 振动成形

在注浆的同时，施加振动(振动频率30～60Hz，振动幅度1～3 mm)不仅有利

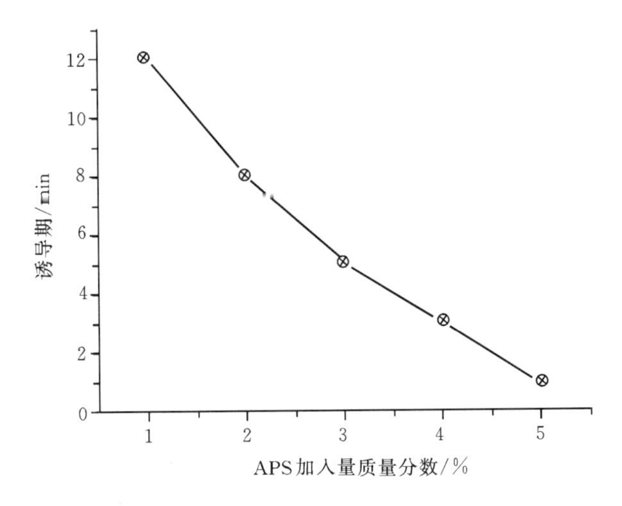

图 2-20　引发剂加入量对诱导期的影响(TEMED 质量分数为 0.2%)

于充型,而且使陶瓷浆料中的固相颗粒重新排列,细小颗粒填充在粗大颗粒之间,减少或消除了由于气泡和搭桥等现象所导致的非均匀结构,形成结构均匀、更致密的陶瓷坯体[45]。图 2-21 表示施加振动场与否陶瓷坯体体积密度变化,施加振动场后,陶瓷坯体体积密度由 1.95 g/cm^3 增大至 2.12 g/cm^3 。

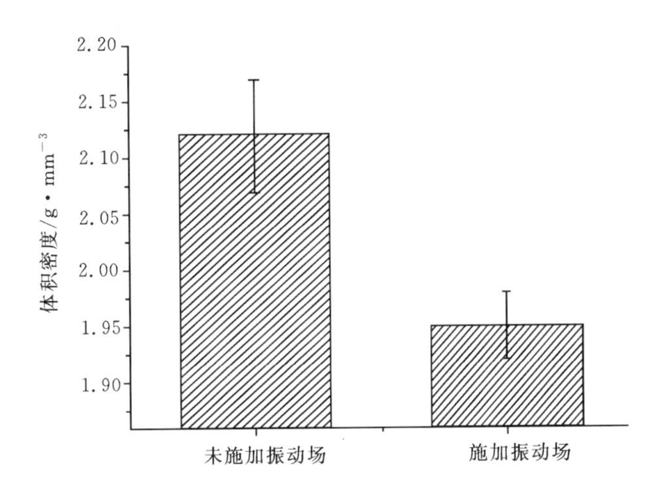

图 2-21　施加振动场与否对陶瓷坯体体积密度的影响

3. 注模成形压力

当注模成形压力过小不足以克服树脂模具内部通道对浆料的阻力，有可能产生浇不足；当注模成形压力过大，浇注时陶瓷浆料飞溅，易出现紊流，不利于平稳充型，因此，有必要控制注浆室和储料罐之间的压力差。尤其是在较大的压力作用下叶片树脂原型有可能产生变形，从而影响陶瓷铸型坯体成形精度。图 2-22 为空心叶片 CAD 及有限元网格划分模型，并假定在充型过程中作用在陶瓷浆料的压力始终不变，没有多余的陶瓷浆料流出，不考虑陶瓷浆料自重及振动力造成的影响。

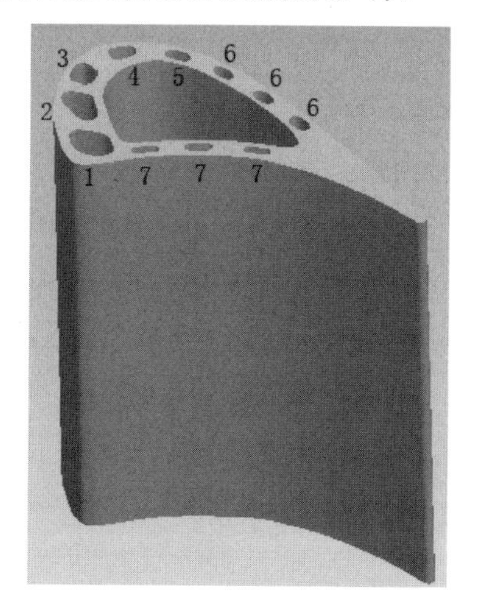

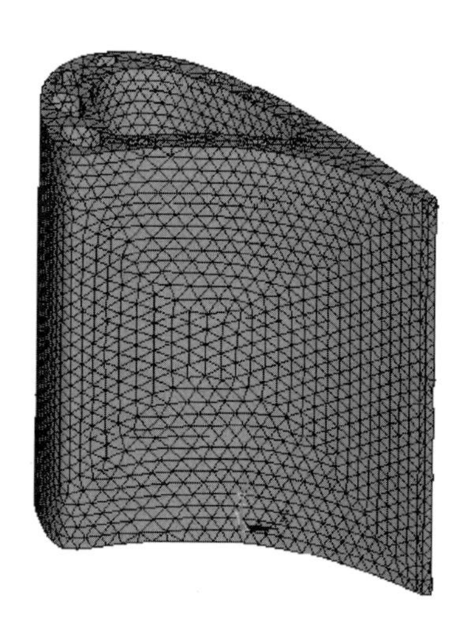

图 2-22　空心透平叶片 CAD 及有限元网格划分模型

图 2-23 为利用 ANSYS 软件分析叶片树脂原型在不同注模成形压力作用下变形情况。结果表明，叶片树脂原型变形量随着注模成形压力增加而增大。当注模成形压力为 0.10～0.20 MPa 时，叶片树脂原型的最大变形量为 0.029～0.059 mm，在光固化树脂原型加工精度范围内。由于在充型过程中存在局部损失和沿程损失，同时储料罐和注浆室之间的压力差是不断减小的，实际变形量小于分析计算最大变形量，因此，凝胶注模成形压力在 0.10～0.20 MPa 之间是允许的。

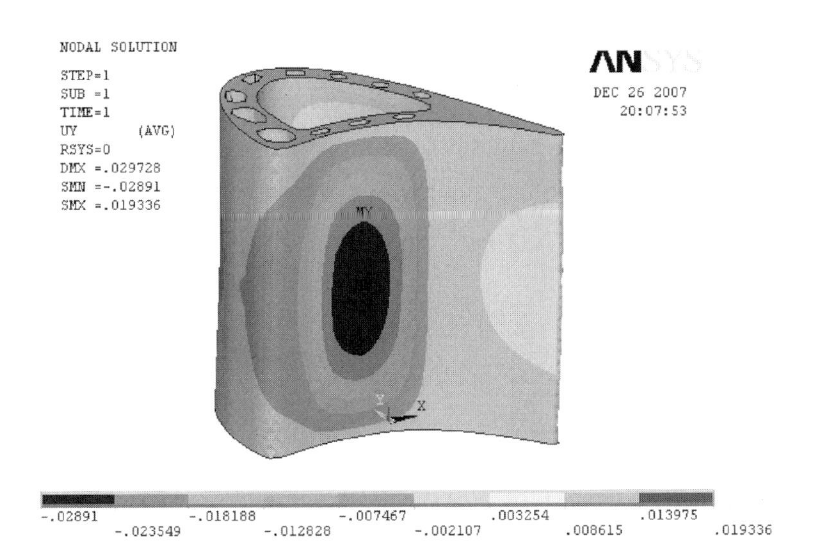

(a)0.10 MPa

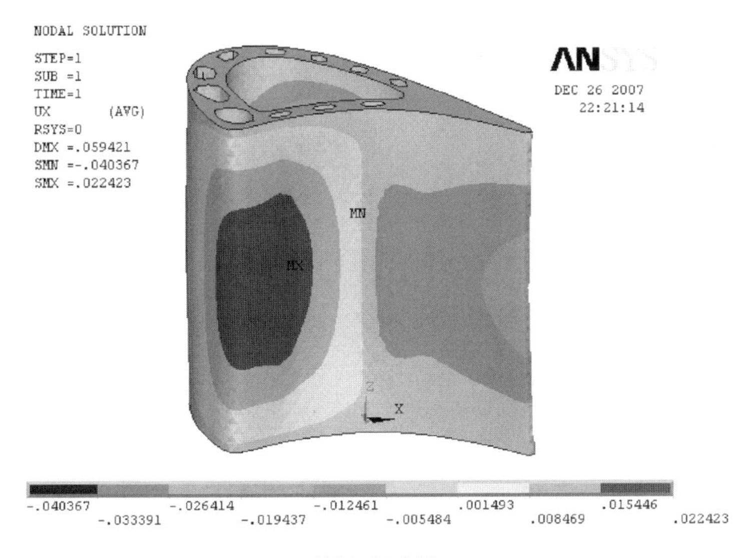

(b)0.20 MPa

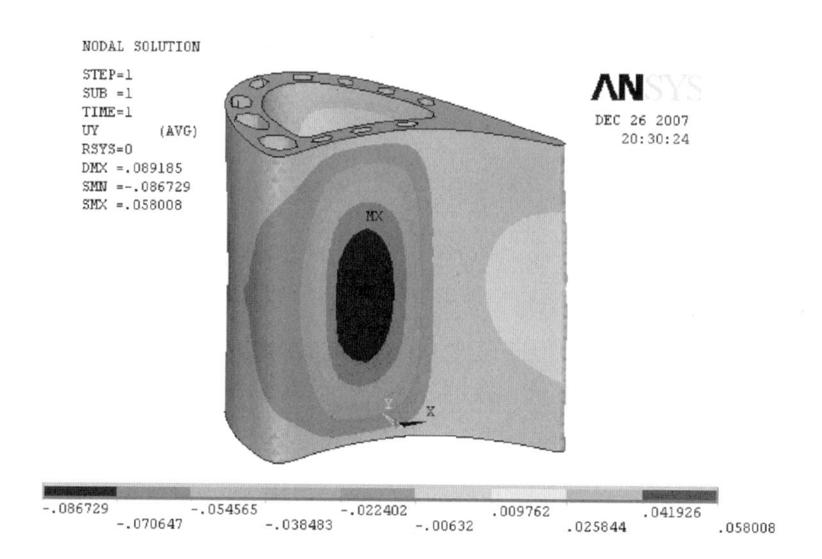

(c)0.30 MPa

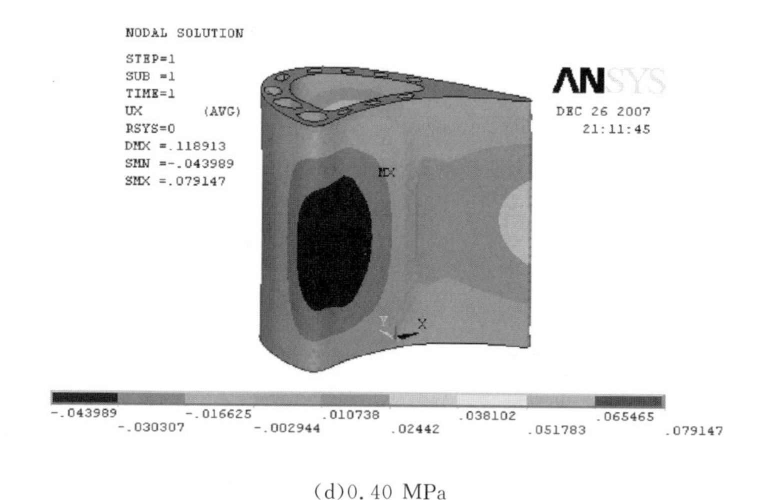

(d)0.40 MPa

图 2-23 叶片树脂原型在不同注模成形压力作用下的变形情况

图 2-24 为利用上述真空振动注模工艺制备的陶瓷件，陶瓷件各部分连接成一个整体，陶瓷浆料充满光固化树脂原型型腔，并精确地“复制”了光固化树脂原型细小的结构特征。

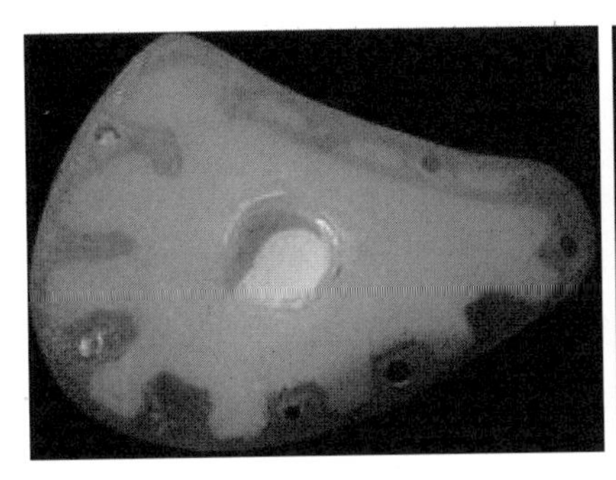

图2-24　光固化树脂原型及其复杂陶瓷件

2.6　本章小结

本章研究了高固相、低粘度的陶瓷浆料制备技术。选择高纯度的、粗细两种电熔刚玉粉末为基体材料，氧化镁和氧化钇微粉作矿化剂。实验研究表明：合适的球磨时间为2～3 h，最佳分散剂加入量为固相粉末重量的3%，最佳pH值为9.5，PEG质量分数控制在10%～20%（AM+MBAM）。采取物理化学分散技术制备了固相含量为56%，粘度为0.875 Pa·s的水基陶瓷浆料，并对不同固相体积分数水基陶瓷浆料充型能力进行评价。

将光固化成形技术与凝胶注模成形技术结合在一起，实现型芯、型壳一体化陶瓷铸型坯体制备，代替了陶瓷型芯压力注射成形工艺和多次涂挂陶瓷浆料制壳工艺。通过控制引发剂和催化剂加入量实现了陶瓷浆料可控固化，获得合理的注浆操作工艺时间。介绍了真空振动成形工艺原理及其过程，在模拟注模成形压力对透平叶片光固化树脂原型形状影响基础上，确定了合适的注浆压力为0.10～0.20 MPa，注浆的同时施加振动，有助于提高陶瓷铸型坯体致密度，最后给出了凝胶注模成形实例。

参考文献

[1]Tay B Y, Evans J R G, Edirisinghe M J. Solid free form fabrication of ceramics[J]. International Materials Reviews, 2003, 38 (6): 341-370.

[2]Moritz T, Richter H-Jr. Ceramic bodies with complex geometries and ceramic shells by freeze casting using ice as mold material[J]. Journal of the American Ceramic Society, 2006, 89 (8): 2394-2398.

[3]Cai K, Guo D, Huang Y, et al. Solid freeform fabrication of alumina ceramic parts through a lost mould method[J]. Journal of the European Ceramic Society, 2003, 23 (6): 921 - 925.

[4]Liu H-C, Lee S, Kang S, et al. RP of Si_3N_4 burner arrays via assembly mould SDM[J]. Rapid Prototyping Journal, 2004, 10 (4): 239 - 246.

[5]Cooper A G, Kang S, Kietzman J W, et al. Automated fabrication of complex molded parts using Mold Shape Deposition Manufacturing[J]. Materials and Design, 1999, (20): 83 - 89.

[6]杨金龙,戴春雷,苏亮,等. 陶瓷胶态注射成形中压力的影响[J]. 硅酸盐学报, 2004, 32 (6): 661 - 665.

[7]丘坤元,郭新秋,马静,等. 过硫酸铵和 N,N,N′N′-四甲基已二胺体系引发乙烯基类单体聚合动力学的研究[J]. 高分子学报, 1998, (2): 95 - 100.

[8]顾国红,曹腊梅. 熔模铸造空心叶片用陶瓷型芯的发展[J]. 铸造技术, 2002, 23 (2): 80 - 83.

[9]叶久新,文晓涵. 熔模精铸工艺指南[M]. 长沙:湖南科学技术出版社, 2006:100 - 120.

[10]朱华寅,王苏生. 铸铁件浇冒口系统的设计与应用[M]. 北京:机械工业出版社, 1991:10 - 30.

[11]Tong J, Chen D. Preparation of alumina by aqueous gelcasting[J]. Ceramics International, 2004, 30(8): 2061 - 2066.

[12]Zhang T, Zhang Z, Zhang J, et al. Preparation of SiC ceramics by aqueous gelcasting and pressureless sintering[J]. Materials Science and Engineering A, 2007, 443 (1 - 2): 257 - 261.

[13]Jia Y, Kanno Y, Xie Z P. Fabrication of alumina green body through gelcasting process using alginate[J]. Materials Letters, 2003, 57 (16 - 17): 2530 - 2534.

[14]Ma J, Xie Z, Miao H, et al. Gelcasting of alumina ceramics in the mixed acrylamide and polyacrylamide systems[J]. Journal of the European Ceramic Society, 2003, 23 (13): 2273 - 2279.

[15]Ma J T, Yi Z Z, Xie Z P, et al. Gelcasting of alumina with a mixed PVP-MAM system[J]. Ceramics International, 2005, 31 (7): 1015 - 1019.

[16]曹腊梅. 国外定向和单晶空心叶片用型芯的工艺特点[J]. 材料工程, 1995, (5): 20 - 31.

[17]曹腊梅,杨耀武,才广慧,等.单晶叶片用氧化铝基陶瓷型芯 AC-1[J].材料工程,1997,(9):21-27.

[18]Frank,R G,Canfield K A,Wright T R. Alumina-based core containing yttria:United States,4837187 [P],1989-06-06.

[19]张立同,曹腊梅,刘国利,等.近净形熔模精密铸造理论与实践[M].北京:国防工业出版社,2007:156-160.

[20]刘小瀛,王宝生,张立同.氧化铝基陶瓷型芯研究进展[J].航空制造技术,2005,(7):26-29.

[21]谭训彦,尹衍升.氧化铝陶瓷的凝胶注模成形研究(1)悬浮液的分散与流变性[J].山东大学学报(工学版),2004,34(3):1-4.

[22]Tari G,Ferreira J M F,Fonseca A T,et al. Influence of particle size distribution on colloidal processing of alumina[J]. Journal of the European Ceramic Society,1998,(18):249-253.

[23]张立明.陶瓷悬浮液流变特性及胶态成形坯体缺陷的控制[D].北京:清华大学,2005:90-105.

[24]卜景龙,刘开琪,王志发,等.凝胶注模成形制备高温结构陶瓷[M].化学工业出版社,2008.

[25]任俊,沈健,卢寿慈.颗粒分散科学与技术[M].化学工业出版社,2005.

[26]琚晨辉,王燕民,叶建东,等.颗粒粒度分布对高固相含量氧化铝浆料流变性能的影响[J].硅酸盐学报,2006,34(8):985-991.

[27]卜景龙,刘开琪,王志发,等.凝胶注模成形制备高温结构陶瓷[M].北京:化学工业出版社,2008:2-12.

[28]张立伟,陈森凤,沈毅,等.精细氧化铝陶瓷水基凝胶注模成形工艺[J].电子元件与材料,2005,24(4):44-47.

[29]张玉军,张兰,何洪泉,等. PEG 对 Al2O3 陶瓷凝胶注模成形坯体表面起皮的抑制研究[J].人工晶体学报,2007,36(6):1288-1292.

[30]Ma L G,Huang Y,Yang J L,et al. Effect of plasticizer on the cracking of ceramic green bodies in gelcasting[J]. Journal of Materials Science,2005,40(18):4947-4949.

[31]Jiang S W,Matsukawa T,Tanaka S,et al. Effects of powder characteristics,solid loading and dispersant on bubble content in aqueous alumina slurries[J]. Journal of the European Ceramic Society,2007,(27):879-885.

[32]Burkhardt D, Ron M B, Norbert W. An empirical model predicting the viscosity of highly concentrated, bimodal dispersions with colloidal interactions [J]. Rheologica Acta, 2001, 40(5): 434 - 440.

[33]Barnes Howard A. Rheology of emulsions — a review [J]. Colloids and Surfaces A: Physicochemical and Engineering Aspects, 1994, 91: 89 - 95.

[34]Quemada D. Rheology of concentrated disperse systems and minimum energy dissipation principle [J]. Rheologica Acta, 1977, 16(1): 82 - 94.

[35]Funk J E, Dinger D R. Predictive process control of crowded particulate suspensions: Applied to ceramic manufacturing [M]. Kluwer Academic Pub, 1994.

[36]Greenwood R, Luckham P F, Gregory T. The effect of particle size on the layer thickness of a stabilising polymer adsorbed onto two different classes of polymer latex, as determined from rheological experiments [J]. Colloids and Surfaces A: Physicochemical and Engineering Aspects, 1995, 98(1 - 2): 117 - 125.

[37]McGeary R K. Mechanical packing of spherical particles [J]. Journal of the American Ceramic Society, 1961, 44(10): 513 - 522.

[38]Sudduth R D. A new method to predict the maximum packing fraction and the viscosity of solutions with a size distribution of suspended particles. Ii [J]. Journal of Applied Polymer Science, 1993, 48(1): 37 - 55.

[39]Farris R J. Prediction of the viscosity of multimodal suspensions from unimodal viscosity data [J]. Transactions of the Society of Rheology, 1968, 12(2): 281 - 301.

[40]Liu S, Masliyah J H. Rheology of suspensions. in Suspensions: Fundamentals and applications in the petroleum industry. 1996, American Chemical Society. p. 107 - 176.

[41]陈卓如，金朝铭，王洪杰，等. 工程流体力学[M]. 第 2 版. 高等教育出版社，2004.

[42]Dhara S, Bhargava P, Ramakanth K S. Deairing of aqueous gelcasting slurries [J]. American Ceramic Society Bulletin, 2004, 83 (2): 9201 - 9206.

[43]郭新秋，丘坤元，冯新德. 过硫酸盐和 N,N,N′N′-四甲基已二胺体系引发

烯类聚合机理的研究[J]. 高分子学报，1988，(2)：152－156.
[44]仝建峰，陈大明，李宝伟，等. 氧化铝陶瓷凝胶注模成形凝固动力学研究[J]. 航空材料学报，2008，28 (3)：49－52.
[45]王树海，崔文亮，袁向东，等. 陶瓷部件的浆料成形方法：中国，ZL02110322.4[P]，2003－11－12.

第3章 陶瓷铸型坯体冷冻干燥

3.1 引言

在安全烧失光固化树脂原型之前，需除去湿态陶瓷铸型坯体中的水分，使之具有一定的强度和刚度。整体式陶瓷铸型坯体在干燥过程中需解决两个难题。首先，陶瓷型壳与中心型芯通过气膜孔型芯相互连接在一起，中心型芯坯体被透平叶片树脂原型完全“包裹”，坯体水分只能通过气膜孔型芯，再经厚大的型壳表面排出，干燥路径长，失水困难（如图3-1所示）；其次，整体式陶瓷铸型坯体始终被限制在刚性光固化树脂原型中，其干燥收缩必然会受到刚性光固化树脂原型的阻碍，当干燥应力超过坯体强度时，在最薄弱的部位将出现裂纹，破坏陶瓷铸型结构的完整性。

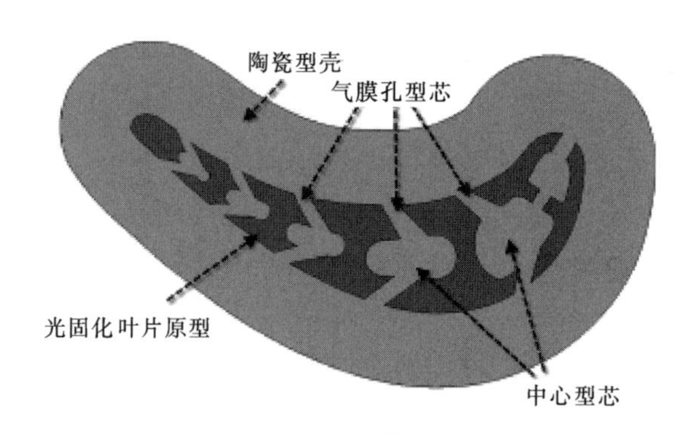

图3-1 整体式陶瓷铸型模型某一截面

Dhara等建议选择质地较柔软的材料（如石蜡）代替铝合金、不锈钢等刚性材料，制作模具，这种“软模具”具有一定的退让性，保证坯体在干燥收缩过程中能“自由”收缩，但会影响坯体成形精度[1]。

在凝胶注模成形坯体干燥工艺中，对流干燥是最常见的干燥方法，它包括恒速干燥、降速干燥和高分子扩散等三个阶段。在恒速干燥阶段，坯体失水速度最快，收缩量也最大，当失去其中30%的水分时，坯体完成大部分收缩，此时如果失水速度过快或者失水不均匀，细长的陶瓷坯体易产生弯曲变形，见图3-2(a)。实际生产中，先在低温、高湿度(＜20℃，RH＞90%)环境中缓慢失去坯体中最初30%的水分，再逐步提高温度、降低相对湿度，除去剩余的水份，可保证5cm厚的坯体干燥后不开裂、不变形[illegible]。但坯体失水过程非常缓慢，一般需要3～7天。对流干燥时，在固/液界面张力的作用下，在坯体表层形成一层坚硬、致密的“外壳”，堵塞毛细管，阻碍内部水分向外迁移[5]，因此，无法干透厚大的陶瓷铸型坯体，大量的水蒸气将在坯体焙烧过程中集中形成、释放，有可能产生“爆裂”缺陷，如图3-2(b)所示。虽然真空干燥可减少坯体周围水蒸气的压力，提高水蒸气的蒸发速度和干燥效率，但仍存在致密的“外壳”，难以干透厚大、被树脂原型包裹的陶瓷铸型坯体。

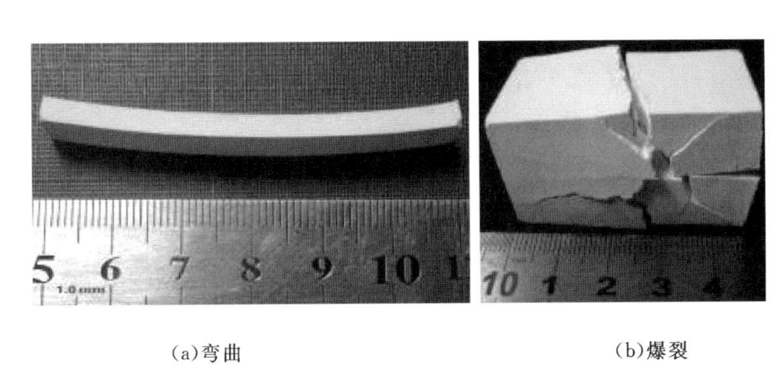

(a)弯曲　　(b)爆裂

图3-2　对流干燥缺陷

凝胶注模陶瓷坯体中聚丙烯酰胺凝胶相当于一个半透膜，只允许水分子流出，而阻止PEG分子进入。近年来出现了一种新型溶液干燥方法，即利用聚乙二醇溶液(Polyethylene Glycol，简称PEG)吸收凝胶注模成形坯体中水分，当坯体中水分浓度高于PEG溶液中水分浓度时，在渗透压的作用下坯体中的水分子将自动进入PEG溶液中，从而达到脱水目的。PEG溶液同时与坯体所有表面接触，不存在各部分失水速度不一致问题，减小了坯体因各部分失水不均而产生变形、开裂的可能性。研究表明，凝胶注模成形坯体在PEG400溶液中干燥2～3h即可安全失去20%～30%的水分[4,6]。但当坯体中水分浓度与PEG溶液水分浓度相当时，PEG溶液失去吸水能力，PEG溶液干燥方法干燥能力有限，只能脱除坯体中最初的水分，剩余的水分需借助其他干燥方式除去[7]。微波干燥是一种高效的干燥方法，在微波的作用下，陶瓷坯体各个部分同时被加热，在较短时间内产生大量的水蒸气，形成局部高压，集中释放，常使坯体表面出现“爆裂”缺陷，如图3-3所示。

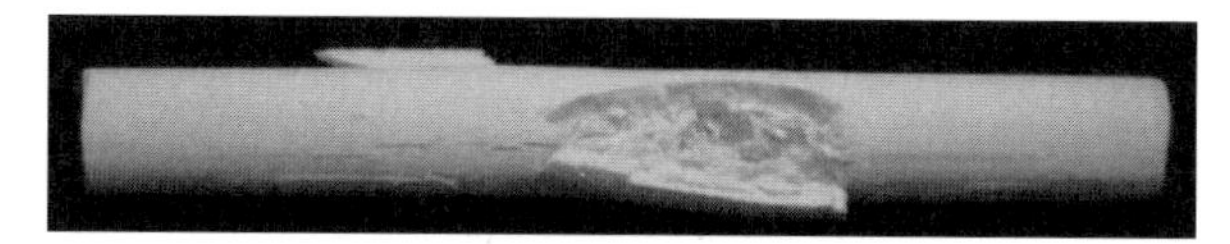

图3-3 微波干燥“爆裂”缺陷

凝胶注模成形陶瓷坯体经对流干燥和PEG溶液干燥后，不可避免地产生一定的体积收缩和线性收缩。如体积分数为55%氧化铝基坯体经对流干燥后，线性收缩率达到2.0%[2]。体积分数为30%的坯体经PEG溶液干燥失去35%水分时，也会产生3.8%线性收缩[6]。研究表明，通过提高陶瓷浆料固相体积分数可明显降低干燥收缩率，当氧化铝基陶瓷浆料固相含量体积分数为70%时，空干后坯体几乎不产生收缩，但陶瓷浆料也失去了流动性和填充复杂模具型腔的能力。

综上所述，有待寻找一种全新的干燥方法处理厚大陶瓷铸型坯体，在保证脱除厚大陶瓷铸型坯体中水分的同时，获得尽可能小的干燥收缩率。冷冻干燥技术最早应用于医药、食品和生物等领域，如今在材料制备领域也获得到了广泛的应用，如制备超细金属/合金粉末、精细陶瓷粉末、定向多孔陶瓷材料、高能电池、催化剂以及薄膜材料等。冻干工艺最大的特点是能够保证被干燥对象的结构、性质和形状不变，获得近零干燥收缩率，同时坯体中的水分以升华方式直接除去，可以干透厚大陶瓷铸型坯体[8-11]。本章首次将冻干技术应用于整体式陶瓷铸型坯体干燥过程中，首先测定了陶瓷铸型坯体中水分的组成，分析了冻干工艺可行性。其次利用电阻法测定了凝胶共晶温度，并研究了陶瓷铸型坯体尺寸、预冻温度对预冻时间的影响，测定了升华干燥时间，获得陶瓷铸型坯体冻干工艺，研究了陶瓷坯体的冻干特性及冻干收缩率随预冻温度变化规律。通过建立气膜孔型芯干燥收缩受阻力学模型，进一步求解了临界干燥收缩率大小，分析透平叶片原型结构参数对临界收缩率的影响。最后，评价了不同冻干工艺整体式陶瓷铸型坯体制造能力。

3.2 陶瓷铸型坯体冷冻干燥

3.2.1 冷冻干燥原理

冷冻干燥包括冷却固化、升华和解析干燥等过程，即首先使湿态坯体中的水分冻结成冰晶，然后在低真空度下将冰直接升华为水蒸气排出，最后使坯体中的“束缚水”或不可冻结水解析变成自由水，再以水蒸气的形式去除[12]。冻干机是冻干专用设备。图 3－4 为浙江三雄机械制造有限公司提供的 FD—0.5 m^2 真空冷冻干燥机主要结构及其工作原理示意图。该冻干机由干燥仓、速冻柜、辐射加热系统、冷凝器、真空隔离阀、真空系统、制冷系统、自动称重装置和控制系统组成。制冷系统能够同时向冷凝器、速冻柜供冷却液，速冻柜工作温度为 －20 ℃～60 ℃，冷凝器工作温度为－30℃～－70 ℃，控温精度：±0.5 ℃，预冻温度可以事先设定，高温级冷却液采用 R404A，低温级冷却液采用 R23。冷却液供应量可通过膨胀阀自动调节。干燥仓最小工作压力为 13～266 Pa。干燥时物料悬挂于干燥仓中，热量从上下左右四块经表面阳极氧化处理加热铝板向物料表面辐射，再通过干燥层到达升华表面，可避免受真空度的影响，加热温度范围为 10 ℃～120 ℃。另外配有自动称重装置，以便实时记录冻干过程中陶瓷铸型坯体质量变化，计算失水率。

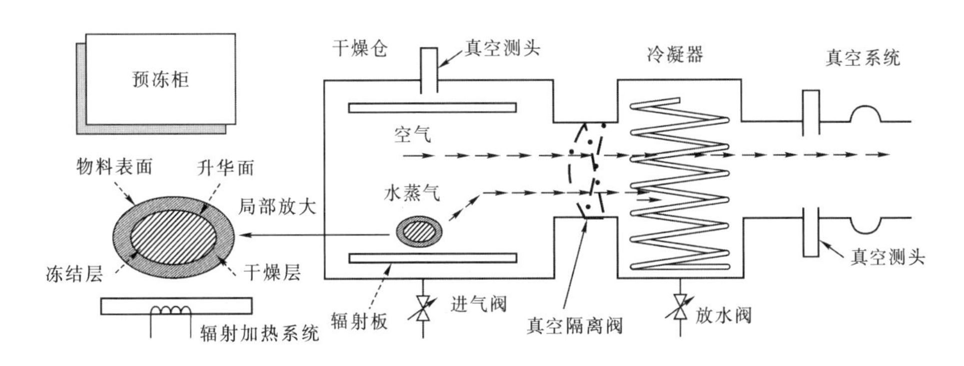

图 3－4　冻干机主要结构及其工作原理示意图

冷冻干燥是具有移动界面的热量和质量同时传递的过程。由于传热方式、干燥仓真空度、冷凝器捕获水蒸气能力以及坯体的物性参数不同，使得传热传质过程比较复杂。冻干速率受到热量-质量平衡方程式的支配[13]。

坯体冻干时热传导速率 S 为：

$$S \propto \frac{K(T_s - T_i)}{d} \tag{3-1}$$

在式(3－1)中，T_s 和 T_i 分别表示陶瓷坯体的表面温度和升华面的温度；d 为干燥层的厚度；K 为干燥层的热导率。当升华面温度 T_i 一定时，提高坯体表面温度 T_s 或降低干燥层厚度 d，都能加速热传导，提高冻干速率。

水分子扩散速率 R 为：

$$R \propto \frac{D(P_i - P_s)}{d} \tag{3-2}$$

在式(3-2)中，P_i 和 P_s 分别表示升华面的饱和蒸气压和陶瓷坯体表面的蒸气压；d 为干燥层的厚度；D 为扩散系数。提高升华面的温度 T_i 可以直接使升华面饱和蒸气压 P_i 增加；降低冷凝器温度可以间接减少坯体表面的蒸气压 P_s；两者都能增加扩散速率 R，扩散系数 D 主要取决于系统的真空度，当干燥仓的压力较低时，升华面的水分子在扩散时受到气体分子碰撞机会减少，有利于扩散。

干燥层是在陶瓷坯体冻干过程中形成的，一方面作为升华热传递和水蒸气扩散的通道，另一方面，干燥层也是升华干燥过程和加热过程的屏障。升华 1g 的冰约需要 2811.648 J 热量，如果热传导速率 S 与水分子扩散速率 R 相等，热量传递和质量的转移处于平衡态，这时冻干过程处于一种理想状态，但随着干燥层厚度 D 的增加以及真空度的改变，这种平衡状态就会改变。

3.2.2 冷冻过程

1. 铸型坯体中水的组成

陶瓷浆料原位固化成形后，去离子水首先与聚丙烯酰胺凝胶（Polyscrylamide，简称 PAM）中极性基团强烈相互作用，结合成非可冻结结合水，当非冻结结合水含量达到某一特征值时就不再增加，该特征值与聚合物组成和性质有关，非可冻结结合水相变温度非常低，即使在−100 ℃时也不会凝固。当聚丙烯酰胺凝胶含水量超过该特征值，水通过氢键与凝胶界面结合，以可冻结结合水的形式存在，其相变温度低于零度，更多的水在凝胶结构以自由水形式存在，使聚丙烯酰胺凝胶产生一定程度的膨胀，自由水具有与纯水一样的相变温度，即在 0 ℃凝固[14]。陶瓷坯体干燥过程也就是凝胶失水的过程，它是吸水过程的逆过程，自由水和可冻结结合水可以冷却固化形成冰晶，可以直接升华出去，而非可冻结结合水只能通过二次干燥（解析）除去。

首先利用差示扫描量热法（Differential Scanning Calorrimetry，简称 DSC）确定 PAM 中三种水的组成比例，以便为制订合理的冻干工艺提供依据。其测定原理如下[15]。

在 DSC 测试曲线中，对吸热峰区域求积分，求得吸热峰的面积，即吸热量 ΔQ 。

$$\Delta Q = \int_{T_1}^{T_2} P \mathrm{d}T = \int_{T_1}^{T_2} \frac{\mathrm{d}Q}{\mathrm{d}t} \mathrm{d}T \tag{3-3}$$

式中，P 为功率；t 为时间；T_1 、T_2 分别为温度上下限。

$$\frac{\mathrm{d}Q}{\mathrm{d}t} = \frac{\mathrm{d}Q}{\mathrm{d}T} \times \frac{\mathrm{d}T}{\mathrm{d}t} \tag{3-4}$$

这里 $\frac{\mathrm{d}T}{\mathrm{d}t}$ 为升温速率，对于特定的实验环境，$\frac{\mathrm{d}T}{\mathrm{d}t}$ 为恒定值，设为 k ，则有：

$$\Delta Q = \int_{T_1}^{T_2} k \times \frac{\mathrm{d}Q}{\mathrm{d}T} \mathrm{d}T \tag{3-5}$$

由 $\Delta Q = m \times \Delta H_c$ ，可得，

$$m = \frac{\Delta Q}{\Delta H_c} \tag{3-6}$$

式中，ΔH_c 为纯水的结晶熔融焓，取 334J /g ；m 为样品中总的可冻结水量。

实验过程：首先按照第 2 章凝胶注模成形工艺制备质量分数为 20%的纯凝胶，取一小块凝胶(6.80 mg)作为实验样品，然后将其置于 DSC822^e 型差式扫描量热仪中(由瑞士梅特勒 METTLER TOLEDO 公司提供)分析。实验测试温度为 −40 ℃～30 ℃，升温速率为 4 ℃/min，氮气保护。图 3－5 为 PAM 凝胶的 DSC 测试曲线。

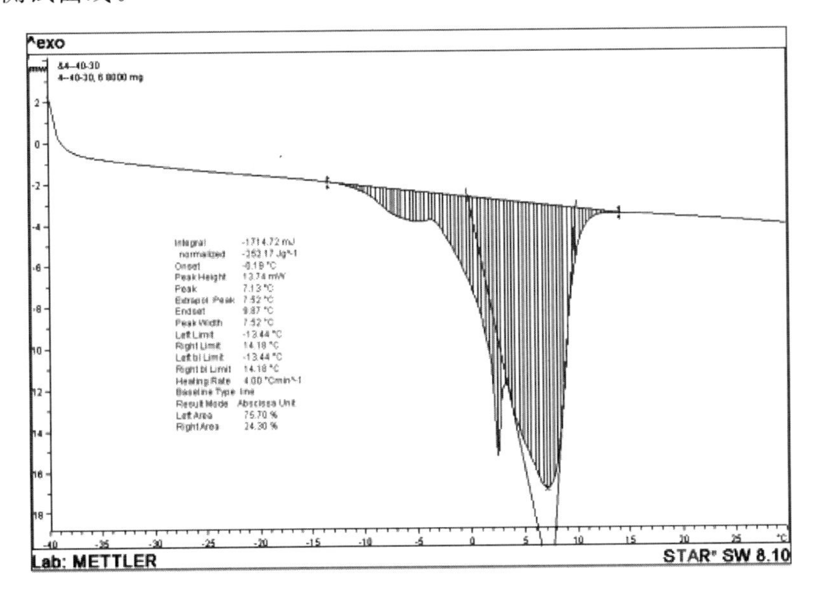

图 3－5　PAM 凝胶 DSC 测试曲线

在 −13.44 ℃～14.18 ℃之间出现了两个明显的吸热峰，通过计算两峰

总的面积可以得出总的冻结水量，包括自由水和可冻结结合水，其中右边的吸热峰用于计算凝胶试样中自由水质量，而左边的吸热峰可用于计算凝胶试样中可冻结结合水质量。将 1714.72mJ 代入中，求得总的冻结水质量为 5.13 mg，PAM 中可冻结结合水与自由水之比大约为 3∶1，因此自由水和可冻结结合水的质量分别为 1.25 mg 和 3.88 mg，而非冻结结合水质量由凝胶中含水量 $m_{总}$ 减去冻结水量 m 求得。

表 3-1 为 PAM 凝胶中三种水的组成比例。可见，陶瓷铸型湿态坯体中约 94.30%的去离子水可以通过升华方式除去，而由于不可冻结水非常少，仅为 5.70%，只能通过解析过程除去，也可在后续焙烧过程中除去，因此，从节省时间和生产成本角度，在陶瓷铸型坯体冻干工艺中，可不安排二次干燥。

表 3-1 PAM 中三种水的组成比例

	凝胶质量	凝胶中含水总量 $m_{总}$	总冻结水量 m	不可冻结水量
	6.80 mg	5.44 mg	5.13 mg(其中自由水约 1.25 mg，可冻结结合水约 3.88 mg)	0.31 mg
百分比			94.30%	5.70%

冷却固化过程(即预冻过程)目的是将凝胶中的自由水、可冻结结合水完全结成冰晶，以便进行升华干燥，如果冻结最终温度偏高或预冻时间太短，坯体中水分没有完全冻结，部分水分将在液体状态下汽化，坯体会出现较大的收缩变形。

2. 共晶温度测定

共晶温度是确定冻结最终温度的依据，同时也是保证获得较佳冻干效果的临界温度。冻结最终温度是坯体完全固化温度，它应低于坯体的共晶温度，在升华加热过程中，必须保证坯体中未干燥部位温度不超过共晶温度，否则坯体中冰晶溶解，产生软化、塌陷等缺陷。目前，共晶温度的测量方法有电阻测定法、热差分析法、低温显微镜直接观察法和数学公式推算法等，其中电阻测定法简便，易于实施，结果较稳定，是比较理想的测定方法。

利用电阻测定法测定湿态陶瓷铸型坯体的共晶温度。测试原理如下：陶瓷坯体的导电性是依靠其溶液中带电离子的定向移动实现的，在预冻时，随着温度的下降，坯体内部液体冻结，能移动的带电离子数不断减少，坯体的电阻逐级增大。当坯体中的水分全部冻结成冰时，带电离子即停止定向移动，电阻值会突然增大，此时，电阻值所对应的温度即为该坯体的共晶温度。按照相平衡的原理，在共晶点仅有相的变化，而温度是不变的，在共晶温度处电阻的变化应该是一条垂直于温度坐标的线段。在实际操作中，由于受制冷设备能力的制约，冰晶冻结过程不可能是无限缓慢地进行，该垂直线会出现一个不同程度的曲折。

如前所述，陶瓷铸型坯体中约94.30%的去离子水和可冻结结合水包含在凝胶中，因此可认为凝胶中水分完全形成冰晶的温度即铸型坯体的共晶温度。按照第2章所述的凝胶注模成形工艺制备预混液100ml（有机单体、交联剂的质量浓度为20%），将温度传感器与电阻测头置入其中（如图3-6所示），固化成形后，将凝胶转入-40 ℃的预冻柜中速冻，记录温度、电阻和时间。

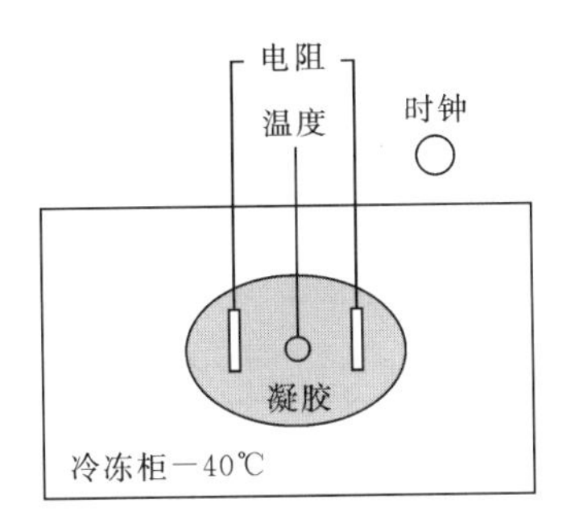

图3-6　实验测量装置示意图

图3-7为陶瓷铸型坯体冷却固化电阻-温度、时间-温度曲线。图3-7(a)表示从-3.3 ℃开始，电阻显著增大，表明冰晶开始形成，凝胶中的水溶液中带电离子的数量减少；当凝胶中温度超过-3.6 ℃，电阻虽然有所增大，但增幅趋缓，这是因为在冰晶形成过程中释放一定的结晶潜热。图3-7(b)进一步表示在-3.6 ℃持续的时间最长（约203s），说明在此温度点附近有大量冰晶的形成。因此，取Q点作为共晶点，对应的温度为-3.6 ℃，考虑到过冷度的影响，陶瓷铸型坯体的冻结最终温度应低于-3.6 ℃。

3. 预冻时间

整体式陶瓷铸型坯体比较厚大，必须在最终冻结温度下维持一段时间以保证陶瓷铸型坯体中自由水和可冻结结合水全部冻结。光固化树脂原型被陶瓷铸型坯体完全包裹，形成叶片冷却通道的型芯坯体只能通过气膜孔型芯坯体以及型壳坯体进行热交换，热传导路径长，因此需要一定的时间才能将其中水分冻结。在冰晶由表及里逐步形成过程，陶瓷铸型坯体导热系数不断变化的，一般难以准确地计算出冻结陶瓷铸型坯体所需的时间。预冻时间过长，影响冻干效率、增加了生产成本，预冻时间太短，陶瓷坯体无法冻透，直接

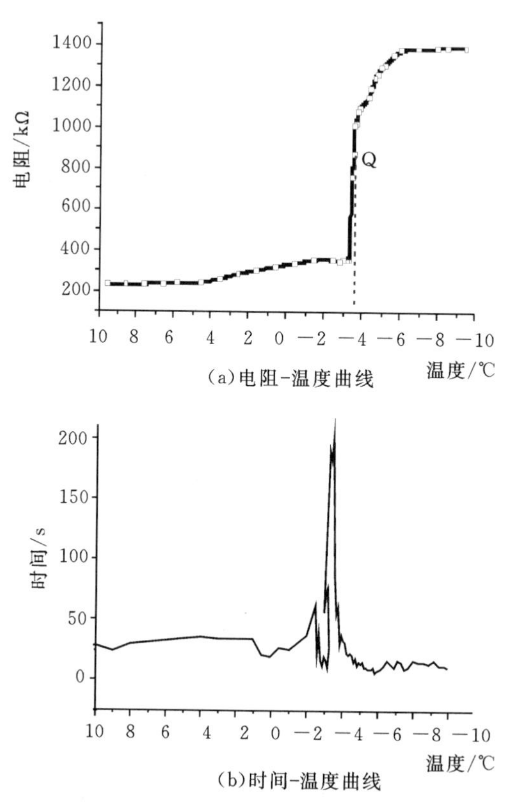

(a)电阻-温度曲线

(b)时间-温度曲线

图 3-7　陶瓷铸型坯体冷却固化电阻-温度、时间-温度曲线

影响冻干质量。影响预冻时间长短的主要因素包括冻结方式(速冻、慢冻)、预冻温度以及陶瓷坯体形状和尺寸等。速冻是先将冷冻柜调整到设定预冻温度,然后将陶瓷坯体放入其中,快速冷却,形成数量较多、体积小的冰晶;慢冻是将陶瓷坯体随着冷冻柜一起冷却到预冻温度,降温速率较慢,冰晶生长速率较快,形成数目较少但体积较大的冰晶,采取速冻方式。

为了研究形状对预冻时间的影响,对图 3-1 所示整体式陶瓷铸型进行适当简化,设计如图 3-8 的试样 CAD 模型,保持主要结构参数尺寸如厚度、长度、气膜孔大小及数量不变。将事先准备好的陶瓷浆料注入光固化树脂原型中,获得如图 3-8 所示的整体式陶瓷铸型坯体。

这里光固化树脂原型厚度取 2 mm,4×Φ2 mm 的气膜孔型芯沿其圆周和轴向均匀分布,中心陶瓷型芯 D 取 Φ8 mm。改变陶瓷型壳厚度和中心陶瓷型芯长度。实验研究轴向尺寸、径向尺寸以及预冻温度对陶瓷铸型坯体预冻时间的影响,详细实验方案见表 3-2。

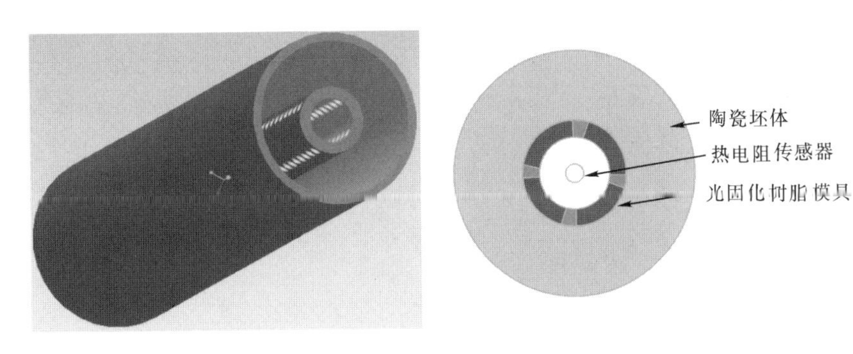

图3-8　试样CAD模型及热电阻传感器在陶瓷铸型坯体中位置

表3-2　实验方案

实验编号	预冻温度/℃	型壳厚度/mm	长径比 $L:D$
1	−30	8	6∶1
2	−30	8	5∶1
3	−30	8	4∶1
4	−30	4	5∶1
5	−30	6	5∶1
6	−60	8	5∶1

按照第2章所述的陶瓷铸型成形工艺制备标准试样，事先将WZP020型铂电阻(尺寸为Φ3 mm×10 mm，标称阻值R_0为100 Ω，量程−100～100 ℃，引线长度1 m左右，A级精度，由西安新敏电子科技有限公司提供)固定在陶瓷铸型坯体中心部位，将引线与万用电表(量程:200 Ω，精度:0.1 Ω)相连，待陶瓷浆料原位固化成形后，剥掉最外层树脂模壳，采取速冻方式预冻陶瓷坯体，并每5 min记录一次电阻值。当中心部位温度达到−20 ℃时(远低于共晶温度−3.6 ℃)，可认为陶瓷铸型坯体已完全冻结，停止实验。按照铂电阻温度-电阻特性公式(3-7)，求出陶瓷坯体中心温度值T。

$$R_T = R_0[1 + aT - bT^2 - cT^3(T - 100)] \tag{3-7}$$

式中，R_T为在温度T时的电阻值；R_0为标称阻值，即在零度时的电阻值，为100 Ω；a、b、c为与温度相关的系数，当T小于零时，分别为3.9082×10^{-3}，5.80195×10^{-7}和4.27351×10^{-12}。

(1)坯体尺寸对预冻时间的影响

图3-9为不同长径比L/D对预冻时间的影响。陶瓷坯体预冻过程大致可以分为三个阶段:快速降温阶段、冰晶生成阶段和慢速降温阶段。在快速

降温阶段，虽然有少量的冰晶开始生成，但由于有较多的自由水存在，导热性较好，坯体温度下降较快；在冰晶生成阶段，大量的冰晶形成时释放一定的结晶潜热，抵消冷却源的作用，在零点附近保持较长的一段时间，表现为一条水平线；在慢速降温阶段，由于冰晶生成之后，坯体导热系数下降，中心部位降温速度趋缓。

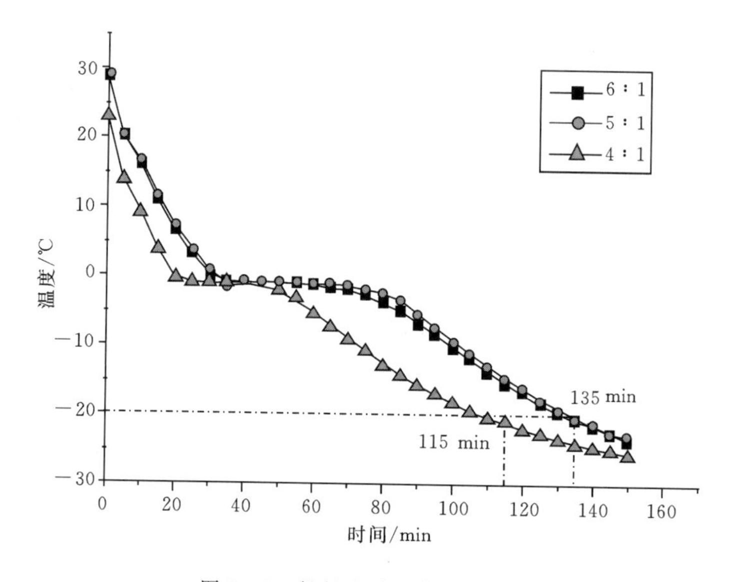

图 3-9　长径比对预冻时间影响

当长径比为 4：1 时，陶瓷坯体中心部位降至－20 ℃只需要 115 min，当长径比为 5：1 时需要更长的时间(135 min)使陶瓷坯体中心部位温度下降至－20 ℃，这是因为热量传递沿着轴向和径向同时进行，减小轴向传热路径长度，必然会缩短预冻时间。当长径比增加至 6：1 时，预冻时间并未增加，这是因为当长径比超过一定值后，径向尺寸取代长度方向尺寸成为决定预冻时间长短的主要因素。

图 3-10 为陶瓷型壳厚度对预冻时间的影响。为了避免轴向传热对坯体中心部位的影响，实验选择了相同的长径比，以增加数据的可信度。实验结果表明当陶瓷型壳厚度为 4 mm 时需要 69 min 即可使坯体中心部位温度降至－20 ℃，而当型壳厚度为 8 mm 时，需要更长的预冻时间(105 min)。这是因为径向传热路径长度随着陶瓷型壳厚度增加而增加，因此，预冻时间更长。

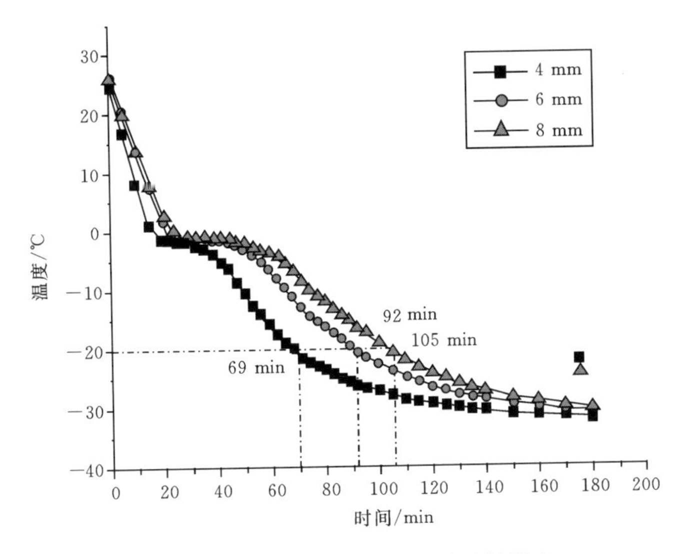

图 3－10　陶瓷型壳厚度对预冻时间影响

(2)预冻温度对预冻时间的影响

图 3－11 为不同预冻温度下陶瓷铸型坯体预冻时间曲线。预冻温度为－30 ℃时，需要 105 min 才能使陶瓷坯体中心部位温度降低至－20 ℃，而当预冻温度为－60 ℃时，只需要 38 min。预冻温度越低，冷却效率更高，所需预冻时间短。

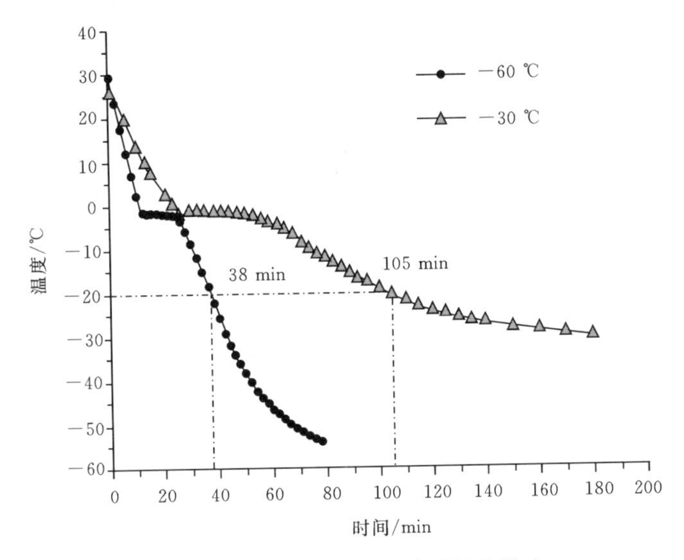

图 3－11　预冻温度对预冻时间的影响

研究表明预冻时间受到陶瓷铸型坯体径向尺寸和轴向尺寸以及预冻温度的影响。长度越小、型壳厚度越小或预冻温度越低，所需预冻时间越短。对于型壳厚度为 8 mm、中心型芯尺寸为 8 mm、长径比为 5∶1、气膜孔尺寸为 Φ2 mm 的陶瓷铸型坯体，只需要 2～3 h 即可冻透。

3.2.3 升华干燥

1. 传质和传热过程分析

为了保证陶瓷铸型坯体中冰晶的升华干燥顺利进行，需满足两个基本条件：首先必须不断地供给升华所需的热量，只有当传递给升华界面的热量等于从升华界面逸出的水分子所需的热量时，升华干燥才能顺利进行。升华温度越高提供热量效率越高，升华速度就越快，但是如果提供的热量大于实际升华所需的热量，冰晶就会融化，产生塌陷干燥缺陷，因此，升华干燥过程对加热温度有所限制，坯体冻结部分的温度应低于共晶温度。另外为了防止叶片光固化树脂原型软化变形，干燥层表面温度应低于树脂原型玻璃化转变温度。其次，升华产生的水蒸气必须不断地从升华表面被移走，否则干燥仓内水蒸气压力将升高，升华界面上温度也随之升高，导致坯体中冰晶融化。由于水蒸气量很大，因此，除了通过真空泵抽取坯体中释放出来的不凝性气体和外部渗漏进来的空气，降低干燥仓中真空度，还在真空泵进口前增设一个冷阱，升华产生的水蒸气首先通过干燥层内部的扩散过程到达物料表面，在压差的作用下到达冷阱，重新结成霜，以保证升华出来的水蒸气有足够的扩散驱动力。

假设冷阱的温度为 T_a ，与之对应的饱和水蒸气压为 p_a ，物料升华界面的温度为 T_s ，与之对应的饱和水蒸气压为 p_s ，传质过程中的驱动力为 $p_s - p_a$。传质过程中的阻力由三部分组成：干燥层的阻力 R_c ，干燥层到冷阱之间的空间阻力 R_k 和固态冰升华阻力 R_g ，单位均为 $m^2 \cdot Pa \cdot s/kg$ 。冰晶的升华速度可以表示为：

$$G = \frac{p_s - p_a}{R_c + R_k + R_g} \tag{3-8}$$

其中 G 为冰晶的升华速率，$kg/m^2 \cdot s$ 。

$$R_g = \frac{\sqrt{T_s}}{K_1} \tag{3-9}$$

K_1 是与升华物质的分子量有关的常数，对于冰，$K_1 = 0.018$ ，单位为

$kg \cdot K^{1/2}/m^2 \cdot Pa \cdot s$。

讨论纯冰升华传质过程的极端情况：纯冰的表面温度为 T_b，对应的饱和水蒸气压为 p_b，冷阱的温度为 T_a 非常低，以至于对应的水蒸气压力 p_a 远小于 p_b；同时纯冰的升华界面阻力 R_c 为零，并假定冰晶到冷阱之间的传质阻力 R_k 可以忽略。此时升华速率 G_{max} 达到最大值。

$$G_{max} = \frac{p_b}{R_g} = \frac{K_1 p_b}{\sqrt{T_s}} \tag{3-10}$$

当冰晶温度为－10 ℃时，对应的饱和蒸气压为260Pa，最大升华速率为：

$$G_{max} = \frac{0.018 \times 260}{\sqrt{263}} = 0.29 kg/m^2 \cdot s = 1044\ kg/m^2 \cdot h$$

取升华潜热为2836 kJ/kg，则升华所需要的热量为：

$$Q_{max} = 0.29 \times 2836 = 822.44 kW/m^2$$

采取辐射加热方式给陶瓷铸型坯体提供热量，其实际传热密度为：

$$Q_f = \sigma F_{1-2}(T_{up}^4 - T_s^4) \tag{3-11}$$

式中，Q_f 为辐射加热热流密度；F_{1-2} 为形状系数；σ 为斯特潘-玻尔斯曼常量，取 $5.669 \times 10-8W/(m^2 \cdot K^4)$；$T_{up}$ 为周围辐射加热板温度；T_s 为坯体干燥层最外表面温度。

设 $T_{up}=313K$。坯体表面温度 $T_s=263K$，取 $F_{1-2}=1.0$，则

$$Q_f = 5.67 \times 10^{-8}(T_{up}^4 - T_s^4) = 272.9 W/m^2$$

由实际传热密度所能供应的升华速率为 $272.9/2836 = 0.34 kg/m^2 \cdot h$，远低于最大升华速率 G_{max}，因此需要更长的升华时间。

2. 升华干燥时间

Nawirska、Babic 等通过建立冰峰均匀退却模型理论，计算了薄片物料升华干燥时间，该模型假定在升华干燥是一个准稳态过程，即升华界面温度和物料表面温度恒定，干燥层内水气分压不变[12,16,17]，这与实际冻干过程不符；其次，整体式陶瓷铸型几何形状完全不同于薄板物料，升华过程更复杂，升华速率是变化的。

通过实验测定升华干燥时间，准备如图3－8所示的陶瓷铸型坯体试样，中心型芯为Φ8 mm，型壳厚度取8mm，长径比为5∶1，表面积 $0.01231m^2$，预冻温度分别为－30 ℃和－60 ℃。经3h冻结后，将它们依次置入如图3－4所示的冻干机中，启动真空泵抽至设定真空度(30Pa)，再启动加热系统，先以40 ℃/h加热速度升温至40 ℃后(低于光固化树脂原型玻璃化转变温度)，保持恒定。用自动称重装置实时记录陶瓷铸型坯体重量变化，根据最初的坯体中含水总

量计算失水率大小，当失去坯体中90%左右水分时(约30g)，可认为坯体升华干燥完毕，停止实验。

图3-12表示陶瓷铸型坯体失水曲线。陶瓷铸型坯体失水过程大致可分成四个阶段，即初始干燥阶段、表层坯体失水阶段、气膜孔型芯干燥阶段和中心型芯干燥阶段。在初始干燥阶段，升华干燥失水速率比较缓慢，这是因为此时干燥仓和冷阱真空度较高，冷阱捕获水蒸气能力不够强；随后，以较快速度升华速率失去坯体表层水分；接着气膜孔型芯干燥升华，由于气膜孔型芯包含的冰晶质量很小，在曲线上表现为一个近似水平线；最后中心型芯升华干燥，由于干燥路径长，失水速度有所降低。

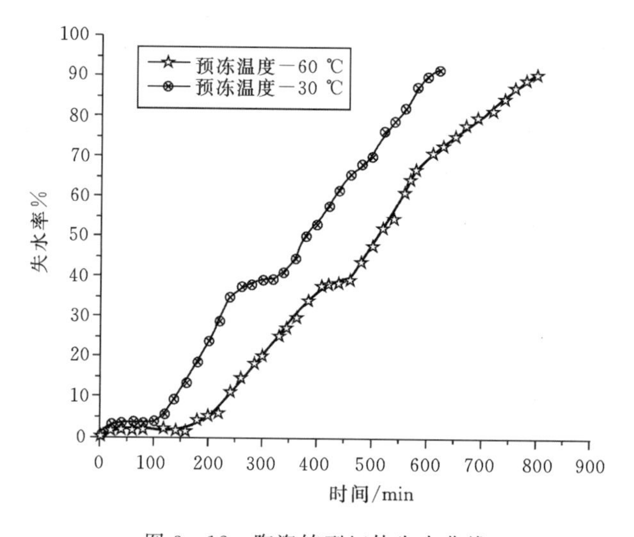

图3-12 陶瓷铸型坯体失水曲线

实验结果表明，干燥升华失去坯体中90.6%的水分时需要11h(预冻温度为－30 ℃)，而预冻温度为－60 ℃的陶瓷铸型坯体失去90%左右水分时需要更长的时间，约13.5h。可见，预冻温度越低，陶瓷铸型坯体需要更长的干燥升华时间。这是因为预冻温度越低，其对应的饱和水蒸气压越小(坯体预冻温度为－60 ℃，其对应的饱和蒸气压仅1.11 Pa，－30 ℃时，为38.0 Pa)，由公式可知，升华速率越小，所需升华干燥时间更长。由实验结果可知预冻温度为－30 ℃时升华速率为0.2216 $kg/m^2 \cdot h$，而预冻温度为－60 ℃时，升华速率仅为0.1875 $kg/m^2 \cdot h$。实测升华速率比实际传热密度所能供应的升华速率更低，其主要原因是干燥层的阻力R_c和干燥层到冷阱之间的空间阻力R_k的存在以及传热效率受限。

3.3 陶瓷铸型坯体冷冻干燥特性

3.3.1 冷冻干燥坯体力学性能

首先制备尺寸为60 mm×10 mm×4 mm的湿态陶瓷坯体试样，在−30 ℃下预冻2 h，然后置入冻干机中升华干燥(先加热至40 ℃，然后保持恒定，真空度为30 Pa，升华干燥12 h左右)，用自动称重装置实时记录陶瓷坯体质量变化，计算坯体失水程度，利用英国INSTRON-1195型万能材料实验机测定不同失水程度的陶瓷坯体试样抗弯强度，并求解弹性模量(在−5 ℃环境中测试)。

图3-13为陶瓷铸型坯体在不同失水程度下的抗弯强度σ和弹性模量E变化曲线。当陶瓷坯体中去离子水完全被冻结后，其抗弯强度达到4.0 MPa，远高于湿态陶瓷铸型坯体强度(0.10～0.20 Mpa)；随着失水程度的增加，冰晶不断升华，多孔干燥层厚度不断增加，坯体抗弯强度和弹性模量也逐步增大，当升华干燥完毕后，坯体抗弯强度达到最大值(12.0 MPa)，弹性模量E由最开始的600 MPa增大至1050 MPa，线性拟合得：

$$E = 450x + 600 \tag{3-12}$$

$$\sigma = 8x + 4 \tag{3-13}$$

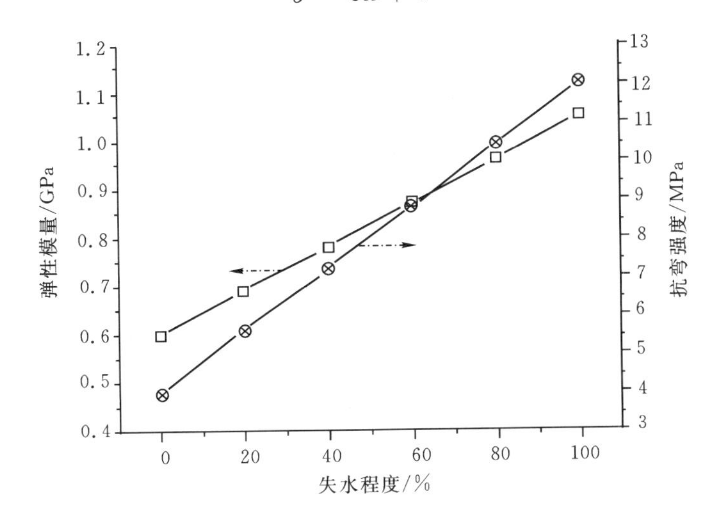

图3-13 冻干坯体抗弯强度和弹性模量变化曲线

3.3.2 冷冻干燥收缩率

图3-14表明陶瓷坯体干燥收缩率随着预冻温度的降低而不断减小。当预冻温度为-20 ℃时,干燥收缩率为0.37%,远小于坯体经对流干燥后的收缩率(约2.1%),当预冻温度为-60 ℃时,干燥收缩率仅为0.10%。但预冻温度会受到冻干机预冻能力的限制,不可无限度地降低,另外预冻温度越低,升华速率越小,升华时间更长。

由凝胶溶胀动力学原理可知,凝胶吸水时,会产生一定的体积膨胀,而在失水过程中,采取对流干燥时,在固液界面张力的作用下,凝胶网状结构会收缩,从而引起一定的体积收缩,其收缩量大小与高分子的链松弛率以及界面张力大小有关[5]。图3-15(a)表明对流干燥后,凝胶收缩在一起,已失去原来的外形和结构。因陶瓷铸型坯体中固相颗粒被网状结构的凝胶包裹(如图3-16所示),凝胶收缩必然会引起陶瓷铸型坯体的收缩。

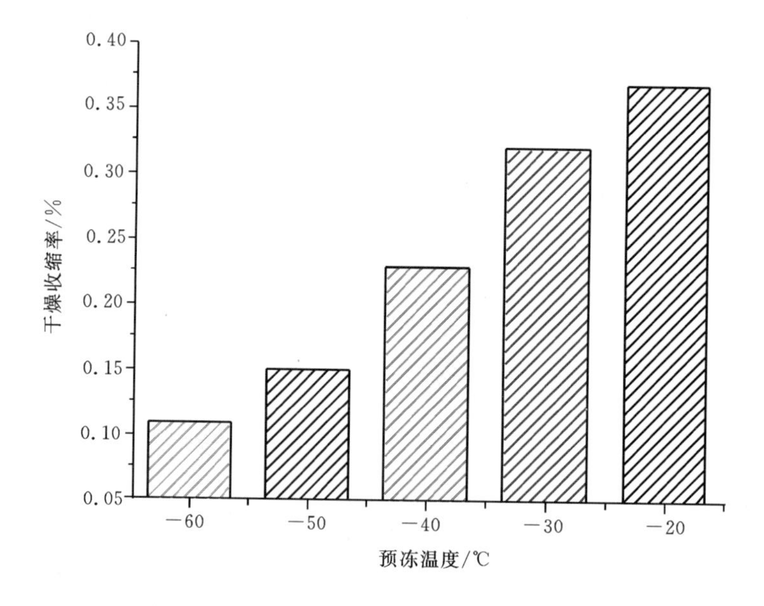

图3-14 预冻温度对坯体冻干收缩率的影响

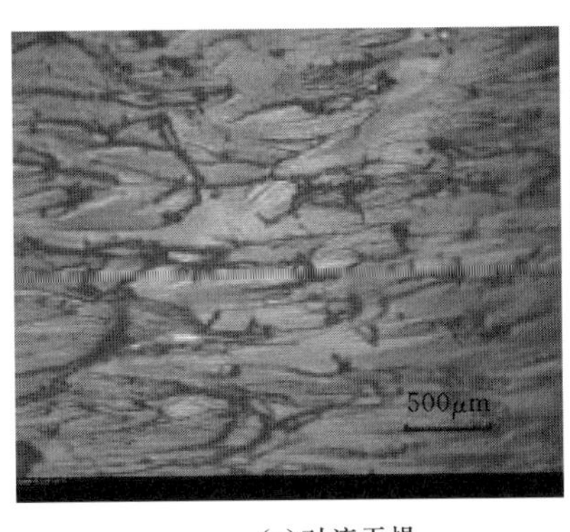

(a)对流干燥

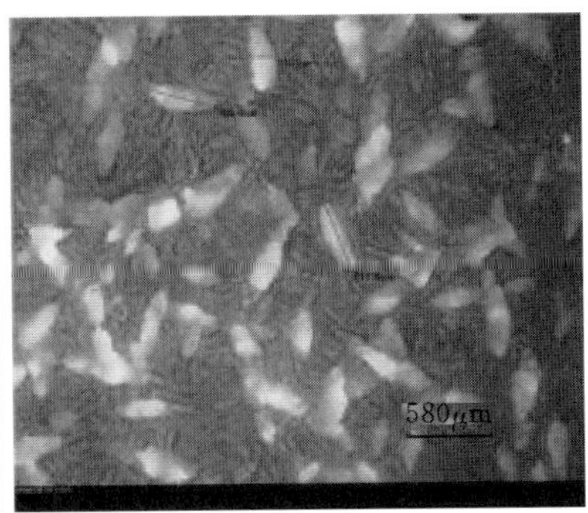

(b)冷冻干燥

图3-15　不同干燥方式下凝胶微观形貌

冻干时，由于不再存在使坯体收缩的固液界面张力，另外大量的冰晶升华后在凝胶中留下许多微小的孔洞，占据了一定的体积空间（如图3-15(b)所示），所以陶瓷铸型坯体冻干后，能够获得较低的干燥收缩率。预冻温度越低，冰晶更细小，但冰晶数量更多，冰晶升华后留下的总体积更大，因此，冻干收缩率也更低。冻干后，陶瓷坯体仍然会产生一定的收缩，这是因为非可冻结结合水的解析后，使坯体产生了少量的收缩。陶瓷铸型坯体中微小的孔洞相互连通，为内部水蒸气顺利排出提供了良好流通通道，能够保证厚大的型壳坯体以及被树脂原型包裹的陶瓷型芯坯体干透。

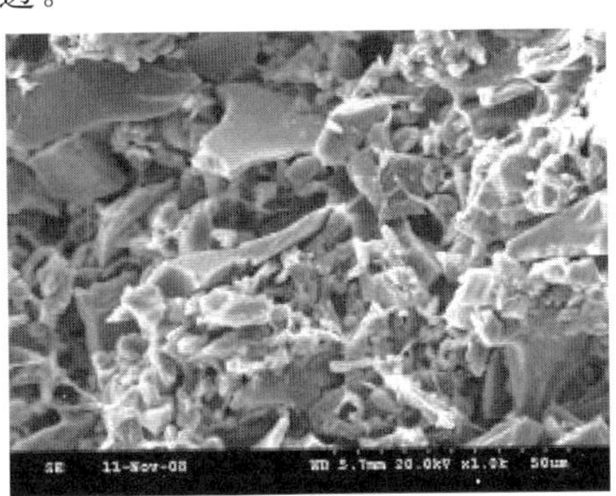

图3-16　冻干后陶瓷坯体微观形貌

3.3.3　临界干燥收缩率

在整体式陶瓷铸型坯体干燥过程中，坯体自由收缩必然受到空心透平叶片树脂原型的阻碍，由于气膜孔型芯比较细长，抵抗能力差，在坯体干燥收缩过程中最有可能拉断或形成裂纹。为了保证陶瓷铸型坯体的结构完整性，有必要计算临界干燥收缩率大小，即获得气膜孔型芯坯体可允许收缩最大值，在临界收缩率与透平叶片结构参数、坯体力学性能之间建立关联，为选择合理的冻干工艺提供参考。图 3-17 为带有异形气膜孔的陶瓷铸型标样及相应的 CAD 模型，中心型芯、气膜孔型芯等结构特征参数与透平叶片原型一致。

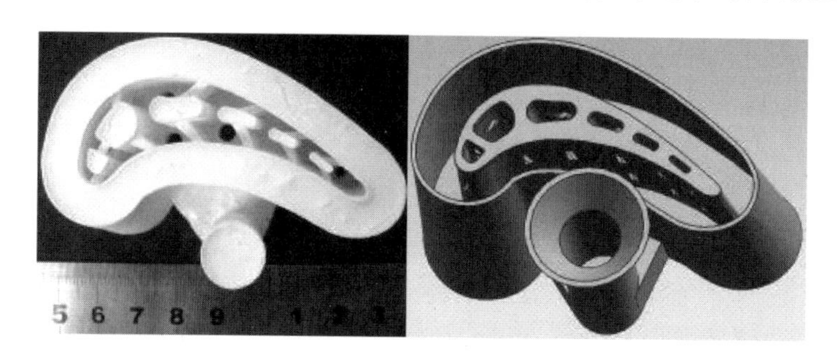

图 3-17 带有异形气膜孔的陶瓷铸型标样及其 CAD 模型

图 3-18 为陶瓷铸型坯体干燥收缩受阻示意图，中心型芯坯体和型壳坯体通过气膜孔型芯坯体连接在一起，中心型芯坯体和气膜孔型芯坯体完全被透平叶片树脂原型包裹。假设整体式陶瓷铸型坯体的几何收缩中心在中心型芯中心线处，并且陶瓷铸型坯体各部分干燥收缩是均匀一致的，选取某一个气膜孔型芯为研究对象，建立如图 3-19所示气膜孔型芯干燥收缩受阻力学模型，气膜孔型芯坯体干燥收缩必然会受到叶片树脂原型的阻碍，设气膜孔型芯左端完全固定，则右端受到水平方向拉力 F 作用。

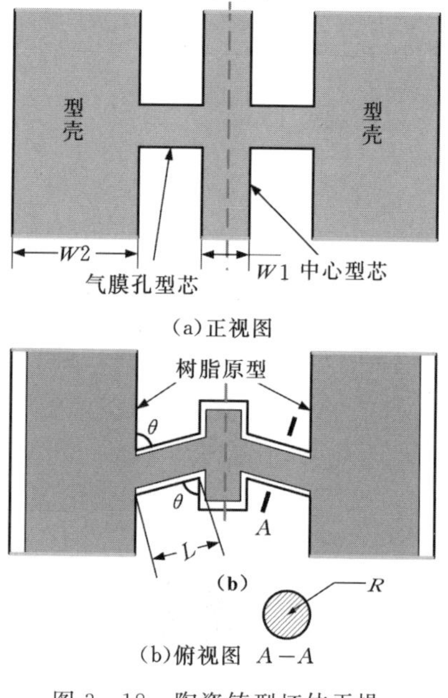

图 3-18 陶瓷铸型坯体干燥收缩受阻示意图

则沿着气膜孔型芯轴向产生的拉应力 σ_1 为

$$\sigma_1 = \frac{F\sin\theta}{A} = \frac{F\sin\theta}{\pi R^2} \quad (3-14)$$

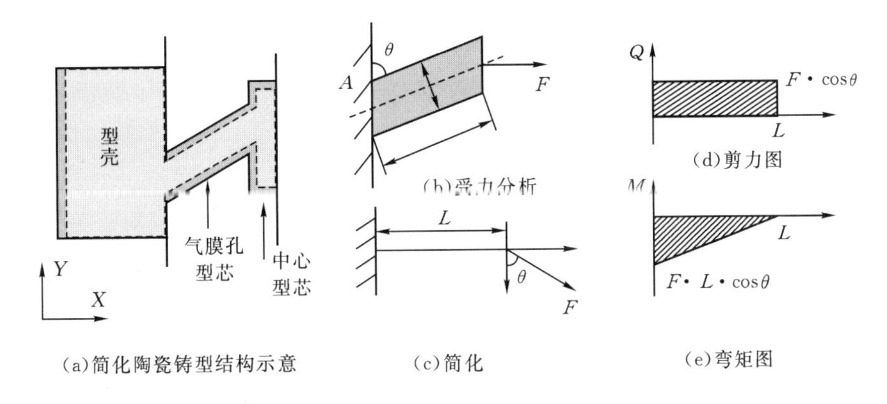

图 3-19 气膜孔型芯干燥收缩受阻力学模型

其中，A 为气膜孔型芯横截面积；R 为气膜孔型芯半径；θ 为气膜孔型芯倾斜角，它是气膜孔型芯与型壳内表面之间的夹角，也是气膜孔与叶身表面的夹角。

在垂直气膜孔型芯轴向，即负 y 方向，产生最大弯曲应力为 $\sigma_{2,\max}$。

$$\sigma_{2,\max} = \frac{M \cdot y}{I_z} = \frac{FLR\cos\theta}{\frac{\pi R^4}{4}} = \frac{4FL\cos\theta}{\pi R^3} \tag{3-15}$$

这里 L 为气膜孔型芯长度。

由叠加原理求得，在干燥过程中气膜孔型芯坯体最大应力 $\sigma_{\max}$ 为：

$$\sigma_{\max} = \sigma_1 + \sigma_{2,\max} = \frac{F}{\pi R^2}\left(\sin\theta + \frac{4L\cos\theta}{R}\right) \tag{3-16}$$

与 $\sigma_{\max}$ 相对应点为图 3-19(b)中 A 点。

在公式(3-16)中，$\frac{F}{\pi R^2}$ 是 $\theta = 90^\circ$ 时的应力值。

假设 K 为结构特征参数，其值为：

$$K = \sin\theta + \frac{4L\cos\theta}{R} \tag{3-17}$$

K 随着 θ、L 和 R 变化而变化，最大应力 $\sigma_{\max}$ 可以看做 $\theta=90^\circ$ 时的轴向拉应力和结构特征参数 K 的乘积。

设陶瓷铸型坯体线收缩率为 α，在自由收缩的情况下，气膜孔型芯沿其轴线方向的收缩量为 αL，中心型芯沿 x 方向的收缩量为 $\frac{\alpha W_1}{2\sin\theta}$（$W_1$ 为中心型芯宽度），气膜孔型芯由于中心型芯的收缩而被拉长，其伸长量 $\Delta L = \frac{\alpha W_1}{2\sin\theta} + \alpha L$，

当 $\theta = 90^0$ 时，轴向应变 $\varepsilon = \alpha\left(1 + \frac{W_1}{2L}\right)$。

异形气膜孔型芯最大应变 ε_{max} 和最大应力 σ_{max} 为：

$$\varepsilon_{max} = \alpha \cdot K\left(1 + \frac{W_1}{2L}\right) \tag{3-18}$$

$$\sigma_{max} = \alpha \cdot K \cdot E\left(1 + \frac{W_1}{2L}\right) \tag{3-19}$$

当 σ_{max} 超过陶瓷坯体抗弯强度 σ 时，气膜孔型芯将被拉断，可求得干燥收缩允许值或临界干燥收缩率 $\alpha_{临界}$。

$$\alpha_{临界} = \frac{\sigma/E}{K \cdot \left(1 + \frac{W_1}{2L}\right)} \times 100\% \tag{3-20}$$

由公式(3-20)可知，临界干燥收缩率大小决定于陶瓷铸型坯体力学性能和空心透平叶片的结构参数。冻干后陶瓷铸型坯体力学性能见图3-13，而透平叶片结构参数 K 对 $\alpha_{临界}$ 影响如图3-20所示。它表示结构特征参数 K 随 θ 和长径比变化规律，K 越大，可允许的干燥收缩率越小，陶瓷铸型干燥收缩率控制难度越大。具体地讲，细长的气膜孔型芯最难制备，而短粗的气膜孔型芯坯体容易制备，即包裹有薄壁或双层壁结构透平叶片树脂原型的陶瓷铸型坯体易制备。在结构参数及陶瓷铸型坯体力学性能一定的情况下，当倾斜角度 $\theta = 90^0$ 时，气膜孔型芯与型壳内侧表面垂直，K 值等于1，$\alpha_{临界}$ 最大，而 θ 取较小值时，K 值较大，$\alpha_{临界}$ 小。从控制干燥收缩难易的角度出发，θ 越大越好，整体式陶瓷铸型坯体几何结构的完整性易得到保证。中心型芯 W_1 越大或者说空心透平叶片内部冷却通道越宽，干燥时，气膜孔型芯将受到较大的应力作用，易形成裂纹。

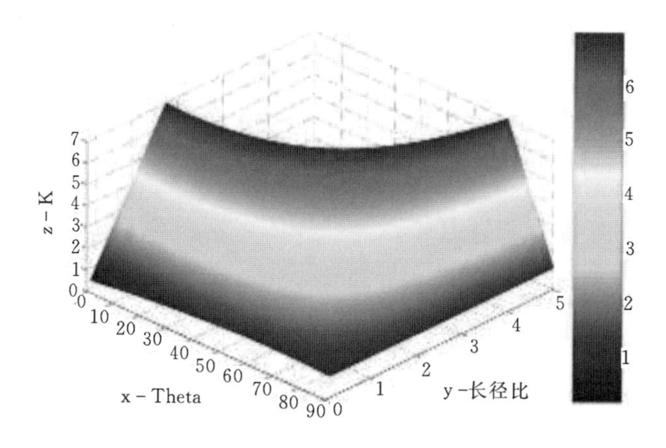

图3-20 结构特征参数 K 随 θ 和长径比变化规律

在透平叶片结构确定的前提下，由坯体冻干特性可知，采取冻干工艺不仅提高了湿态陶瓷坯体抗弯强度，增强了坯体抵抗破坏或裂纹的能力，而且降低了实际干燥收缩率，有利于防止气膜孔型芯坯体断裂，保证整体式陶瓷铸型结构的完整性。

3.4　冷冻干燥工艺能力评价

图3-21表示不同的失水程度，陶瓷铸型坯体收缩变化规律。在冻干最初阶段时，实际干燥收缩率也随着失水程度的增加而增大，当陶瓷坯体在失去约45%的水分后，干燥收缩率不再增加，例如，预冻温度为−30 ℃时，最终干燥收缩率为0.32%，表明内部冰晶升华过程不再对坯体外形和尺寸产生任何影响。这是因为升华过程中，当干燥层达到一定厚度时，表面形成具有一定抗弯强度的“硬壳”，阻止了坯体进一步收缩。

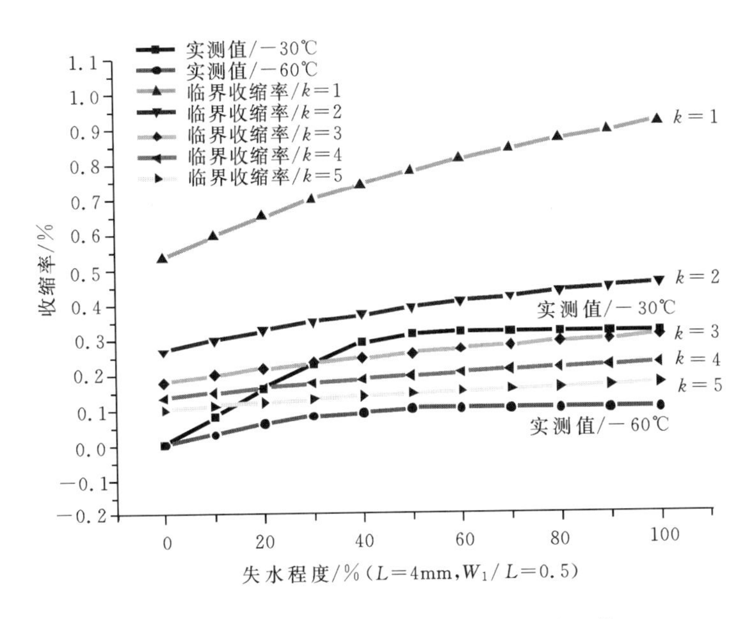

图3-21　干燥收缩实测值与临界收缩率比较

将公式(3-12)和(3-13)代入公式(3-20)中，可计算出不同失水程度下的临界干燥收缩率大小(如图3-21所示)。当透平叶片结构参数一定时，临界干燥收缩率仅是坯体室温抗弯强度、弹性模量的函数，它随着失水程度的增加而逐步增大。不同的结构特征参数K其临界干燥收缩率大小不同，但具有相同变化趋势。

将实测干燥收缩率与临界收缩率比较，可以判断陶瓷铸型在冻干过程中是否存在开裂的可能性。与预冻温度为−30 ℃的冻干烧成收缩率相比，当结构特征参数 K 为 2 时，在任一失水程度，实测干燥收缩率总是小于临界干燥收缩，能够保证陶瓷铸型坯体结构的完整性。当结构特征参数 K 为 3 时，在失水程度为 30%～100%区间，实测干燥收缩率大于临界干燥收缩率，变截面气膜孔型芯坯体将被拉断。为了制备更细小的气膜孔型芯，需要通过降低预冻温度以减小陶瓷坯体实际干燥收缩率。当预冻温度为−60 ℃时，透平叶片结构参数一定（θ、W_1 和 L 分别取 45°、2 mm 和 4 mm），求得 K 等于 9.14，可制造气膜孔型芯最小半径为 1.3 mm。其他参数不变，改变 L，使之分别为2 mm 和 1 mm 时，则可制造气膜孔型芯坯体最小半径可达到 1.2 mm 和 0.56 mm。

图 3-22 为被树脂包裹的圆柱试样（长径比 12∶1），经冻干后，不变形、不开裂。图 3-23 为光固化树脂原型及陶瓷型芯（最小直径为 Φ3 mm）。经过冻干（−50 ℃预冻 4 h，加热温度为 40 ℃，真空度 30 Pa，升华干燥 20 h）、烧失树脂原型后，获得各部分结构完整、复杂的陶瓷型芯坯体，证明了冻干工艺可行性和有效性。

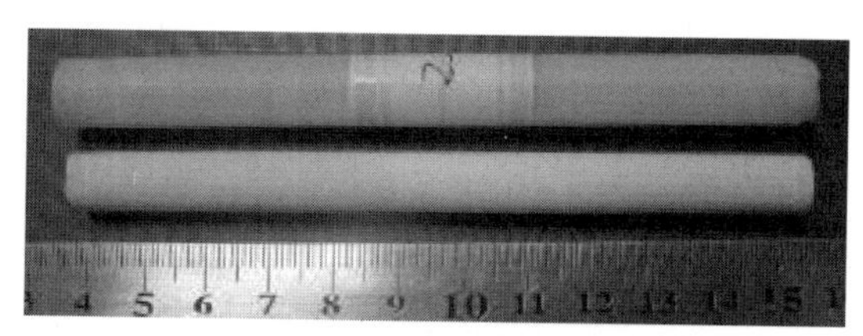

图 3-22 树脂包裹的试样（长径比 12∶1）

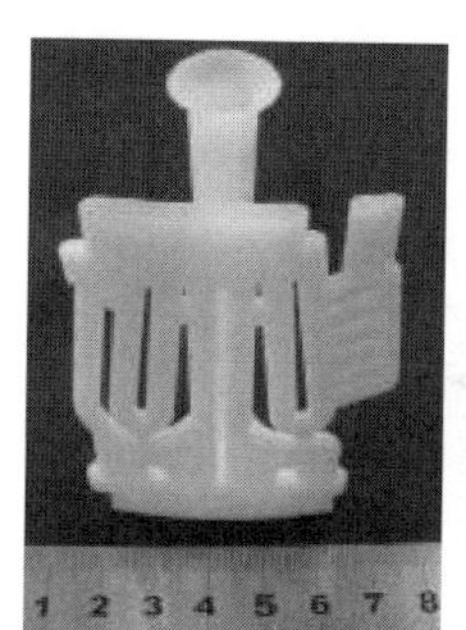

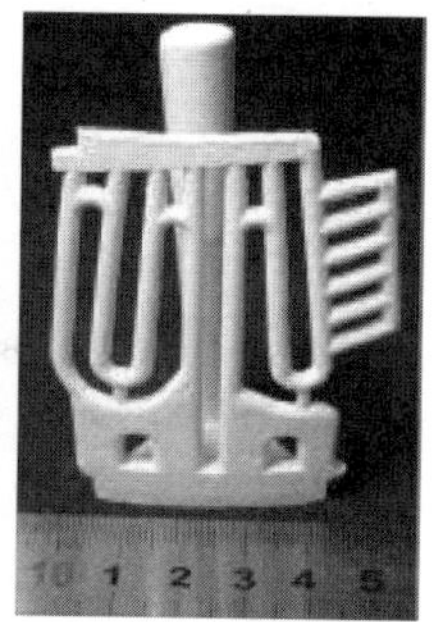

图 3-23 光固化树脂原型及复杂陶瓷型芯

3.5　本章小结

比较各种干燥方法优缺点，通过冷冻干燥技术处理厚大陶瓷铸型坯体。实验测定了凝胶注模陶瓷坯体中的自由水、可冻结结合水和不可冻结结合水的组成和比例，利用电阻法测定了坯体共晶温度点，研究了铸型坯体冻干可行性。预冻实验结果表明，预冻时间长短与预冻温度、陶瓷型壳厚度和长径比有关，预冻温度越低，陶瓷型壳厚度越小，预冻时间越短。整体式陶瓷铸型坯体一般需要2～3 h，其内部水分即可冻结。升华干燥实验表明，预冻温度越低，升华速率越小，升华所需时间越长。

发现了铸型坯体冻干收缩规律，在失去其中约45%水分之后，铸型坯体停止收缩，预冻温度越低，干燥收缩率越小。当预冻温度为−60 ℃时，铸型坯体干燥收缩率为0.1%。冻干收缩机理揭示由于冰晶升华后留下大量的微孔，占驻了一定的体积，因此减小了坯体干燥收缩率，大量的微孔处于相互连通状态，为坯体内部冰晶升华提供了蒸气流出“通道”，所以厚大陶瓷铸型坯体能够被干透。冻干既能保证被树脂原型包裹的型芯、厚大陶瓷铸型坯体干透，又能降低坯体干燥收缩率。

分析了整体式陶瓷铸型坯体结构特点，建立了气膜孔坯体收缩受阻模型，推导了临界干燥收缩率计算公式，临界收缩率大小由透平叶片结构特征参数、陶瓷坯体力学性能决定。气膜孔越细长、倾斜角越小，临界收缩率越小，与之对应的坯体越难制备。预冻温度越低，冻干收缩率越小，制备复杂细小特征结构能力越强，冻干降低了实际干燥收缩率，保证了陶瓷铸型结构完整性和制造精度。

参考文献

[1]Dhara S, Kamboj R, Pradhan M, et al. Shape forming of ceramics via gelcasting of aqueous particulate slurries[J]. Bulletin of Materials Science, 2002, 25 (6): 565 - 568.

[2]Gilissen R, Erauwl J P, Smolders A, et al. Gelcasting, a near net shape technique[J]. Materials and Design, 2000, (21): 251 - 257.

[3]Ma L G, Huang Y, Yang J L, et al. Effect of plasticizer on the cracking of ceramic green bodies in gelcasting[J]. Journal of Materials Science, 2005, 40 (18): 4947 - 4949.

[4]Ghosal S, Emami-Naeini A. A physical model for the drying of gelcast ceramics[J]. Journal of the American Ceramic Society, 1999, 82 (3): 513 - 520.

[5]Scherer G W. Theory of drying[J]. Journal of the American Ceramic Society, 1990, 73 (1): 3 - 14.

[6]郑志平. $BaTiO_3$基热敏陶瓷材料及其叠层片式元件的湿化学法制备及理论研究[D]. 武汉:华中科技大学, 2005:79 - 95.

[7]Barati A, Kokabi M, Famili N. Modeling of liquid desiccant drying method for gelcast ceramic parts[J]. Ceramics International, 2003, 29 (2): 199 - 207.

[8]蒋亚宝,聂祚仁,席晓丽,等. 冷冻干燥技术在材料制备领域的应用研究进展[J]. 真空科学与技术学报, 2006, 26 (6): 964 - 974.

[9]黄毅华,江东亮, 张景贤, 等. 凝胶冷冻干燥法制备透明氧化钇陶瓷[J]. 无机材料学报, 2008, 23 (6): 1135 - 1140.

[10]Hammami C, Rene F. Determination of freeze-drying process variables for strawberries[J]. Journal of Food Engineering, 1997,32(2):133 - 154.

[11]Tallón C, Moreno R, Nieto I. Shaping of porous alumina bodies by freeze casting [J]. Advances in Applied Ceramics, 2009, 108 (5): 307 - 313.

[12]华泽钊. 冷冻干燥新技术[M]. 北京:科学出版社, 2006:128 - 140.

[13]许敦复,郑效东. 冷冻干燥技术与冻干机[M]. 北京:化学工业出版社, 2005:2 - 15.

[14]谭帼馨,崔英德, 易国斌,等. 水在凝胶中的存在状态及其对凝胶力学性能的影响[J]. 化工学报, 2005, 56 (10): 2019 - 2023.

[15]陈小刚,李文波, 彭晓宏. PVA 水凝胶中水的状态研究[J]. 广东化工, 2005, (8): 42 - 44.

[16]Nawirska A, Figiel A, Kucharska A Z, et al. Drying kinetics and quality parameters of pumpkin slices dehydrated using different methods [J]. Journal of Food Engineering, 2009, 84 (1): 14 - 20.

[17]Babic J, Cantalejo M J, Arroqui C. The effects of freeze-drying process parameters on Broiler chicken breast meat[J]. Food Science and Technology, 2009, 42 (8): 1325 - 1334.

第4章 陶瓷铸型坯体脱脂工艺

4.1 引言

整体式陶瓷铸型坯体干燥完毕后，需要烧失其中叶片树脂原型，以留下“孔洞”浇注空心透平叶片铸件。光固化树脂是一种热固性塑料，高温下只能软化、热解，而不会象蜡模一样熔化流失。DSM Somos@ ProtoCast AF 19120 树脂热膨胀系数高于陶瓷型壳的热膨胀系数1～2个数量级，焙烧时，型壳要承受因树脂原型受热膨胀而产生的热应力作用，当热应力大小超过坯体抗弯强度，陶瓷型壳存在开裂的危险[1]。目前，基于光固化原型的快速铸造技术主要采取传统的脱蜡工艺烧失树脂原型，仍不可完全避免型壳开裂现象，另外需配备闪烧炉、蒸汽高压釜(6～7 bar，150～200 ℃)等昂贵、专用的烧失设备，中小企业难以企及，这也不利于快速铸造技术应用与推广，采用普通焙烧炉代替蒸汽高压釜烧失叶片树脂原型，可以减小生产设备成本。

Hague 等采取 QuickCast 技术将光固化树脂原型内部设计成多层结构或蜂窝状结构，使树脂原型先于陶瓷型壳开裂而坍塌，从而降低型壳开裂几率[2]。但透平叶片本身是一种复杂薄壁结构件，如果将其原型内部“抽空”，一方面增加了设计工作量，增加了设计难度，另一方面削弱了叶片原型的刚度，影响陶瓷铸型成形精度。Dickens and Hague 等比较了实心和空心光固化原型快速烧失过程，发现多层式陶瓷型壳常在低于树脂玻璃化温度发生开裂，由此推断：如果树脂原型的玻璃化温度低于陶瓷型壳开裂温度，则陶瓷型壳不会开裂。Yao and Leu 等进一步应用有限元分析了光固化树脂原型烧失过程，首先通过比较周向热应力与型壳坯体抗弯强度确定使陶瓷型壳开裂的温度点；其次计算出致使光固化原型内部网络结构坍塌的等效应力，并将它与径向热应力比较确定使光固化原型网络结构坍塌的温度点；最后比较上述两温度点的高低，判断陶瓷型壳是否开裂。研究发现通过增加陶瓷型壳厚度或减小网状结构横截面尺寸或增加其跨距长度，能使光固化原型内部网络结构先坍塌或折断,从而保证型壳不开裂[1,3]。但在热-结构耦合分析过程中只考虑温度场对陶瓷型壳的作用,而未考虑由于温度升高树脂原型膨胀对陶瓷型壳的挤压作用,这不符合工程实际。Jones 和 Yuan 通过在陶瓷浆料中添加少量的尼龙纤维(Φ20 μm,长度为 1 mm)制备了一种复合高强度陶瓷型壳,有效地减小了型壳开裂的可能性[4,5],但尼龙纤维的加入一方面增加了陶瓷浆料制备难度,另一方面影响了陶瓷型壳坯体表面质量。

与传统的多层陶瓷型壳相比,凝胶注模成形坯体抗弯强度更高,从抵抗光固化树脂原型受热膨胀能力角度分析,光固化叶片树脂原型烧失过程应更安全可靠,但整体式陶瓷铸型坯体强度会随着温度升高而发生变化,热应力及温度场有其内在的分布规律,陶瓷铸型仍存在开裂的可能性。本章首先建立树脂原型和型壳受限条件下热变形协调方程,并理论推导出热应力计算公式,对影响周向应力、径向应力大小的各种工程因素进行定性分析。其次利用热重/差热同步分析实验和动态力学分析实验揭示光固化原型热解特性和弹性模量随温度变化规律,应用 ANSYS 软件模拟叶片树脂原型烧失过程,分析升温速率、型壳厚度、叶片原型结构对作用在陶瓷型壳上的温度场和应力场的影响。最后制订了脱脂工艺,安全烧失叶片原型,保证整体式陶瓷铸型几何结构的完整性。

4.2 热应力计算

4.2.1 变形协调方程

建立如图 4-1 所示的受限条件下树脂原型、陶瓷型壳热变形示意图,由于光固化树脂原型膨胀量远大于陶瓷型壳热膨胀量,因此陶瓷铸型和树脂原型二者之间存在相互挤压作用力。

设半径为 a 的树脂原型被厚度为 t 的陶瓷型壳坯体包裹,δ_1 和 δ_2 分别为树脂原型和型壳的受热自由膨胀量,在挤压力 F_1 的作用下,光固化树脂原型向里收缩了 Δ_1,在膨胀力 F_2 作用下,陶瓷型壳坯体向外扩张了 Δ_2。设在焙烧过程中树脂原型与陶瓷型壳坯体始终保持接触,那么,树脂原型与型壳的实际变形量 ζ 始终相等,有:

$$\zeta = \delta_1 - \Delta_1 = \delta_2 + \Delta_2 \tag{4-1}$$

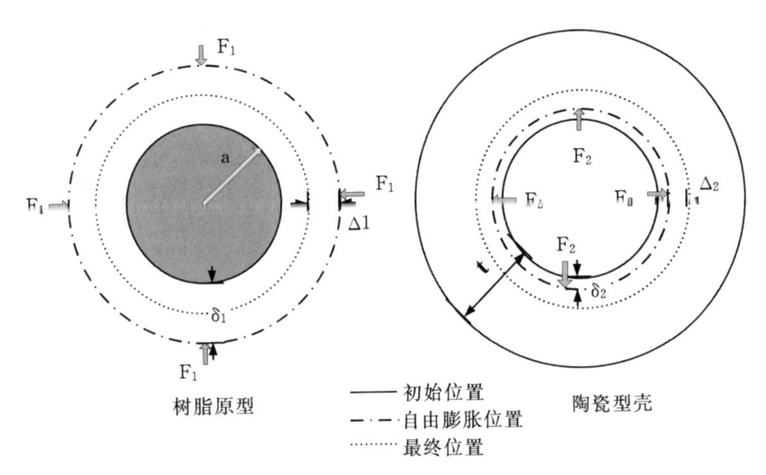

图 4-1　受限条件下树脂原型、陶瓷型壳热变形示意图

4.2.2　热应力求解

建立如图 4-2 所示的树脂原型(圆筒体)和陶瓷型壳(圆环体)相互作用力学模型，a 和 b 分别为光固化树脂原型和陶瓷型壳半径，将它们置于初始温度为 T_0 的温度场中，然后以一定的升温速率加热，根据位移法(1907 年，Lorenz 提出)可以求解轴对称变温分布下的圆筒体或圆环体热应力[6]。

假设温度变化与 θ 无关，即 $\tau = \tau(r,z)$，于是有切向位移 $\mu_\theta = 0$，径向位移 u_r 和轴向位移 w 都是 (r,z) 的函数，于是有如下热弹性方程(柱坐标形式)。

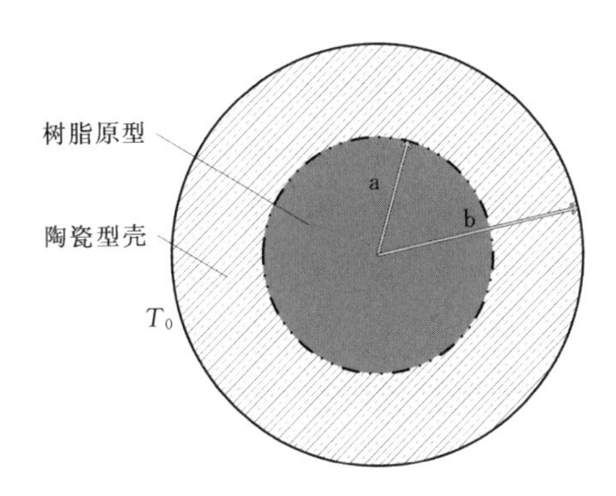

图 4-2　光固化树脂原型和陶瓷型壳相互作用力学模型

几何方程

$$\begin{cases} \varepsilon_r = \dfrac{\partial u_r}{\partial r}, \varepsilon_\theta = \dfrac{u_r}{r}, \varepsilon_z = \dfrac{\partial w}{\partial z} \\ r_{rz} = \dfrac{\partial u_r}{\partial r} + \dfrac{\partial w}{\partial z}, r_{r\theta} = r_{\theta z} = 0 \end{cases} \tag{4-2}$$

本构方程

$$\begin{cases} \sigma_r = \dfrac{2G}{1-2\nu}\left[(1-\nu)\dfrac{\partial u_r}{\partial r} + \nu\left(\dfrac{u_r}{r} + \dfrac{\partial w}{\partial z}\right)\right] - \dfrac{E}{1-2\nu}\alpha\dfrac{\partial T}{\partial \mathrm{r}} \\ \sigma_\theta = \dfrac{2G}{1-2\nu}\left[(1-\nu)\dfrac{u_r}{r} + \nu\left(\dfrac{\partial u_r}{\partial r} + \dfrac{\partial w}{\partial z}\right)\right] - \dfrac{E}{1-2\nu}\alpha\dfrac{\partial T}{\partial \mathrm{r}} \\ \sigma_z = \dfrac{2G}{1-2\nu}\left[(1-\nu)\dfrac{\partial w}{\partial z} + \nu\left(\dfrac{\partial u_r}{\partial r} + \dfrac{u_r}{r}\right)\right] - \dfrac{E}{1-2\nu}\alpha\dfrac{\partial T}{\partial \mathrm{r}} \\ \tau_{rz} = G\left(\dfrac{\partial u_r}{\partial z} + \dfrac{\partial w}{\partial r}\right), \tau_{r\theta} = \tau_{z\theta} = 0 \end{cases} \tag{4-3}$$

平衡微分方程

$$\begin{cases} \dfrac{\partial \sigma_r}{\partial r} + \dfrac{\partial \tau_{rz}}{\partial z} + \dfrac{\sigma_r - \sigma_\theta}{r} = 0 \\ \dfrac{\partial \tau_{rz}}{\partial r} + \dfrac{\partial \sigma_z}{\partial z} + \dfrac{\tau_{rz}}{r} = 0 \end{cases} \tag{4-4}$$

将(4-3)代入(4-4)中，求得空间轴对称问题位移形式的平衡微分方程。

$$\begin{cases} \dfrac{\partial}{\partial r}\left(\dfrac{\partial u_r}{\partial r} + \dfrac{u_r}{r}\right) + \dfrac{1-2\nu}{2(1-\nu)}\dfrac{\partial^2 u_r}{\partial z^2} + \dfrac{1}{2(1-\nu)}\dfrac{\partial^2 w}{\partial r \partial z} - \dfrac{1+\nu}{1-\nu}\alpha\dfrac{\partial T}{\partial \mathrm{r}} = 0 \\ \dfrac{\partial^2 w}{\partial z^2} + \dfrac{1-2\nu}{2(1-\nu)}\left(\dfrac{\partial}{\partial r} + \dfrac{1}{r}\right)\dfrac{\partial w}{\partial r} + \dfrac{1}{2(1-\nu)}\dfrac{\partial}{\partial r}\left(\dfrac{\partial u_r}{\partial r} + \dfrac{u_r}{r}\right) - \dfrac{1+\nu}{1-\nu}\alpha\dfrac{\partial T}{\partial \mathrm{r}} = 0 \end{cases} \tag{4-5}$$

这里 α 是圆筒体或圆环体的线膨胀系数，T 为变温。

假定圆筒和圆柱均为无限长，且沿着长度方向温度分布不变，则上述问题简化为二维平面应变问题，即 $\varepsilon_z = 0$ 。由弹性力学平面应变知识，圆环的位移 $u_r = u_r(r)$ ，$u_\theta = w = 0, \gamma_{rz} = \gamma_{\theta z} = \gamma_{r\theta} = 0$ ，这时平衡微分方程中的第二式恒被满足，第一式成为

$$\frac{\mathrm{d}^2 u_r}{\mathrm{d}r^2} + \frac{1}{r}\frac{\mathrm{d}u_r}{\mathrm{d}r} - \frac{u_r}{r^2} = \frac{1+\nu}{1-\nu}\alpha\frac{\mathrm{d}T}{\mathrm{d}r} \tag{4-6}$$

在升温过程中圆筒或圆环的温度沿径向呈非线性变化[6]，暂且假设其变化率始终恒定，不随着外加温度场变化而变化，如图 4-3 所示，用直线段近似代替实际温度变化曲线，即 $\dfrac{\partial T}{\partial r} = K$ 为常数。

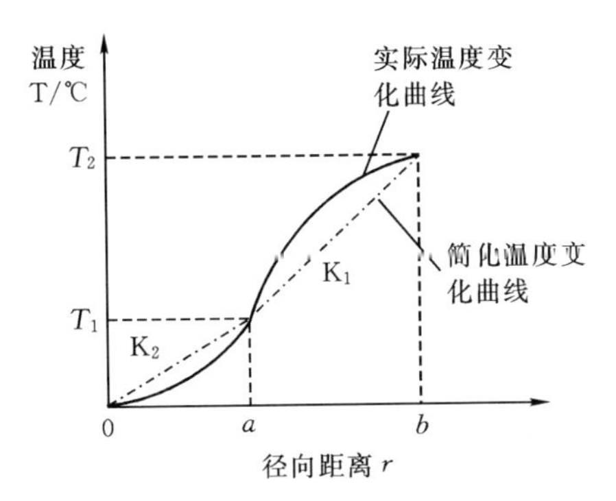

图 4-3　温度随径向距离变化示意图

则上式等价于：

$$\frac{\mathrm{d}}{\mathrm{d}r}\frac{1}{r}\frac{\mathrm{d}}{\mathrm{d}r}(ru_r)=\frac{1+\nu}{1-\nu}\alpha K \tag{4-7}$$

两次积分，求得：

$$u_r=\frac{\alpha K(1+\nu)}{3(1-\nu)}r^3+C_1 r+\frac{C_2}{r} \tag{4-8}$$

式中 C_1，C_2 为积分常数。将公式代入本构方程中，得：

$$\begin{cases}\sigma_r=\dfrac{2G}{1-2\nu}\left[(1-\nu)\left(\dfrac{\alpha K(1+\nu)}{1-\nu}r^2+C_1-\dfrac{C_2}{r^2}\right)+\nu\left(\dfrac{\alpha K(1+\nu)}{3(1-\nu)}r^2+C_1+\dfrac{C_2}{r^2}\right)\right]-\dfrac{E}{1-2\nu}\alpha T\\ \quad=\dfrac{2G}{1-2\nu}\left[(3-2\nu)\dfrac{\alpha K(1+\nu)}{3(1-\nu)}r^2+C_1+(2\nu-1)\dfrac{C_2}{r^2}\right]-\dfrac{E}{1-2\nu}\alpha T\\ \sigma_\theta=\dfrac{2G}{1-2\nu}\left[(1-\nu)\left(\dfrac{\alpha K(1+\nu)}{3(1-\nu)}r^2+C_1+\dfrac{C_2}{r^2}\right)+\nu\left(\dfrac{\alpha K(1+\nu)}{1-\nu}r^2+C_1-\dfrac{C_2}{r^2}\right)\right]-\dfrac{E}{1-2\nu}\alpha T\\ \quad=\dfrac{2G}{1-2\nu}\left[(1+2\nu)\dfrac{\alpha K(1+\nu)}{3(1-\nu)}r^2+C_1+(1-2\nu)\dfrac{C_2}{r^2}\right]-\dfrac{E}{1-2\nu}\alpha T\end{cases} \tag{4-9}$$

上式中 G 为剪切模量，它与弹性模量 E 之间关系为：

$$G=\frac{E}{2(1+\nu)} \tag{4-10}$$

为了求径向位移 u_r、σ_r 和 σ_θ 值，应由边界条件求得常数 C_1，C_2。

(1)圆环自由变形时，圆环内外表面的边界条件为 $\sigma_r|_{r=a}=\sigma_r|_{r=b}=0$，进而求得上式中的常数 C_1，C_2。

$$\begin{cases}C_1=\alpha(1+\nu)\dfrac{b^2T(b,t)-a^2T(a,t)}{a^2-b^2}-(3-2\nu)\dfrac{\alpha K(1+\nu)}{3(1-\nu)}(a^2+b^2)\\ C_2=\dfrac{a^2b^2}{2\nu-1}\left\{(3-2\nu)\dfrac{\alpha K(1+\nu)}{3(1-\nu)}-\dfrac{\alpha(1+\nu)[T(b,t)-T(a,t)]}{b^2-a^2}\right\}\end{cases} \tag{4-11}$$

由于$\frac{\partial T}{\partial r}=K$，且 K 为常数，因此 $K=\frac{T(b,t)-T(a,t)}{b-a}$，$C_1$，$C_2$ 可化简化为：

$$\begin{cases} C_1=\alpha(1+\nu)\left[\frac{b^2T(b,t)-a^2T(a,t)}{a^2-b^2}-\frac{K(3-2\nu)}{3(1-\nu)}(a^2+b^2)\right] \\ C_2=\alpha K(1+\nu)\frac{a^2b^2}{2\nu-1}\left[\frac{3-2\nu}{3(1-\nu)}-\frac{1}{a+b}\right] \end{cases} \tag{4-12}$$

(2)陶瓷型壳受限热变形时(树脂原型膨胀时有向外作用力)，陶瓷型壳内外表面的边界条件为 $\sigma_r|_{r=a}=-\sigma_0$，$\sigma_r|_{r=b}=0$，其中 σ_0 为接触面处作用在陶瓷型壳上径向应力，其方向与作用曲面处外法线方向一致，求得上式中的常数 C_1，C_2。

$$\begin{cases} C_1=\alpha(1+\nu)\left[\frac{b^2T(b,t)-a^2T(a,t)}{a^2-b^2}-\frac{K(3-2\nu)}{3(1-\nu)}(a^2+b^2)\right]+\frac{(1-2\nu)a^2}{2G(b^2-a^2)}\sigma_0 \\ C_2=\frac{a^2b^2}{2\nu-1}\left\{\alpha K(1+\nu)\left[\frac{3-2\nu}{3(1-\nu)}-\frac{1}{(a+b)}\right]-\frac{(1-2\nu)}{2G(b^2-a^2)}\sigma_0\right\} \end{cases} \tag{4-13}$$

求得其径向位移 u_r 为：

$$\begin{aligned} u_r=&\left\{\alpha(1+\nu)\left[\frac{b^2T(b,t)-a^2T(a,t)}{a^2-b^2}-\frac{K(3-2\nu)}{3(1-\nu)}(a^2+b^2)\right]+\frac{(1-2\nu)a^2}{2G(b^2-a^2)}\sigma_0\right\}r \\ &+\frac{\alpha K(1+\nu)}{3(1-\nu)}r^3+\frac{a^2b^2}{2\nu-1}\left\{\alpha K(1+\nu)\left[\frac{3-2\nu}{3(1-\nu)}-\frac{1}{(a+b)}\right]-\frac{(1-2\nu)}{2G(b^2-a^2)}\sigma_0\right\}\frac{1}{r} \end{aligned} \tag{4-14}$$

(3)内部树脂原型受限热变形时(外部有向内作用力，且 a=0)，由于中心处 u_r 有界，因此 $C_2=0$，由边界条件 $\sigma_r|_{r=b}=-\sigma'_0$，$\sigma'_0$ 为接触面处作用在树脂原型上径向应力，其方向与作用曲面处外法线方向一致，求得上式中的常数 C_1，C_2。

$$\begin{cases} C_1=(1+\nu)\alpha T(a,t)+\frac{1-2\nu}{2G}\sigma'_0-(3-2\nu)\frac{\alpha K(1+\nu)}{3(1-\nu)}a^2 \\ C_2=0 \end{cases} \tag{4-15}$$

求得其径向位移 u'_r 为：

$$u'_r=\frac{\alpha K(1+\nu)}{3(1-\nu)}r^3+\left[(1+\nu)\alpha T(a,t)+\frac{1-2\nu}{2G}\sigma'_0-(3-2\nu)\frac{\alpha K(1+\nu)}{3(1-\nu)}a^2\right]r \tag{4-16}$$

下面求接触面处径向应力 σ_r 和周向应力 σ_θ。

对于外层陶瓷型壳，内径 a 处的应力最大，即此处为危险处，对应的 u_r 为：

$$u_r = \alpha_1 K_1(1+\nu_1)a\left\{\frac{a^2}{3(1-\nu_1)}-\frac{b^2}{1-2\nu_1}\left[\frac{3-2\nu_1}{3(1-\nu_1)}-\frac{1}{(a+b)}\right]-\frac{(3-2\nu_1)}{3(1-\nu_1)}(a^2+b^2)\right\}$$
$$+\alpha_1(1+\nu_1)a\frac{b^2T(b,t)-a^2T(a,t)}{a^2-b^2}+\frac{(1-2\nu_1)a}{2G_1(b^2-a^2)}\sigma_0\left(a^2+\frac{b^2}{1-2\nu_1}\right) \tag{4-17}$$

这里 ν_1 为陶瓷型壳材料泊松比。

对于内部树脂原型，外径 a 处的应力最大，即此处为危险处，对应的 u'_r 为：

$$u'_r\big|_{r=a}=-\frac{2}{3}a^3\alpha_2K_2(1+\nu_2)+(1+\nu_2)\alpha_2T(a,t)a+\frac{1-2\nu_2}{2G_2}\sigma'_0a \tag{4-18}$$

只有当圆筒在 a 处的变形量大于圆环在 a 处的变形量时，两者才会相互挤压产生径向应力，根据变形协调方程(4－1)，有：

$$u_r\big|_{r=a}=u'_r\big|_{r=a}=\xi \tag{4-19}$$

$$\alpha_1K_1(1+\nu_1)a\left\{\frac{a^2}{3(1-\nu_1)}-\frac{b^2}{1-2\nu_1}\left[\frac{3-2\nu_1}{3(1-\nu_1)}-\frac{1}{(a+b)}\right]-\frac{(3-2\nu_1)}{3(1-\nu_1)}(a^2+b^2)\right\}+$$
$$\alpha_1(1+\nu_1)a\frac{b^2T(b,t)-a^2T(a,t)}{a^2-b^2}+\frac{(1-2\nu_1)a}{2G_1(b^2-a^2)}\sigma_0\left(a^2+\frac{b^2}{1-2\nu_1}\right)=$$
$$-\frac{2}{3}a^3\alpha_2K_2(1+\nu_2)+(1+\nu_2)\alpha_2T(a,t)a+\frac{1-2\nu_2}{2G_2}\sigma'_0a \tag{4-20}$$

其中 ν_2 为树脂材料泊松比。

由于作用在圆筒和圆环接触面上的力是作用力与反作用力关系，接触面相等，因此该处圆环和圆筒的径向应力是等值的，只是外法线反向，即 $\sigma_0=\sigma'_0$。代入上式中得：

$$\sigma_0=$$
$$\frac{\alpha_1K_1(1+\nu_1)\left\{\frac{a^2}{3(1-\nu_1)}-\frac{b^2}{1-2\nu_1}\left[\frac{3-2\nu_1}{3(1-\nu_1)}-\frac{1}{(a+b)}\right]-\frac{(3-2\nu_1)}{3(1-\nu_1)}(a^2+b^2)\right\}}{\frac{1-2\nu_2}{2G_2}-\frac{(1-2\nu_1)}{2G_1(b^2-a^2)}\left(a^2+\frac{b^2}{1-2\nu_1}\right)}+$$
$$\frac{\alpha_1(1+\nu_1)\frac{b^2T(b,t)-a^2T(a,t)}{a^2-b^2}+\frac{2}{3}a^2\alpha_2K_2(1+\nu_2)+(1+\nu_2)\alpha_2T(a,t)}{\frac{1-2\nu_2}{2G_2}-\frac{(1-2\nu_1)}{2G_1(b^2-a^2)}\left(a^2+\frac{b^2}{1-2\nu_1}\right)} \tag{4-21}$$

如果考虑热传导过程中的时间因素，随着时间的增加，在接触面处任意一点温度会随之上升，与初始温度场之间的差值也越大，产生的热应力也随着增大，有：

$$\sigma_r\big|_{r=a}=-\sigma_0=\frac{[(1+\nu_2)\alpha_2-(1+\nu_1)\alpha_1]T(b,t)}{\dfrac{1}{2G_1}+\dfrac{(1-\nu_1)a^2}{G_1(t^2+2at)}-\dfrac{1-2\nu_2}{2G_2}} \tag{4-22}$$

其中 α_1、α_2 分别为陶瓷型壳和树脂材料线膨胀系数。

假设内外温度一致，即 K_1，K_2 都取 0，再令 $b=a+t$，t 为壁厚($t>0$)，$r=a$，有：

$$\sigma_\theta\bigg|_{r=a}=\frac{b^2+a^2}{b^2-a^2}\sigma_0=\frac{[(1+\nu_2)\alpha_2-(1+\nu_1)\alpha_1]T(b,t)}{\dfrac{a^2}{2a^2+2at+t^2}\left(\dfrac{\nu_1}{G_1}-\dfrac{1-2\nu_2}{G_2}\right)+\dfrac{1-2\nu_2}{2G_2}-\dfrac{1}{2G_1}} \tag{4-23}$$

4.2.3 结果分析

由公式(4-22)和(4-24)可知，热膨胀量之差是导致热应力产生的根本原因，径向应力 σ_r 和周向应力 σ_θ 大小与树脂原型和陶瓷型壳热膨胀量差值成正比。

在树脂原型和陶瓷型壳膨胀量之差一定的条件下，叶片树脂原型上曲率半径较小处径向应力 σ_r 和周向应力 σ_θ 较大。

径向应力 σ_0 和周向应力 σ_θ 的大小与树脂原型和陶瓷型壳的剪切模量或弹性模量相关，G_2、G_1 或 E_2、E_1 越大，σ_r、σ_θ 越大。

在其他因素确定的情况下，作用在陶瓷型壳上的径向应力 σ_r 随着型壳厚度 t 增加而增大，而周向应力 σ_θ 随着型壳厚度 t 变化规律取决于光固化树脂原型和陶瓷型壳的物性参数，即 ν_1、ν_2 和 G_2、G_1。

在树脂原型和陶瓷型壳的结构尺寸参数及物理性能参数确定的条件下，由公式(4-21)和(4-23)可知，周向应力 σ_θ 随着 K 值增大而增大。

4.3 实验准备

4.3.1 光固化树脂原型热解特性

实验设备：瑞士梅特勒 TGA/SDTA851 型热重分析仪。

试样准备：利用SPS450B型光固化成形机制备尺寸大小为4.0 mm×2.0 mm×1.5 mm试样。

热解环境：氧气保护，升温速率为10 ℃/min，测试起始温度31.958 ℃，测试终止温度为891.074℃。

图4-4为19120树脂试样的热重/差热同步分析(TG-SDTA)曲线。19120树脂热失重过程中大致可分为三个阶段：31.958℃到170℃为初始失重阶段，此阶段19120树脂中分子链开始裂解，有少量的刺激性气体溢出，树脂试样表面开始变黄；170℃到550℃为快速热解阶段，树脂试样表层开始碳化、出现微裂纹，伴随着少许的黑烟冒出，当温度升至231 ℃左右，试样失重9.5%，随着温度进一步升高，树脂试样里层开始碳化，表面出现“鼓泡”现象，空气进入碳层中，开始燃烧，并释放出大量的CO_2气体；550.6 ℃到891 ℃为残留物烧失阶段。经测定，残留灰烬含量仅为0.015%，完全满足熔模铸造对模样的要求(<0.05%)[7]，表明19120树脂有良好的烧失特性，在空气中能够充分燃烧，而且残留灰分极少。

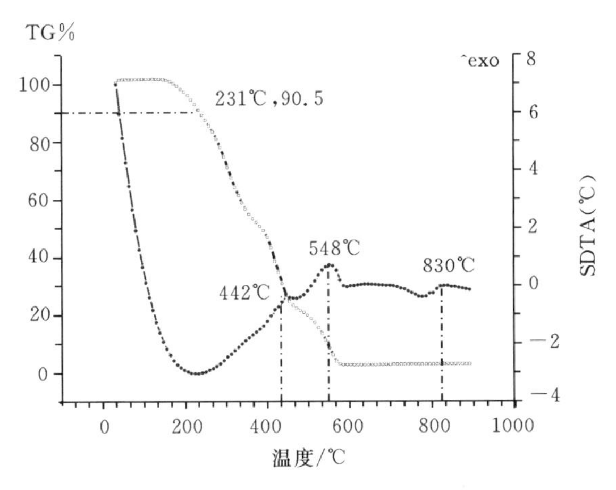

图4-4　19120树脂试样的热重-差热同步分析(TG-SDTA)曲线

由图4-5所示的微分热重曲线可知，302.5 ℃、417.9 ℃和550.6 ℃是试样失重速度最快的三个峰值点(与图4-4中吸热峰和放热峰对应)，试样在上述三个温度点分别失去了30%、62%和92%的重量。

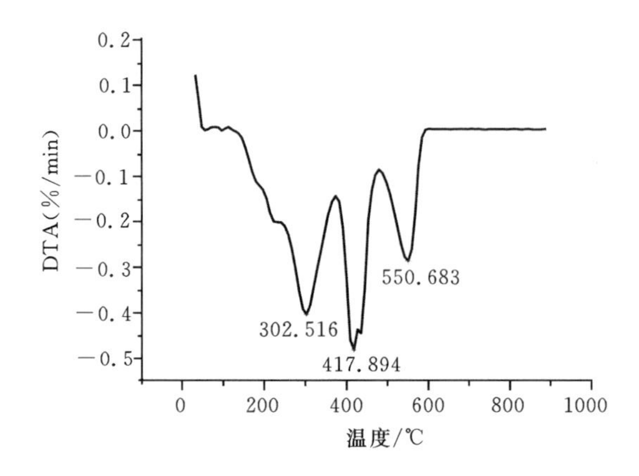

图 4-5 19120 树脂试样微分热重(DTG)曲线

4.3.2 光固化树脂原型弹性模量

随着温度的升高,光固化树脂原型要经历三种状态,即玻璃态、高弹态和粘流态。从玻璃态到高弹态,树脂并未产生相变,只是分子运动形式发生了改变,从分子运动的角度来看,玻璃态对应于侧基及链节的小范围运动,而高弹态对应着链段运动。一般地,高弹体的弹性模量比玻璃态聚合物低 3~4 个数量级,并需要一定的松弛时间从玻璃态转变到高弹态[8]。利用 DMA2980 型动态力学分析仪(美国热分析仪器公司)揭示光固化树脂弹性模量随温度变化规律。

试样准备:利用光固化成形机制备尺寸为 1 mm×3 mm×25 mm 试样 6 个。

实验方法:将试样分为两组,置于动态力学分析仪中,在试样长度方向上分别预加载荷 F_1 和 F_2 (其应力大小分别为 1 MPa 和 0.5 MPa),随后以 1 ℃/min 升温速率加热,自动记录在升温过程中试样应变大小,求出实测应变平均值。

在升温不断升高的过程中,树脂在外加载荷作用下产生一定的应变,同时,试样本身在温度场作用下也会产生一定的热应变。

$$\varepsilon_1 = \varepsilon'_1 + \varepsilon_{热} = \frac{\sigma_1}{E} + \varepsilon_{热} \tag{4-24}$$

$$\varepsilon_2 = \varepsilon'_2 + \varepsilon_{热} = \frac{\sigma_2}{E} + \varepsilon_{热} \tag{4-25}$$

其中,ε_1 、ε_2 分别为两组实验中实测应变;σ_1 、σ_2 和 ε'_1 、ε'_2 分别为外加载荷

F_1 、F_2 所产生的应力和应变；$\varepsilon_{热}$ 为试样本身热应变；E 为弹性模量/Pa。

图 4-6 为测试结果，实测应变 ε'_1 、ε'_2 随着温度的上升而增大。预加应力越大，实测应变 ε'_1 、ε'_2 越大。

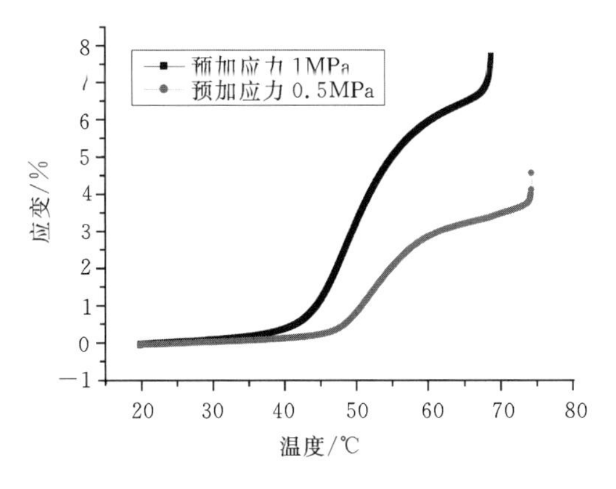

图 4-6 试样应变随温度变化曲线

将公式(4-24)和(4-25)相减，消除试样本身热应变。求得：

$$E = \frac{\sigma_1 - \sigma_2}{\varepsilon_1 - \varepsilon_2} \tag{4-26}$$

图 4-7 为按照公式(4-26)求得的弹性模量随温度变化曲线，表明随着温度的增加，弹性模量不断减小。表 4-1 为不同温度下实测树脂弹性模量大小。

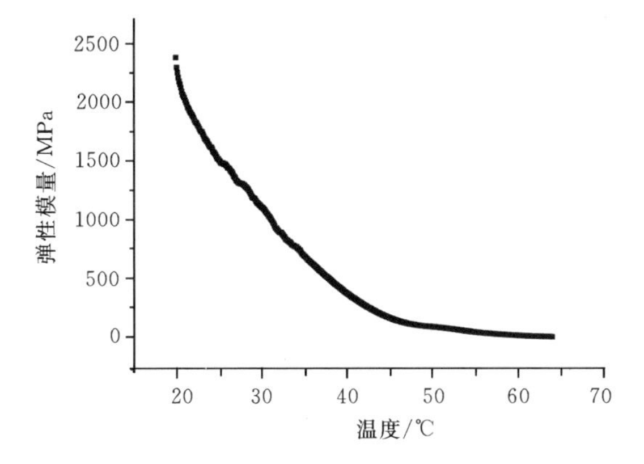

图 4-7 弹性模量随温度变化曲线

表 4-1 不同温度下树脂弹性模量值

温度/℃	20	22	26	30	35	40	42
弹性模量/MPa	2420	1895	1472	1129	712	392	293
温度/℃	44	46	48	50	56	64	68
弹性模量/MPa	213	154	121	104	51	16	4

4.3.3 热膨胀系数测定

选择 PCY 型顶杆式热膨胀仪(由湘潭湘仪仪器有限公司提供,如图 4-8 所示,顶杆压力大小为 40～80 g)测定树脂原型和陶瓷铸型坯体的热膨胀系数,以恒定电流 8 A 对试样进加热,升温速率控制在 2 ℃/min 以下,实时记录试样热膨胀量,试样尺寸为 $\Phi 4\times 50$ mm。按公式(4-27)计算热膨胀系数 ξ。

$$\xi = \frac{L - L_0}{L_0} \times 100\% \tag{4-27}$$

式中,L 为试样膨胀后长度;L_0 为试样原始长度。

图 4-8 PCY 型顶杆式热膨胀仪

实验测得在 20～300 ℃范围,19120 树脂热膨胀系数为 92.0×10^{-6}/℃,陶瓷铸型坯体热膨胀系数为 $(3.0\sim5.0)\times10^{-6}$/℃。

4.3.4 陶瓷坯体性能

冻干后,陶瓷坯体抗弯强度和弹性模量分别达到 12.0Mpa 和 1050MPa,但随着焙烧温度升高,坯体中的聚丙烯酰胺随着温度升高而烧失[9],其抗弯强度和弹性模量不断减小。由图 4-9 热重-差热同步分析曲线可知,在 200.5 ℃以前处于缓慢失重阶段,主要是低聚合度物质分解,陶瓷型壳坯体仍旧具有较高的抗弯强度和弹性模量,但随后进入快速失重阶段(200～598.3 ℃),高聚合度聚丙烯酰胺热解、氧化，形成氨气或联胺和二氧化碳等气体，从坯体中排出，陶瓷坯体抗弯强度和弹性模量也随之迅速降低。当温度为 300 ℃时，坯体抗弯强度为 1.5 Mpa，弹性模量仅为 120 MPa。

表 4-2 为不同温度下陶瓷铸型坯体抗弯强度和弹性模量值。

表 4-2　不同温度下陶瓷铸型坯体抗弯强度和弹性模量值(升温速率为 30 ℃/h，保温 1h)

温度	室温	100 ℃	200 ℃	300 ℃
抗弯强度/MPa	12.0	11.2	9.0	1.5
弹性模量/MPa	1050	795	630	120

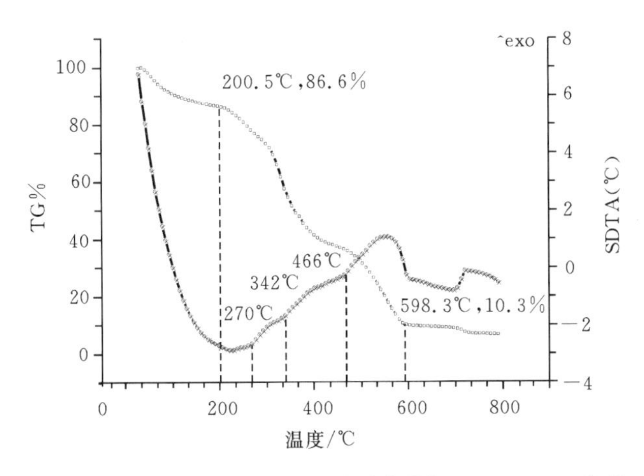

图 4-9　聚丙烯酰胺热重-差热同步分析(TG-SDTA)曲线

4.4　有限元分析

在 4.2 节中热应力计算公式只是定性地分析了陶瓷型壳上热应力大小。实际上，某些光固化树脂原型和坯体的物性参数(如弹性模量)会随着温度升高而改变，无法在公式(4-22)和(4-24)中得到具体的反应，另外，空心透平叶片原型有自身的结构特点，其温度场及热应力分布规律不同于简单的圆筒件。为此，本节进一步利用 ANSYS 软件对叶片树脂原型烧失过程进行数值模拟分析，揭示陶瓷铸型温度场及热应力分布规律，预测热裂纹出现位置。YAO 等研究表明，在光固化树脂原型烧失过程中，只有当周向应力 σ_θ 超过陶瓷型壳坯体抗弯强度时，陶瓷型壳才有可能破裂[1]，因此，本节在利用 ANSYS 软件模拟分析时，重点关注作用在陶瓷型壳上的周向应力 σ_θ。

4.4.1 有限元模型建立

ANSYS软件提供了两种方法解决温度场和应力场的耦合问题，即直接耦合法和间接耦合法。直接耦合法是选择具有温度和位移自由度的耦合单元，同时得到热分析和结构应力分析的结果；间接耦合法是首先进行热分析，然后将求得的节点温度作为体载荷施加到结构应力分析中[10]，本章采用直接耦合法。

按照二维平面应变问题分析陶瓷铸型热应力及温度场。选取陶瓷铸型某一截面作为ANSYS分析模型，在三维软件UG中建模空心透平叶片和陶瓷铸型二维平面模型（使用相同的坐标系），生成parasloid. x_t格式文件，然后导入ANSYS软件中，利用GLUE命令合并在一起。按照表4-3设定透平叶片和陶瓷型壳材料属性参数；选择四节点的PLANE13单元对模型进行网格划分（该单元能够对结构、热、磁领域进行耦合场分析），并将单元属性设定为平面应变。使用MESHTOOL命令对模型进行自动网格划分，启动SMART SIZE对网格实现智能尺寸控制。图4-10为ANSYS模型及其网格划分模型。

表4-3 树脂原型和型壳材料属性参数

性能参数	树脂原型	型壳材料
弹性模量/MPa	见表4-1 设69～300 ℃为1.0 MPa	见表4-2
导热系数/W·(m·k)$^{-1}$	0.132	2.0～5.0(25 ℃～300 ℃)
密度/kg m^{-3}	1120	2100
比热容/J·(kg·K)$^{-1}$	1050	350
泊松比	0.43	0.26
热膨胀系数(10^{-6}/ ℃,室温—300 ℃)	92.0	3.0～5.0

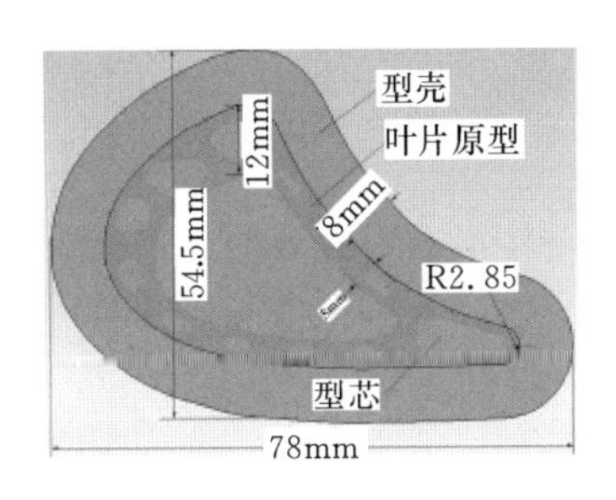

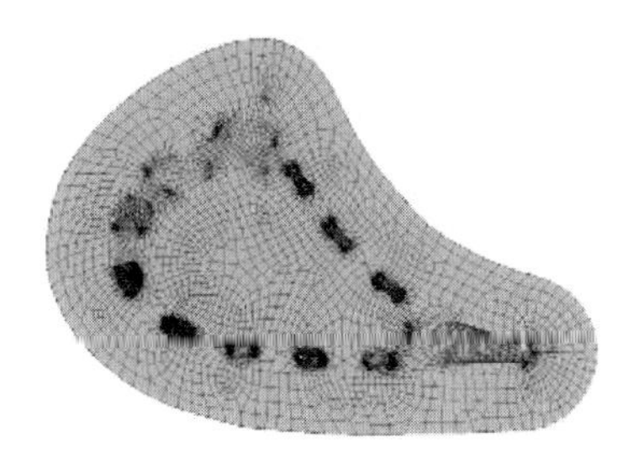

图 4－10　ANSYS 模型及其网格划分模型

4.4.2　求解方案

分析不同的升温速率、不同的陶瓷型壳厚度以及不同叶片树脂原型结构对周向应力 σ_θ 及温度场的影响，详细的求解方案见表 4－4。

表 4－4　有限元求解方案

因素 编号	Ansys 分析模型	升温速率 /℃ · h^{-1}	型壳厚度 /mm
1	见图 4－10	30	8
2	见图 4－10	60	8
3	见图 4－10	120	8
4	见图 4－10	300	8
5	见图 4－10	600	8
6	见图 4－10	60	4
7	见图 4－10	60	6
8	模型缩小一倍	60	8
9	模型放大一倍	60	8

4.4.3　求解过程

(1)求解类型设定

选择瞬态(Transient)分析类型，热载荷为变载荷。

(2)初始温度和终烧温度

初始温度设定为室温(20 ℃)。终烧温度确定:由树脂安全分析报告可知,0～50 ℃,树脂膨胀量为 82.5～98.3μm/m ℃,而 50～100 ℃,达到 127.2～168.2 μm/m ℃,树脂膨胀量最大,在 100～150 ℃之间,树脂膨胀量仍然可达到 130.5～150.9μm/m ℃,也就是说,即使实际温度超过玻璃化点,树脂原型仍会继续膨胀,对型壳产生挤压作用,如果将玻璃化温度作为树脂原型烧失的终烧温度,是不合适的。另外,由 TG-SDTA 曲线分析结果可知,当温度达到 300 ℃时,失去 30%的重量,树脂原型表面已严重碳化,在树脂原型和陶瓷坯体之间形成一个“缓冲层”。可以认为,300 ℃之后,型壳不再受到树脂的挤压或者挤压力很小,因此,从安全可靠角度出发,设定终烧温度为 300 ℃。

温度载荷施加在陶瓷型壳外侧边界线上,通过计算载荷步时间来设定升温速率,选择 Ramped 类型,即设定温度载荷为匀速上升。

4.4.4 结果讨论

使用 list results 命令列出 ANSYS 分析结果,找到陶瓷型壳上周向应力最大的单元,再利用时间历程后处理器绘制出该单元周向应力随温度变化的曲线,确定与最大周向应力对应的温度点以及在该载荷子步的温度场。

虽然升温速率不同,但陶瓷型壳上周向应力分布规律基本相同,如图 4-11 所示。周向应力在陶瓷型壳与透平叶片原型的接触处较大,叶片树脂原型曲率半径较小处,周向应力 σ_θ 较大,陶瓷型壳内侧轮廓线上曲率半径最小处(R=2.85 mm),周向应力最大,这与 4.2 节热应力理论计算结果一致。

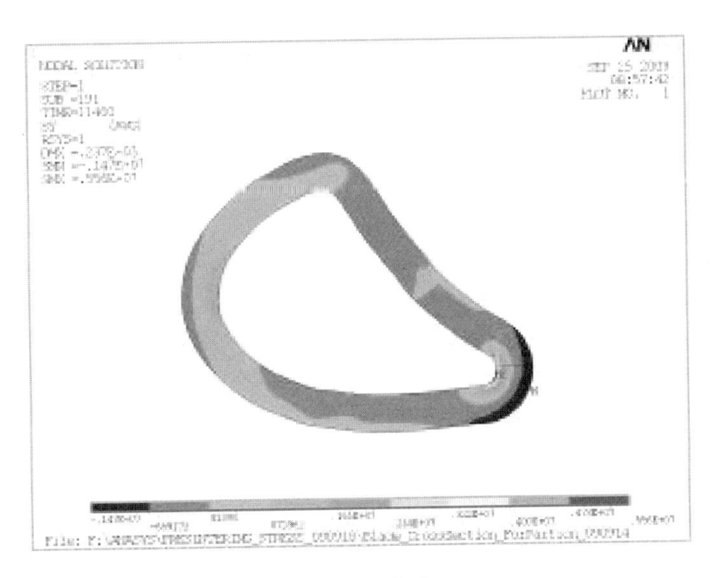

(a)60 ℃/h

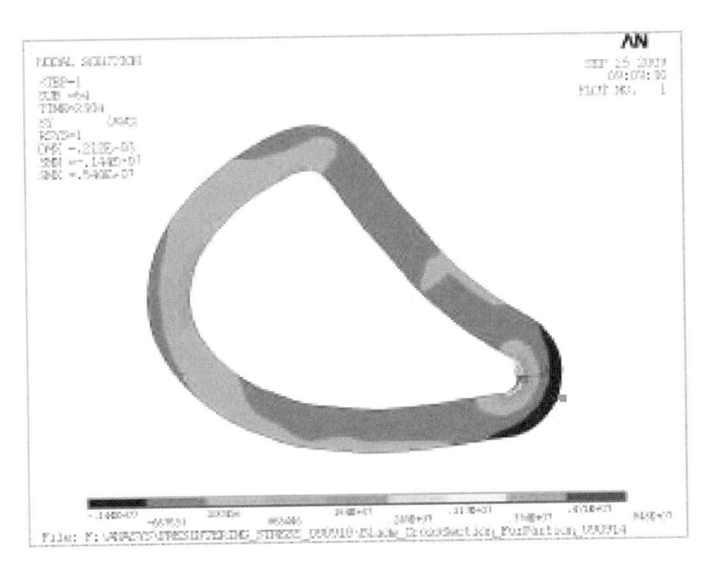

(b)300 ℃/h

图 4 - 11　陶瓷型壳上周向应力分布规律

图 4-12 表示随着升温速率增加，最大周向应力有所减小，但减小幅度不大，在 3.6%以内。当升温速率为 30 ℃/h 时，陶瓷型壳上曲率半径最小处的最大周向应力约 5.57 MPa，对应温度点为 199.815 ℃，当升温速率为 600 ℃/h 时，最大周向应力仅减小至 5.37 MPa，对应温度点为 199.317 ℃。

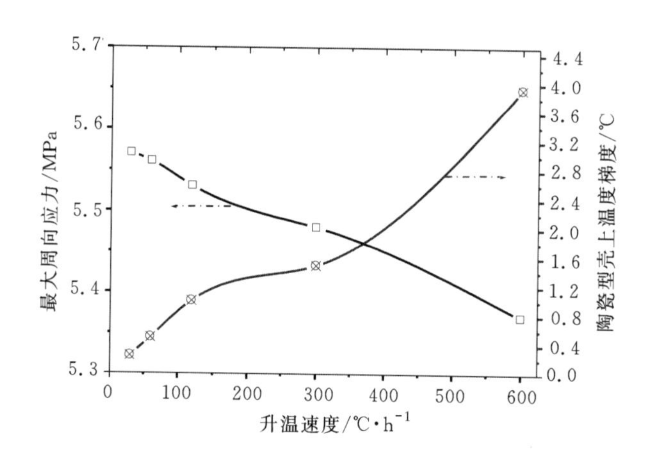

图 4-12 升温速率对型壳上最大周向应力影响

与较高升温速率相比，在较低的升温速率作用下，透平叶片树脂原型温度更高，如图 4-13 所示，因而，树脂原型的绝对膨胀量较大，最大周向应力增大；虽然在高的升温速率作用下，树脂原型温度梯度较大，会引起最大周向应力增加，但两者相比，树脂原型膨胀量对最大周向应力影响更显著。因此，在升温速率较小时，作用在陶瓷型壳上的最大周向应力较大，而升温速率较大时，作用在陶瓷型壳上的最大周向应力较小。不同升温速率条件下叶片原型上最高温度和最低温度分布规律如图 4-14 所示。

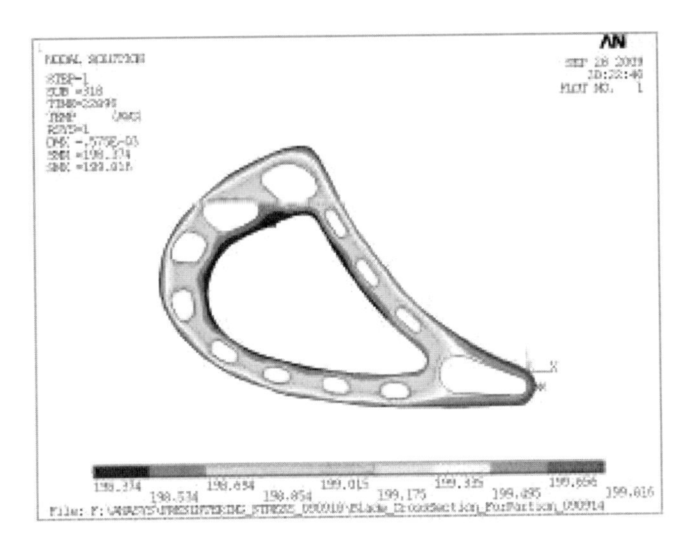

(a)60 ℃/h

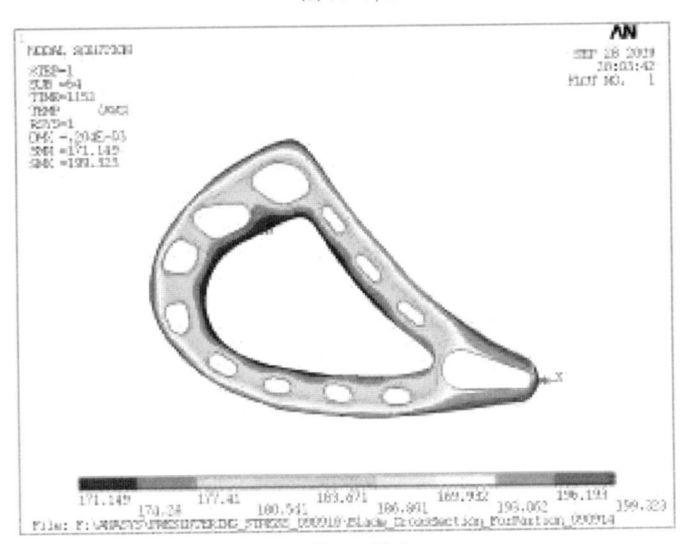

(b)300 ℃/h

图 4-13　最大周向应力时刻透平叶片树脂原型上温度场云图

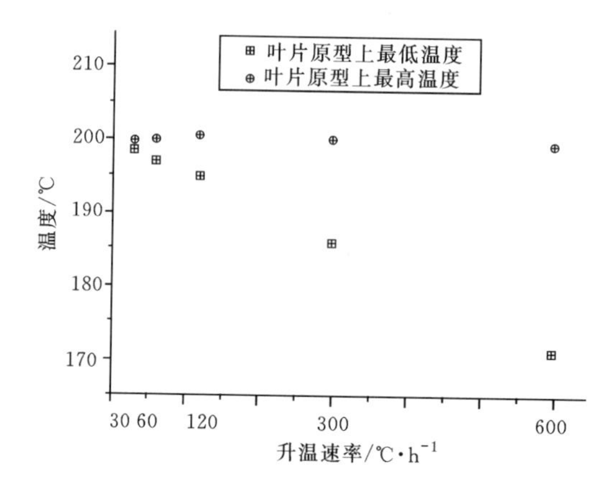

图 4-14 不同升温速率下叶片原型最高(低)温度

图 4-15 为陶瓷型壳温度场云图,4 mm 时陶瓷型壳内外温度差为 0.242 ℃,8 mm时 0.502 ℃,这说明在前述热应力理论计算公式中对 K 值的假设是基本合理的。

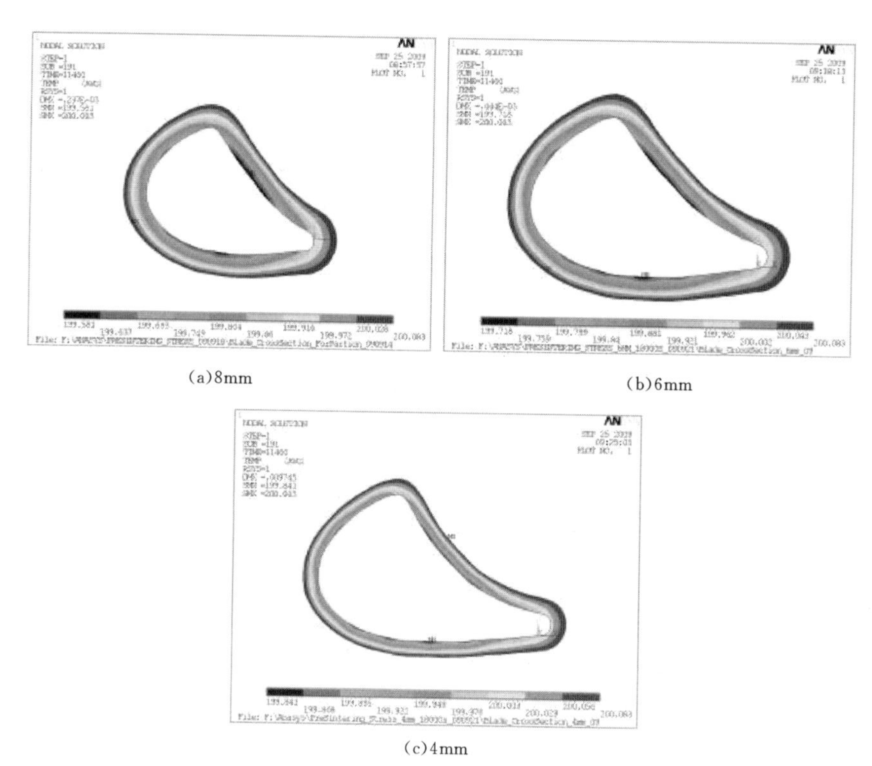

(a)8mm (b)6mm (c)4mm

图 4-15 不同陶瓷型壳型壳厚度下最大周向应力单元温度场

图 4-16 进一步表明陶瓷型壳厚度对最大周向应力的影响(升温速率均为 60 ℃/h)。最大周向应力随着型壳厚度的增加而明显增大,这是因为厚大的陶瓷型壳具有较大的温度梯度,所以最大周向应力大。当型壳厚度为 4 mm时,最大周向应力为 3.68 MPa,而型壳厚度为 8 mm 时达到 5.56 MPa,与之对应温度点分别为 200.020 ℃和 199.914 ℃,两者非常接近。

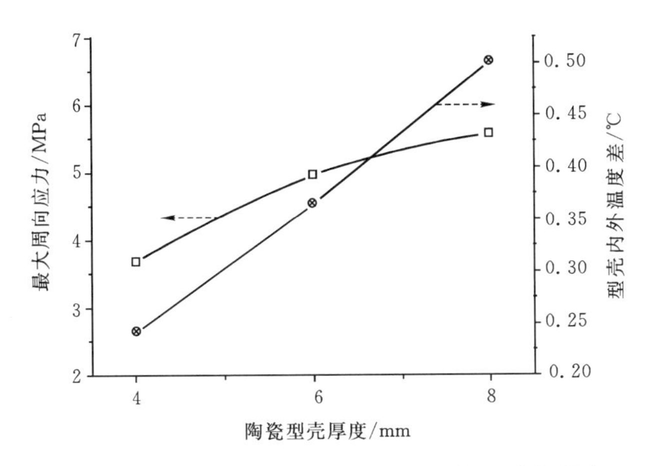

图 4-16　陶瓷型壳厚度对最大周向应力、温度场影响

图 4-17 表示周向应力随温度变化曲线,这里升温速率相同、型壳厚度相同,只是叶片树脂原型大小不同。曲线 1、曲线 2 和曲线 3 表明周向应力随着温度具有近似的变化规律,大致划分为四个阶段:第一阶段从室温到 60 ℃,在树脂原型受热膨胀、坯体受热收缩的作用下,陶瓷型壳上周向应力随着温度升高而迅速增大;第二阶段从 60 ℃到 70 ℃,周向应力有所减小,其原因是此时树脂原型的弹性模量迅速减小;第三阶段从 70 ℃到 200 ℃,此阶段树脂原型的弹性模量基本保持不变,而陶瓷型壳坯体的弹性模量略有下降,但随着温度不断升高,树脂膨胀量不断增大,周向应力也逐渐增大,曲线 1、曲线 2 和曲线 3 上的周向应力均在 200 ℃左右均达到最大值,分别为 7.82 MPa、5.56 MPa 和 3.80 MPa;第四阶段从 200 ℃到 300 ℃,此阶段陶瓷铸型坯体的弹性模量迅速减小,它取代温度、膨胀量差成为影响周向应力大小的主要因素,使得作用在陶瓷型壳上周向应力迅速减小。

当叶片树脂原型尺寸放大一倍时,最小曲率半径也增大了一倍(R_{min} = 5.7 mm),每个温度点作用在陶瓷型壳上的周向应力减小;当叶片树脂原型尺

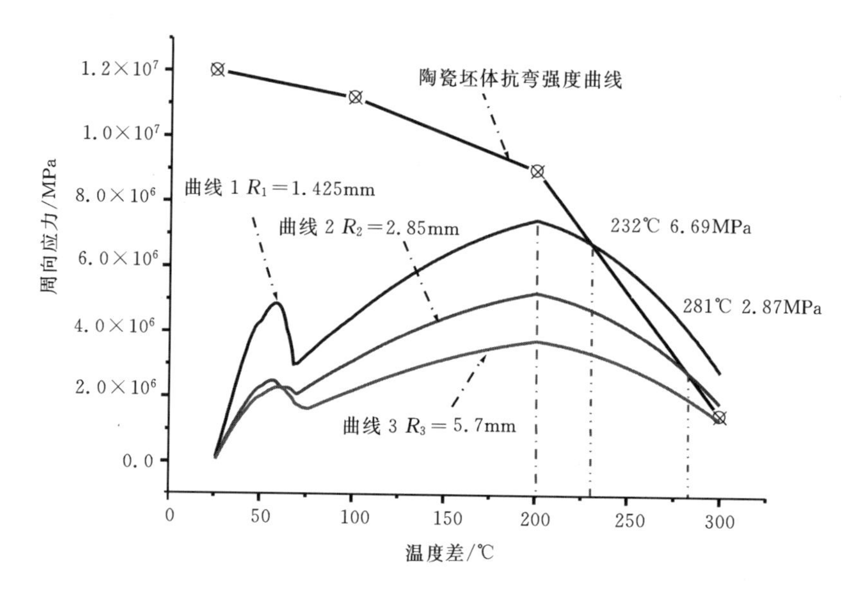

图 4-17　周向应力随温度变化曲线

寸缩小一倍时，最小曲率半径也减小了一半(R_{min}=1.425 mm)，每个温度点作用在陶瓷型壳上的周向应力也较大。从控制周向应力角度分析，放大一倍的叶片树脂原型烧失更安全。上述分析结果与热应力计算结果相吻合，即叶片树脂原型结构曲率半径越小，其最大周向应力越大，因此，为了防止陶瓷铸型在叶片树脂原型烧失过程开裂，应尽可能增大最小曲率半径。

将陶瓷铸型坯体抗弯强度随温度变化曲线也绘制在图 4-17 中，并与曲线 1、曲线 2 和曲线 3 进行对比，以确定致使型壳开裂的危险温度区域。当焙烧温度低于 232 ℃，陶瓷铸型坯体在每一个温度点的抗弯强度明显高于作用在陶瓷型壳上的周向应力值，因此，此阶段陶瓷型壳不会因强度不足而开裂。但 232～300 ℃温度区间，陶瓷铸型坯体抗弯强度比曲线 1 所对应的周向应力值低，表明在烧失缩小一倍的透平叶片树脂原型时，陶瓷型壳很可能开裂。在 281～300 ℃范围，坯体抗弯强度低于曲线 2 所对应的周向应力，陶瓷型壳也有可能开裂，有待采取适当的工艺措施以避免型壳开裂。

4.5　脱脂工艺

脱脂预烧结的目的有两个：一是在低温阶段(300 ℃之前)安全烧失透平

叶片树脂模型;二是在相对高温阶段快速建立烧结强度(约 2～3 MPa),以保证后续如清理陶瓷铸型内部灰烬、真空压力浸渍强化等工艺操作顺利进行。此处仅研究低温阶段的脱脂工艺,高温阶段的焙烧工艺将在第 5 章介绍。

从提高生产效率角度考虑,应尽可能以较高升温速率烧失光固化树脂原型。但在树脂原型烧失过程中,陶瓷坯体中凝胶也会随之热解,如果升温速率越高,聚丙烯酰胺凝胶热解越快,在较短时间内生成大量的气体,在坯体内部形成局部高压,当气体集中释放时,坯体表面会出现“鼓包”缺陷,如图 4-18 所示。研究表明,对于较薄的凝胶注模成形陶瓷坯体而言,升温速率为 60 ℃/h～120 ℃/h,是比较合适的[9,11,12]。

图 4-18　升温过快坯体表面鼓泡现象(300 ℃/h)

图 4-19 进一步比较了不同升温速率对厚大陶瓷铸型坯体的影响,当升温速率为 20 ℃/h 和 30 ℃/h,陶瓷铸型保持完好,而当升温速率为 40 ℃/h 和 50 ℃/h,坯体表面有裂纹产生。这是因为,当升温速率过快,陶瓷铸型坯体强度将会迅速下降,难以承受因聚丙烯酰胺凝胶分解而产生气体冲击力,导致陶瓷型壳开裂,因此,在低温阶段,脱脂工艺升温速率一般不高于 30 ℃/h。

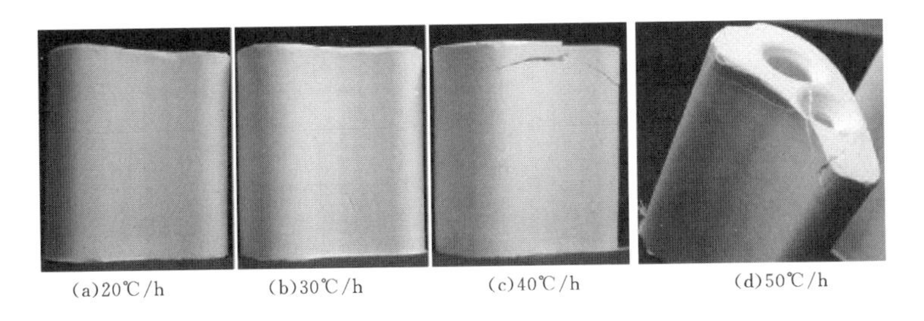

(a)20℃/h　(b)30℃/h　(c)40℃/h　(d)50℃/h

图 4-19　8 mm 型壳在不同升温速度下的开裂情况

除了控制升温速率之外，还需确定低温阶段终烧温度，从保证陶瓷坯体强度始终应大于最大周向应力角度分析，终烧温度应尽可能低，以避免铸型坯体中的有机物过度烧失；但从烧失树脂原型方面分析，应尽可能提高低温阶段终烧温度，使树脂原型充分热解，这是一对矛盾。终烧温度过高、过低都不合适，当终烧温度为 230 ℃时，虽然坯体强度较高，达到 6.6 MPa，但叶片树脂原型只是轻微碳化，失去约 9.0%重量，此时作用在陶瓷型壳上周向应力仍较大，陶瓷型壳存在破裂的可能性；当终烧温度为 300 ℃，叶片树脂原型表面已严重碳化，失去约 30%重量。如图 4-20 所示，在 300 ℃保温 1 h 后的整体式陶瓷铸型标样状态，此时，虽然树脂原型对型壳作用力较小，但坯体强度也较低，仅有为 1.5 Mpa，两者比较接近，陶瓷型壳仍然有可能破裂。如果采取适当的工艺措施提高陶瓷铸型坯体在该温度区域的抗弯强度，可保证叶片树脂原型安全烧失。

图 4-20 整体式陶瓷铸型标样状态(300 ℃，保温 1h)

实验表明，通过事先在陶瓷浆料中添加少量耐高温聚合物如聚酰亚胺能够达到上述目的。图 4-21 为添加 PI(每 250 ml 陶瓷浆料加入 10g PI，PI 加入对陶瓷浆料粘度基本没有影响)、未添加 PI 在不同温度下陶瓷铸型坯体抗弯强度对比曲线。加入 PI 后，陶瓷铸型坯体抗弯强度有所提高，300 ℃时，由原来的 1.5 MPa 提高到 6.35 MPa，400 ℃时抗弯强度仍有 2.0 MPa。这是因为，聚酰亚胺(Polyimide，简称 PI)是一种耐高温有机物，能在 370 ℃长期使用，当温度升至 500 ℃时，才开始分解，加热至 600 ℃，并保温 24 h，也仅失重 20%。常温下 PI 是一种热固性树脂黄色粉末，当温度升高到 100～200 ℃时，PI 开始软化流动，渗入到陶瓷坯体颗粒间隙中，继续升温，发生交联固化，从而提高了坯体在 200～500 ℃温度区域的抗弯强度。

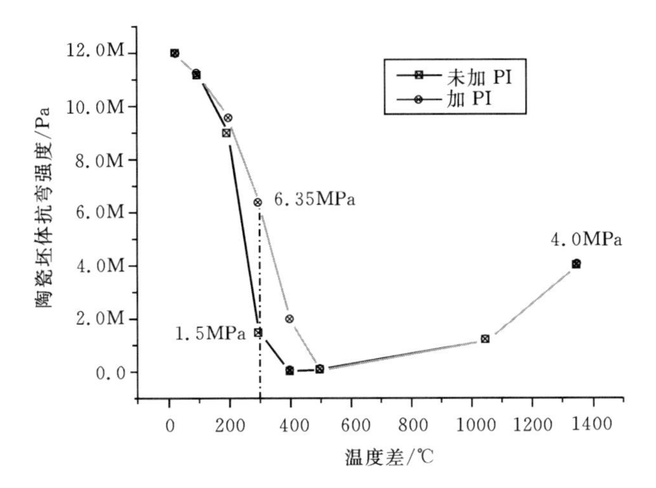

图 4-21　陶瓷铸型坯体强度对比(添加 PI 和未添加 PI)

综上所述,制订如图 4-22 所示脱脂预烧结工艺曲线。以 30 ℃/h 升温至 300 ℃,并保温 1 h,可以安全烧失最初的 30%左右树脂原型,保证陶瓷型壳的型壳完整性。

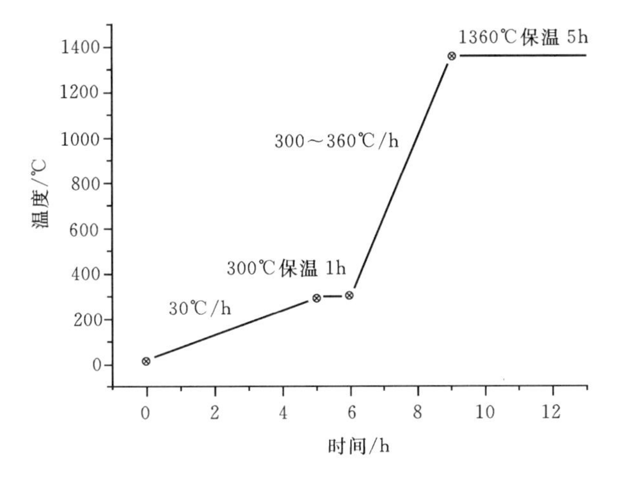

图 4-22　脱脂预烧结工艺曲线

图 4-23 和图 4-24 对比表明通过在陶瓷浆料中添加 PI 粉末,因提高了陶瓷铸型坯体在 200～500 ℃抗弯强度,有效地防止了陶瓷铸型开裂。

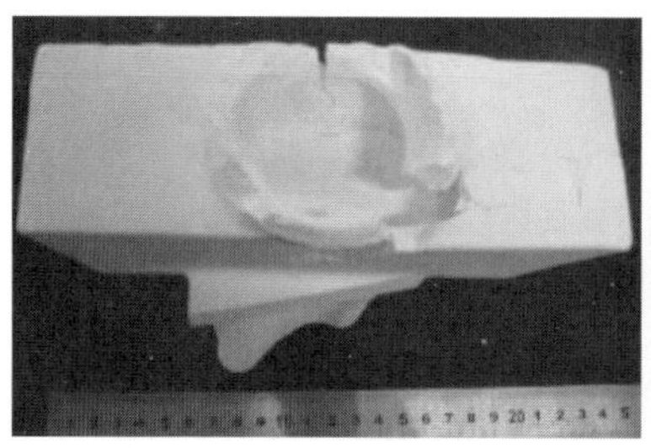
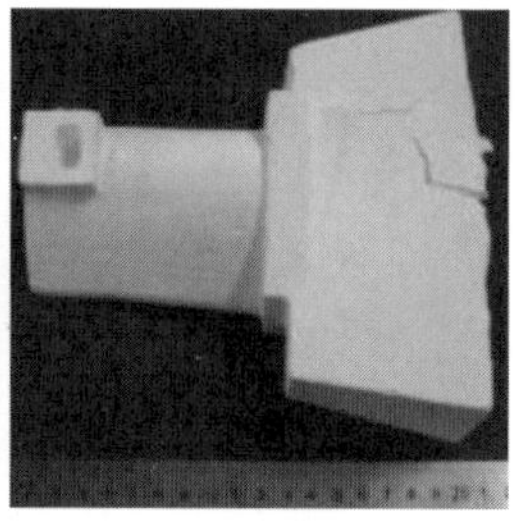

图 4-23 脱脂后整体式陶瓷铸型开裂(未添加 PI)

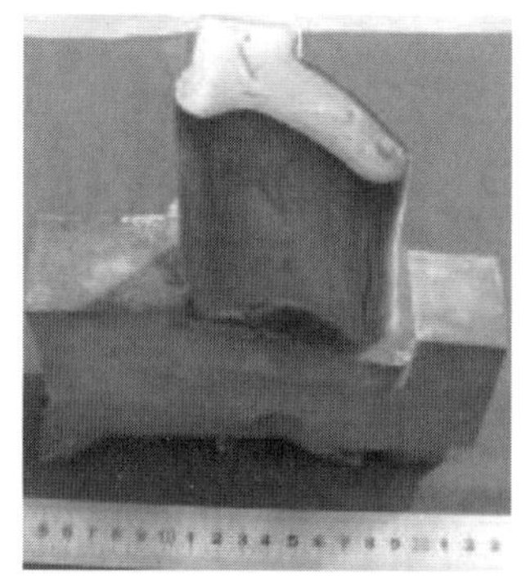
(a)未添加 PI(300℃保温 1h)状态

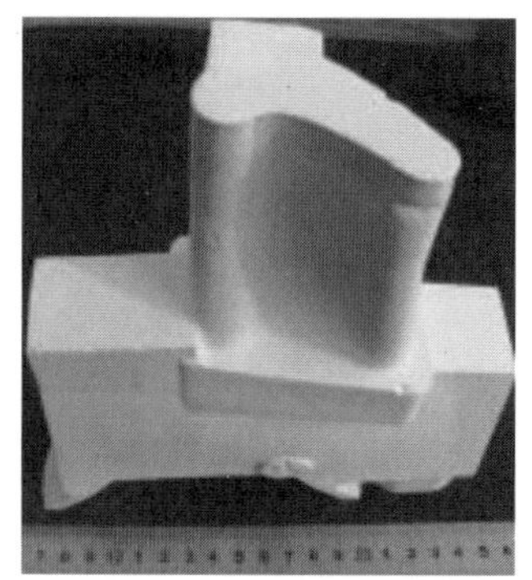
(b)添加 PI(1360℃保温 5h)状态

图 4-24 脱脂后陶瓷铸型坯体整体

4.6 本章小结

本章首先建立了光固化树脂原型烧失过程中的热变形协调方程,推导了受限条件下热应力理论计算公式,并对影响热应力大小的各种工程因素进行了定性分析,得出树脂原型和陶瓷型壳的热膨胀量不一致是导致型壳开裂的根本原因,树脂原型和陶瓷铸型坯体弹性模量也直接影响热应力的大小。

实验揭示了 DSM Somos@ ProtoCast AF 19120 树脂热解机理,实验测定了不同的温度下光固化树脂弹性模量以及陶瓷铸型坯体抗弯强度、弹性模量大小,它们均随温度升高而减小。

利用 ANSYS 软件模拟分析了空心透平叶片树脂原型烧失过程,发现了最大周向热应力 σ_θ 随温度变化规律,随着温度升高周向应力先增大、后减小、再增大、再减小,与之对应的温度为 200 ℃左右。叶片原型本身尺寸大小、升温速率、陶瓷型壳厚度对最大周向热应力影响不大，但透平叶片原型上最小曲率半径对周向热应力 σ_θ 影响较大，最小曲率半径越小，周向应力越大，陶瓷型壳越易开裂。进一步确定了陶瓷型壳开裂最危险的温度区间，即 200～300 ℃，通过添加聚酰亚胺粉末能够提高该温度区间的坯体抗弯强度，使之大于周向应力，从而避免型壳开裂。

实验研究了不同升温速率对陶瓷铸型坯体开裂的影响，获得较佳的升温速率，即 30 ℃/h，制订了烧失叶片树脂原型脱脂预烧结工艺曲线，给出了烧成实例。

参考文献

[1] Yao W L, Leu M C. Analysis of shell cracking in investment casting with laser stereolithography patterns[J]. Rapid Prototyping Journal, 1999, 5 (1): 9 - 12.

[2] Hague R, D'Costa G, Dickens P M. Structural design and resin drainage characteristics of QuickCast 2.0[J]. Rapid Prototyping Journal, 2001, 7 (2): 66 - 72.

[3] Yao W L, Leu M C. Analysis and design of internal web structure of laser stereolithography patterns for investment casting[J]. Materials & Design, 2000, 21 (2): 101 - 109.

[4] Yuan C, Jones S, Blackburn S. The influence of autoclave steam on polymer and organic fibre modified ceramic shells[J]. Journal of the European Ceramic Society, 2005, 25 (7): 1081 - 1087.

[5] Jones S, Yuan C. Advances in shell moulding for investment casting[J]. Journal of Materials Processing Technology, 2003, (135): 258 - 265.

[6] 程昌钧，朱媛媛. 弹性力学[M]. 上海：上海大学出版社，2005:415 - 450.

[7] 包彦堃. 熔模铸造技术[M]. 北京：机械工业出版社，1997:5 - 15.

[8] 约翰・W. 尼科尔森（英）. 聚合物化学 [M]. 北京：中国纺织出版社，2005:56 - 78.

[9] Dweck J, Fischer R, Fischer E. Thermogravimetric characterization of gelcast alumina composites [J]. Journal of Thermal Analysis, 1997, 49 (3): 1249 - 1254.

[10]张朝晖. ANSYS 工程应用范例入门与提高[M]. 北京:清华大学出版社,2004:30-45.

[11]刘佐才,陈颖. 凝胶注模成型刚玉-尖晶石多孔陶瓷的制备[J]. 北京理工大学学报,2005,25(11):1008-1010.

[12]Guo D, Cai K, Li LT, et al. Application of gelcasting to the fabrication of piezoelectric ceramic parts[J]. Journal of the European Ceramic Society, 2003, 23(7): 1131-1137.

第5章　陶瓷铸型综合性能

5.1　引言

浇注时，整体式陶瓷铸型要承受高温金属液的机械冲击和热冲击，尤其在透平叶片定向凝固、单晶浇铸条件下，在1500 ℃以上高温金属液中要保持30～120 min，抵抗因沿高度方向存在较大的温度梯度而产生较大的热应力作用。因此，整体式陶瓷铸型应具有良好的高温性能。此外，陶瓷铸型还需经受制造过程中带来的各种机械损伤和热损伤，应具有一定的室温抗弯强度，陶瓷铸型应具有较高的开气孔率以便于从透平叶片铸件中脱除。参照叶片熔模铸造工艺对陶瓷型芯性能要求[1,2]，结合整体式陶瓷铸型制造工艺特点，提出陶瓷铸型综合性能应达到下列要求。

(1)应具有足够的室温强度，不低于5.0～10.0 MPa，便于储运以及抵抗制造过程中各种机械损伤和热损伤。

(2)应具有足够的高温强度和一定的抗蠕变能力，以承受高温金属液的机械冲击和热冲击而不发生断裂和软化变形。对于定向晶、单晶叶片用陶瓷型芯，要求1550 ℃下$\Delta H \leqslant 2$ mm，高温抗弯强度至少要达到2.0～4.0 MPa。

(3)应具有良好的化学稳定性，不能与熔融金属发生化学反应而导致叶片铸件表面质量恶化。

(4)氧化铝陶瓷型芯的主要成分是电熔刚玉，它在常温和加热的条件下几乎不与浓酸浓碱反应，难以脱除，为了使脱芯剂充分地渗入其中，应具有足够高的开气孔率，一般不能低于40%。

(5)为了保证叶片铸件的内腔的尺寸精度和形状的准确性，烧成后的陶瓷铸型热膨胀系数应尽可能小。

(6)应具有较低的烧成收缩率，以保证整体式陶瓷铸型结构完整性。

影响整体式陶瓷铸型综合性能的工程因素很多，包括原材料的种类、化学成份，粒度配比、成形工艺、烧结工艺以及高温强化处理工艺等，这增加了整体式陶瓷铸型综合性能控制难度。另外某些性能相互影响、相互制约，例如为了方便脱芯，应尽可能获得高的开气孔率，但过高的开气孔率不利于提高陶瓷铸型室温、高温力学性能，通过提高终烧温度或延长保温时间等工艺措施可以提高陶瓷铸型室温、高温力学性能，但又会增大烧成收缩率，影响陶瓷铸型的烧成工艺性。

陶瓷型芯的配方设计及其制备技术均属于高级机密，国内外极少公开报道。国内对陶瓷型芯研制主要集中在北京航空材料研究院、沈阳金属研究所、西北工业大学超高温复合材料国防科技重点实验室和清华大学新型陶瓷与精细工艺国家重点实验室等单位，广泛采取热压力注射成形工艺制备氧化硅基或氧化铝基陶瓷型芯。曹腊梅等通过比较不同方案下粉料的堆积状况、相同增塑剂下的浆料成形能力、型芯料的烧结能力(烧成收缩率、室温抗弯强度)，进行了粒度级配实验，最后确定了烧成收缩率较小、室温抗弯强度适中、由粗细两种颗粒组成的 $\alpha-Al_2O_3$ 粉料作为基体材料，其中粗粉含量为 60%～75%，最大颗粒直径小于 100 μm。并制订了 AC-1 氧化铝基陶瓷型芯烧结工艺：终烧温度为 1250～1450 ℃，升温速率为 50～200 ℃/h，保温时间为 4～10 h。按照此工艺制备陶瓷型芯，烧成合格率可达 80%以上[3,4]。覃业霞等人研究了粉料粒度氧化铝基陶瓷型芯性能的影响，获得了最佳粒度配比，研究结果表明当细颗粒，中颗粒，粗颗粒之比为 1∶2∶1，在 1500 ℃下烧结 5 h 后试样的蠕变量最小[5]。

如果直接将烧成后的 AC-1 氧化铝基陶瓷型芯用于定向晶叶片铸造，由于高温抗弯强度偏低、高温挠度偏大，因此极易产生偏芯、露芯等缺陷，影响叶片成品率，利用 CS-1 溶液对其进行浸渍高温强化处理，能够明显改善了 AC-1 氧化铝基陶瓷型芯高温性能，1550 ℃抗弯强度由原来的 0.2 MPa 提高到 3.5 MPa，而 1550 ℃的挠度由 10.5 mm 降至 1.2 mm，从而保证叶片成品率达到 70%以上。这是因为强化处理后 CS-1 溶液中 Si^{4+} 与活性组分 Al_2O_3 发生扩散和传质运动，生成耐高温强化相——片状莫来石晶体($3Al_2O_3 \cdot 2SiO_2$)[6,7]。赵红亮等进一步研究发现强化剂的浓度对 Al_2O_3/SiO_2 纳米复合陶瓷型芯高温挠度影响不明显，但强化次数对陶瓷型芯高温挠度影响较大，未强化试样在 1550 ℃保温 1 h 的高温挠度达到 7 mm，经过 1 次、2 次、3 次、4 次强化后，高温挠度分别降至 3 mm、2 mm、1.8 mm 和 1 mm[8]。

凝胶注模成形工艺不同于传统的热压力注射成形工艺，利用该工艺制备的陶瓷铸型坯体组织结构及材料成分有所不同，其综合性能变化有其内在的变化规律。本章首先推导了整体式陶瓷铸型烧成收缩率理论计算公式，确定了控制目标，研究了不同的陶瓷配方、不同烧结工艺对烧成收缩率的影响，获得最佳陶瓷铸型配方组成和烧结工艺，保证了整体式陶瓷铸型烧成工艺性。其次，利用真空压力浸渍技术改善了陶瓷铸型综合性能，在建立真空压力浸渍模型的基础上，推导了浸渍深度计算公式；发现了不同浸渍工艺条件下钇铝石榴石含量随浸渍深度变化规律，制订了最佳真空压力浸渍工艺。通过分析浸渍前后物相组成含量以及坯体孔容的变化，揭示了真空压力浸渍强化内在机理，最后利用多次浸渍强化处理工艺获得了满足透平叶片定向凝固、单晶浇注工艺要求的整体式陶瓷铸型。

5.2　综合性能测试

整体式陶瓷铸型的综合性能测试方法参照中国人民共和国航空行业标准 HB5353—2004 执行。

1. 抗弯强度

选择英国 INSTRON—1195 型万能材料实验机测量室温抗弯强度，选择长春科新实验仪器有限公司提供的 WDW—200 微机控制电子式万能实验机测量高温抗弯强度。试样尺寸均为 60 mm×10 mm×4 mm，试样表面应干净、外观无裂纹、气泡、变形等缺陷。

测试室温抗弯强度时，将试样装在如图 5-1 所示专用夹具上，以 6 mm/min 的速度在试样工作部位中部加载，直至试样断裂，记录试样断裂时的载荷值。测试高温抗弯强度时，试样应先升至实验温度 1550 ℃，加热速度为 300～400 ℃/h，待保温 30 min 后，再加载，加载速度仍为 6 mm/min。按照下公式(5-1)，计算室温、高温抗弯强度。

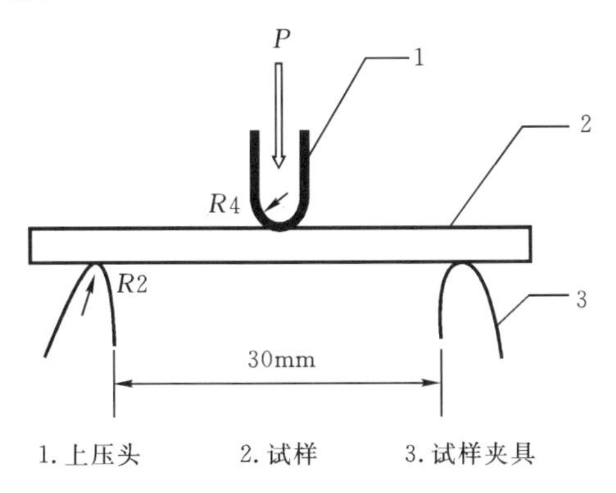

图 5-1　抗弯强度测定示意图

$$\sigma_{w} = \frac{3PL}{2bh^{2}} \tag{5-1}$$

式中，σ_w 为抗弯强度，MPa；P 为试样断裂时的载荷，N；L 为两支点的跨距，mm；b 和 h 分别为试样的宽度和厚度，mm。

计算出试样室温、高温抗弯强度的平均值 $\bar{x}$ 和标准差 σ，按照 3σ 准则剔除粗大值，有效试样数量不能少于5个，取算术平均值 $\bar{x}$ 分别作为该陶瓷型芯的室温、高温抗弯强度，精确至0.1 MPa。

2. 高温挠度

高温挠度测定示意图见图5-2。测量时，首先将尺寸为2 mm×6 mm×120 mm的试样依次放在支架上，试样之间间距不小于3 mm；测量试样中部离支架底部的高度 H_1，精确至0.02 mm；然后将试样支架放入加热炉中，以300～400 ℃/h的加热温度升至1550 ℃，保温30 min，随炉冷却至100 ℃以下，取出试样支架，测量最低点离支架底部的高度 H_2，精确至0.02 mm，按照公式(5-2)计算高温挠度 ΔH。

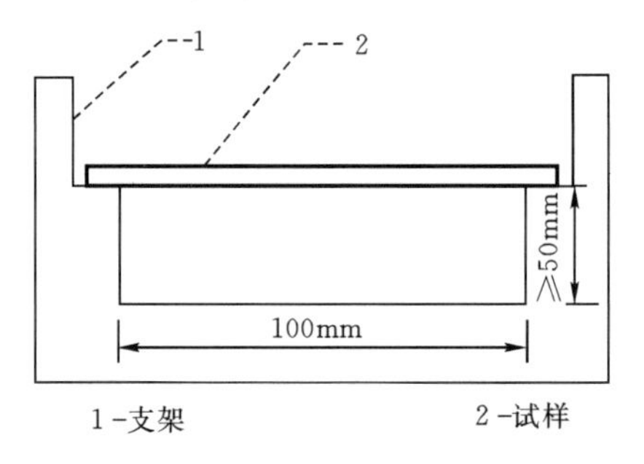

图5-2 高温挠度测定示意图

$$\Delta H = H_1 - H_2 \tag{5-2}$$

按照 3σ 准则剔除粗大值，有效试样数量不能少于5个，取算术平均值作为该陶瓷型芯的高温挠度，计算到两位有效数字。

3. 烧成收缩率

测量试样烧结前后的长度，精确值0.02 mm，按公式(5-3)计算烧成收缩率，试样尺寸为 $\Phi4\times50$ mm。

$$\delta = \frac{L - L_1}{L} \times 100\% \tag{5-3}$$

4. 开气孔率、体积密度

采取阿基米德排水法测量陶瓷型芯的开气孔率和体积密度，试样尺寸为

$\Phi6\times60$ mm。

5. 线膨胀系数

选择 PCY 型顶杆式热膨胀仪(由湘潭湘仪仪器有限公司提供,顶杆压力大小为40～80 g)测定烧成后型芯线膨胀系数,试样尺寸 $\Phi4\times50$ mm,加热速率为6 ℃/min。

5.3　收缩率理论计算

对于氧化铝基陶瓷型芯而言,如 AC－1 和 AC－2,烧成收缩率控制在1%左右,即可保证其结构的完整性,但在整体式陶瓷铸型制备过程中,由于气膜孔型芯的存在增加了结构的复杂性,对烧结收缩率提出了更高要求。图5－3 表示因烧成收缩率过大(＞1%)而在气膜孔型芯与中心型芯相互连接处产生裂纹。图 5－4 表示因烧成收缩率过大(＞1%),在异形气膜孔与陶瓷型壳连接处出现裂纹、脱落现象。

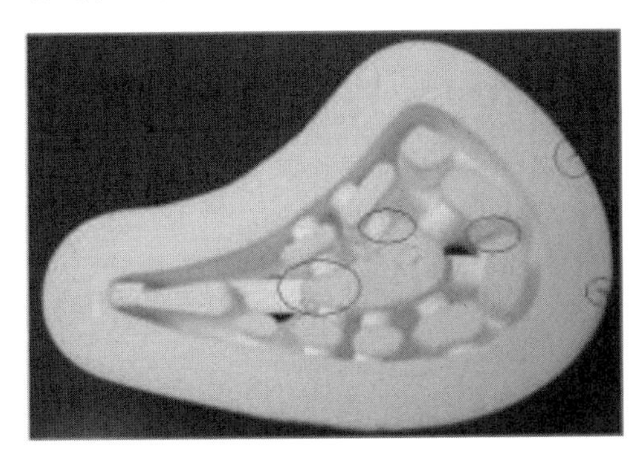

图 5－3　烧成收缩过大而出现裂纹(1600 ℃,4 h)

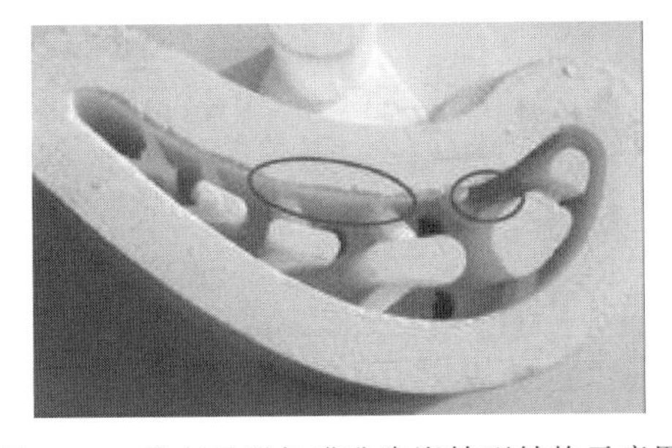

图 5－4　带有异形气膜孔陶瓷铸型结构示意图

选取包含有气膜孔型芯、中心型芯和型壳等特征结构作为烧成收缩分析模型，如图 5-5 所示。烧结时，陶瓷铸型向几何中心收缩，即向中心型芯收缩，设 α' 为烧成收缩率，W_1 和 W_2 分别为陶瓷型芯和型壳厚度，R_1 和 R_2 分别为陶瓷铸型内外侧某一处曲率半径，ν 为陶瓷铸型材料的泊松比，R 为气膜孔型芯半径。

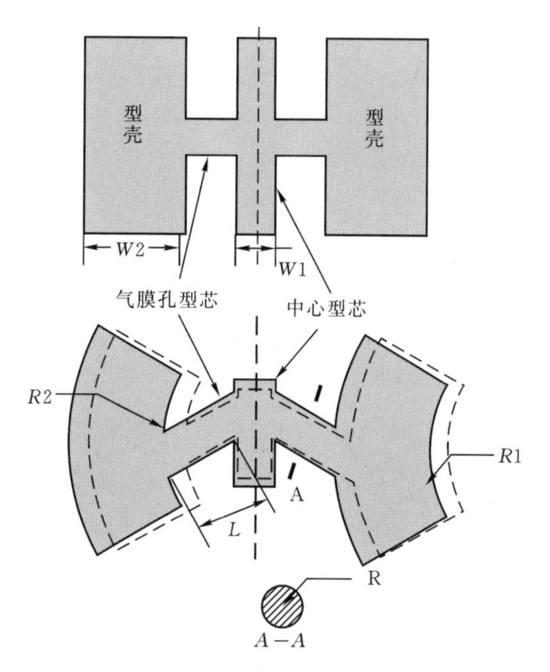

图 5-5　陶瓷铸型烧成收缩模型

当 $\theta = 90^0$ 时，气膜孔型芯烧成收缩量为：

$$\Delta L_1 = \alpha' L \tag{5-4}$$

中心型芯烧成收缩量为：

$$\Delta L_2 = \frac{1}{2}\alpha' W_1 \tag{5-5}$$

将外侧型壳看成一个圆环，其向曲率半径中心收缩量为：

$$\Delta L_3 = (1+\nu)\left(R_2 - \frac{W_2}{2}\right)\alpha' \tag{5-6}$$

而内侧型壳也可看成一个圆环，向曲率半径中心收缩量为：

$$\Delta L'_3 = (1+\nu)\left(R_1 + \frac{W_2}{2}\right)\alpha' \tag{5-7}$$

因此，几何中心相对移动量为：

$$\Delta L''_3 = \frac{1}{2}(\Delta L'_3 - \Delta L_3) = \frac{1}{2}(1+\nu)(R_1 - R_2 + W_2)\alpha'$$

外侧气膜孔型芯收缩总量为：

$$\Delta L = \Delta L_1 + \Delta L_2 - \Delta L''_3 \tag{5-8}$$

内侧气膜孔型芯收缩总量：

$$\Delta L' = \Delta L_1 + \Delta L_2 + \Delta L''_3 \tag{5-9}$$

当 θ 不等于 90^0，在公式(5-8)和公式(5-9)中乘上结构特征系数 K。

当 R_1 大于 R_2 时，外侧型壳收缩变形对气膜孔型芯有挤压作用，而内侧型壳收缩变形对气膜孔型芯有拉伸作用，$\Delta L'$ 大于 ΔL，内侧气膜孔型芯在烧结过程中更易产生烧结裂纹；当 R_1 小于 R_2 时，结论相反，后续研究工作中以收缩总量最大为讨论对象。参照公式(3-20)，求得终烧温度为 T 时所允许的烧结收缩率 α_T，其大小与陶瓷铸型结构尺寸及室温力学性能 σ_T 和 E_T 有关。

$$\alpha_T = \frac{\sigma_T / E_T}{K \cdot \left(1 + \frac{W_1}{2L} + \frac{(1+\nu)(R_1 - R_2 + W_2)}{2L}\right)} \times 100\% \tag{5-10}$$

如果不考虑烧结过程，只考虑陶瓷铸型烧成状态，并假定烧成后陶瓷铸型为弹性变形体，烧成后气膜孔型芯断裂与否，不仅与烧成收缩率大小有关，而且与烧成后室温抗弯强度有关。当因烧结收缩产生的内应力大小超过烧成后的室温抗弯强度时，将在型芯型壳相互连接最薄弱的部位(即气膜孔型芯处)产生裂纹或使之断裂，室温抗弯强度越高，陶瓷铸型气膜孔型芯产生裂纹可能性越小；坯体烧成收缩越小，产生的内应力越小，产生裂纹可能性也越小。按照传统的烧结工艺，提高室温抗弯强度就意味着提高终烧温度或延长保温时间，但同时会增大烧成收缩率。通过优化陶瓷配方、制订合理的烧结工艺、真空压力浸渍强化处理可实现两者协调一致。

5.4　陶瓷配方优化

受到气膜孔型芯的结构和尺寸限制，基体材料中包含有一定比例的细小颗粒电熔刚玉，由于颗粒较小，因而烧结收缩率较大，裂纹倾向性也较大，实验研究表明通过添加适量的 MgO 微粉，在后续烧结反应中生成镁铝尖晶石，可以弥补烧结收缩。图 5-6 为氧化镁加入量对烧成收缩率的影响，未加 MgO 微粉，烧成收缩率达到 2.1%，当加入质量分数为 MgO 时，烧成收缩率仅为 0.24%。

基体材料是否合理级配将不仅影响到陶瓷浆料的成形能力，而且影响坯

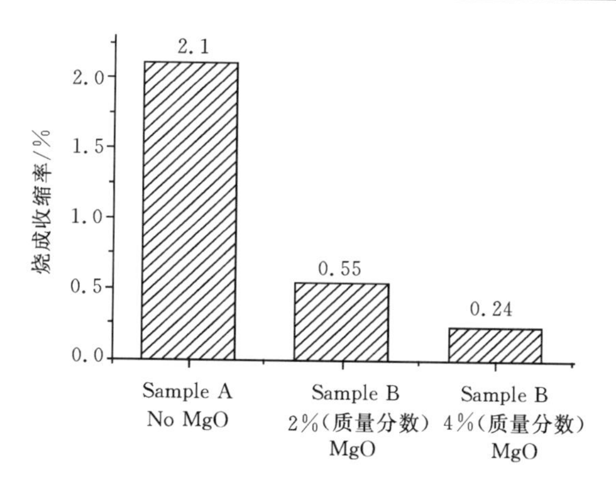

图 5-6 氧化镁加入量对烧成收缩率的影响

体烧成工艺性及其高温性能[4]。由 2.3 可知,当粗颗粒加入质量分数分别为 60%,65%,70%和 75%时,陶瓷浆料的粘度均小于 1 Pa·s,具有良好的流动性。下面将进一步研究它们对烧成工艺性及高温性能的影响。

实验过程如下:首先制备固相体积分数为 56%的四种陶瓷浆料,矿化剂组成和含量相同(其中 MgO 质量分数为 4%,Y_2O_3 质量分数为 6%),基体材料含量 90%(其中粗颗粒的质量分数分别为 60%,65%,70%和 75%,余为细颗粒),预混液的质量分数为 20%,PEG6000 为 10%,然后按照前面所述凝胶注模成形工艺制备陶瓷坯体,冻干后,分段烧结陶瓷铸型坯体,即先进行脱脂预烧结(1360 ℃,保温 6 h),然后再终烧结(1550 ℃,保温 4 h)。

按照 HB5353—2004 测定烧成后试样的室温性能(包括室温抗弯强度、烧成收缩率)和高温性能(包括高温抗弯强度及高温挠度)。

图 5-7 分别为不同的粗颗粒含量对烧成收缩率和室温抗弯强度影响。随着粗颗粒含量从 75%降低至 60%,烧成收缩率从 0.24%增加 1.2%,陶瓷铸型室温抗弯强度从 5.50 MPa 增加至 12.6 MPa。其主要原因是小颗粒比表面能值高,烧结动力 ΔF 大,小颗粒所占比例高的坯体易烧结,烧成收缩率大,室温抗弯强度较高;相反,粗颗粒所占比例越高,坯体越难烧结,室温抗弯强度较低,烧成收缩率较小。

在保证陶瓷浆料成形工艺性和坯体烧成工艺性前提下,应选择以烧成收缩率小、烧成抗弯强度适中的颗粒级配方案(选择粗细颗粒之比为 75∶15,其余为矿化剂)作为基体材料组成,此时烧成收缩率仅为 0.24%,并具有一定的室温抗弯强度(5.50 MPa),有待进一步通过真空浸渍强化处理提高。

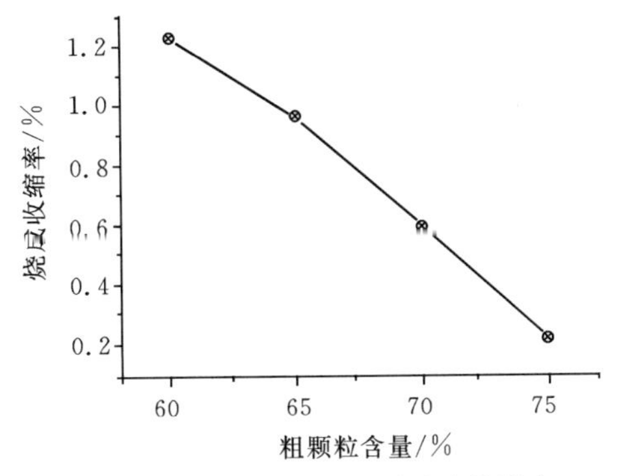

(a)粗颗粒含量对烧成收缩率的影响

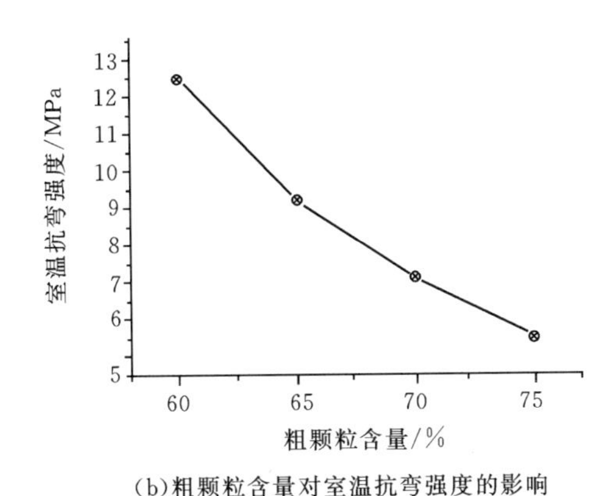

(b)粗颗粒含量对室温抗弯强度的影响

图5-7　粗颗粒含量对烧成收缩率和室温抗弯强度的影响

5.5　烧结工艺

与氧化硅相比，氧化铝在烧结过程中没有晶型转变，可以直接升温，但不同的烧结工艺方案和烧结工艺参数(终烧温度、保温时间和升温速率)对陶瓷铸型的室温抗弯强度和烧成收缩率有决定性影响。

5.5.1　烧结工艺参数

终烧温度不仅影响到整体式陶瓷铸型的室温力学性能、烧成收缩率，而且直接影响陶瓷铸型在高温下的抗变形及抗弯的能力。在整体式陶瓷铸型烧结过程中，在确定终烧温度时，应考虑以下几个方面：首先是高纯度电熔刚玉颗粒本身的烧结温度，文献表明一般应高于1500 ℃；其次是电熔刚玉颗粒与矿化剂微粉烧结反应温度。研究表明 MgO 微粉和 Al_2O_3 颗粒在 900～1400 ℃开始烧结反应生成镁铝尖晶石，而 Y_2O_3 微粉和 Al_2O_3 颗粒在 1500～1600 ℃之间烧结反应生成钇铝石榴石，还要考虑终烧温度对烧成收缩率和室温抗弯强度影响。

图 5-8 表明烧成收缩率和室温抗弯强度随着终烧温度的升高也随之升高，在 1350 ℃时烧成收缩率接近于零，但室温抗弯强度较低，仅 3.8 MPa，难以抵御浇注时高温金属液的冲击，金属液浇注时陶瓷铸型容易破裂，当终烧温度为 1600 ℃时，虽然室温抗弯强度较高，达到 7.6 MPa，但烧成收缩率较高，接近于 1.0%，产生较大的烧结应力，影响烧成工艺性。当终烧温度为 1550 ℃时，室温抗弯强度可达到 5.5 MPa，而且烧成收缩率也较低。

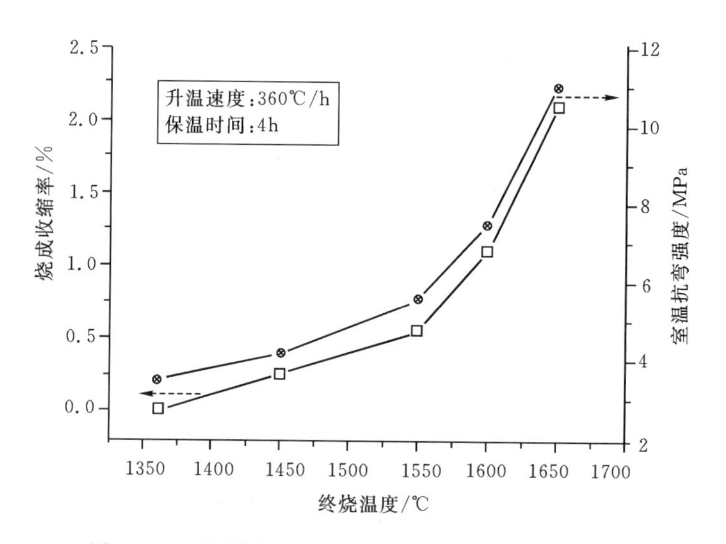

图 5-8 不同终烧温度下烧成收缩率和室温抗弯强度

从降低烧成收缩率，提高烧结效率角度，应尽可能快速升温，但过快的升温速率有可能因坯体各部分受热不均而产生较大的烧结应力，致使陶瓷铸型开裂，缓慢升温又因烧成收缩率过大而形成裂纹，影响整体式陶瓷铸型烧成工艺性，因此对升温速率应作出合理的选择。图 5-9 表明烧成收缩率随着升温速率升高而减小，当升温速率为 300 ℃/h 时，烧成收缩率达到 0.8%，升温速率增加至 360～480 ℃/h 后，能够获得较低的烧成收缩率，约 0.3～0.5%。当升温速率高于 360 ℃/h 后，烧成收缩率下降幅度明显趋缓。

图 5-10 表明整体式陶瓷铸型的烧成收缩率随着保温时间的延长而增大。保温 6 h，烧成收缩率达到 1%；而保温 4～5 h，烧成收缩率在 0.5%～0.7%之间。

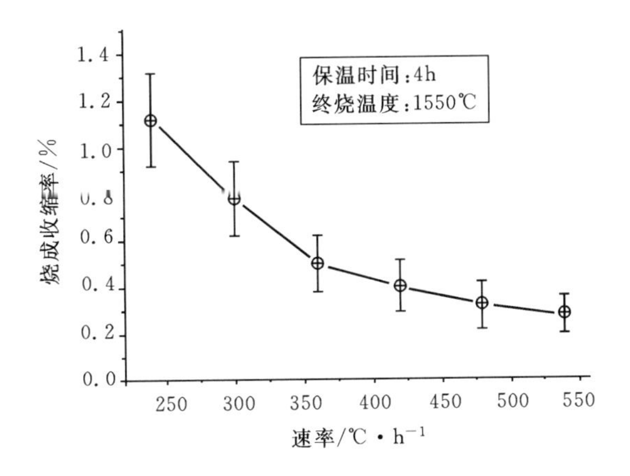

图 5-9　升温速率对烧成收缩率的影响

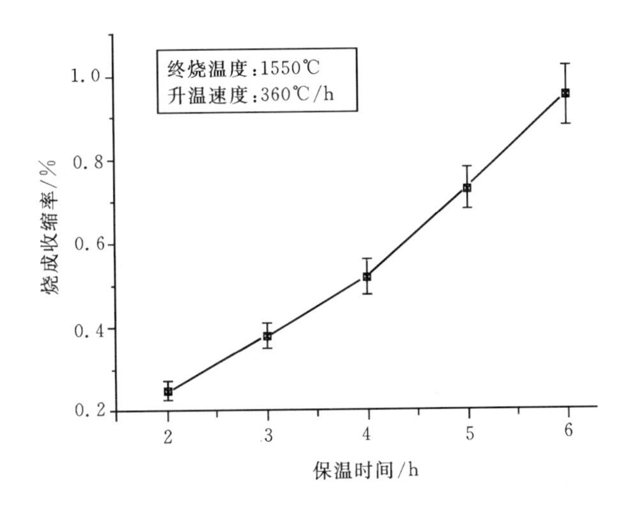

图 5-10　保温时间对烧成收缩率的影响

5.5.2　烧结工艺方案

为了制订烧结工艺方案,利用 PCY 型高温卧式膨胀仪实时记录陶瓷铸型坯体在烧结全过程膨胀量的变化。试样大小为 $\Phi 4\times 50$ mm,实验时,先将试样置于高温卧式膨胀仪电熔刚玉管中,并在顶杆处施加约 40~80 g 的压力,千分表读数为 2.00 mm 左右,清零,再以 2 ℃/min 升温速率将试样加热至 1550 ℃,每隔 3 min 实时记录试样的热膨胀量大小和对应的温度,计算出热膨胀率大小，获得陶瓷铸型坯体焙烧全过程热膨胀率—温度变化曲线，如图5－11所示。

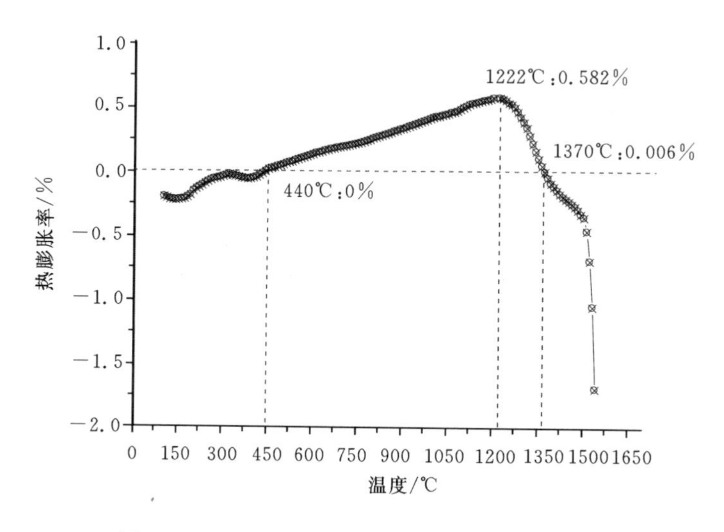

图 5－11 烧结全过程热膨胀率—温度变化曲线

在 440 ℃之前，由于坯体中聚丙烯酰胺有机物不断热解，试样膨胀率很小。随着温度不断升高，电熔刚玉颗粒受热膨胀，并在约 1222 ℃达到最大值，约 0.582%，随后，小颗粒电熔刚玉与矿化剂微粉开始烧结反应，产生一定的烧结收缩，膨胀量开始下降，并在 1370 ℃左右达到零值附近。当烧结温度为 1550 ℃时，标准试样收缩率达到 3.1%，是因为在高温阶段试样抗弯强度很低，在压力作用下，试样被压弯。

根据陶瓷铸型坯体焙烧全过程热膨胀率—温度变化曲线，比较了两种烧结工艺方案，通过测定试样长度变化计算烧成收缩率，试样大小为 $\Phi4\times50$ mm。方案一：采取一次性烧结，试样直接从室温升至 1550 ℃，并保温 4 h，升温速率为 360 ℃/h；方案二：采取分段烧结，即试样先脱脂预烧结至 1360 ℃（因为在该温度点，试样烧成收缩率接近于零），保温 5h，随炉冷却到 200 ℃以后，再进行终烧结，以 360 ℃/h 升温至 1550 ℃，保温 4 h。图 5－12 为两种烧结方案烧成收缩率对比，与一次性烧结工艺相比，采取分段烧结工艺制备的试样具有较低的烧成收缩率，约 0.24%。

综上所述，为整体式陶瓷铸型制订如图 5－13 所示的烧结工艺曲线，该工艺包括脱脂预烧结（1360 ℃，保温 5 h）和终烧结（1550 ℃，保温 4 h）两个阶段。终烧时，在 1360 ℃之前升温速率有所减缓，主要是考虑到经预烧结后，陶瓷铸型坯体中已形成了多种烧结相，因它们的热膨胀系数不同，为避免产生过大的烧结应力，适当减小了升温速率，实验表明 200～300 ℃/h 是合适的，在 1360 ℃之后，再以 360 ℃/h 快速升温至 1550 ℃。

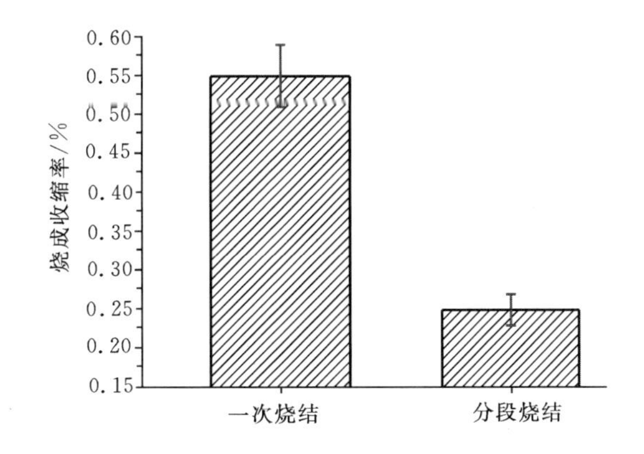

图 5-12　不同烧结工艺方案下烧成收缩率

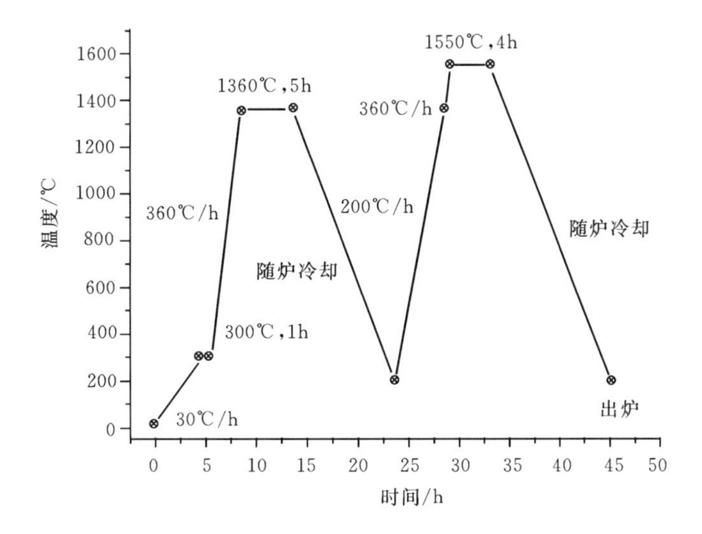

图 5-13　整体式陶瓷铸型烧结工艺曲线

按照上述工艺，经过脱脂预烧结后，由于陶瓷铸型烧成收缩率接近于零，由公式(5-10)可知，α_T 烧成收缩率始终大于零，因此，完全可以保证陶瓷铸型结构完整性。但终烧之后，陶瓷铸型试样烧成收缩率将达到 0.24%左右，此时陶瓷铸型室温抗弯强度偏低，细小的气膜孔型芯有可能被拉裂，可以通过在脱脂预烧结之后安排一次或多次真空压力浸渍强化工艺，提高室温抗弯强度，予以解决。图 5-14 为陶瓷铸型标样经脱脂和烧结后保持了几何结构的完整性。

图 5-15 为高温抗弯强度和高温挠度随着粗颗粒含量变化曲线，表明粗颗粒比例高的陶瓷铸型具有较高的高温强度和较小的高温挠度，这是因为粗颗粒在烧结过程中未完全熔结，作为"骨架"存在，保证烧成后的陶瓷铸型具有一定的高温性能，而小颗粒电熔刚玉在高温下易软化变形，因而高温性能较差。粗细颗粒比例为 75∶15 的陶瓷铸型的高温抗弯强度仅 1.2 MPa，高温挠度高达 2.5 mm，有待采取真空浸渍强化处理措施予以改善。

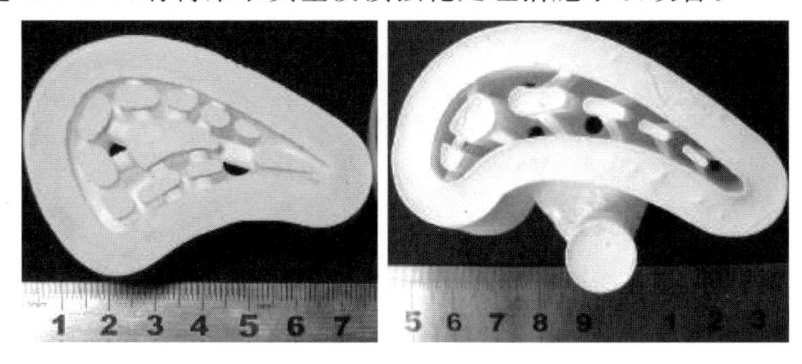

图 5-14　整体式陶瓷铸型标样

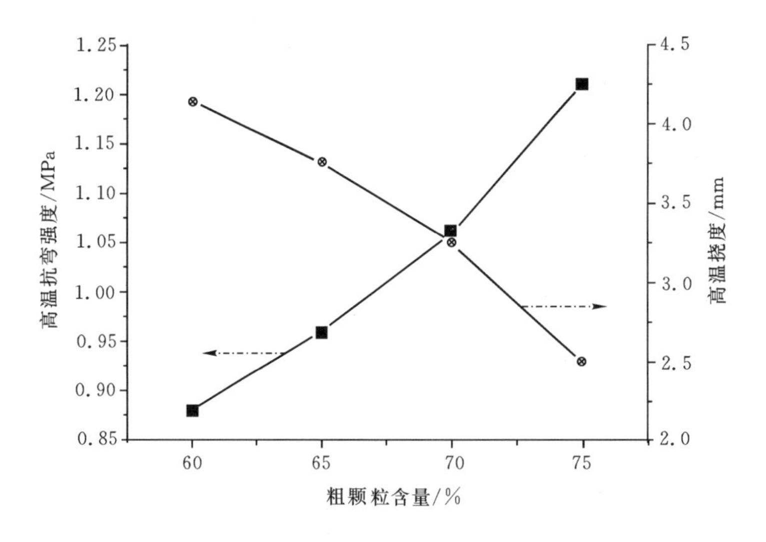

图 5-15　粗颗粒含量对高温性能的影响

5.6　真空压力浸渍

真空压力浸渍（Vacuum Pressure lmpregnation，简称 VPI）目的是将浸

渍液填充到被浸渍物空隙中，使被浸渍物更加致密、性能更佳。该工艺具有效率高、工艺参数易控等特点，最早用于发电机定子线圈的制造，以减小定子线圈主绝缘内部的气隙率，增加主绝缘的电气强度，随后用于复合材料的制备、改善材料组织与性能。美国专利介绍了一种利用强化液浸渍处理含氧化钇的氧化铝基陶瓷型芯工艺，将质量浓度为14%的钇溶胶溶液自然浸渍2 min，再经高温烧结处理后，发现氧化铝基陶瓷型芯增重1%～5%，与未经浸渍处理的陶瓷型芯相比，其高温性能获得了明显的改善[9]。预制体状态、浸渍工艺参数等工程因素会对实际浸渍效果有影响，但该专利未作任何陈述。本章将研究真空、压力等浸渍工艺参数对实际浸渍效果的影响，寻找不同浸渍深度处强化相分布规律，揭示浸渍强化内在机理，并研究多次浸渍强化工艺，最后，将自制的整体式陶瓷铸型与AC-1、AC-2氧化铝基陶瓷型芯综合性能进行对比。

5.6.1　浸渍深度理论计算

图5-16为预冻温度为−30 ℃时，终烧温度为1550 ℃保温4 h的陶瓷铸型坯体孔容、孔径分布状况。其中小于10 nm的微孔占58%，而大于60 nm的微孔只占5%左右，介于10～60 nm之间的微孔占总孔容的37%，平均孔径约15.37 nm，开气孔率高达44%～45%。可见，采取凝胶注模成形工艺制备的陶瓷铸型坯体内部有许多微小的孔洞，这些微孔的存在为实施VPI提供了可能，浸渍液将填满陶瓷坯体所有的孔隙，“修补”坯体内部“孔洞“和裂纹等缺陷。

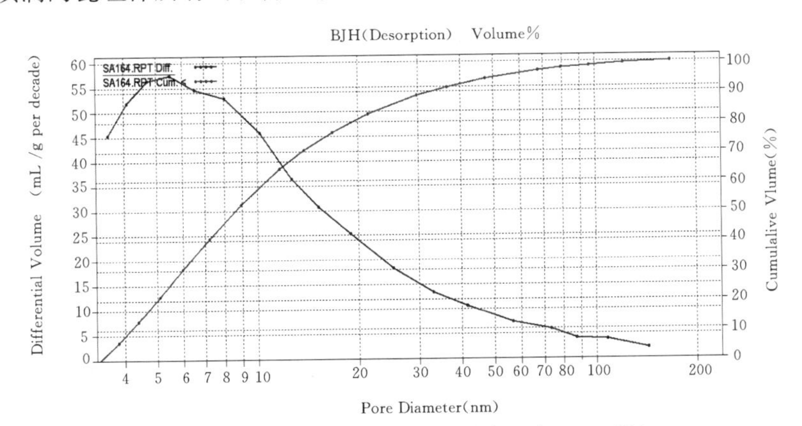

图5-16　孔径分布和孔容(预冻温度：−30 ℃)

建立如图5-17所示真空压力浸渍深度计算模型。假设烧成后的陶瓷铸型坯体内部的微小孔洞为直的且与表面贯通的毛细管，则浸渍液渗入陶瓷铸型坯体内部的过程可以看作是浸渍液在毛细管内的流动过程。并将浸渍液视为不可压缩均质流体,浸渍液流动特性为层流。在浸渍过程任一时刻 t 浸渗速度 u (mm/s)与浸渗深度 x (mm)的关系可由 Darcy 定律求得[10]。

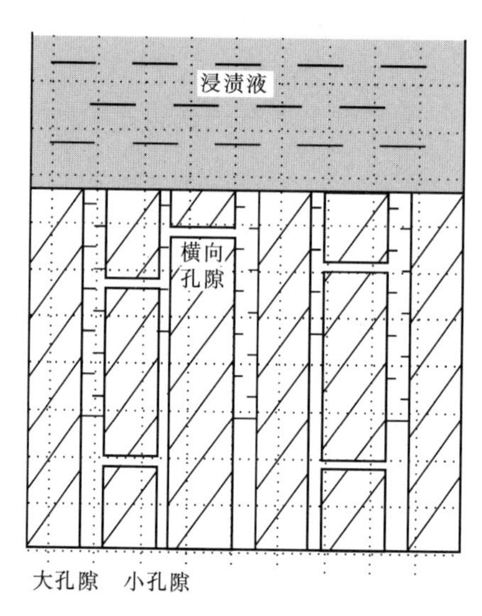

图 5-17 真空压力浸渍模型

$$u = \frac{\mathrm{d}x}{\mathrm{d}t} = \frac{K\Delta P}{\varepsilon \eta x} \tag{5-11}$$

以 $t=0$ 时、$x=0$ 为初始条件,对上式进行积分,得到浸渍深度 x:

$$x = \sqrt{2K\Delta Pt/\varepsilon\eta} \tag{5-12}$$

式中,ΔP 为作用在浸渍液上的总压力,Pa;η 为浸渍液动力粘度,Pa·s;t 为受浸时间,s;K 为渗透率;ε 为铸型坯体受浸时的开气孔率,%。

基于毛细管约束模型,预制体的渗透率 $K(\mathrm{mm}^2)$为[11]:

$$K = \frac{\varepsilon r^2}{24} \tag{5-13}$$

这里 r 为铸型坯体开气孔平均半径(mm)。

$$\Delta P = P_e + P_c + P_g - P_b \tag{5-14}$$

式中,P_e、P_c、P_g、P_b 分别为外加压力、毛细压力、浸渍液重力引起的压力和孔隙中气体反压。P_b 与浸渍罐中真空度相关,真空度越高,P_b 越小。

P_c 由杨氏方程计算出:

$$P_c = \frac{2\sigma_{lg}\cos\theta}{r} \tag{5-15}$$

式中,θ 为浸渍液和陶瓷铸型预制体之间的润湿角;σ_{lg} 为气液表面张力。

$$P_g = \rho g h_0 \tag{5-16}$$

式中，ρ、h_0 分别为浸渍液的密度和浸渍液初始高度。

至此，浸渍深度 x 用公式(5－17)表示：

$$x=\sqrt{\frac{r^2\left(P_e+\frac{2\sigma_{lg}\cos\theta}{r}+\rho g h_0-P_b\right)t}{12\eta}} \tag{5-17}$$

从公式(5－17)可知，在浸渍液、浸渍深度确定的情况下(即 η、P_g 一定)，影响浸渍深度 x 主要因素是陶瓷铸型坯体本身状态(即 ε 和 r)、外加压力 P_e、毛细压力 P_c、空气反压 P_b 和受浸时间 t。

以上只是对影响浸渍深度的工程因素进行定性分析，预制体的坯体状态参数以及毛细压力很难准确测定，有待通过实验研究不同浸渍工艺参数下高温强化相的分布规律，测定实际浸渍效果，获得最佳真空压力浸渍工艺方案。

5.6.2　真空压力浸渍实验

1. 真空压力浸渍机

图5－18为浙江台州新佳力真空设备有限公司提供的真空压力浸渍机及其工作原理示意图，它由浸渍罐、储液罐、真空泵机组、空气压缩机、时间控制器及电气控制柜等部分组成，浸渍工艺参数如外加压力、真空度及受浸时间等均可调控。

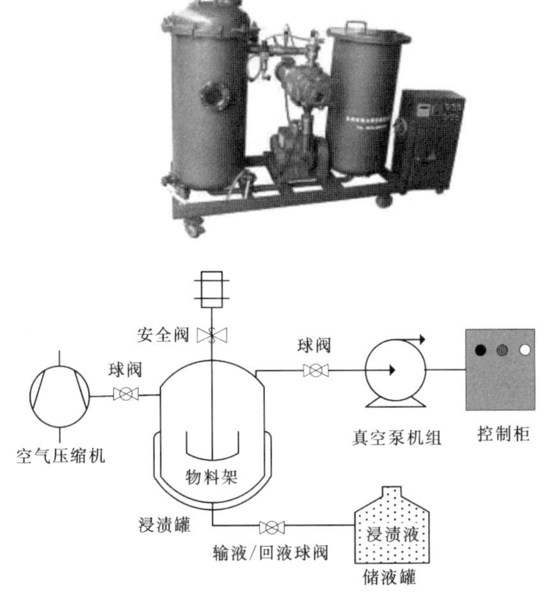

图5－18　真空压力浸渍机及工作原理示意图

2. 试样准备

按照第 2 章所述的凝胶注模成形工艺制备试样，如图 5 - 19 所示，其尺寸大小为 10 mm×20 mm×30 mm，分析不同浸渍工艺参数下沿浸渍深度方向受浸状况。为了保证浸渍深度数据的准确性，另外两个方向尺寸较大，陶瓷浆料中暂不添加矿化剂粉末，以避免因混合不均匀而对测试结果产生的影响。

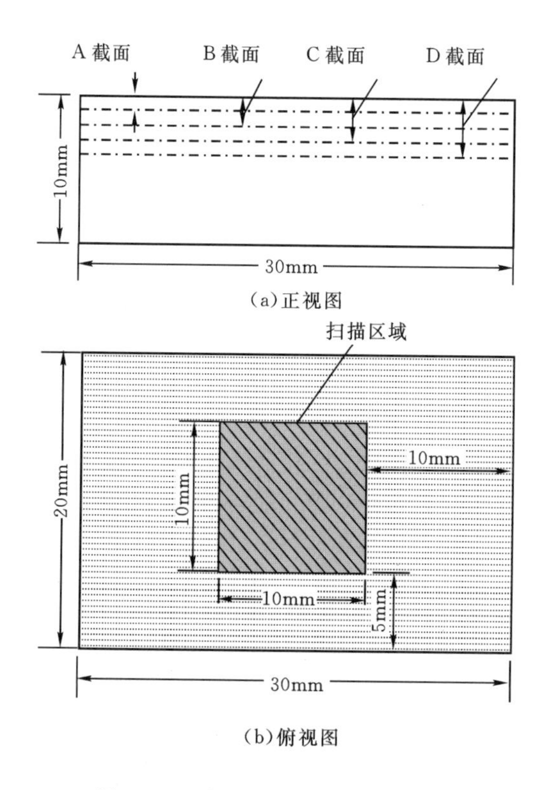

图 5 - 19　物相组成扫描区域示意图

选择武汉市智发科技开发有限公司提供的 ZF - 601 型钇溶胶作为浸渍液，钇溶胶是一种以铵离子做稳定剂的黄褐色液体，具有较低的粘度和良好的流动性，主要技术指标如下：质量分数为 15%，氧化钇平均粒度为 3 nm，密度约 1.3 g/mm^3，pH 值为 8.6～9。真空压力浸渍过程如图 5 - 20 所示。

①启动旋片泵对浸渍罐进行抽真空，当真空度达到 600 Pa，再启动罗茨泵抽真空至设定值，排除试样中空气；②缓慢打开输液球阀，在大气压的作用下浸渍液从储液罐平稳地流入浸渍罐中，让浸渍液完全淹没被浸渍试样，再

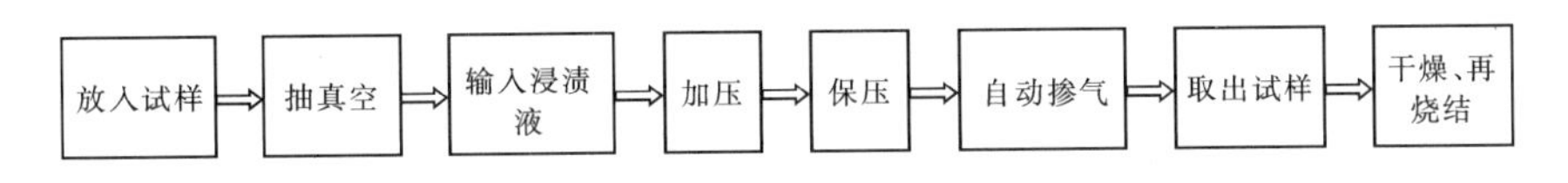

图 5-20　真空压力浸渍强化过程

关闭输液球阀;继续抽真空至设定值,关闭真空泵机组;③打开加压充气阀,向浸渍液加压,外加压力大小通过可调压气水分离器控制,在压力作用下浸渍液向陶瓷铸型坯体内部微小孔洞渗透、扩散,保压一段时间(初步试验表明当受浸时间达到 3 min,试样已浸透,为安全起见,取 5 min);④启动自动掺气阀使浸渍罐中气压恢复到常压,浸渍过程结束;⑤取出试样,干燥、再进行高温烧结(1550 ℃,保温 4 h)。

3. 实验方案

如前所述,整体式陶瓷铸型焙烧过程分成脱脂预烧结和终烧结两个阶段,真空压力浸渍既可在脱脂预烧结之后进行,也可终烧结之后进行,即对应于表 5-1 中两种坯体状态:预烧结体和烧结体。试样代码 A 代表烧结状态,B 代表预烧结状态,第一个下标表示外加压力与否,0 表示未加压,1 表示加压,第二个下标 0 表示未抽真空,1 表示抽真空。

表 5-1　真空压力浸渍实验方案

实验编号	真空压力浸渍工艺参数			试样代码
	坯体状态	外加压力/ MPa	真空度/Pa	
1	烧结体	0	10^5	A_{00}
2	烧结体	0.5	10^5	A_{10}
3	烧结体	0	600	A_{01}
4	烧结体	0.5	600	A_{11}
5	预烧结体	0	10^5	B_{00}
6	预烧结体	0	600	B_{01}
7	预烧结体	0.5	600	B_{11}

4. 性能测试

为了测定不同浸渍深度处的强化相—钇铝石榴石(Yttrium Aluminum Garnet,简称 YAG)含量,先沿着高度方向将试样打磨至 A 截面处,其与上表面的距离为 1 mm,见图 5-19(a),再打磨其他两个方向获得如图 5-19(b)所示的 10 mm×10 mm X 射线衍射扫描区域。按照上述方法,获得 B、C、D 等不同深度截面处的 X 射线衍射扫描区域，它们与上表面的距离分别为 2 mm、3 mm 和 4 mm。利用 X'Pert Pro 型 X 射线衍射分析仪器(panalytical B. V., Netherlands)分析物相组成及钇铝石榴石含量。

选择美国贝克曼库尔特有限公司提供的 SA3100 型比表面仪测量试样孔径分布和孔容。

5. 结果与分析

(1)不同浸渍工艺参数对 YAG 含量影响

图 5-21 为不同浸渍工艺下 YAG 含量随浸渍深度变化曲线。无论自然浸渍(不抽真空、不加压)还是真空压力浸渍，在 5 min 内可将 10 mm 厚试样渗透，说明陶瓷坯体具有较好的渗透性，钇溶胶能够顺利渗入其中。但浸渍后坯体中 YAG 含量分布是不均匀的，YAG 含量随着浸渍深度的增加而降低，表层比里层含有更多的 YAG。通过加压或抽真空等措施可明显改善实际浸渍效果，提高坯体 YAG 含量。另外，抽真空比加压更有效，如果同时施加外压和抽真空，坯体中 YAG 含量更高。

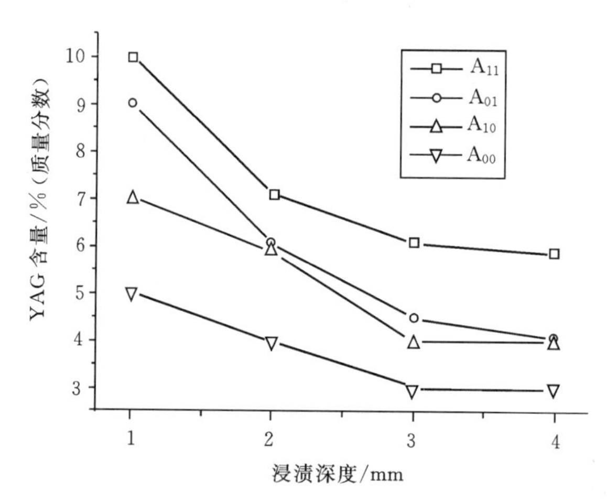

图 5-21 不同的浸渍工艺下 YAG 含量随浸渍深度变化曲线

真空压力浸渍时，钇溶胶溶液从各个方向渗入烧成后陶瓷坯体中，由于浸渍液优先向流动阻力最小方向流动，因此，浸渍液首先流入尺寸较大的孔洞中，并在较短的时间内渗透陶瓷铸型坯体，随后，向坯体中更细小孔洞中渗透，但随着浸渍深度的增加、孔径的减小，流动阻力越来越大，陶瓷坯体中残留的空气逐渐被浸渍液“驱赶”到内部微小孔洞中，压缩后形成较大的流动阻力，阻碍浸渍液进一步渗入，如果流动阻力超过了浸渍液的驱动力，则浸渗停止。因为陶瓷铸型坯体表层流动阻力较小，所以表层比里层包含较多的浸渍液，表层 YAG 含量高于坯体内部 YAG 含量。通过施加外压可部分地消除空气反压 P_b 的影响，促使浸渍液向坯体内部渗入，而抽真空因能直接减小微孔中空气反压 P_b，获得更好的浸渍效果，在不同浸渍深度处 YAG 含量也高。

(2) 不同坯体状态下的 YAG 含量变化

图 5-22 为浸渍工艺相同、坯体状态不同，YAG 含量随浸渍深度变化曲线。无论是自然浸渍还是真空压力浸渍，在同一浸渍深度处烧结体中 YAG 的含量比预烧结体中 YAG 含量低，这是因为烧结体比预烧结体致密，孔容小(见图 5-23)，浸渍液不易填充其中。

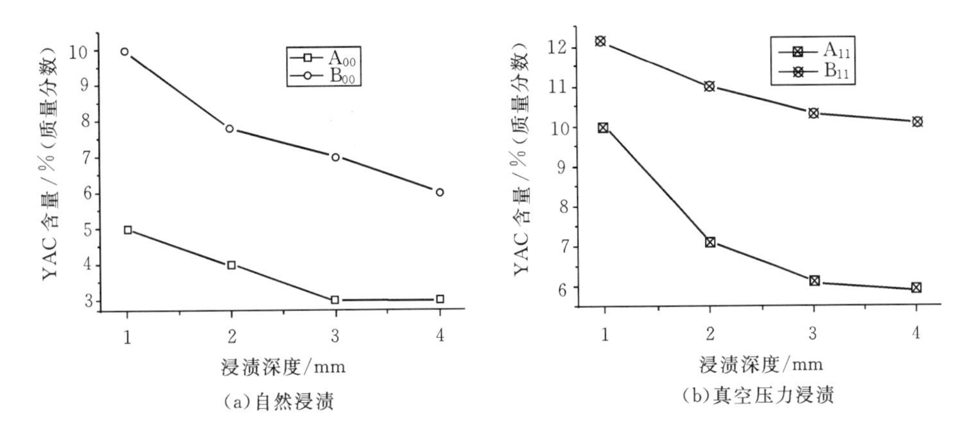

图 5-22　两种坯体状态下 YAG 含量随浸渍深度变化曲线

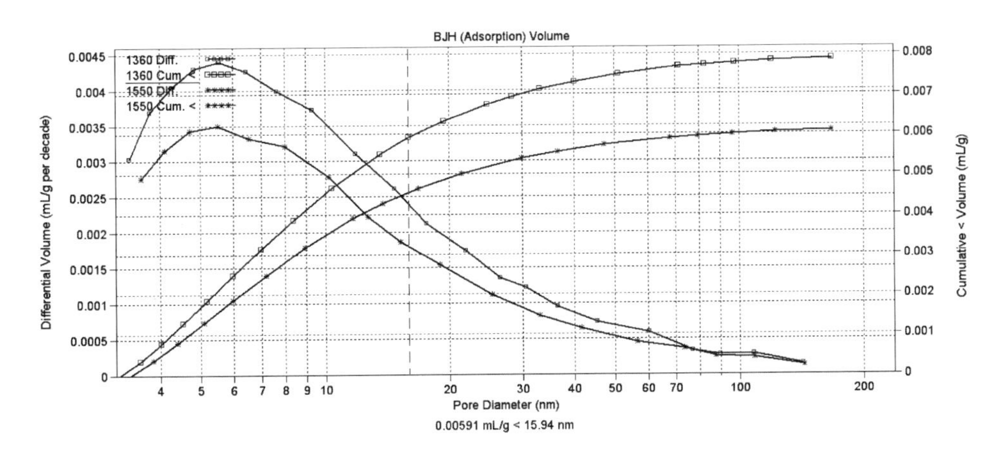

图 5-23　脱脂预烧结体和烧结体孔径和孔容变化曲线

(3)真空浸渍和真空压力浸渍 YAG 含量对比

图 5-24 为脱脂预烧结体在真空条件下和真空加压条件下,在不同浸渍深度处 YAG 含量对比曲线。在不同深度处 YAG 含量相差很小,具有几乎相同的浸渍效果,因此,当预制体为预烧结体时,从简化工艺操作考虑,可用真空浸渍代替真空压力浸渍。

综上所述,陶瓷铸型坯体状态和浸渍工艺参数对实际浸渍效果有着较大的影响,通过采取抽真空和加压等工艺措施能够促进浸渍液渗入坯体内部细小的孔洞中,获得较好的浸渍效果;与烧结体相比,浸渍液更易渗入预烧结体内部。合适的真空压力浸渍工艺参数为:真空度为 600 MPa,外加压力为 0.5 MPa,受浸时间 5 min。

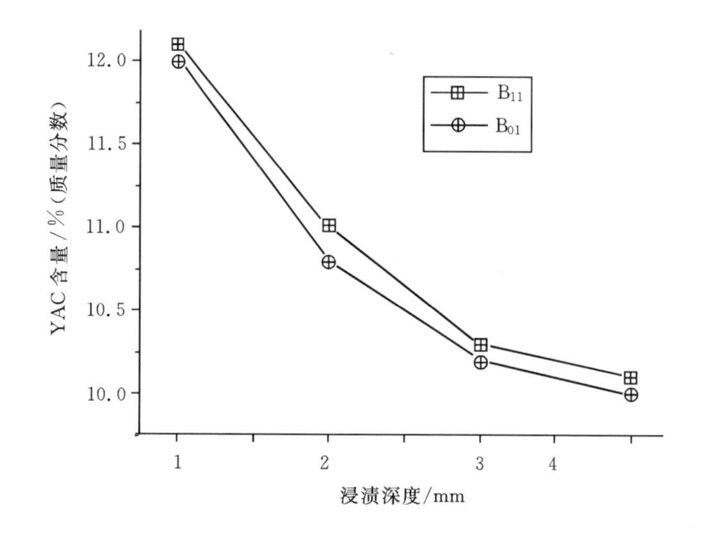

图 5-24 真空浸渍和真空压力浸渍 YAG 含量对比(预烧结体)

5.6.3 多次浸渍

1. 多次浸渍工艺方案

图 5-25 表明两次浸渍时有两种浸渍工艺方案可供选择,方案一为对预烧结体连续浸渍两次,方案二为对预烧结体、烧结体各浸渍一次。记录真空压力浸渍强化处理前后的试样质量变化。两种浸渍工艺方案浸渍效果对比见表 5-2。真空压力浸渍处理后,试样分别增重 5%~6%和 9%~10%,可见,方案二优于方案一。这是因为当完成一次浸渍后,溶胶留着坯体内部微

孔中，阻碍了钇溶胶溶液二次渗入，在方案二中，通过烧结除去了溶胶，疏通了浸渍“通道”，所以在第二次渗透中有更多的钇溶胶溶液渗入坯体内部，生成更多的 YAG，开气孔率也下降较多。

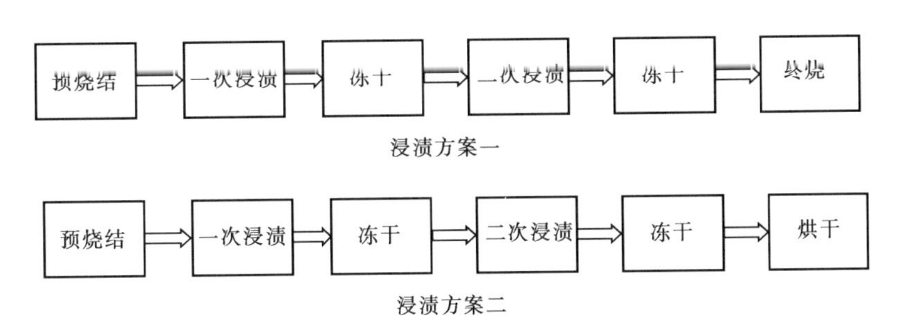

图 5－25　浸渍工艺方案

表 5－2　两种浸渍方案浸渍效果比较

浸渍次数	增重率/%	开气孔率/%
一次	4～5	43～44
二次(方案一)	5～6	42～43
二次(方案二)	9～10	41～42
三次	13～14	40～41

2. 浸渍次数对室温性能的影响

图 5－26 表示浸渍次数对室温抗弯强度的影响，随着浸渍次数的增加，室温抗弯强度从 5.5 MPa 增加至 7.8 MPa，这是因为多次浸渍强化后，更多的浸渍液填充在陶瓷铸型坯体中微小的孔洞中，使得陶瓷颗粒之间结合更加紧密，室温抗弯强度得以提高，这有助于防止陶瓷铸型中细小气膜孔型芯在烧结过程中断裂。表 5－2 表明随着浸渍次数的增加，开气孔率也随之下降，在方案二的基础上经过第三次浸渍处理后，开气孔率以降至 40%～41%，但增重率达到 13%～14%。

3. 浸渍次数对高温性能的影响

图 5－27 表示浸渍次数对陶瓷铸型高温性能的影响。随之浸渍次数的增加，高温抗弯强度从 1.2 MPa 增加至 4.0 MPa，而高温挠度从 2.5 mm 减小至 0.6 mm。

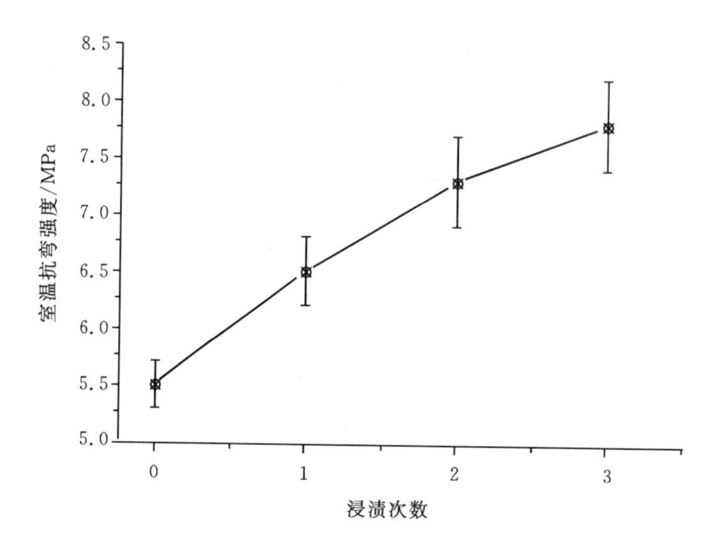

图 5-26 浸渍次数对陶瓷铸型室温抗弯强度的影响

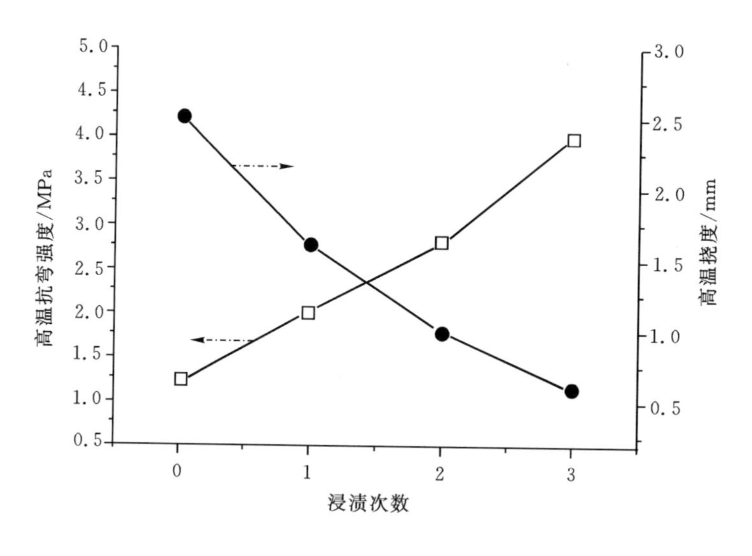

图 5-27 浸渍次数对陶瓷铸型高温性能的影响

5.7 浸渍强化机理

为了揭示真空压力浸渍强化机理，首先利用 X-ray 衍射技术分析了浸渍前后的标准试样的物相组成。测试标样大小为 60 mm×10 mm×4 mm，按照

VIP 工艺事先准备未浸渍、浸渍 1 次、2 次和 3 次的测试试样各 5 个，图 5－28 为 X-ray 衍射扫描区域示意图，它为试样的某一断截面。

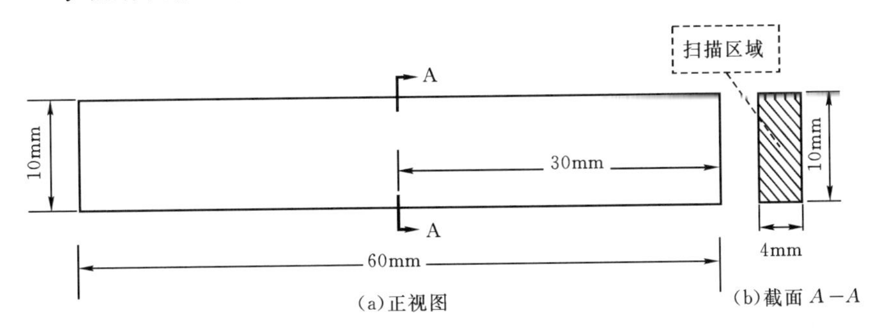

图 5－28　X-ray 衍射扫描区域示意图

X-ray 衍射分析结果见表 5－3。经真空压力浸渍强化处理后，坯体中钇铝石榴石 YAG 含量明显增加，而 $\alpha-Al_2O_3$ 的含量显著下降。这是因为渗透到陶瓷铸型坯体微小孔洞的氧化钇纳米颗粒与细小的电熔刚玉颗粒发生了烧结反应生成了 YAG。由化学反应式(5－18)可知，每 1 g 氧化钇纳米颗粒，生成 1.753 g 钇铝石榴石，同时消耗 0.753 g 氧化铝细小颗粒。渗入坯体中氧化钇纳米颗粒随着浸渍次数的增加而增加，生成钇铝石榴石也有所增加，而氧化铝烧结体有所减小。经过三次真空浸渍强化处理后，YAG 的含量由 10.5%增加至 30.0%左右，而 $\alpha-Al_2O_3$ 的含量从 81.8%降低至 61.0%左右，而镁铝尖晶石质量百分比略有降低。这与理论计算结果相符。

$$3Y_2O_3+5Al_2O_3 \xrightarrow{1400\sim1600\ ℃} 3Y_2O_3\cdot5Al_2O_3 \tag{5-18}$$

表 5－3　真空压力浸渍处理前后的相组成变化

浸渍次数	相组成质量分数/%		
	$\alpha-Al_2O_3$	$3Y_2O_3\cdot5Al_2O_3$	$MgAl_2O_4$
0	80.8	10.0	11.2
1	72.0	17.0	11.0
2	65.0	25.0	10.0
3	61.0	30.0	9.0

图 5－29 为未浸渍和一次浸渍处理的试样 X-ray 衍射数据。图 5－30 表示利用 Quanta200 型环境扫描电子显微镜(ESEM，Environmental Scanning Electron Microscopy，荷兰 FEI 公司）观察到经二次真空压力浸渍、高温强化处理后的陶瓷铸型试样断口形貌。图中灰色、粗大的部分为未熔结的电熔刚

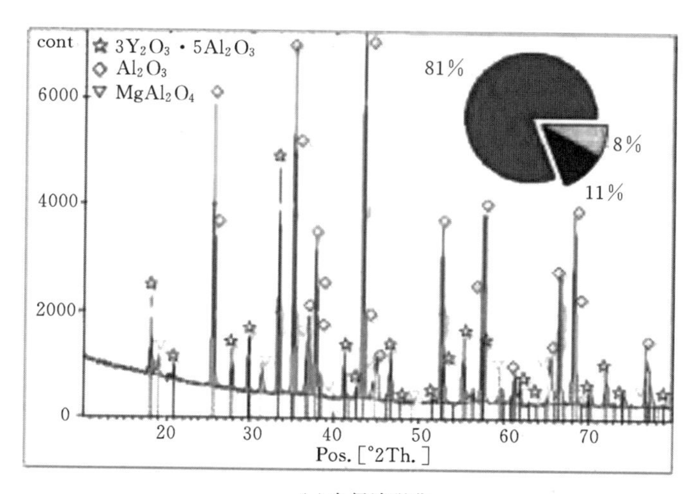

(a)未侵渍强化

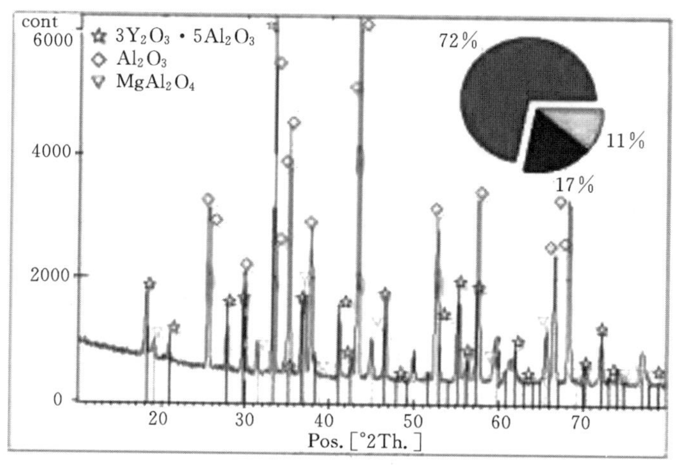

(b)浸渍强化一次

图 5-29 真空压力浸渍强化处理前后物相组成变化

图 5-30 陶瓷铸型试样断口形貌(二次 VIP 后)

玉粗颗粒，而白色、圆钝的、包裹在粗大电熔刚玉颗粒之间的部分为钇铝石榴石、镁铝尖晶石和细颗粒电熔刚玉烧结体。它们起到连接粗颗粒电熔刚玉作用，使得陶瓷铸型具有一定强度。钇铝石榴石、镁铝尖晶石分别是细颗粒电熔刚玉与矿化剂烧结反应的产物。

进一步观察发现标准试样断口粗细颗粒形状比较完整，表明陶瓷铸型的破坏以脆性方式从颗粒间开始。试样断裂包括两个过程，首先是微裂纹的产生，然后是微裂纹扩展直至最终断裂。由于多种物相存在以及它们的热膨胀系数不同，当试样加热到较高温度时，在不同固相颗粒边界上必然出现应力集中，导致微裂纹的形成，无论是强化试样还是未强化试样内部都存在微裂纹，进而在高温及外力的作用下(如浇注时高温金属液的冲击力、自重)，试样内部应力状态发生了改变，这给微裂纹的扩展提供了条件。未经真空压力浸渍强化处理的试样，陶瓷铸型颗粒间连接强度较弱，在外力作用下，微裂纹沿着边界扩展比较容易，未经 VIP 处理的试样 1550 ℃高温抗弯强度仅为 1.2 MPa，而高温挠度达到 2.5 mm；经过 VIP 强化处理后，坯体中包含有更多的钇铝石榴石，新生成的高温强化相一钇铝石榴石，增强了颗粒之间的结合力，阻碍坯体内部微裂纹的扩展，同时消耗了高温下易软化的细颗粒电熔刚玉，因此，改善了陶瓷铸型高温性能，使之具有较高的高温抗弯强度和较低的高温挠度。

表 5-4 为整体式陶瓷铸型综合性能与 AC-1、AC-2 氧化铝基陶瓷型芯性能比较结果，烧成收缩率、密度较低，开气孔率较高，高温挠度较低，室温及高温抗弯强度略低于 AC-1、AC-2。整体式陶瓷铸型综合性能能够满足定向凝固、单晶铸造透平叶片工艺要求。

表 5-4　整体式陶瓷铸型综合性能与 AC-1、AC-2 比较

来源 性能指标	整体式陶瓷铸型 (西安交通大学)	AC-1 (北京航空材料研究院)	AC-2 (北京航空材料研究院)
室温抗弯强度/ MPa	6.5～7.5	9.0～12.0	9.0～11.0
1550 ℃抗弯强度/ MPa	3.5～4.5	5.0～7.0	6.0～8.0
1550 ℃挠度/mm	0.60～1.20	0.80～1.60	0.30～0.70
烧成收缩率/%	0.20～0.30	1.50	0.40～0.60
密度/g·mm^{-3}	2.17	2.38	—
开气孔率/%	40～41	34	37
线性膨胀系数 1/(300～1550) ℃	7.33×10^{-6}	8.0×10^{-6}	8.0×10^{-6}

5.8 本章小结

在透平叶片结构确定的条件下，为了保证整体式陶瓷铸型几何结构的完整性，应降低实际烧成收缩率和提高烧成后室温抗弯强度。实验研究了不同的终烧温度、保温时间和升温速率对烧成收缩率和室温抗弯强度影响，制订了合理的陶瓷铸型烧结工艺曲线。在分析陶瓷铸型坯体焙烧全过程热膨胀-收缩变化曲线基础上，确定分段烧结工艺方案，降低了陶瓷铸型坯体烧成收缩率，烧成收缩率降低至0.24%，烧成后陶瓷铸型坯体具有一定的室温抗弯强度(5.50 MPa)。

研究了电熔刚玉粗细颗粒级配方案及矿化剂(MgO)对烧成收缩率、室温性能和高温性能的影响，选择以烧成收缩率小、烧成抗弯强度适中的颗粒级配方案作为基体材料组成，即电熔刚玉粗、细颗粒之比为75∶15，其余为矿化剂(MgO、Y_2O_3分别为4∶6)。

建立了浸渍深度计算模型，讨论了影响真空压力浸渍效果的相关工程因素，实验研究了真空度、压力对实际浸渍效果的影响，获得最佳浸渍工艺。研究发现浸渍效果或YAG含量分布随着浸渍深度增加而减少，随着浸渍次数的增加而增多。揭示了真空压力浸渍强化机理，通过三次VIP处理后，坯体中YAG的含量由10%增加到30%左右，而电熔刚玉含量由80.8%下降到61%，陶瓷铸型高温性能达到了定向凝固、单晶叶片铸造工艺要求，同时，增加了陶瓷铸型室温抗弯强度，减小了气膜孔型芯被拉裂可能性。

参考文献

[1] 张立同，曹腊梅，刘国利，等. 近净形熔模精密铸造理论与实践[M]. 北京：国防工业出版社，2007:156－160.

[2] Wereszczak A A, Breder K, Ferber M K, et al. Dimensional changes and creep of silica core ceramics used in investment casting of superalloys [J]. Journal of Materials Science, 2002, 37 (19): 4235－4245.

[3] 曹腊梅. 国外定向和单晶空心叶片用型芯的工艺特点[J]. 材料工程，1995, (5): 20－31.

[4] 曹腊梅，杨耀武，才广慧，等. 单晶叶片用氧化铝基陶瓷型芯AC－1[J]. 材料工程，1997, (9): 21－27.

[5] 覃业霞，睿 张，杜爱兵，等.粉料粒度对氧化铝基陶瓷型芯材料性能的影响[J]. 稀有金属材料与工程，2007，36 (1)：711－713.

[6] 薛明，曹腊梅.莫来石对氧化铝基陶瓷型芯的高温抗变形能力的影响[J]. 材料工程，2006，(6)：33－57.

[7] 杨耀武，曹腊梅，才广慧.强化处理对单晶叶片用氧化铝基陶瓷型芯的影响[J]. 航空材料学报，1995，15 (3)：33－38.

[8] 赵红亮，翁康荣，关绍康，等.强化处理对 Al_2O_3/SiO_2 陶瓷型芯高温变形的影响[J]. 特种铸造及有色合金，2003，(5)：7－8.

[9] R G Frank，Keller，et al. Impregnated alumina-based core and method：United States，6494250[P]，2002－09－17.

[10] 任呈强.沥青基碳材料浸渍-碳化的数值计算[D]. 西安：西北工业大学，2006:53－62. 117

[11] 胡连喜，杨绮雯，罗守靖，等. 铝/氧化铝纤维预制体的液态浸渗动力学[J]. 中国有色金属学报，1998，8 (1)：75－79.

第6章　透平叶片快速制造

6.1　铸型的型芯型壳连接结构

6.1.1　光固化原型结构设计

在基于光固化原型的燃气轮机透平叶片制造方法中，激光快速成形得到的光固化原型是整个制造工艺的开始，它一方面作为灌注陶瓷浆料的模具，具有保证浆料顺利填充的冷浇注系统；另一方面由此成形得到的陶瓷铸型又自然作为浇注高温金属液的模具，具有保证高温合金叶片铸造的热浇注系统。因此，光固化原型应具备以下的基本功能和结构组成。

1. 光固化原型的基本功能

（1）提供用于浇注高温合金的浇道结构，保证空心透平叶片具有合理的浇注系统。

（2）控制陶瓷铸型坯体的外形，获得一定形状和厚度的陶瓷型壳。且应具有足够的刚度，防止灌注浆料过程中树脂原型变形造成叶片精度降低。

（3）作为成形复杂型芯及气膜孔和冲击孔型芯的模具，并一次成形整体式陶瓷铸型的型芯和型壳，确定型芯和型壳的连接结构，保证型芯型壳的位置精度。

（4）成形工艺过程中的辅助结构，如铸型的吹灰孔。

2. 光固化原型的结构组成

基于光固化原型的上述功能，其结构归纳起来包括以下几部分：

（1）铸件原型。光固化原型在叶片三维模型（图 6 - 1）的基础上，增加一定的浇道结构，获得如图 6 - 2 所示的铸件原型，其结构和尺寸就是最终获得的浇注件的结构和尺寸，因此铸件原型的结构和尺寸直接影响了铸件质量。

合理的铸件原型结构可以避免浇注缺陷的产生，是进行整体式陶瓷铸型设计的重要部分。

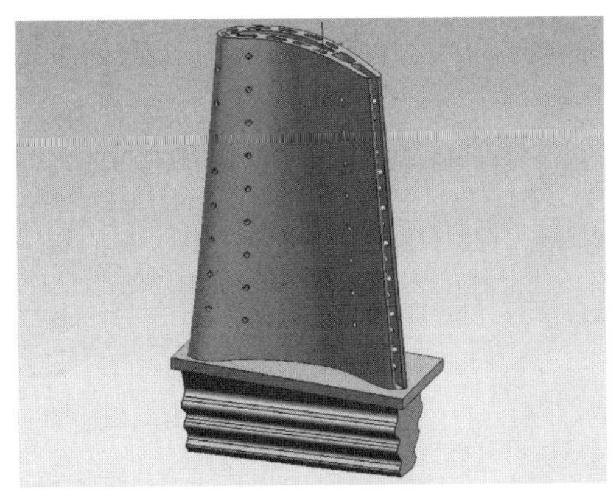

图6-1　叶片三维模型

(2)树脂外壳。用于控制陶瓷型壳的外形和厚度，实践证明，不合理的型壳结构常常会引起浇注过程型壳的开裂，造成浇注失败，因此型壳是铸型结构设计的另一重要部分。同时为了便于光固化快速成形后树脂件的清理和表面处理，将外壳分为上下两部分，如图6-2中的上外壳和下外壳，树脂外壳的厚度一般为1～2 mm。

(3)工艺连接结构。光固化原型需要保证灌注得到的陶瓷坯体中型芯具有一定的固定和连接结构，型芯采用两端固定的形式，在叶片榫根冷却气体通道的出口开设与通道连通且垂直的横向孔洞，则灌注陶瓷浆料后形成的型芯就自动固定在其上端的横梁上。

(4)吹灰孔。陶瓷坯体干燥后，要经历脱除树脂的阶段，这一阶段在铸型内部产生残留灰烬，需要在铸型下部开设吹灰孔，使铸型上下形成气体通道。

(5)蜂窝状内部支撑和外部加强筋。在脱除树脂过程中，树脂的热膨胀系数远大于陶瓷铸型材料的热膨胀系数，为避免树脂膨胀对陶瓷型芯和型壳的破坏作用，同时也为了节省材料，将图示中铸件原型部分进行抽壳(抽壳厚度为1～1.5mm)，然后增加的内部蜂窝状支撑。并在光固化原型外壳增加加强筋支撑，保证内外刚度。

(6)树脂流道。光固化原型抽壳后内部未固化的液态树脂流出通道。

与传统铸造方法不同，本章的工艺路线中铸型的主要结构不仅仅包括型芯结构和型壳结构，而且型芯和型壳的连接结构同样重要。铸型在制备过程中发生的型芯断裂有很大一部分是由型芯和型壳的连接结构不合理所造成

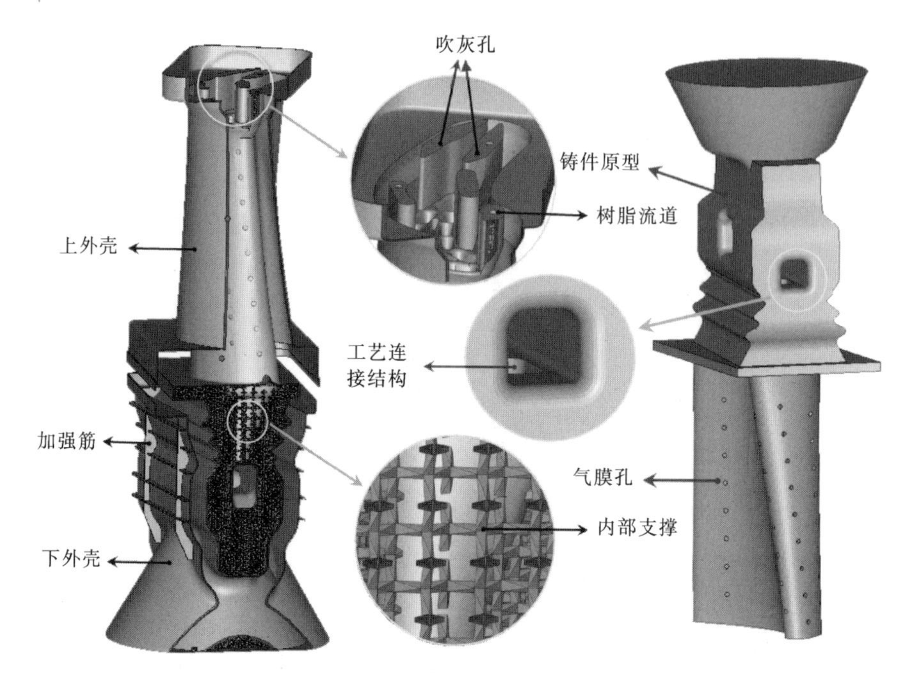

图 6-2 树脂原型的结构组成

的，因此合理确定型芯和型壳连接形式，并优化设计连接结构是保证叶片质量的重要内容。

为了获得高质量的铸造透平叶片。首先应该具有完整的陶瓷铸型；其次应该具有包括浇注速度、浇注温度、型壳预热温度、保温措施和真空浇注等在内的合理浇注工艺条件，同时还应具备合理的浇注系统结构和铸型综合性能等。在其他条件都满足的情况下，浇注系统设计的正确与否对铸件品质影响就凸显出来，研究表明中国熔模铸造废品中约有 70% 是因浇注系统设计不当引起的。特别是对于透平叶片这种特殊零件的铸造，浇注系统的设计显得尤为重要[1]。因此本章后半部分将从浇注系统结构出发，研究其对铸造质量的影响，特别是铸件的缩松缩孔缺陷，而这一类缺陷正是镍基高温合金最常见且严重的缺陷。

6.1.2 型芯型壳连接结构优化

1. 连接方式

燃气轮机透平叶片具有极为复杂的内部结构，因此决定了其型芯系统的复杂性。图6-3所示为其型芯系统结构，包括长径比大于20的1-9号细长型芯、扁平的A型芯、粗大的B型芯和细小气孔型芯，并且1-2-3、4-5-6和7-8-9型芯分别在上部相互连接在一起，与A型芯和B型芯组成具有空间交错结构的复杂型芯系统。由此得到透平叶片的截面如图6-4所示。

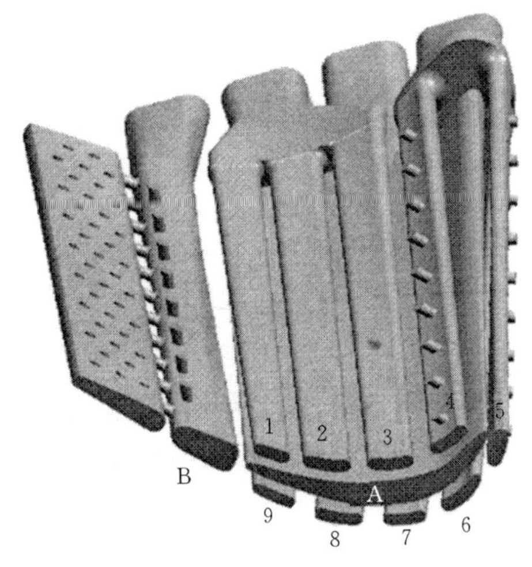

图6-3　透平叶片型芯系统

整体式陶瓷铸型的型芯自然地连接在型壳上，型芯和型壳的连接形式主要是一端连接(图6-5(b))和两端连接(图6-5(c))。在型芯型壳一体化陶瓷铸型的制造方法中，型芯和型壳的材料相同，因此可以有效地避免铸型各部分之间因烧结热膨胀不一致而引起的铸型精度变化，相比传统组装式的方法具有极大的优势。同时该方法中的陶瓷铸型通过浆料灌注而成，型芯和型壳结构就是浆料的灌注通道，型芯两端固定有利于浆料的灌注成形，也有利于铸型坯体的干燥。因此一体化陶瓷铸型方法采用如图6-5(c)所示两端固定形式。

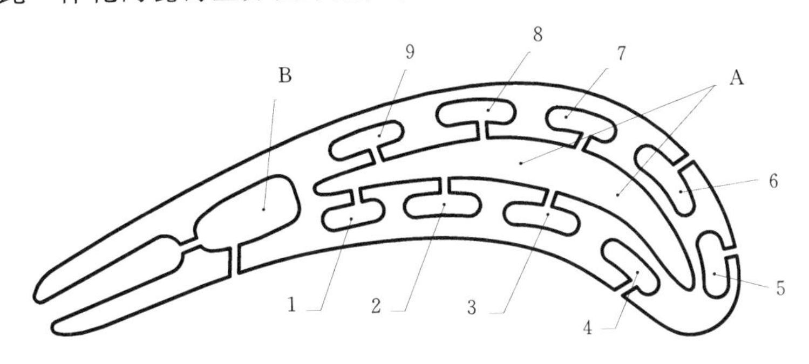

图6-4　透平叶片截面

一体化陶瓷铸型方法中型芯上下约束，在型壳上存在的问题是：在铸型的制备过程中，包括浆料固化、坯体干燥和脱脂预烧结等过程，铸型材料的强度较低，在这些过程中，铸型坯体中分别会出现大分子网状凝胶的收缩、干燥收缩和热膨胀等变化，况且对于燃气轮机大尺寸透平叶片的整体式陶瓷铸型，其型芯和型壳的重力较大，在制备过程中对铸型的影响十分巨大。而型芯由于两端固定，因此受到上下同时施加的约束限制不能自由变形，必然会产生很大的破坏应力以及较大的变形，这些都会导致型芯及其连接结构的断裂，破坏陶瓷铸型坯体的完整性，这对实际透平叶片的制造是极其不利的。因此在制备过程中，保证型芯连接在型壳上不发生断裂极其重要。

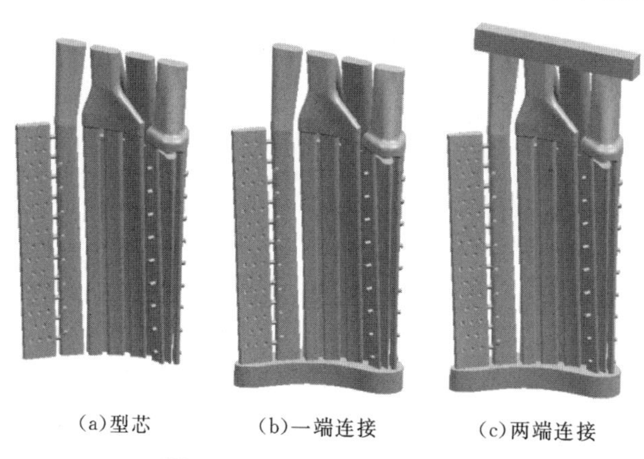

(a)型芯　(b)一端连接　(c)两端连接

图 6-5　型芯与型壳连接形式

2. 连接结构优化

型芯一端与型壳的连接为横梁结构，如图 6-6 所示，横梁的长度为 124 mm，这一尺寸由叶片榫根的结构决定而不能随意更改。考虑到这一横梁就在叶片榫根之上，按照浇注过程中金属液需要补缩，横梁的存在会降低叶片榫根的补缩效果，因此横梁的尺寸应该在保持其连接强度的基础上尽量小。实验发现，横梁极易在制备过程中产生裂纹甚至断裂，严重影响了铸型完整性(如图 6-7 所示 CT 扫描图)。本节对横梁连接结构的尺寸进行优化设计，在尽量减小横梁尺寸的基础上，降低横梁最大应力和最大变形量，保证铸型的完整性。

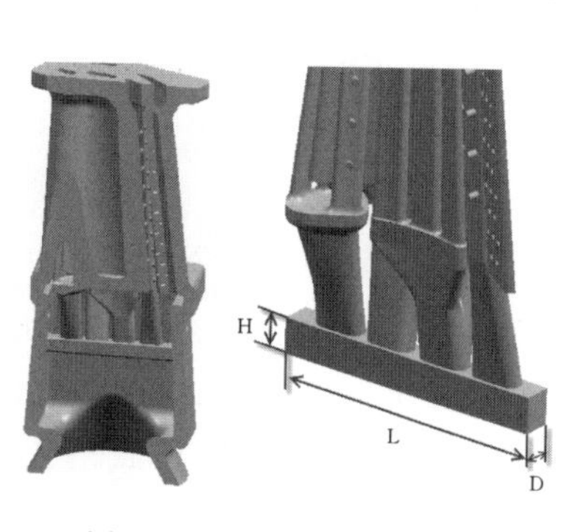

图 6-6　型芯连接梁结构

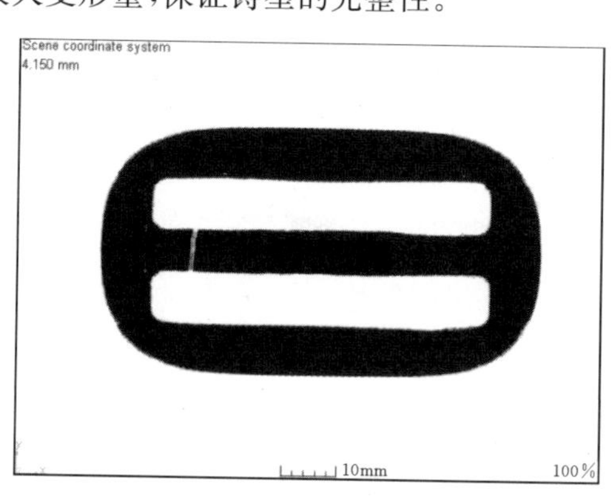

图 6-7　CT 扫描图

(1)Ansys Workbench Environment 优化设计

如图 6-6 所示，型芯和型壳的连接梁主要设计参数为梁的高度(H)和宽度(D)，连接在梁上的四根型芯的宽度为 11 mm，因此按照 11 mm×11 mm 的初始尺寸对梁进行建模。按照材料参数的测试方法测试陶瓷坯体的参数，按照如表6-1所示网格划分参数对梁进行网格划分，节点数为 8753，单元数为 1664。梁受到四根型芯等间距等值的力作用，两端简化为固定支撑，并设置向下的重力作用，如图 6-8 所示。设置需要计算的结果为变形量(Total Deformation)和等效应力(Equivalent Stress)。

表 6-1　模型网格划分参数

Sizing		Inflation	
Use Advanced Size Function	Off	Use Automatic Tet Inflation	None
Relevance Center	Coarse	Inflation Option	Smooth Transition
Element Size	Default	Transition Ratio	0.272
Initial Size Seed	Active Assembly	Maximum Layers	5
Smoothing	Medium	Growth Rate	1.2
Transition	Fast	Inflation Algorithm	Pre
Span Angle Center	Coarse	View Advanced Options	No
Minimum Edge Length	6.40 mm		

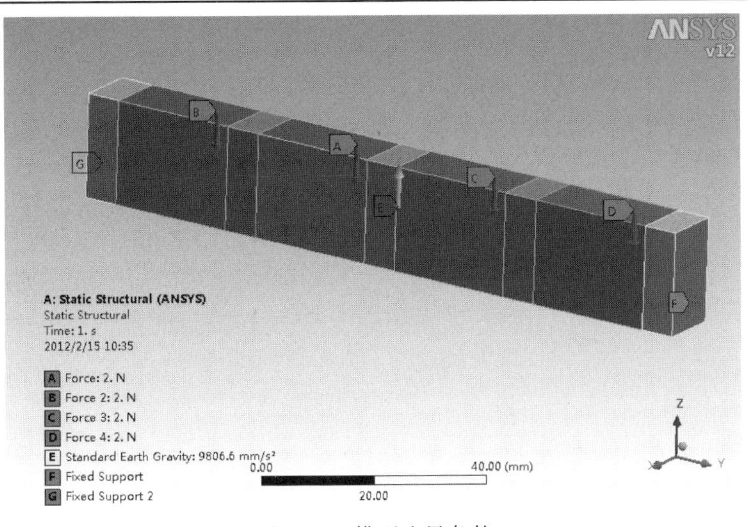

图 6-8　模型边界条件

(2)优化设计结果

采用中心组合设计(Central Composite Design),各设计点的数值及对应的结果如表 6-2 所示。为了直观地判断 H 和 D 两个尺寸参数对梁变形和应力的影响规律,计算了两个参数的敏感性,如图 6-9 所示,两个参数的敏感性对于变形和应力均为负值,说明输入参数增大使得输出参数减小。两个参数对应力和变形的影响程度不同,其中对于最大变形量,H 的敏感性为 −1.56,而 D 的敏感性仅为 −0.3,因此 H 参数是影响横梁的最大变形量最关键参数,同理可知,高度 H 也是影响最大应力的最重要参数。

表 6-2 设计点数值及结果

样本编号	H/mm	D/mm	最大变形量/m	等效应力最大值/Pa
2	11	13	0.004907	422337.2
6	11	11	0.005859	481173.8
8	11	15	0.004208	355925.9
1	15	13	0.002066	261837.8
4	15	11	0.002472	298048
5	15	15	0.001768	221748.2
3	19	13	0.001103	180751.9
7	19	11	0.001323	206004.4
9	19	15	0.000941	153249.5

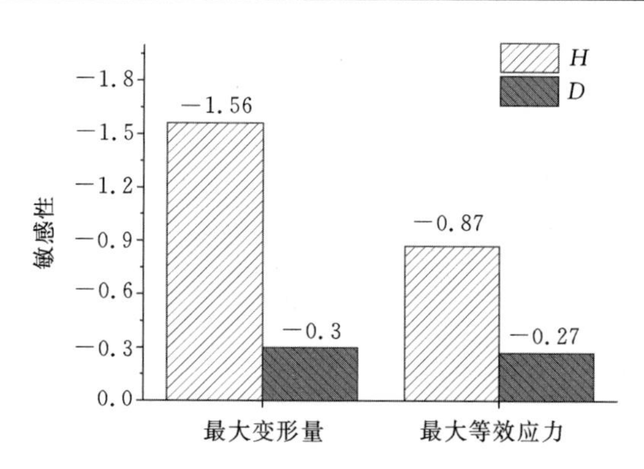

图 6-9 尺寸参数的敏感性

目标驱动优化:横梁的中部在固化以及干燥过程中易出现裂纹甚至断裂,而横梁中部的变形最大,因此设置变形量最小为主要设计目标,等效应力最小为次要的设计目标,优化设计使得 H 和 D 的尺寸最小。设计样本数为 100,以便于优化结果更接近优化目标。计算得到三组候选的设计点,如表 6-3 所示,圆整后选择候选A作为优化值,确定H和D的最优尺寸分别为19 mm和11 mm,相比初始H和D都为11 mm时的最大变形量降低了77%,等效应力降低了56%。

表6-3　优化设计候选点

设计点	H/mm	D/mm	最大变形量/m	最大等效应力/Pa
候选 A	18.72	11.11375	0.001345	209374.3
候选 B	17.44	11.17625	0.001577	232674.4
候选 C	16.16	11.05125	0.001973	263878.1
初始值	11	11	0.005859	481173.8

(3)十字梁结构优化

上述横梁结构的优化设计,使得其最大变形量由原来的5.8 mm降为1.3 mm,一定程度上降低了横梁产生裂纹的可能性,但是1.3 mm的变形量仍然是一个较大值。图6-6所示的实验结果也表明,这种情况下仍然会引起横梁的断裂。根据上述H和D的敏感性可以看到,这两个参数越大,横梁的变形越小,但是在浇注系统设计中可知,横梁结构就在叶片榫根之上,尺寸如果过大,会阻碍榫根的补缩。为了有效降低横梁的变形量,防止拉断型芯,采取十字梁结构,在横梁的中部增加支撑梁,这样一方面不增大与榫根接触部位横梁的尺寸,另一方面可以显著降低横梁的变形量。同时这种十字梁结构可以在金属液浇注过程阻挡金属液对型芯的直接冲击,防止型芯被金属液冲击断裂。

固定单一横梁的参数值,进行十字梁高度$H1$、宽度$D1$和间距B三个尺寸参数的优化设计,如图6-10所示。计算得到针对十字梁的最大变形量,$H1$的敏感度为-0.75,$D1$的敏感度为-0.62,B的敏感度为-0.20,因此增大这三个尺寸均能达到降低十字梁变形的目的。优化设计方法与单一横梁的方法相同,在此不再赘述。$H1$和$D1$的变化范围都为11~22 mm,B的取值范围为1~11 mm,优化目标为十字梁变形最小。

表6-4显示了十字梁参数优化结果,选择候选A作为优化值,圆整后$H1$为16 mm,$D1$为17 mm,B为9 mm。优化后十字梁与单一横梁相比,最大变形降低了81%,仅为0.26 mm;而等效应力降低了65%,仅为0.07 MPa,显然这样的变形量和应力对铸型制备过程中型芯以及横梁不会造成破坏。

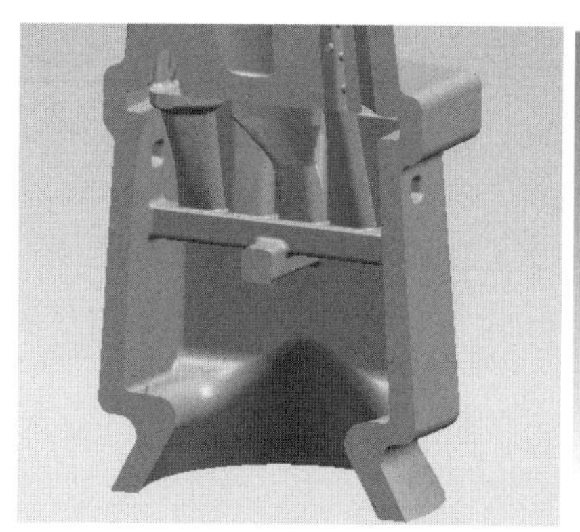

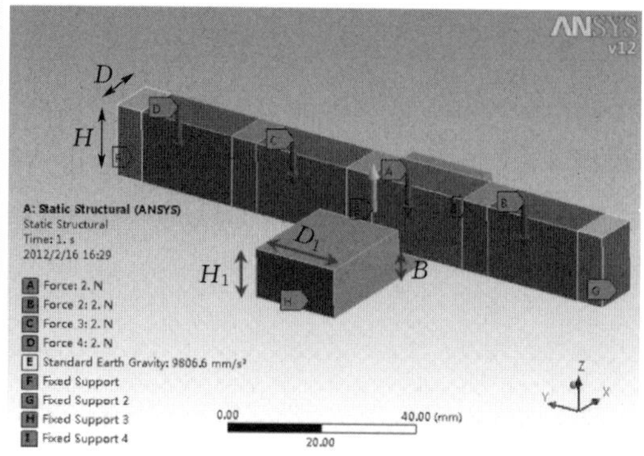

图 6-10　十字梁优化设计参数

表 6-4　十字梁参数优化结果

设计点	$H1$/mm	$D1$/mm	B/mm	最大变形量/m	最大等效应力/Pa
候选 A	15.565	17.41438	9.321605	0.000258	74319.47
候选 B	13.805	17.58625	7.346296	0.000279	80466.8
候选 C	16.115	16.03938	5.247531	0.000277	77539.93
单一横梁	19	11	0	0.001345	209374.3

(4)细小型芯端连接结构设计

典型型芯的截面结构如图 6-11 所示,其基本尺寸参数包括半径 R 和径距 W。在图 6-12(a)所示的 9 根不同编号的细小型芯中,型芯的截面尺寸如表 6-5 所示,9 根型芯的截面尺寸各不相同,而这些型芯将直接连接在型壳底端平板上,如图 6-5(b)以及图 6-12(a)所示。由于 9 根细小型芯在这一端的截面积最小,在这种情况下型芯与平板的连接处极易产生应力集中而断裂,与横梁端连接结构设计的不同之处在于,该处结构受叶尖尺寸的严格限制而很难增加支撑结构,并且这一端上的型芯也不能直接添加圆倒角,这样会影响叶片在该处的结构尺寸。

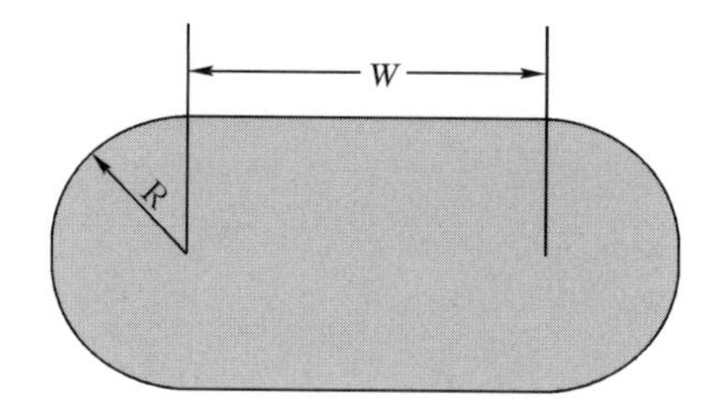

图 6-11　典型型芯截面图

表6-5　不同型芯的截面尺寸

型芯编号	1	2	3	4	5	6	7	8	9
R	1.75	1.75	1.75	1.75	2.00	2.00	1.75	1.75	1.50
W	6.50	9.00	9.00	8.00	6.20	10.00	8.00	9.00	9.00

为了降低型芯直接连接在平板上的应力集中，并且不影响叶片在叶尖处的结构尺寸，首先在型芯顶端适当增加一定长度，然后再添加一定半径的圆倒角。为了确定最佳的圆倒角半径，以及研究不同截面尺寸型芯在该处的应力情况，对型芯连接结构进行了简化，得到如图6-12(b)所示优化设计模型。

(a)实际连接情况

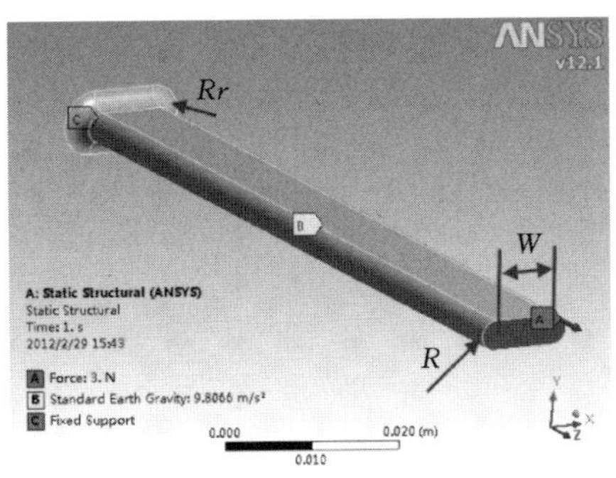

(b)优化设计简化模型

图6-12　型芯连接

以圆倒角的半径 Rr，型芯半径 R，以及型芯径距 W 为研究对象，使用Workbench软件环境进行变形和应力计算。按照9根型芯的基本截面尺寸，设置 W 变化范围为6.2～10 mm，初始值是8 mm，R 的变化范围为1.5～2 mm，初始值为1.75 mm；考虑到圆倒角的半径不能过大，Rr 范围设置为0.5～4 mm，初始值为2 mm。图6-13所示为取初始值时计算得到的应力和变形图，应力最大值出现在圆倒角之上，而变形的最大值出现在型芯的另一端。

通过Workbench优化设计模块，得到三个参数对于最大变形量和最大应力的敏感性如图6-14所示。敏感性均为负值，说明随着三个参数尺寸的增大，型芯的最大应力和最大变形量都是逐渐增大的，敏感性的绝对值越大，说明该参数对计算结果的影响越大。因此 R 和 W 两个尺寸参数是决定最大应力和最大变形的最主要因素。圆倒角半径 Rr 的大小对最大应力的影响效果也较大，而对最大变形量几乎没有影响。

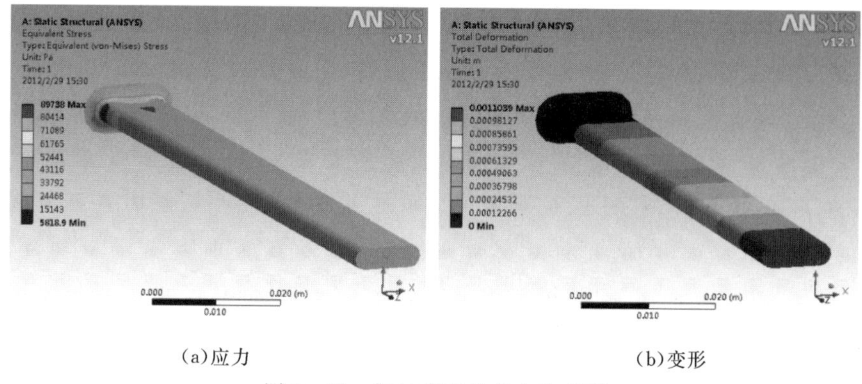

(a)应力　　(b)变形

图 6-13　初始值下的应力和变形

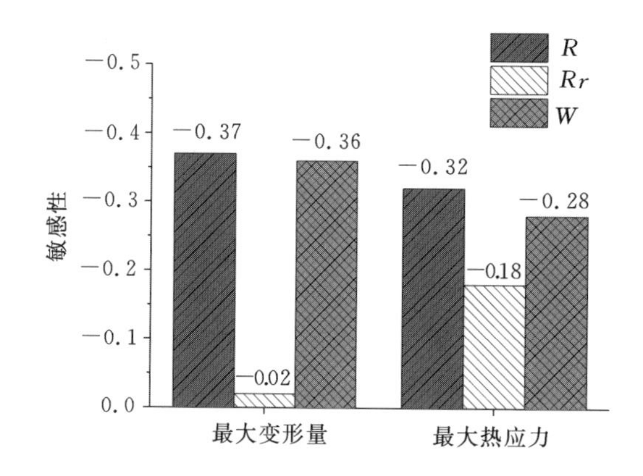

图 6-14　结构参数对应力和变形的敏感性

如图 6-15 所示为 9 根型芯都按照 2 mm 的圆倒角计算得到的最大应力和最大变形，由此可以发现 1 号型芯和 9 号型芯无论应力还是变形都要超过其他型芯，因此 1 号和 9 号型芯为该叶片型芯系统中最危险型芯。

尽管改变圆倒角的半径大小不会影响型芯的最大变形量，但是型芯在连接处的应力集中会引起断裂，而最大应力很大程度上受到圆倒角半径的大小的影响，因此以最危险的 1 号型芯为研究对象，以便确定最优的圆倒角半径。圆倒角半径对最大应力的影响曲线如图 6-16 所示，由图可知，随着半径的增加，其最大应力逐渐降低，在半径为 2.75mm 时达到最低点，此后最大应力出现上升趋势。

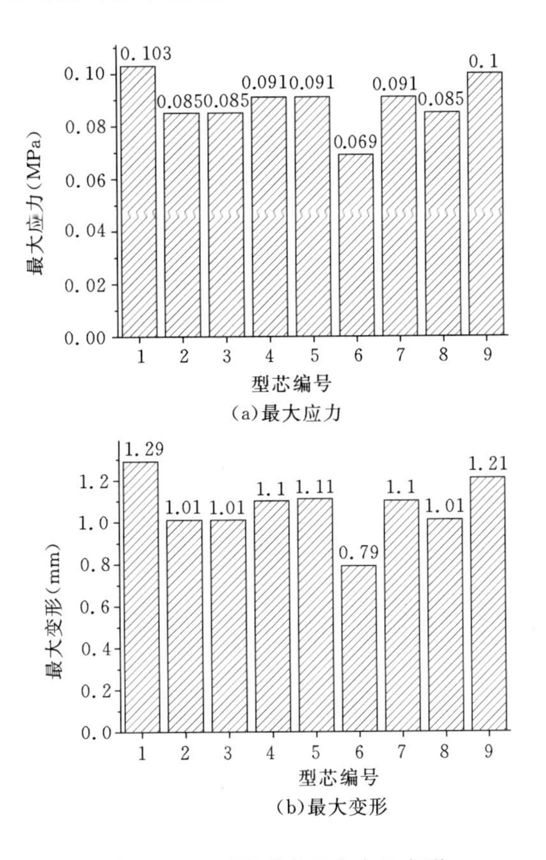

图 6-15　不同型芯的应力和变形

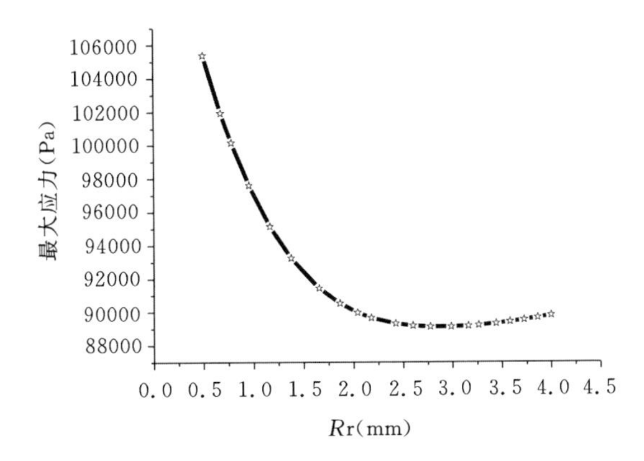

图 6-16　圆倒角半径对最大应力的影响

由此可知，并不是圆倒角的半径越大越有利于减小型芯连接处的应力，而是存在一个与型芯基本尺寸相符合的最优值，而这个最优值为 2.75 mm，此时连接处应力最小，在 2.5～3.0 mm 范围内，应力大小变化并不大，而且受光固化原型的制造精度限制，这个圆倒角半径可以在 2.5～3.0 范围内选取，精度控制在小数点后一位。因此在连接结构设计时，将型芯长度增加，然后添加半径为 2.8 mm 圆倒角。

6.2 透平叶片的浇注工艺

6.2.1 浇注系统设计

浇注系统是铸型中液态金属流入型腔的通道之总称。本章浇注系统的设计也就是图 6－2 中铸件原型的设计。按照浇注位置分类，包括顶注式、中注式、底注式和阶梯注四种。燃气轮机空心透平叶片形状复杂，榫根厚大，叶身壁薄且不均匀，不合理的浇注系统将使叶片发生同时凝固，导致浇不足或缩松缩孔缺陷的产生。底注式浇注系统的补缩能力差，不易浇满薄壁的透平叶片，且较难实现顺序凝固[2,3]，而对于空心透平叶片这一类铸件来说，其浇注系统的设计目标就是应该保证叶片能够顺序凝固，使铸件得到充分补缩，将缩松和缩孔引入浇道结构中。阶梯式浇注系统由于其结构过于复杂，特别是由于本章制备工艺包含诸多工艺过程，复杂的铸型结构给制造也带来一定的难度。因此分别按照顶注式和底注式设计浇注系统方案。

主要的设计原则是将薄壁的叶身设置在远离浇冒口的位置，这样设置的原因是：一方面，当液态金属从铸型型腔顶部引入时，在铸件浇注和凝固过程中，上部的温度高于下部，使叶片自下而上顺序凝固，实现厚实的榫根补缩细薄的叶身，而冒口又最后补缩榫根，从而将缩孔移入冒口中。另一方面，经验表明，气孔和非金属夹杂物等缺陷多出现在朝上的表面，而朝下的表面或者侧立的表面通常比较光洁，出现缺陷的可能性小[4,5]。

浇注系统阻流最小面积计算通常使用阻流面积法，即 Osann 公式。把浇注系统视为充满流动金属液的管道，用流体力学原理计算浇注系统阻流（最小）截面面积 $A_{阻}$。首先使用 Osann 公式确定浇注系统的最小截面积（截流面积）尺寸以便进行后续铸造设计，根据流体力学原理推导出的阻流截面积为：

$$A_{阻} = \frac{G_L}{\rho_L \mu t \sqrt{2gH_p}} \tag{6-1}$$

式中，$A_{阻}$ 为浇注系统最小截面积，mm^2；G_L 为流经 A 阻的金属液重量，kg；ρ_L 为金属液密度，kg/mm^3；μ 为流量损耗系数；t 为浇注时间，s；g 为重力加速度，9800 mm/s^2；H_p 为平均静压头，mm。

本章所列两种浇注系统均为封闭式，因此 $A_{阻}$ 即内浇道总的截面积。其中流量损耗系数 μ 值与浇注系统结构、浇注方式、铸型条件、金属液特性、浇注温度等因素有关，其取值范围介于 0.3～0.7 之间，工程中主要靠经验确定和修正，对于所用干型铸型其流量损耗系数 μ 为 0.41，浇注时间 t 初定为 5 s，平均静压力头高度 H_p 为 131 mm，流经 $A_{阻}$ 的金属液重量即叶片总重量为 6.03 kg，因此计算得到 $A_{阻}$ 为 229.5 mm^2。

对于封闭式浇注系统，其浇注系统基本截面比例关系是：$A_{杯} > A_{直} > A_{横} > A_{内}$。使用漏斗形浇口杯，其结构简单，便于操作。查铸造工程师手册，设计浇口杯上端直径为 140 mm，下端直径为 80 mm，浇口杯高度为 50 mm。直浇道设计时在保证截面比例关系的基础上，本着简化铸型结构的原则进行设计。获得如图6－17所示两种浇注系统结构，方案 1 为典型的顶注式浇注系统，其内浇道直接加在榫根上，为了简化铸型结构，免去了横浇道，其内浇道面积为 1230 mm^2；方案 2 为了避免金属液对铸型内部的直接冲击，采用由铸件侧面中间部位进行浇注的方式，设置了横浇道，其内浇道截面积为 275 mm^2，两个浇注系统方案的内浇道截面积均大于阻流面积，满足浇注要求。为了验证浇注系统方案的正确性，采用铸造仿真软件进行浇注过程模拟。

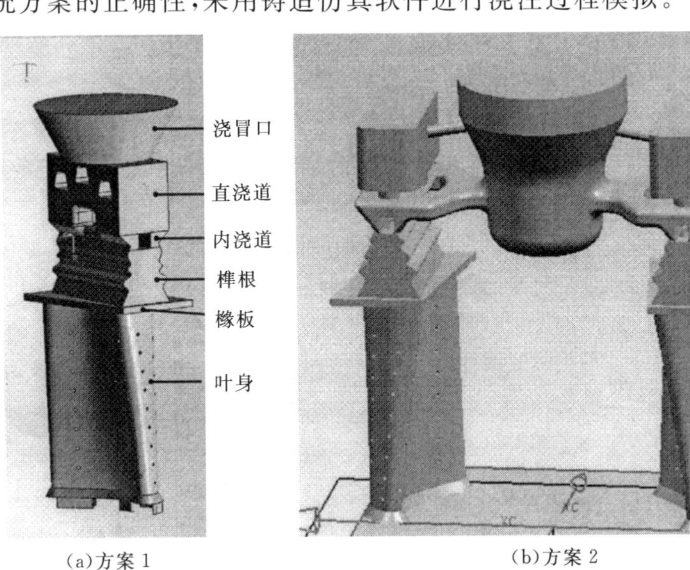

(a)方案 1　　(b)方案 2

图 6－17　两种浇注系统结构

6.2.2 浇注系统模拟优化

1. 铸件的材料参数

进行浇注过程流场和温度场的模拟不仅需要铸型材料的参数，也需要金属材料的参数。对于铸型来说，最重要的三个参数就是热导率、比热和密度；而对于金属材料来说，则不仅需要热导率、密度、比热、焓和固液相线等热力学参数，也需要粘度等流体力学参数。

本章所用铸造合金为Fe-Ni基高温合金K4169，相当于美国的Inconel 718C合金，该合金在很宽的中、低温度范围(−253～700 ℃)内具有较高的强度、塑性、优良的耐腐蚀性、耐辐照性以及良好的焊接性能，被广泛用于航空、航天发动机、核反应堆以及石油化工领域[6]。

ProCAST软件的材料数据库为用户提供了大量的预设材料参数，常用的合金材料都可以直接使用，而实际浇注所用镍基高温合金K4169为中国牌号，软件中未予提供。但是软件具有材料参数的计算功能，可以根据合金的各元素含量准确地计算多数材料参数，如热焓曲线和凝固路径、密度、粘度、热导率等都可以用热力学数据库自动计算，ProCAST可以与热力学数据库自动连接起来计算物性值。计算时可以选择使用三种不同的微观偏析模型，分别是Scheil模型、Lever模型和Back Diffusion模型，其中Lever模型应用杠杆定律，即溶质可以在溶体中完全混合(即可以在固相中很好的分散)，Scheil模型指的是溶质在固相中完全没有扩散，Back Diffusion模型假定溶质在固相中可以部分扩散，是介于上述两种模型之间的模型。上述三种模型的主要不同之处在于凝固结束时的固相率曲线形状不同以及固相线温度不同。K4169的合金元素如表6-6所示，分别使用三种不同模型进行计算，实验发现使用Lever模型计算得到的K4169固液相线分别为1255 ℃和1337 ℃，与文献[6]所述的1243 ℃和1359 ℃，以及文献[7]所述的1254 ℃和1339 ℃基本一致。计算得到的其他材料热物性参数如图6-18所示，其动力粘度如图6-19所示。

表6-6 K4169的元素含量

元素	C	Co	Ni	Mo	Nb	Cr	Al	Ti	S	P	Cu	Si	Fe
含量	0.05	0.01	52	3.05	5.3	18.4	0.55	1.05	0.002	0.005	0.06	0.2	余

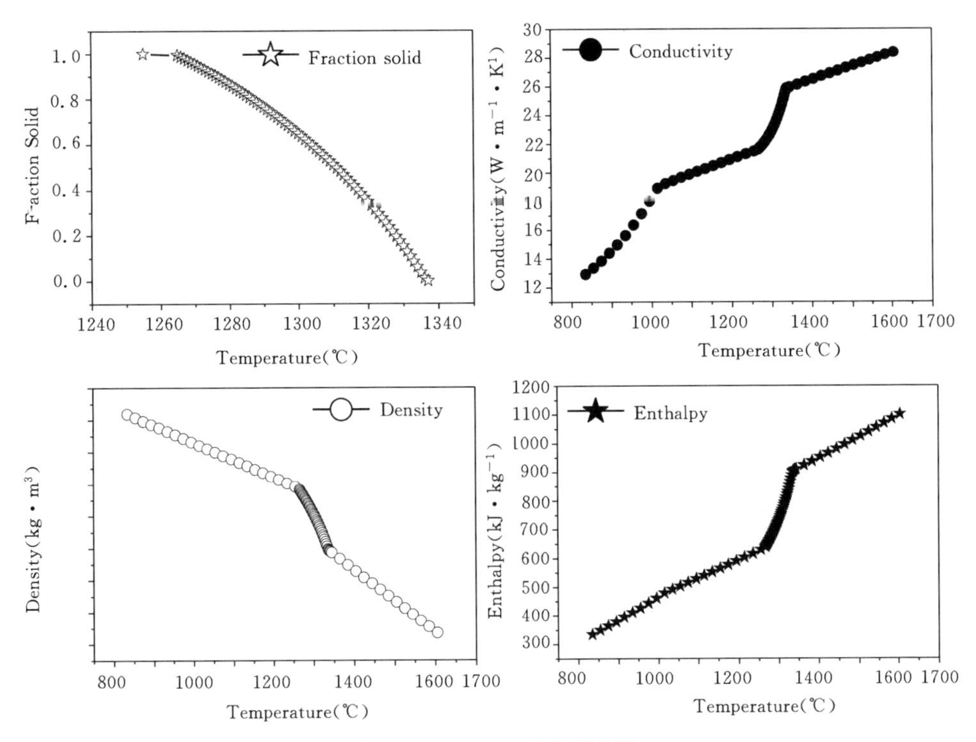

图6-18 K4169热物理参数

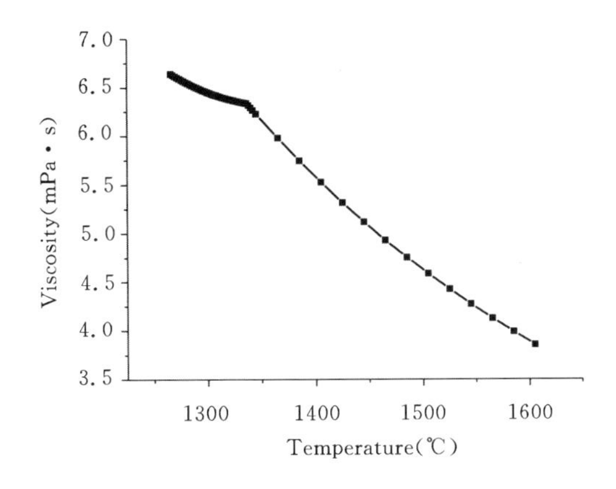

图6-19 K4169的粘度值

2. 建模与网格划分

燃气轮机透平叶片不但内部冷却通道细长复杂，而且其表面和内部还存着几十个细小的气膜孔和冲击孔。以浇注系统方案1为例，首先采用UG软件进行三维实体建模,获得铸件的CAD数据。为提高复形性,减少网格数量,并保证划分得到的网格可以被ProCAST求解器使用,铸型全部划分为四面体网格。由于铸型的结构的复杂性,本章采用专业的有限元前处理软件Hypermesh进行网格的剖分,以提高网格质量,获得低纵横比的一致性四面体网格。

网格剖分流程如图6-20所示。首先,按照铸件各表面的复杂程度划分三角形面网格,降低局部细小特征的网格尺寸,面网格的大小为1~8 mm,然后通过所有的面网格剖分出铸件的四面体网格;其次,划分铸型外表面的三角形面网格,网格尺寸与铸件面网格一致,然后结合铸件的面网格和铸型外表面的面网格剖分出铸型的四面体网格。从而获得铸件和铸型一致性的四面体网格,即接触界面的网格单元共用同一个节点。相比非一致性的体网格具有更高的计算精度。方案1的网格数量为34万;方案2为对称结构,计算一半结构,其网格总数为32万。两种方案四面体网格的纵横比均小于6,具有较高质量。

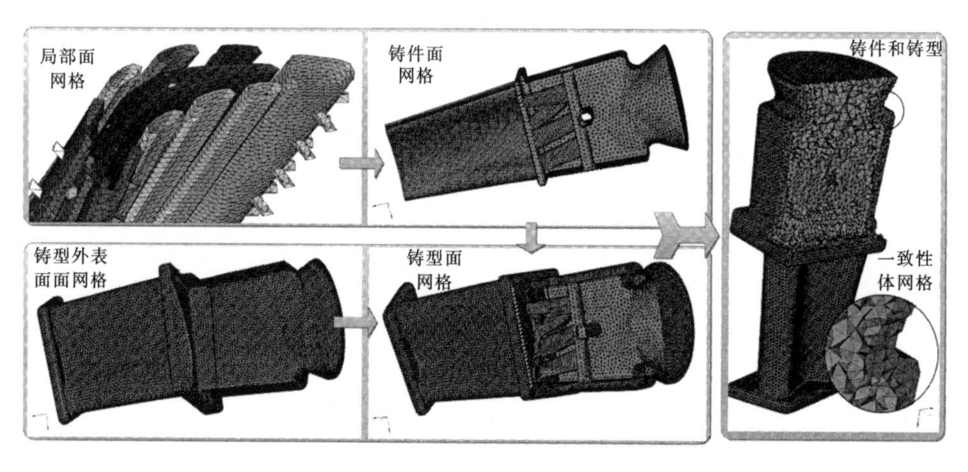

图6-20 一致性体网格的划分过程

3. 加载与求解

ProCAST软件所有前处理的设置都在PreCAST模块中进行,各项传热参数按照表6-7所示内容进行设置。ProCAST软件模拟计算的自动化程度较高,一般不需要繁琐的参数设置。其运行参数采用选项卡的形式组织,其中Preferences选项卡预设了几种浇注形式,当选择了预设参数后,其他选择卡的参数值就会自动设置。本章实际浇注条件为真空重力浇注,首先按照图

6－21(a)所示选择预设参数选项卡中的“Gravity Filling”，然后进行其他选项卡相关参数的调整。在图 6－22(b)所示通用参数选项卡中设置初始时间步长为 0.001 s，充型最大步长 0.1 s，最大步长 1 s，设置停止程序计算温度为 1250 ℃，即当铸型和铸件各处温度低于 1250 ℃时，凝固过程进行完毕，停止计算。在图 6－22(a)所示的温度场参数选项卡中设置 Thermal 为 1，开启温度场计算，在图 6－22(b)所示的流动参数选项卡中设置实际真空浇注条件 0.613 Pa，设置 Flow 为 1，开启流动充型计算，设置 Gas 为 1，考虑卷入气体效应。计算浇注过程充型流场、温度场和应力场，最后在 VisualCAST 模块中读取计算结果。

表 6－7　传热参数

界面属性		边界条件				初始条件	
界面类型	换热系数 /W·(m²·K)⁻¹	充型时间/s	表面热流率 /W·(m²·K)⁻¹	表面发射率	环境温度/℃	浇注温度/℃	铸型预热/℃
COINC（一致性）	500	5	10	0.75	20	1490	1050

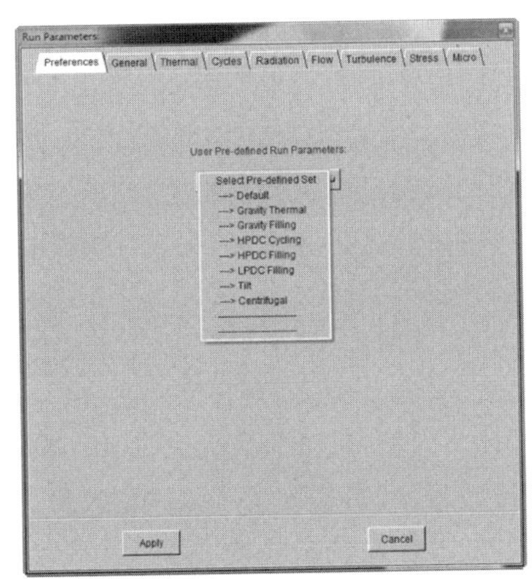

(a)预设参数

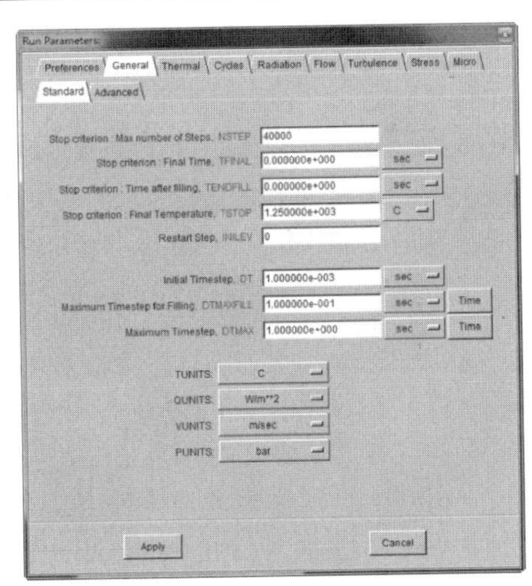

(b)通用参数

图 6－21　Run Parameters 设置 1

(a)温度场运行参数

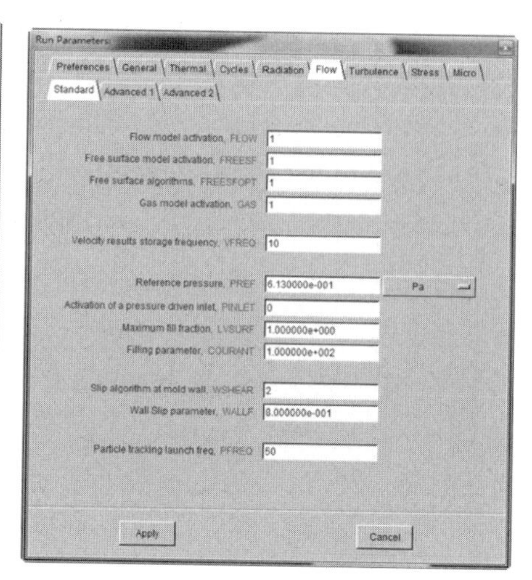

(b)流动运行参数

图 6-22 Run Parameters 设置 2

4. 有限元模拟结果

经过有限元计算，观察浇注完毕后的凝固温度场。选取最有代表的时刻进行分析，图 6-23 为方案 1 在浇注 204s 时刻的结果，从中可以清晰的看到：叶身部分具有明显的温度梯度，下部叶尖位置的温度最低，叶尖向上温度逐渐增加，因此凝固方式是自下而上的顺序凝固，这样的凝固方式可以避免叶身内部的缩松和缩孔缺陷。而榫根中心存在局部高温区域，图 6-23(b)为该时刻的固相率图，可以发现此时榫根中心存在明显的孤立液相区，该部位会出现缩孔缺陷。查看铸件的缩松缩孔值也可以证明这一点，如图 6-23(c)所示，铸件上显示出来的区域的缩松值大于宏观缩孔的临界值(1%)，所以会产生缩孔，而图上圆圈的部分(即榫根内部)产生的缩松值为 2.4%，浇注铸件将会在这个位置产生明显缩孔。

图 6-24 所示为方案 2 的温度场和固相率图，该方案同样会在榫根部位出现较大体积热节，榫根中心将会出现较大的缩孔。不同的是，方案 2 在叶身内部也存在明显缩孔，如图中圆圈所示。说明方案 2 不能保证叶身内无缩孔出现，而且也会在榫根内产生较大热节，引起较大体积的缩孔。而方案 1 虽然能够满足叶身的顺序凝固，无缩孔出现，但是在榫根内部也会出现一定程度的缩孔，说明两个浇注系统方案均不能满足浇注系统设计的需要。为保证铸件浇注质量，需要进一步改进浇注系统方案。

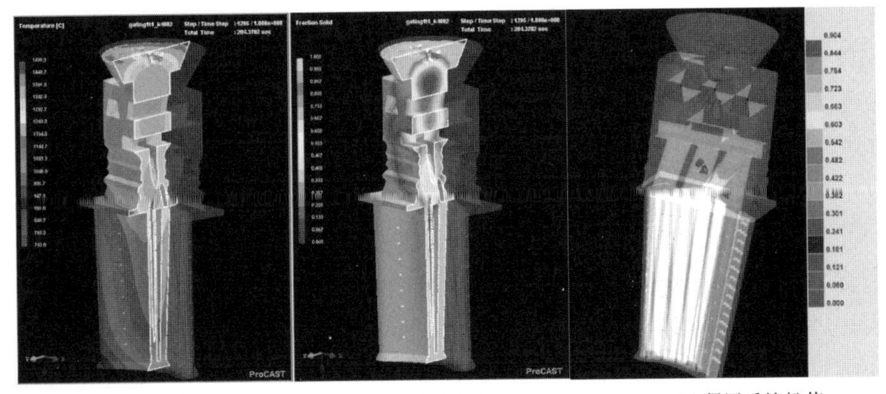

(a)温度场　　(b)固相率　　(c)凝固后缩松值

图6-23　方案1模拟结果

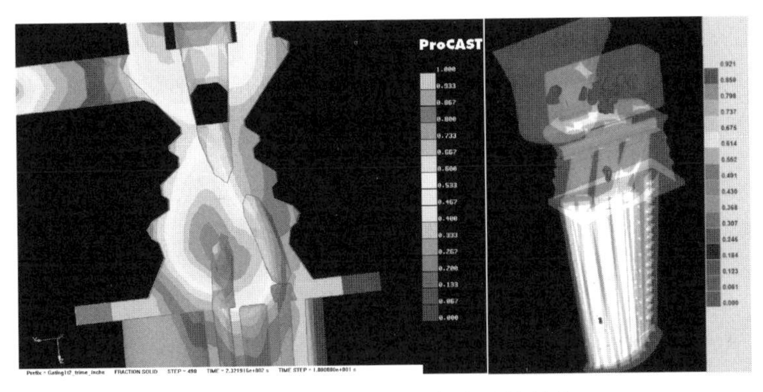

图6-24　方案2的固相率和缩松值

5.浇注系统结构改进

两个浇注方案均会在榫根处产生较大体积缩孔，其可能的原因是榫根端部上薄下厚，且中间有孔，连接榫根和浇冒口的内浇道截面积小，因此冷却速度快，而榫根较厚大，中心冷却缓慢。冷却快的内浇道先凝固，阻碍了浇冒口对榫根内部的补缩通道。

为了证实上述假设，采用"凝固模数"法对方案1的凝固顺序进行研究。铸件各部分的凝固时间，取决于其体积和表面积的比，这一比值称为"凝固模数"，简称"模数"，用下面的公式表示[8]：

$$M=\frac{V}{A} \tag{6-2}$$

式中，M 为模数，mm；V 为铸件体积，mm^3；A 为铸件散热表面积，mm^2。

铸件缩孔的位置是铸件最后凝固的部位。铸件内各个部位的凝固时间取决于该处的模数，模数大的位置凝固时间长。借助 CAD 软件的强大功能，对浇注系统各部分进行分解，分别计算不同部分的体积和有效散热表面积，得到如表 6-8 所示模数值，从图 6-25 中曲线可以清楚的看出，方案 1 内浇道的模数比它上下的直浇道和榫根都小，因此内浇道的凝固速度高于榫根和直浇道，内浇道在凝固过程中连通榫根和直浇道，起到补缩通道的作用，如果其发生先凝固，则阻碍补缩通道，使得榫根内部出现热节，引起缩松缩孔缺陷。而方案 2 的榫根到直浇道的凝固模数是逐渐减小的，同样引起榫根凝固时间最长，并阻碍浇冒口对榫根的补缩作用。这正是方案 1 和方案 2 榫根内部出现缩松的根本原因。因此，即使浇注系统方案 1 的内浇道的截面积为 1230 mm^2，已经是阻流面积 229.5 mm^2 的 5 倍的情况下，依然不能满足榫根内部的有效补缩。

方案 2 叶身部位出现缩孔主要因为其浇注系统同时浇注两个叶片，两侧铸型在金属液浇注后会自然变成两个热源，影响另一个铸件的正常冷却，造成叶身不能很好实现顺序凝固，从而导致叶身缩孔的产生。

表 6-8 浇注系统模数计算

		叶身	缘板	榫根	内浇道	直浇道	浇冒口
方案 1	体积 V /mm^3	337352	53402	211139	45598	391744	498213
	面积 A /mm^2	159968	13525	35793	9183	45937	36125
	模数 M /mm	2.11	3.95	5.90	4.97	8.53	13.79
方案 2	体积 V /mm^3	337352	53402	211139	20696	135657	308801
	面积 A /mm^2	159968	13525	35793	4158	29181	28522
	模数 M /mm	2.11	3.95	5.90	4.98	4.65	10.83
方案 3	体积 V /mm^3	33732	53402	247947	75630	538837	479373
	面积 A /mm^2	159968	13525	34025	9923	42610	33992
	模数 M /mm	2.11	3.95	7.29	7.61	12.65	14.10

为了获得最优的浇注系统结构，不能单纯依靠增大内浇道的截面积。可以考虑的解决办法有两个，其一是把冒口加在榫根两侧的平面上，以侧冒口的形式补缩，保证较大的补缩通道；其二是改变榫根的截面尺寸，使其自下而上模数逐渐增加，降低其上部的冷却速度，保证自下而上的顺序凝固。两种方法得到的铸件均需要在榫根处进行机加工，考虑到叶片榫根各面在燃气轮机中均为装配面，精铸后的机加工是重要环节，因此两种方法都不会增大铸

件制造的复杂程度。而方法一在两侧平面增加侧冒口，该结构会孤立的突出在铸型之外，增大了铸型整体制备的难度，因此优选第二种解决措施。

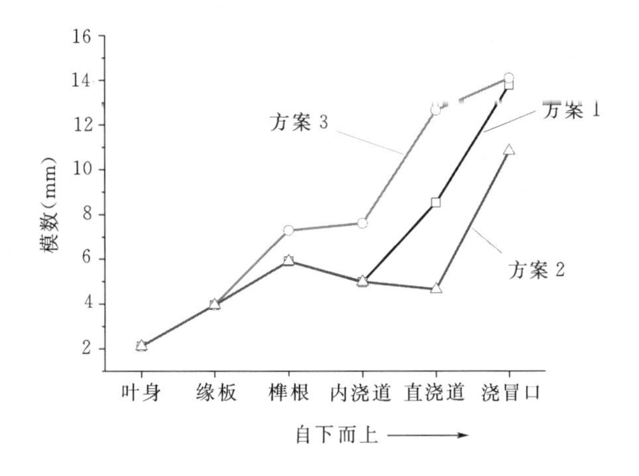

图6-25　不同浇注系统方案的模数

由于方案1的结构相比方案2简单，可以简化铸型制备过程，也不受实验设备的限制；更重要的是由于方案2叶身中会产生缩孔。因此本章在方案1的基础上进行改进，在保证叶身顺序凝固的前提下，避免榫根内部的缩松缩孔缺陷，得到如图6-26所示方案3。该方案各个部分的模数如表6-8所示，从图6-25中空心标记的曲线也可以看出，其模数自下而上是递增的，因此凝固顺序为自下而上逐渐凝固。理论上可以保证榫根内部不会出现热节。为验证浇注系统方案设计的合理性，对浇注过程进行了计算机模拟。

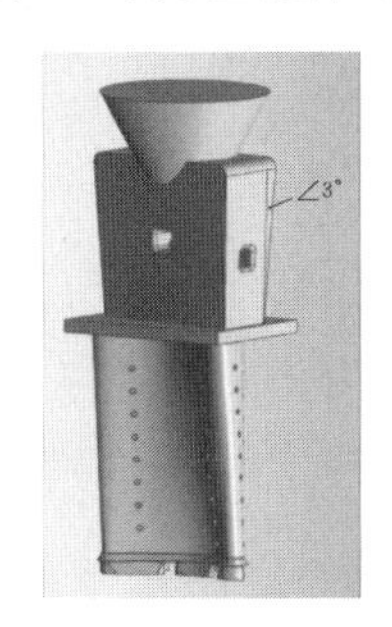

图6-26　改进后浇注系统方案3

浇注系统方案3的计算结果如图6-27所示，从图6-27(a)可以看出，浇注系统在叶身处仍然为顺序凝固，而图6-27(b)所示的铸件的固相率显示，榫根中心的液相区与上部浇冒口连接在一起，不存在孤立的液相区，此时榫根可以得到补缩，图 6-27(c)为最终铸件的缩松值，图中未显示区域的缩松值小于宏观缩孔临界值(1%)，即不会产生缩孔，因此该浇注系统可以有效解决方案 1 中榫根内部的缩松缩孔，相比方案 1 更为合理。

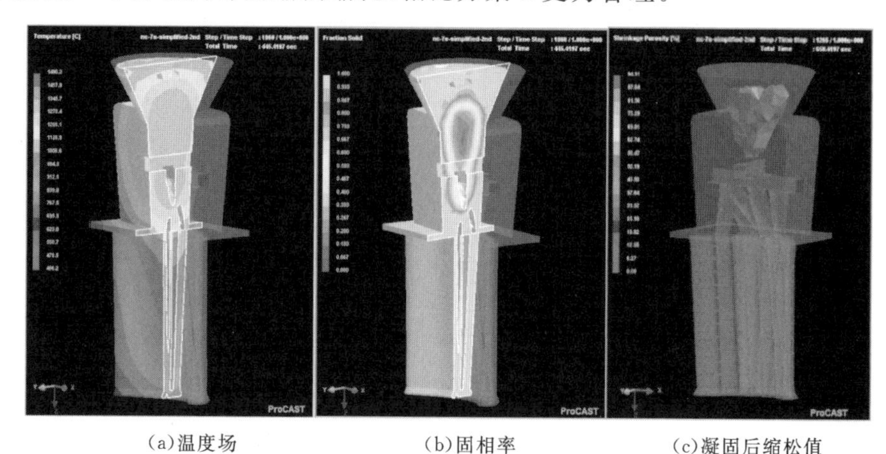

(a)温度场　　(b)固相率　　(c)凝固后缩松值

图 6-27　方案 3 模拟结果

6.2.3　浇注工艺优化

现有浇注工艺条件为：铸型以 100～200 ℃的升温速度由室温加热至 1050 ℃，保温 5～8 h，然后迅速放入真空感应炉中进行浇注，浇注温度为 1490 ℃，浇注时间为 5 s。浇注工艺条件是影响铸件质量的关键因素之一，特别是对于燃气轮机涡轮叶片，其叶身部位为具有双冷却通道的薄壁结构，使得任意一项浇注工艺条件选择的不合理，都会导致叶身发生冷隔、浇不足、晶粒粗大和变形等缺陷。现有浇注工艺条件的制定主要依靠工厂的经验，然而铸型制造方法及叶片结构与工厂实际具有很大的不同，因此依据经验所用的浇注条件不一定适用。有必要对铸型的浇注条件进行研究，获得最优的浇注工艺。

1. 浇注温度

本章所用铸造用金属材料为 K4169，其液相线为 1337 ℃。为了确定双层壁透平叶片浇注温度的最佳值，在不改变原有型壳预热温度的前提下，在其液相线上间隔 20 ℃设置不同的浇注温度，具体方案如表 6-9 所示，分别计算浇注过程的充型流动场和温度场。

表6-9 浇注温度模拟方案

模拟方案编号	浇注温度/℃	预热温度/℃
1	1350	
2	1370	
3	1390	
4	1410	
5	1430	1050
6	1450	
7	1470	
8	1490	
9	1510	

金属液在浇注未完毕时(即浇注时间5 s以内)与铸型之间进行对流换热,金属液的温度不断降低。当浇注温度较低时,金属液的温度有可能降至金属液的液相线以下,这一部分金属液就会发生先凝固而阻隔高温金属液对铸型的填充,因此导致冷隔或浇不足等缺陷的发生。当浇注温度为1390 ℃,在浇注到4 s时,叶身部位已经出现低于金属液液相线1337 ℃的区域,这些位置提前凝固,就会阻隔金属液对其周围铸型的填充,因此将导致冷隔缺陷的产生,如图6-28中放大图中1,2,3,4等区域所示。当浇注温度为1410 ℃时,浇注时间5 s内,不会发生温度低于液相线的情况,有限元模拟的结果显示,当浇注温度为1410 ℃及以上时,不会产生冷隔缺陷,因此浇注温度的选择应该不低于1410 ℃。

图6-29为叶身局部缩松的放大图,不同浇注温度下,叶身内部均会出现一定体积的显微缩松,缩松数值在0.04ml左右。这种缩松是由于叶身内部细长型芯和细小气膜孔型芯共同作用下,其周围金属液外表面先凝固,而金属液内部后凝固造成的。受叶片结构限制,很难通过浇注系统结构进行改进。

浇注温度对缩松体积具有明显的影响,如图6-30所示,可以看出,随着浇注温度的提高,铸件缩松是不断下降的,即浇注温度越高,其缩松体积越低。铸件缩松体积随浇注温度变化的主要原因是:当浇注温度由1350 ℃开始提高时,随着浇注温度的不断增加,K4169金属液的粘度是不断降低。这增加了金属液充填晶间缩孔的能力,减轻了铸件内部和表面的显微缩松。

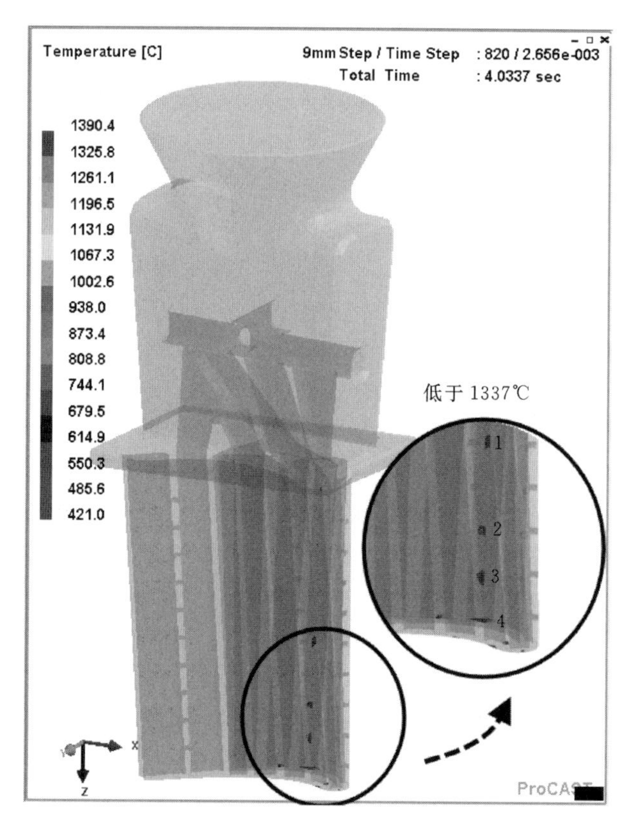

图 6-28 1390 ℃浇注温度充型过程的温度场

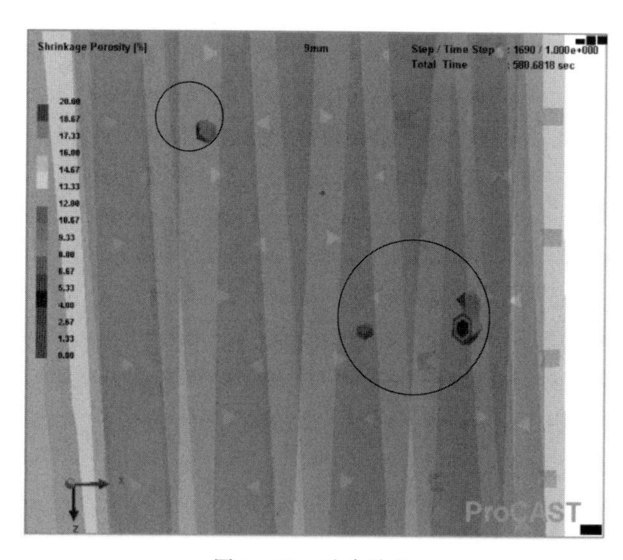

图 6-29 叶身缩松

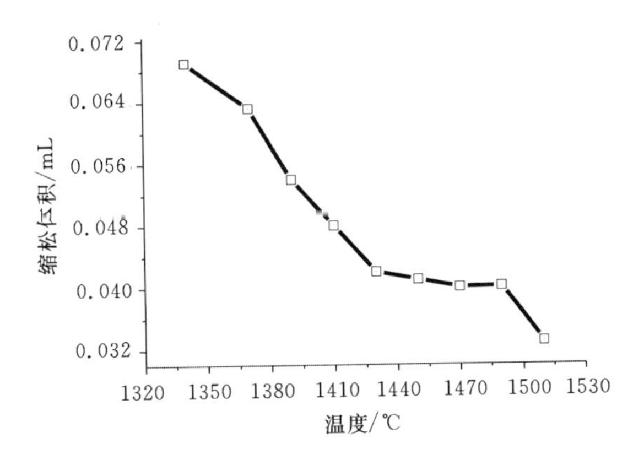

图 6-30　浇注温度对铸件叶身缩松的影响

上述结果可知，对于本浇注工艺，在高于 1410 ℃浇注温度的情况下，浇注温度越高越有利于减小缩松。但是我们也应该看到，浇注温度高于 1430 ℃后，缩松值的降低幅度并不大，其值基本都在 0.04ml 附近。同时研究也发现，过高的浇注温度会粗化晶粒，因为合金中外来自发成核的晶核数减少。随着浇注温度的提高，型壳温度也被提高，相应减慢了合金的冷却速度，也使晶粒长大[9,10]。因此综合各种因素，叶片浇注过程中确定浇注温度为 1430 ℃。

2. 铸型预热温度

为确定最佳的铸型预热温度，在确定浇注温度为 1430 ℃的前提下，按照表 6-10所示模拟方案进行铸造模拟，计算浇注过程的流场、温度场和应力场。

表 6-10　铸型预热温度模拟方案

模拟方案编号	浇注温度/℃	预热温度/ ℃
1	1430	900
2		950
3		1000
4		1050
5		1100
6		1150
7		1200

图 6-31(a)所示为不同铸型预热温度对凝固开始时间的影响,随着预热温度的增加,金属液开始凝固的时间逐渐延长,铸造工艺的浇注时间为 5s,因此金属液开始凝固的时间至少要在 5s 以后,而 900 ℃和 950 ℃的铸型预热温度显然在金属液还没有完全充满铸型的时候就已经开始发生凝固,因此这会造成铸件的冷隔或浇不足缺陷。因此铸型预热温度应不低于 1000 ℃。

图 6-31(b)为铸型预热温度与铸件缩松体积的关系。从中可以看出,随着预热温度的提高,铸件的缩松体积有明显的降低,当预热温度提高到 1050 ℃以后时,缩松体积的变化并不明显。

出现上述结果是因为提高铸型的预热温度,可以减慢合金液的凝固速度,减轻型腔局部过热,有利于金属液的充填和补缩,减轻铸件内部和表面的显微缩松。考虑到在预热温度高于 1050 ℃时,铸件缩松体积的降低并不明显;同时,文献[9,10]中的研究认为,铸型的温度不能太高,否则铸件晶粒粗大,力学性能下降[10]。综合考虑,选择浇注温度为 1050 ℃,这与经验设置的温度是一致的。

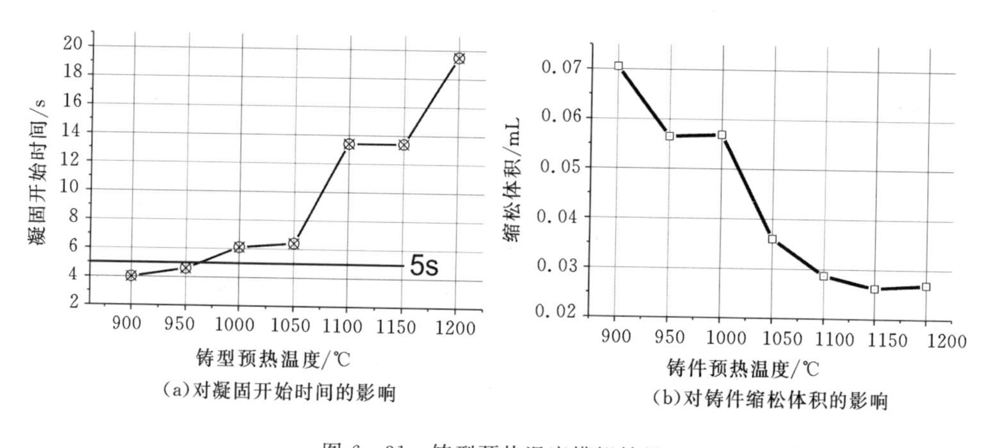

(a)对凝固开始时间的影响

(b)对铸件缩松体积的影响

图 6-31 铸型预热温度模拟结果

6.3 制造实例

根据前面章节,至此可获得基于光固化树脂原型的型芯/型壳一体化陶瓷铸型快速制备工艺,它包括叶片光固化树脂原型制备、快速涂平、陶瓷浆料制备、陶瓷铸型坯体冻干、透平叶片光固化树脂原型烧失、陶瓷铸型坯体高温烧结和多次真空压力浸渍强化等主要工艺过程,并由此搭建由光固化成形机、恒温干燥箱、球磨机、凝胶注模振动成形机、冻干机、脱脂炉、高温烧结炉和真空压力浸渍机等主要设备组成的透平叶片实验制造系统。本章将以具有双层壁结构空心透平叶片和带有扩张-收缩气膜孔空心透平叶片为对象，利用所开发的新工艺快速制造叶片铸件，验证新技术的可行性和有效性，并初步评价其制造精度。

图 6-32 和图 6-33 为空心叶片制造实例。

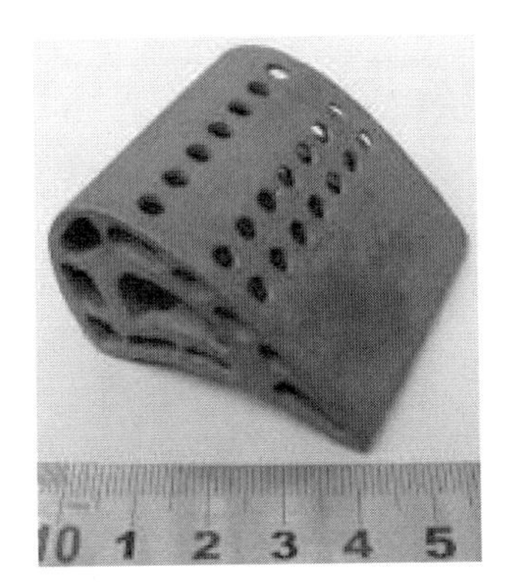
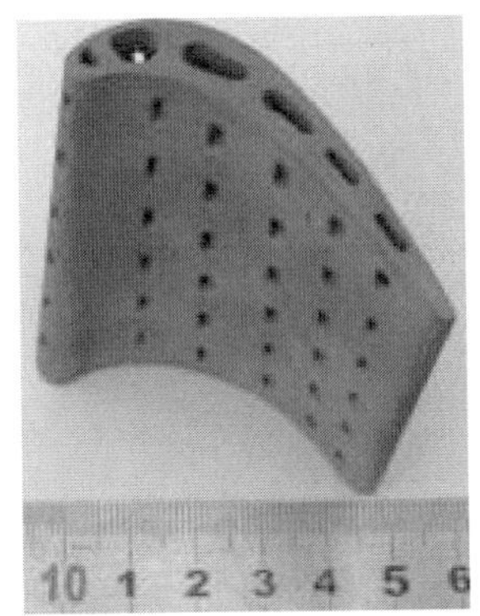

图 6-32　空心透平叶片精密铸件

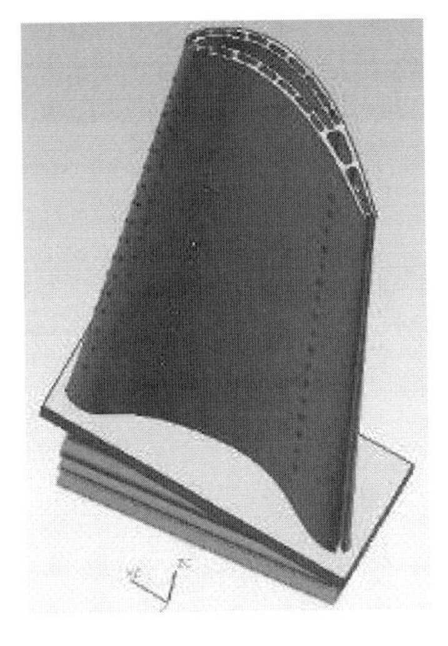
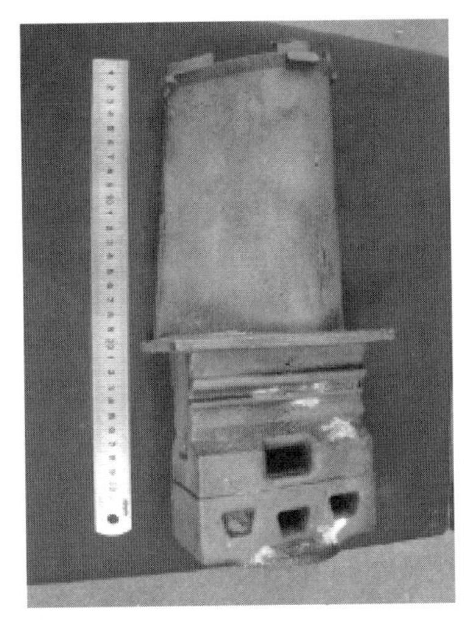

图 6-33　燃气轮机透平叶片精密铸件

6.3.1 双层壁透平叶片

图 6-34 为具有双层壁结构空心透平叶片 CAD 模型及其剖面图。由于陶瓷型芯具有错综复杂的空间结构，因此开发与之对应的金属模具难度非常大，导致这种冷却结构的透平叶片制造困难。采取基于整体式陶瓷铸型空心透平叶片快速制造工艺，可以解决上述制造难题。

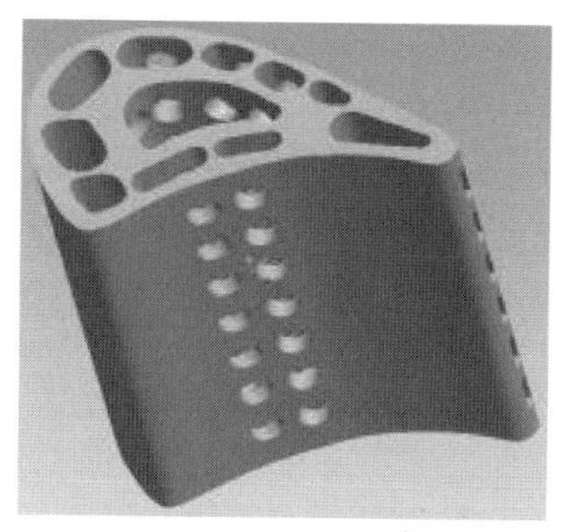
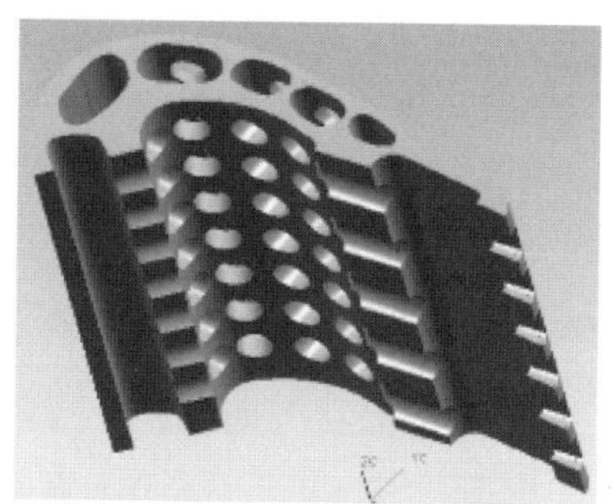

图 6-34 双层壁结构空心透平叶片 CAD 模型及其剖面图

首先利用 SPS450B 型光固化快速成形机快速制备如图 6-35 所示的叶片树脂原型，成形材料为 DSM Somos14120 液态光敏树脂。为了保证高温金属液顺利地浇注到陶瓷铸型中，在叶片树脂原型上设计了浇口、冒口原型。这里树脂模壳厚度取 2 mm，它与叶片树脂原型之间距离控制在 6～8 mm。为了保证浆料平稳地填充满到叶片树脂原型空腔中，设计了陶瓷浆料浇注工艺系统。

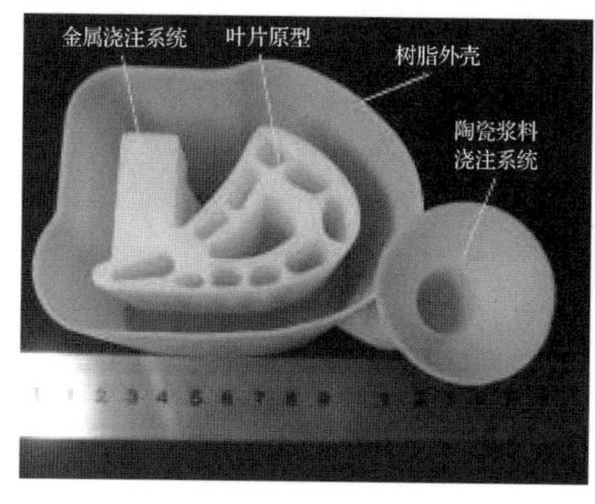

(a)顶部

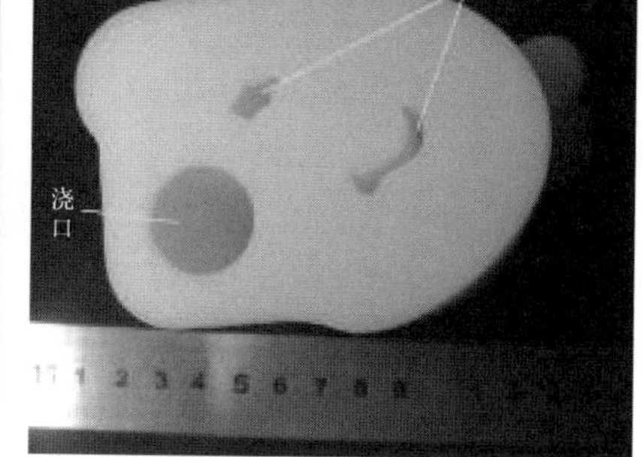

(b)底部

图 6-35 光固化树脂原型

其次对光固化树脂原型进行快速涂平处理，随后制备高固相低粘度的陶瓷浆料（其中固相体积分数为 56%，预混液中 AM 和 MBAM 质量浓度为 20%），为了避免在注浆成形过程中产生气泡，获得尽可能致密的陶瓷铸型坯体，注浆之前真空搅拌除气 3～5 min，注浆时施加一定的压力（0.01 MPa）和振动场。图 6-36 为被光固化树脂原型包裹的整体式陶瓷铸型坯体。

图 6-36　被光固化树脂原型包裹的陶瓷铸型坯体

根据双层壁空心透平叶片结构特点计算临界干燥收缩率大小。这里 L 取最大值为 4.3 mm，W_1 取中心型芯宽度 10 mm，因为 $\theta=90°$，所以 K 取 1，σ 和 E 均取冻干后值，分别为 12 MPa 和 1050 MPa，代入式(3-20)中，求得：

$$\alpha_{临界}=\frac{\sigma/E}{K\cdot\left(1+\frac{W_1}{2L}\right)}\times 100\%=\frac{12/1050}{1\times\left(1+\frac{10}{2\times 4.3}\right)}\times 100\%=0.528\% \tag{6-3}$$

根据不同预冻温度下的陶瓷铸型坯体冻干收缩变化规律，确定预冻温度为 −20 ℃，其对应的冻干收缩率为 0.37%，小于 $\alpha_{临界}$，可以保证冻干过程整体式陶瓷铸型坯体几何结构的完整性。根据预冻温度对陶瓷铸型坯体冻结过程的影响，确定预冻时间为 3 h；以每小时 40 ℃/h 加热速度升温至 40 ℃后，保持恒定温度，控制真空度在 30 Pa 左右，升华干燥时间为约 24～36 h，完成陶瓷铸型坯体干燥。

按第 4 章脱脂工艺曲线烧失叶片树脂原型，用压缩空气吹去灰烬后进行真空压力浸渍强化处理，强化处理次数决定于后续铸造工艺对陶瓷铸型高温性能要求以及陶瓷铸型烧成工艺性要求，此处真空压力浸渍三次。

陶瓷型壳厚度 W_2 取 8mm，假定 R_1 等于 R_2，σ_T 和 E_T 取终烧温度为 1550 ℃，三次真空压力浸渍处理后的数据，即 7.8 MPa 和 500 MPa，陶瓷铸型泊松比 ν 为 0.20，按照公式(5-10)计算 α_T。

$$\alpha_{\mathrm{T}}=\frac{\sigma_T/E_T}{K\cdot\left(1+\frac{W_1}{2L}+\frac{(1+v)(R_1-R_2+W_2)}{2L}\right)}\times 100\%=0.476\%\tag{6-4}$$

按第5章工艺路线烧结陶瓷铸型坯体，实际烧成收缩率仅为0.24%，小于α_T，可以保证陶瓷铸型几何结构的完整性，图6-37为所制备的型芯/型壳一体化陶瓷铸型。

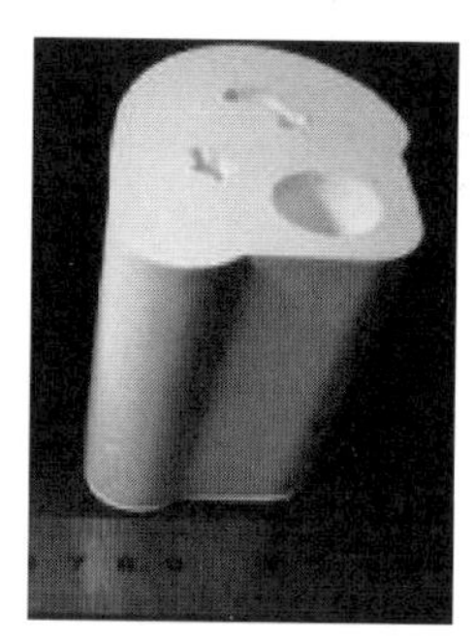

图6-37 整体式陶瓷铸型

采用重力法浇铸金属叶片。首先将整体式陶瓷铸型置入预热炉中，升温至1100 ℃，保温1～2 h后从炉中取出；然后将1600 ℃熔融的高温金属液（材料为合金结构钢20CrNiMo）浇注到整体式陶瓷铸型中，待其缓慢冷却至室温，接着采取机械方法去掉外层陶瓷型壳，并切除浇口、冒口；最后，将透平叶片铸件置于在高温（150～200 ℃）碱液中，碱煮20～30 h，用高压水冲洗脱除内部冷却通道中陶瓷型芯[11]，获得如图6-38空心透平叶片铸件，其几何结构完整，轮廓清晰。

(a)带浇口、冒口

(b)未脱芯

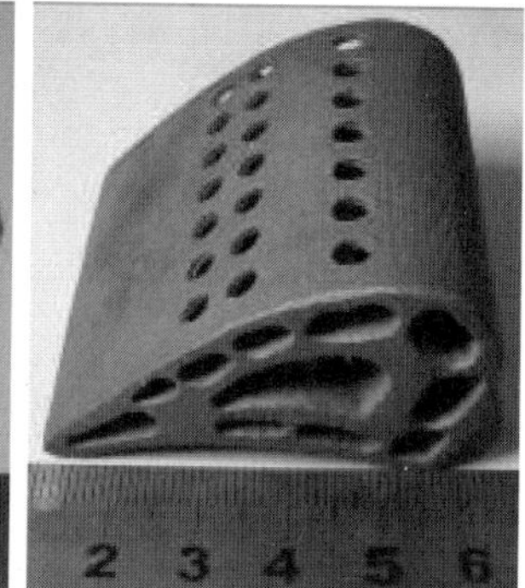

(c)已脱芯

图6-38 空心透平叶片铸件

准备透平叶片铸件试样5个，用英国泰勒Surtronic25便携式表面粗糙度仪 Ra 值，利用上海光学仪器五厂有限公司提供的JX-6型大型工具显微镜对图6-39所示的尺寸测量进行检测，测量结果见表6-11，铸件尺寸公差标准参照ISO8062(GB/T6414)。

表6-11　双层壁结构透平叶片部分尺寸实测结果与设计要求比较

检测项目	设计要求	实测结果
最小壁厚 /mm	1.50 ± 0.18(CT5)	$1.50^{+0.45}_{+0.06}$(CT6)
气膜孔直径/mm	$\Phi4.00\pm0.18$(CT5)	$\Phi4.0^{-0.12}_{-056}$(CT6)
气膜孔型芯最大长度/mm	4.30 ± 0.18(CT5)	$4.30^{+0.53}_{+0.13}$(CT6)
最小冷却通道宽度/mm	3.00 ± 0.18(CT5)	$3.00^{-0.12}_{-0.55}$(CT6)
长度/mm	53.40 ± 0.35(CT6)	53.40 ± 0.32(CT6)
宽度/mm	34.50 ± 0.32(CT6)	34.50 ± 0.28(CT6)
表面粗糙度 Ra /μm	1.6—3.2	3.2—6.4

可见，透平叶片外形尺寸达到了设计要求，其他实测尺寸精度低于设计要求一个等级，表现在：最小壁厚、气膜孔型芯最大长度偏大，气膜孔型芯直径以及最小冷却通道尺寸偏小，这主要是光固化树脂原型制备误差所致。另外，在干燥、焙烧环节陶瓷铸型存在收缩误差，在浇铸成形过程中，高温合金的凝固收缩(20CrNiMo合金结构钢凝固收缩率约1.5%～2.0%)，也会产生一定的影响。铸件表面粗糙度 Ra 值偏高，有待通过降低陶瓷铸型表面粗糙度予以改善。

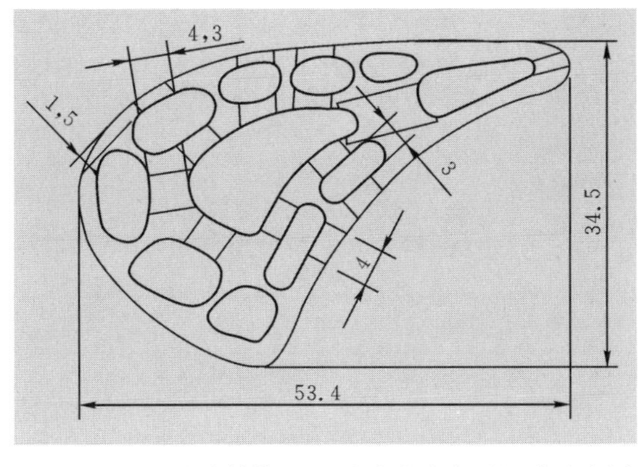

图6-39　双层壁结构空心透平叶片主要尺寸示意图

6.3.2 带有扩张-收缩气膜孔透平叶片

利用三维设计软件 UG3.0 设计双层壁叶片的 CAD 模型，并利用快速成形机制备相应的光固化树脂原型，并快速涂平处理。按照第 3 章所述工艺制备固相含量为 56%的陶瓷浆料，利用真空振动成形机完成形芯/型壳一体化陶瓷铸型坯体制备。分析透平叶片结构特点，这里 $\theta=60°$，R 取最小值为 0.975 mm，L 取最大值为 4.95 mm，见图 6-40。

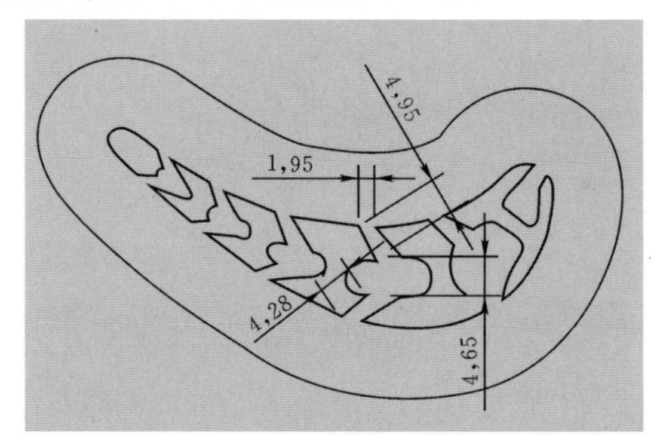

图 6-40 整体式陶瓷铸型结构特征尺寸

首先按照公式求得 K 为 5.94，W_1 取中心型芯宽度 4.65mm，σ 和 E 均取冻干后的值，分别为 12 MPa 和 1050 MPa，代入(式 3-20)中，求得 $\alpha_{临界}$ 为：

$$\alpha_{临界}=\frac{\sigma/E}{K\cdot\left(1+\frac{W_1}{2L}\right)}\times 100\%=\frac{12/1050}{5.94\times\left(1+\frac{4.65}{2\times 4.95}\right)}\times 100\%=0.131\% \tag{6-5}$$

将临界干燥收缩率与实测干燥收缩率比较，确定预冻温度为－60 ℃，其他冻干工艺参数见表 6-12。

表 6-12 冷冻干燥工艺

预冻温度/℃	预冻时间/h	升华温度/℃	真空度/Pa	干燥时间/h
－60	4～5	40	25～30	24～36

根据第 4 章脱脂工艺曲线烧失光固化树脂原型，用 0.1～0.2 MPa 压缩空气吹去灰烬后进行多次真空压力浸渍强化处理。

陶瓷型壳厚度 W_2 取 8 mm，假定 R_1 等于 R_2，σ_T 和 E_T 取终烧温度为 1550 ℃，三次真空压力浸渍处理后的数据，即 7.8 MPa 和 500 MPa，陶瓷铸型

泊松比 ν 为0.20，按照公式计算得到烧成收缩率 α_T 。

$$\alpha_T = \frac{\sigma_T / E_T}{K \cdot \left(1 + \frac{W_1}{2L} + \frac{(1+\upsilon)(R_1 - R_2 + W_2)}{2L}\right)} \times 100\% = 0.107\% \tag{6-6}$$

如果按照第4章工艺路线烧结陶瓷铸型坯体，实际烧成收缩率将到达0.24%，超过烧成收缩率计算值，有可能使气膜孔型芯断裂或形成裂纹。通过降低终烧温度或增加浸渍次数至四次以提高室温抗弯强度可获得较小的烧成收缩率(1450 ℃，0.06%)，使之小于烧成收缩率理论计算值，最终可获得几何结构完整的型芯/型壳一体化陶瓷铸型，如图6-41所示。通过异形气膜孔型芯以及过渡连接将中心型芯和型壳连接成一个整体。

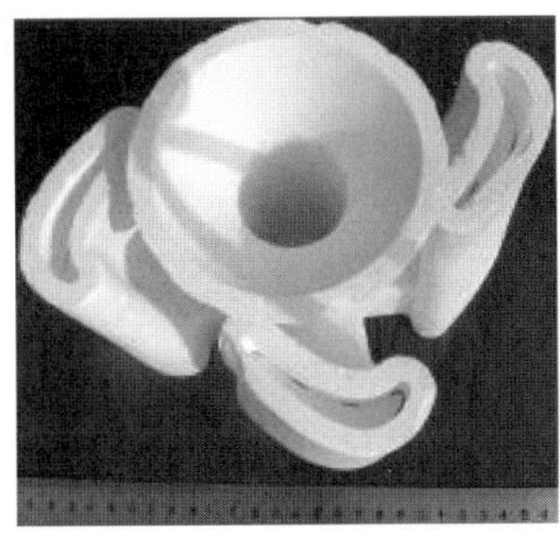
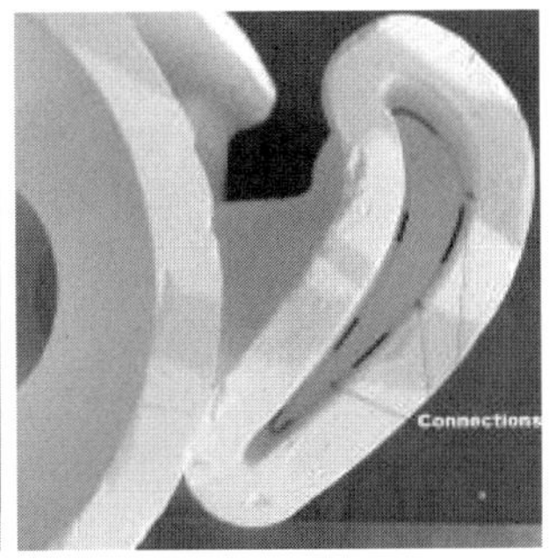

图6-41　整体式陶瓷铸型及型芯型壳相互连接处(局部放大)

采取真空浇铸工艺浇注透平叶片铸件。首先将制备好的型芯型壳一体化陶瓷铸型预热到1050 ℃，保温2～4 h，入炉温度为300 ℃，然后在真空环境下(0.613 Pa)将液态镍基高温合金K0002浇注入整体式陶瓷铸型中，待金属液凝固、冷却后，采取机械方法除去陶瓷型壳，再将叶片铸件置于有一定浓度(60%)的KOH溶液的脱芯罐内，并在高温高压下“碱煮”一段时间(9～14 h)，同时施加超声波(20～40 h)，脱除内部型芯，获得如图6-42所示的透平叶片铸件，所制造的透平叶片铸件结构完整，轮廓清晰。

特别说明：K002是一种高强度镍基铸造高温合金，其中温和高温的性能水平属现有等轴晶铸造镍基高温合金的最高级别。其组织稳定性、抗高温氧化、耐热腐蚀性较好，零件取样性能与单铸试样性能比较接近，性能数据分散性较小，铸造工艺性能好。

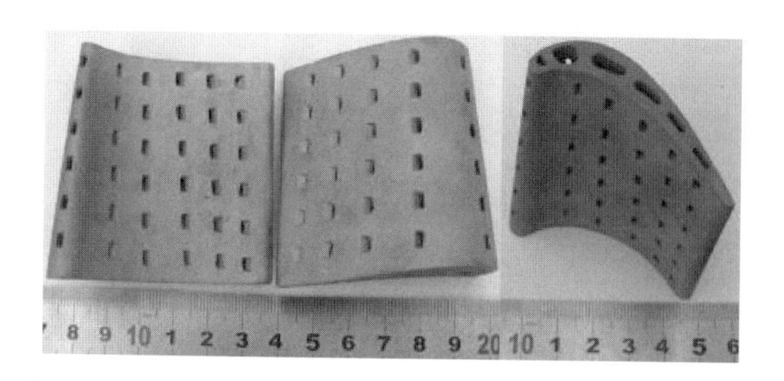

图 6-42　带有扩张-收缩气膜孔的透平叶片铸件

图 6-43 为带有扩张-收缩气膜孔的透平叶片铸件剖切面，异形气膜孔被直接铸出，并与内部冷却通道保持连通状态，扩张-收缩气膜孔出气口为矩形(3 mm×1.5 mm)，进气口为椭圆(3 mm×2.1 mm)。

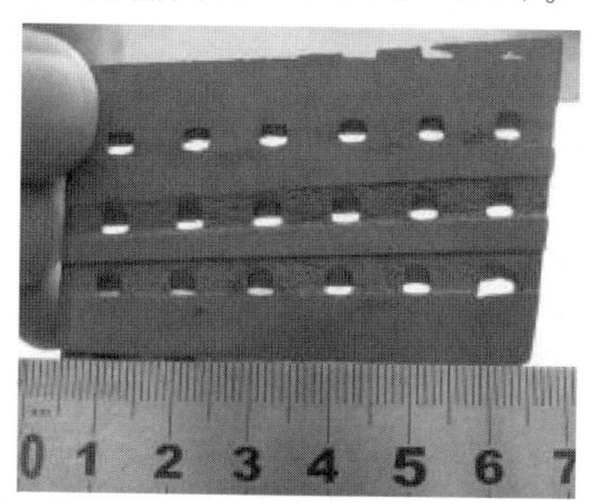

图 6-43　带有扩张-收缩气膜孔的透平叶片铸件剖切面

6.3.3　工艺比较

图 6-44 和图 6-45 分别为传统的透平叶片熔模铸造工艺流程和基于整体式陶瓷铸型的透平叶片内外结构一体化制造工艺流程。

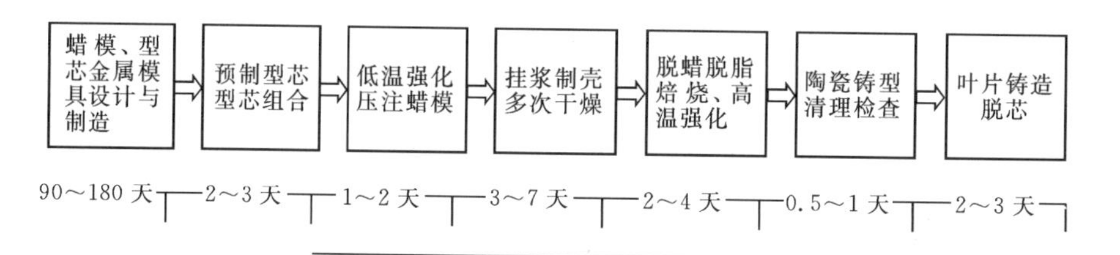

图 6-44　透平叶片熔模铸造工艺流程

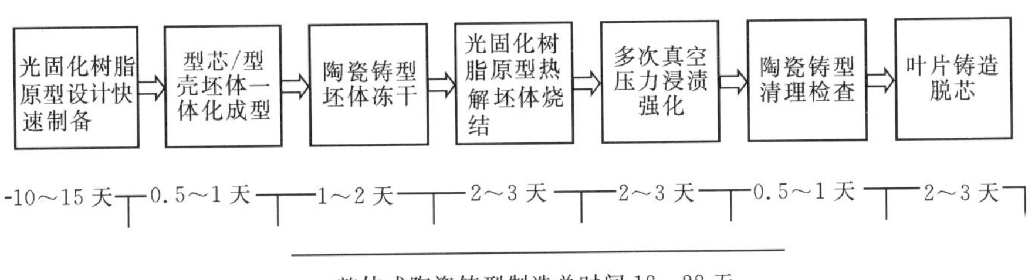

图6-45 透平叶片内外结构一体化制造工艺流程

与传统的组合式陶瓷铸型制造工艺流程相比，整体式陶瓷铸型在金属模具开发和陶瓷铸型坯体制备（包括型芯、型壳）两个工艺环节具有较明显的优势。首先，传统的蜡模模具、型芯模具金属模具开发周期长、成本高，一般需要90～180天，根据零件的复杂程度不同，需花费5万到50万元人民币。而在新方法中，由于光固化树脂原型可以通过热解的方法除去，因此无需设计分模面，降低了设计难度。采取光固化快速成形工艺可以直接将CAD模型转换成实体模型，可见即可得，方便了再修改和再设计，简化了模具开发过程，缩短了设计制造周期[2,12]。其次，由于采取光固化快速成形技术，使得光固化树脂原型结构复杂程度几乎不受限制，这是传统的机械加工方法无法比拟的。再次，利用凝胶注模成形技术制备型芯/型壳一体化整体陶瓷铸型坯体以取代传统的陶瓷型芯制备工艺和型壳涂挂工艺，省去了陶瓷型芯定位组合、蜡模组装等多个工艺环节，降低了工艺操作难度，保证了陶瓷铸型质量。同时可节省陶瓷铸型坯体成形时间，缩短陶瓷铸型制备周期。不计叶片光固化树脂原型或金属模具设计制造时间，型芯/型壳一体化整体式陶瓷铸型制备过程只需8～13天，而组合式陶瓷铸型需10.5～20天。以每个叶片树脂原型重300 g，每克10元计，需花费3000元，陶瓷浆料成本约200元，冻干及烧结工艺成本约300元，因此制备一个整体式陶瓷铸型需要3500元，与传统的透平叶片制造方法相比，基于组合式陶瓷铸型透平叶片熔模铸造工艺适合大批量生产，而基于型芯/型壳一体化整体式陶瓷铸型更适合新产品开发、单件、小批量产品具有复杂冷却结构的空心透平叶片快速铸造。

按照所开发的工艺流程快速制备了陶瓷型芯/型壳一体化整体式陶瓷铸型，并浇注了双层壁结构空心透平叶片铸件和带有扩张-收缩复杂透平叶片铸件，验证了新工艺的可行性和有效性。与传统的透平叶片熔模铸造工艺相比，新技术工艺流程更短，制造成本更低，适合新产品开发和单件、小批量产品快速制造。

6.4　透平叶片的微观组织与精度

1. 制造实验

首先对陶瓷型壳填砂造型加固，使用焙烧炉进行焙烧及预热处理。在焙烧炉温 200 ℃左右时将型壳置入开始预热，逐步加温至 1000 ℃后保温 5 h，去除型壳内的不稳定成分并保证其温度均匀，降低浇注过程中合金液对铸型热冲击作用，减小浇注过程中铸型发生应力破坏的风险。

考虑该高温合金成分复杂且含有活泼元素，合金熔炼及浇注均在真空条件下进行，以减少合金元素烧损。此外，真空条件下进行浇注也有利于降低铸型型腔内的气体阻力，保证铸件细部结构充型。由于所试制的铸件中有细小复杂结构的陶瓷芯，完整复制陶瓷芯之间的微细结构难度较大，对充填性能要求较高，此时真空充型就显得更为必要。在必要的情况下，甚至可以采用真空浇注后以惰性气体对浇口进行增压操作，以强化充型和补缩，保证铸件完整成形、组织致密。

将陶瓷铸型预热至 1000 ℃后放入真空浇注机，封闭真空浇注机并开始抽真空，真空室压力降低至 2 Pa 左右时开始进行合金锭料重熔，约 10 min 后合金熔净，金属液温达到 1530 ℃时倾倒坩埚将合金浇入陶瓷铸型。根据铸件尺寸及重量的不同，浇注时间在 7～15 s 内完成。浇注后等待约 10 min，铸件完成凝固即可破真空取出铸型。缓慢冷却至室温后，人工剥离外型，对铸件外部结构完整性进行考察，发现铸件外部形状基本完整，合金液能够实现外部轮廓形状的完全复制；但是在铸件局部发现有陶瓷芯位移现象，导致铸件壁厚均匀性变差。分析其原因，可能是陶瓷芯的结构纤细，在焙烧或浇注过程中因强度偏低，未能满足应力承受要求而导致部分陶瓷芯变形或断裂。应在后续研究中对陶瓷芯强度及焙烧、浇注工艺进行更为细致的考察，探明缺陷产生的真正原因并在工艺上加以避免。

将去除外壳的铸件连同型芯置入脱芯液中浸泡，以便去除型芯。Al_2O_3 属于典型的两性氧化物，既可以和酸反应，又能和碱反应。因此在三氧化二铝陶芯的脱除工艺中尝试了两种脱芯工艺方案。首先尝试了氢氧化钠水溶液脱除陶芯的方案，即利用反应 $Al_2O_3 + 2NaOH = 2NaAlO_2 + H_2O$ 将不溶性 Al_2O_3 转化为可水溶的 $NaAlO_2$ 从而去除。但在实际操作过程中发现，这一反应的发生速度过慢，经过两天时间的浸泡后，陶瓷芯仅有表面暴露部分少量参与反应并形成胶状产物。分析其原因，认为可能是陶瓷型制备工艺中所加入的其它成分(Al_2O_3表面的包裹物相)阻碍了 NaOH 与 Al_2O_3反应,同时陶瓷芯的另一主要成分 MgO 也无法与 NaOH 相互反应,导致碱性脱芯液处理效果较差。进而尝试了应用氢氟酸进行脱芯处理,所利用的主要化学反应包括 $Al_2O_3+6HF=2AlF_3+3H_2O$ 以及 $MgO+2HF=MgF_2+H_2O$。一般认为,Al_2O_3与 HF 的反应会将 Al_2O_3转化为不溶性 AlF_3包裹在 Al_2O_3颗粒外围,而阻碍该反应的进一步发生,不利于脱芯;而后一个反应因生成的产物 MgF_2是可溶性的,则可以顺利进行。实际实践证实,采用氢氟酸进行脱芯具备较好的效果,这可以归因于氢氟酸具有良好的渗透性,通过溃散 Al_2O_3颗粒外围包裹相及粘结剂从而将陶芯去除。还存在的可能性是,氢氟酸与铸件表面发生了反应,生成气体产物的膨胀效应将溃散的陶芯从空心结构中挤出,因此脱芯效率较高。

考虑到氢氟酸可能与铸件表层金属发生化学作用,导致铸件表层成分及组织变化,而氢氧化钠溶液与铸件表层成分的作用较弱,针对上述脱芯工艺中出现的现象,有必要进一步评估氢氟酸以及氢氧化铝对铸件质量(表层成分和组织)的影响,如若发现氢氟酸对铸件表层成分及组织产生的影响超过预期,则有必要进一步改进陶瓷型壳制备工艺,以提高型芯在碱液中的脱除效率。

2. 微观组织分析

枝晶是凝固过程中最为普遍的一种组织花样,其形态及尺寸对材料的最终性能具有非常重要的影响。在通常情况下,人们一般希望枝晶以等轴晶方式生长,而细小的等轴晶组织可使得材料变形过程中因多晶粒变形的相互协调、晶界阻隔裂纹等特点,从而提高变形抗力,获得良好的材料强度和塑性;然而在较高的服役温度条件下,由于等轴晶组织容易发生高温蠕变变形,则要求获得定向生长的枝晶——即形成列状树枝晶生长而得的定向晶粒叶片或单晶叶片,以此提高抗蠕变能力及单向承载能力。

实现叶片定向晶凝固的基本条件包括:(1)首先,必须为铸造叶片凝固过程中的界面顺序推进提供条件,叶片铸件的凝固应当从其一端开始发生,逐渐推进到叶片铸件的另一端,在叶片内提供特定方向的稳定温度梯度,有助于实现界面有序推进,以定向凝固方式完成整个相变过程。这一条件可以在一定的设备条件下得到保证。(2)对于定向凝固的叶片铸件,当界面持续发生液固相变时,所排出的溶质会在界面前沿富集,形成成分过冷区域。较小的成分过冷仅只造成界面失稳,而过大的成分过冷则会诱发成分过冷区出现新的形核,若形核具备生长条件并阻碍列状晶推进,凝固组织就将从柱状生长枝晶转变成为等轴晶组织,这就是所谓的导致柱状晶/等轴晶转变过程

(Columnar to Equiaxed Transition, CET)。因此,要实现叶片定向晶凝固还必须严格控制成分过冷的大小,进而控制并抑制柱状晶/等轴晶转变的发生。

柱状晶/等轴晶转变过程受控于合金凝固过程中形核与生长的竞争条件。一般而言,高溶质浓度合金、高形核密度、强烈的金属液对流、较低的浇注温度、较低的温度梯度,都是有利于 CET 过程发生的;通过提高温度梯度,同时降低固液界面推进速率,则有利于抑制 CET 过程,为叶片铸件定向晶凝固提供条件。然而,考虑到实际的叶片定向晶铸造工艺控制问题,可以发现,高温度梯度的获取在技术上具有一定难度,同时对于具备内部繁复气孔的铸件而言,其复杂结构也导致温度梯度方向和大小的控制难度更高,溶质扩散条件复杂,难于良好控制成分过冷区域形状和大小。而降低固液界面推进速率则意味着生产效率的降低和生产成本的提升,同时对铸型使用寿命、铸型与金属液界面反应等问题的关注也要求,固液界面推进速率不宜过低。

因此,有必要对叶片定向晶铸造工艺中温度梯度、界面推进速率进行定量的计算,以获得生产效益、技术难度和定向晶质量的最佳平衡。为达成这一目标,有必要开展如下研究工作:(1)针对典型的合金体系,计算 CET 所对应的临界条件,为叶片定向晶铸造工艺设计提供参数核定准则;(2)针对典型结构的铸件,考虑内部细孔结构、分布对定向凝固温度场及溶质场的影响,及其对定向晶生长的影响,评估空心透平叶片定向晶铸造的工艺可行性,确立定向晶目标实现度。

高温合金的成分相对复杂,属于典型的多元合金,在界面溶质平衡及扩散方面的计算难度较大。为此我们在考虑合金组元局部线性叠加的基础上,结合计算相图,发展了适用于多元合金凝固 CET 的理论模型,结合 316L 不锈钢、Rene 高温合金体系中进行了计算,获得了 CET 的控制条件(如图 6-46 所示)。与激光定向凝固实验结果的对比表明,在高温度梯度区域计算结果与实际凝固组织分区演化具备良好的一致性。

由于 GH4169 Nb、Mo 含量较高,凝固偏析大,同时铸件结构复杂,散布气孔通道对于凝固过程中温度场及溶质场的干扰较大,在定向晶凝固方面有较大难度,需要进一步开展工艺研究。

3. 叶片铸造精度

采用三维光学测量技术,研究了点云的预处理过程,包括融合、删除杂点、删除孤立点、点云降噪、全局优化等一系列操作,对所制作的金属叶片进行了点云扫描和三维尺寸检测,并且运用 Geomagic Qualify 软件进行了叶片型面误差检测与评价,研究了工业 CT(ICT)扫描技术,得到了切片图像,如图 6-47。

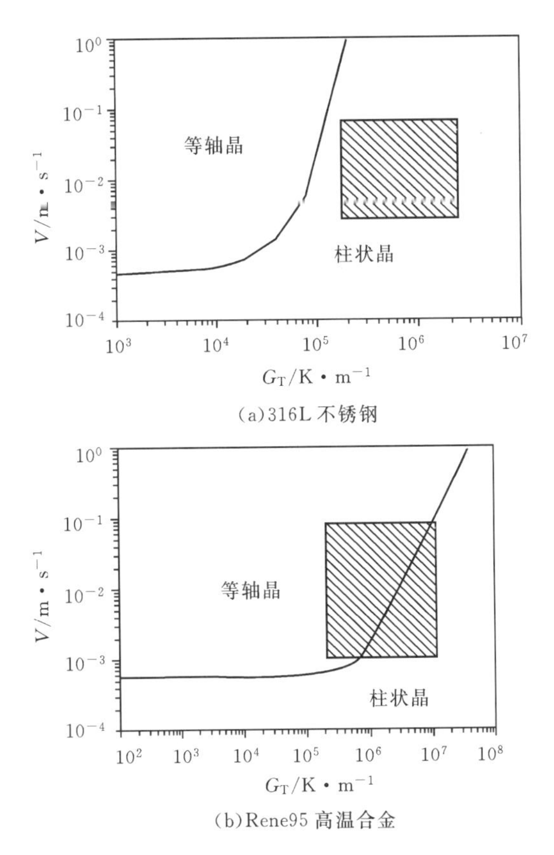

(a)316L 不锈钢

(b)Rene95 高温合金

图 6-46　典型合金的 CET 曲线(图中阴影区为经激光定向凝固验证的实验参数区域)

通过切片图像滤波处理、边缘提取技术,得到叶片的内外轮廓点云数据。运用 UG 平台基于 UG Open API 函数计算得出了叶片壁厚尺寸,并对叶片壁厚变化趋势进行了分析,得到了叶片的最小壁厚数据 4.248 mm。得出制作的叶片型面尺寸精度控制在±0.4 以内,满足叶片的要求(如表 6-13 所示)。

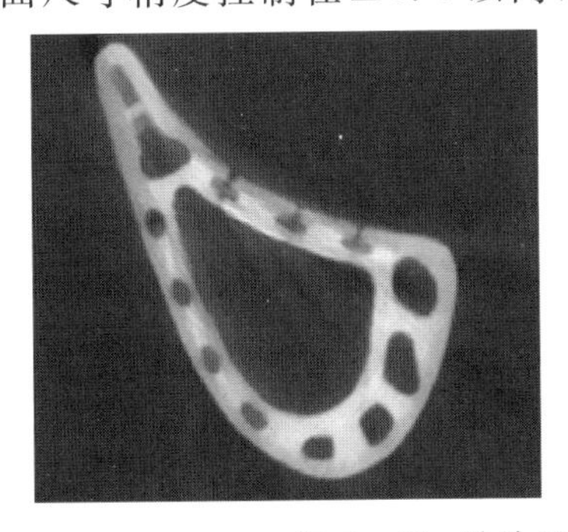

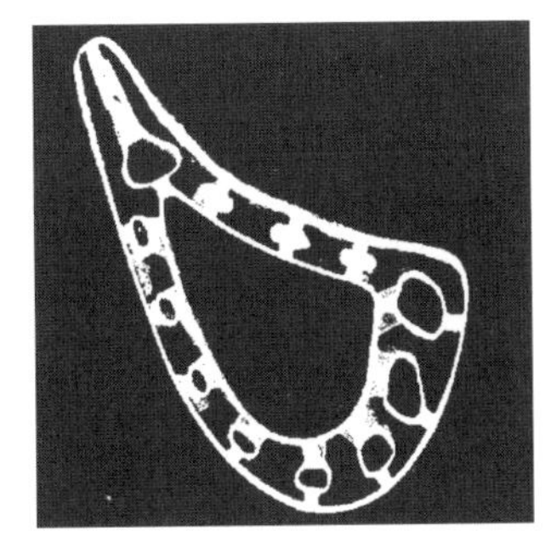

图 6-47　叶片 ICT 图和数据图

表 6-13 叶片六个界面的误差数据

截面	截面一	截面二	截面三	截面四	截面五
误差/mm	±0.35	±0.35	±0.35	±0.32	±0.32

6.5 本章小结

根据整体式陶瓷铸型坯体成形工艺特点，提出了光固化树脂原型设计基本原则，给出了相应的设计实例，实现了型芯成形模具和“熔模”结构和功能集成。介绍了光固化树脂原型结构和各部分组成，它包括透平叶片原型 1、模壳 2、过渡连接 3、金属浇注系统原型 4 和连接孔洞 5 等，利用 SPS450B 型光固化成形机制备了光固化树脂原型。

优化设计了型芯上端与型壳的横梁连接结构，将传统单横梁连接结构改进为十字梁连接结构，显著降低了横梁的变形量，确定十字梁的最优间距为 9 mm，研究了细长型芯与型壳底面连接结构对应力大小的影响规律，型芯截面的半径和径距越小，产生的应力越大；在不超过 2.75 mm 时，型芯与型壳连接处圆倒角的半径越大，产生的最大应力越小；通过对比 9 根不同型芯的应力和变形确定了最危险型芯为 1 号型芯。

利用 ProCAST 软件模拟了顶注式和中注式两种浇注系统对铸件质量的影响，发现采用顶注式浇注系统可以避免铸件叶身部分缺陷的产生，但会在榫根内部出现缩松缩孔缺陷，该缺陷与内浇道截面积无关，与榫根自身结构有关；在顶注式浇注系统的基础上加大榫根上端结构尺寸后避免了榫根内部缺陷的产生；确定了叶片浇注系统结构设计的原则，由叶身到浇冒口各浇道结构的凝固模数需逐渐增大。

参考文献

[1] Porter J S, Sargison J E, Walker G J, et al. A Comparative Investigation of Round and Fan-Shaped Cooling Hole Near Flow Fields[J]. Journal of Turbomachinery, 2008, 130 (4): 1021 - 1028.

[2] Cheah C M, Chua C K, Lee C W, et al. Rapid prototyping and tooling techniques: a review of applications for rapid investment casting[J]. The International Journal of Advanced Manufacturing Technology, 2005, 25 (3 - 4): 308 - 320.

[3] Bassoli E, Gatto A, Iuliano L, et al. 3D printing technique applied to rapid casting [J]. Rapid Prototyping Journal, 2007, 13 (3): 148 - 155.

[4] Ainsley C, Reis N, Derby B. Rapid prototyping of ceramic casting cores for investment casting[M]// Euro Ceramics Vii, Pt 1 - 3. Zurich-Uetikon: Trans Tech Publications Ltd, 2002, 297 - 300.

[5] 陈冰.快速成形技术在熔模铸造中的应用-国外精铸技术进展述评(12)[J].特种铸造及有色合金, 2005, 25 (12): 732 - 734.

[6] Dotchev K, Soe S. Rapid manufacturing of patterns for investment casting: improvement of quality and success rate[J]. Rapid Prototyping Journal, 2006, 12 (3): 156 - 164.

[7] 王树杰,颜永年,杨伟东.基于RP工艺的直接铸型制造方法探讨[J].机械科学与技术, 2003, 22 (3): 461 - 464.

[8] Wang X H, Fuh J Y H, Wong Y S, et al. Laser Sintering of Silica Sand-Mechanism and Application to Sand Casting Mould[J]. The International Journal of Advanced Manufacturing Technology, 2003, (21): 1015 - 1020.

[9]张立同, 曹腊梅, 刘国利. 近净形熔模精密铸造理论与实践 [M]. 北京: 国防工业出版社, 2007.

[10]叶久新, 文晓涵. 熔模精铸工艺指南 [M]. 长沙: 湖南科学技术出版社, 2006.

[11]刘小瀛,王宝生,张立同.氧化铝基陶瓷型芯研究进展[J].航空制造技术, 2005, (7): 26 - 29.

[12]Dickens P M, Stangroom R, Greul M, et al. Conversion of RP models to investment castings [J]. Rapid Prototyping Journal, 1995, 1(4):4 - 11.

第7章 激光金属直接成形同轴粉末流场特征

7.1 引言

激光金属直接成形（Laser Metal Direct Forming，LMDF）是目前增材制造技术的研究热点之一，能够无模快速制造复杂结构金属零件，在航空航天、热动力设备等领域有着广阔的应用前景，其成形原理示意图如图7－1所示。空心透平叶片内部结构交错、壁薄，并且叶片外形与内腔的精度要求较高，目前通过LMDF技术直接制造空心透平叶片尚处于探索阶段。因此，本书后半部分将介绍LMDF同轴粉末流场特征，成形机理和工艺、残余应力以及叶片结构特征对成形质量的影响规律等。

同轴喷嘴是LMDF系统的核心部件之一（如图7－2所示），国内外常见同轴喷嘴主要包括四管同轴喷嘴和锥环同轴喷嘴两种[1－10]，其中，美国Optomec公司在LENS工艺中采用四管同轴喷嘴，而美国POM公司在DMD工艺中采用锥环同轴喷嘴。国内清华大学针对类似LMDF工艺开发了锥环送粉的同轴喷嘴[11]，而华中科技大学和西北工业大学采用四管同轴喷嘴[12,13]，但锥环喷嘴内部粉末流场控制较难，也难以制造汇聚性良好的同轴喷嘴。尽管如此，西安交通大学已成功研制了锥环同轴喷嘴[14－15]（如图7－3所示），其粉末汇聚直径大约为3 mm左右。

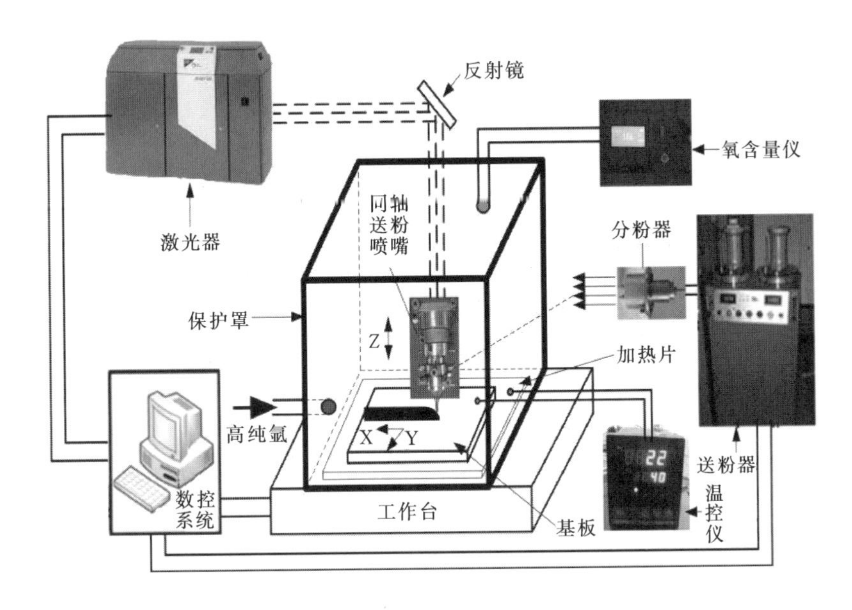

图7-1　激光金属直接成形原理示意图

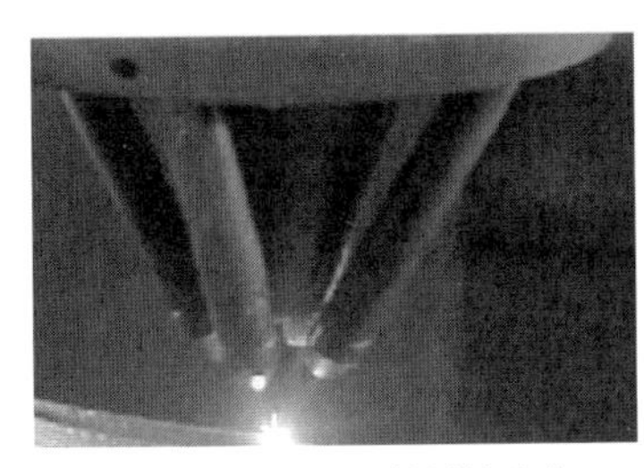

(a)LENS工艺四管同轴喷嘴

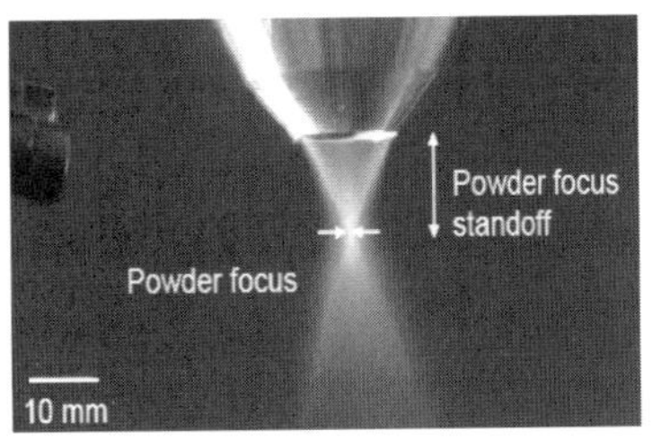

(b)DMD工艺锥环同轴喷嘴

图7-2　同轴喷嘴

在载气式LMDF送粉系统中，由惰性气体输送的金属粉末流将进入激光诱导产生的熔池，形成熔覆层。在粉末输送过程中，由于气压的波动容易导致粉末流场存在动量和质量的变化，而经过同轴喷嘴粉末流场的汇聚特性直接决定熔覆层的尺寸、精度和性能。因此，研究同轴粉末流场的分布规律对LMDF成形技术具有重要意义。

金属粉末流场的汇聚特性主要取决于喷嘴内部结构的粉腔锥角及粉腔间隙[16]，已有多位学者开展相关研究。Zekovic S[7]等人借助FLUENT软件探讨了四路对称喷嘴中粉末流三维流场分布，得出喷嘴粉末流场的最佳汇聚范围及汇聚焦距。Lin J. M[19]研究发现了当雷诺数为2000时，气一粉两相在

图 7-3 LMDF 锥环同轴喷嘴

同轴喷嘴内的流动规律，计算得出粉末流场浓度的分布，获得粉末流场的汇聚焦距。杨洸陈等人[16-19]研究了激光制造中载气式同轴粉末流场的速度分布规律及浓度分布规律，并采用 CCD 高速摄像机对粉末流场浓度的空间分布规律进行了检测，有效地指导了 LMDF 工艺的优化。

虽然国内外关于喷嘴汇聚特性的研究做了一些工作，也提出很多有益的建议，但是并没有针对喷嘴结构开展粉末汇聚特性的系统研究，以及为实现良好粉末流场汇聚特性的喷嘴结构优化设计。另外，在已知粉末流场的数值模拟中，大多仅考虑自由状态下粉末颗粒流场的分布规律，与实际情况并不吻合，并且当喷嘴下端存在熔覆层时，成形件几何结构对粉末流场分布的影响规律也缺乏研究。

因此，本章将系统介绍自由射流条件下粉腔锥角及其间隙对粉末流场汇聚特性的影响规律，以粉末流场浓度、汇聚焦距及其汇聚直径为评价指标，对喷嘴结构进行模拟，实现喷嘴结构的优化设计。最后，介绍成形件结构特征对粉末流场分布以及 LMDF 成形行为的影响规律。

7.2 同轴粉末流场数值模拟

7.2.1 同轴喷嘴模型

1. 数值模型的选择

研究粉末颗粒在喷嘴中的流动特性，其实质是分析气相与固相两相流之间的相互作用。目前研究气固两相流的方法主要有两类模型：一类是欧拉-欧拉模型，另一类是欧拉-拉格朗日模型[21]。这两种模型有各自的适用范围，通常通过计算固体颗粒体积分数来确定模型的选择[18]，而体积分数可通过计算粉末颗粒的体积加载率来实现。体积加载率是指单位时间内通过有效截面的颗粒体积与气体体积之比[22]。

$$\kappa = \frac{v_p}{v_c} \tag{7-1}$$

式中，κ 为体积加载率；v_p 和 v_c 分别为单位时间内通过有效截面的粉末颗粒体积和气体体积。

为了计算喷嘴流场中粉末颗粒体积加载率，颗粒和气体相关参数值如表 7－1 所示。

表 7－1　粉末颗粒和气体参数

参数	值
氮气，标况下密度 ρ /kg · m^{-3}	1.138
粉末直径 d_p / μm	45
粉末材料	316L 不锈钢
粉末密度 ρ_p /kg · m^{-3}	8030
压缩气体的初始温度/K	300
大气环境温度/K	300
压缩气体的初始压力 P_i /Pa	300000
压缩气体的密度 ρ_i /kg · m^{-3}	3.414
送粉量 M_p / g · min^{-1}	12
输送粉末的气体流量 v_0 / L · min^{-1}	6

基于式(7－1)，可分别计算大气环境中和压缩气体环境中体积加载率 κ_0 及 κ_i ：

$$\kappa_0 = \frac{v_p}{v_0} = \frac{\frac{M_p}{\rho_p}}{\nu_0} = \frac{\frac{12}{8030}}{6} = 2.49 \times 10^{-4} \tag{7-2}$$

$$\kappa_i = \frac{v_p}{v_i} = \frac{\frac{M_p}{\rho_p}}{\nu_i} = \frac{\frac{12}{8030}}{\frac{6 \times 1.138}{3.414}} = 7.47 \times 10^{-4} \tag{7-3}$$

颗粒体积流量相对气体体积流量很小，颗粒相的体积分数可认为与体积加载率相同，即

$$\eta_{p0} = \frac{v_p}{v_p + v_0} \approx \kappa_0 = 2.49 \times 10^{-4} \tag{7-4}$$

$$\eta_{pi} = \frac{v_p}{v_p + v_i} \approx \kappa_i = 7.47 \times 10^{-4} \tag{7-5}$$

由计算结果可知，在载气式同轴喷嘴中，无论大气环境中还是压缩状态下，粉末流场内粉末颗粒体积分数均小于10%，依据模型选择原则，建立欧拉—拉格朗日方法的离散相模型，其中，气相被处理为连续相，颗粒相被处理为离散相。采用FLUENT软件中标准 $k-\varepsilon$ 湍流模型对气相进行求解；离散相是通过建立颗粒轨道模型，采用颗粒运动学方程求解来获得，同时，能够追踪可视化颗粒的运动轨迹。

2. 气固两相流数学模型

在标准的 $k-\varepsilon$ 湍流模型计算中，气相湍流基本控制方程包括质量方程、动量方程和能量守恒方程（在冷态下计算，通常不考虑能量变化），该模型由Launder BE和Spalding DB[23]于1972年提出。在FLUENT软件中，颗粒相轨迹计算方程是通过积分拉格朗日坐标系下颗粒作用力微分方程，以求解离散相颗粒的运动过程。

（1）喷嘴结构设计及物理模型

为了实现喷嘴粉腔锥角、保护气腔锥角与相应的锥环间隙的结构优化（其中，喷嘴粉腔锥角及保护气腔锥角分别用 α 和 β 表示，对应的锥环间隙分别用 H 和 h 表示），实验设计如表7-2所示。

根据喷嘴所要达到的功能，初步建立喷嘴二维物理模型的几何结构（如图7-4所示）。计算区域大小设定为50 mm×55 mm。由于外层保护气腔间隙对粉末汇聚影响较小，所以模型中固定保护气腔间隙设为 $h=1$ mm。

表7-2 粉腔锥角和粉腔间隙的设计

粉腔间隙 H/mm	组合一		组合二		组合三	
	α	β	α	β	α	β
1	45	30	60	45	70	50
1.5	45	30	60	45	70	50
2	45	30	60	45	70	50

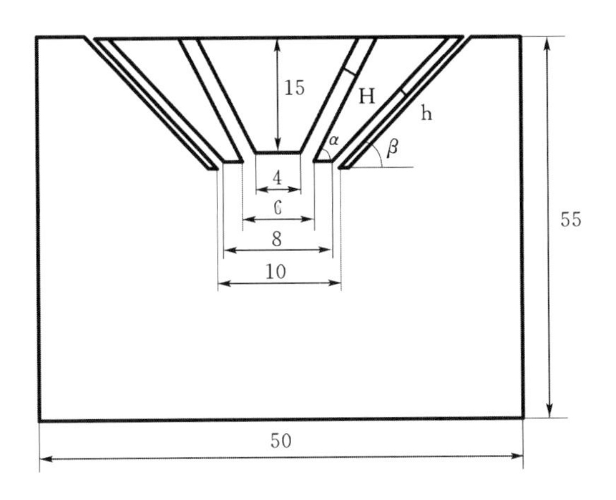

图 7-4　同轴喷嘴二维区域

(2)网格划分及边界条件

由于喷嘴的物理模型为轴对称模型,取其中 1/2 区域进行计算,相应的有限元模型划分网格如图 7-5 所示。

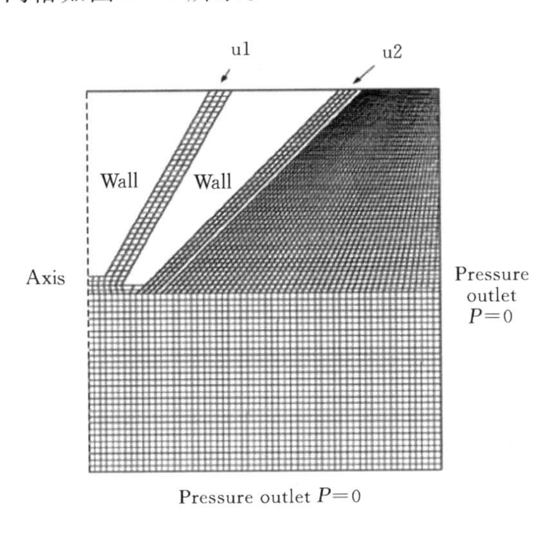

图 7-5　二维网格划分

边界条件如下:

①速度入口边界(Velocity Inlet):载粉气体入口 u_1 和外层保护气体入口 u_2;

②压力出口(Pressure Outlet):出口压力设为 0;

③轴对称边界(Axis):各物理量在对称轴边界的梯度为零;

④壁面边界(Wall):喷嘴壁面根据附面层理论和无滑移等温边界条件进行确定。

7.2.2 计算与分析

基于离散相模型,在计算中可作如下假设:

①不考虑激光对粉末的热影响,计算在冷态下进行;

②只考虑气相的Stokes阻力和重力的影响,忽略附加质量力、升力等;

③不考虑颗粒群之间的相互碰撞,不存在颗粒压力和颗粒粘性;

④粉末颗粒为均匀球体,具有相同的直径;

⑤颗粒与壁面的碰撞规律符合弹性碰撞,碰撞过程中无动能损失;

⑥每个粉末颗粒的物性参数(密度、弹性模量、剪切模量及波松比)视为常数。

为了查明不同粉腔间隙下粉末流场的分布规律,设定喷嘴粉腔锥角 $\alpha=60°$、保护气腔锥角 $\beta=45°$、粉腔的锥环间隙 $H=1$ mm,$H=1.5$ mm,$H=2$ mm进行分别计算。同时设定输送粉末气体速度 $u_1=1\ \mathrm{m\cdot s^{-1}}$,外层气腔内保护气体速度 $u_2=6\ \mathrm{m\cdot s^{-1}}$。将粉末汇聚焦距用 f_p(喷嘴出口与粉末汇聚点距离)表示,粉末汇聚直径(粉末汇聚浓度值降到中心最大浓度值的 $1/e^2$ 时所对应的粉末直径[24])用 D_p 表示,粉末浓度用 C_F 表示。图7-6显示了锥环间隙 $H=1$ mm,$H=1.5$ mm及 $H=2$ mm时粉末浓度场分布规律。

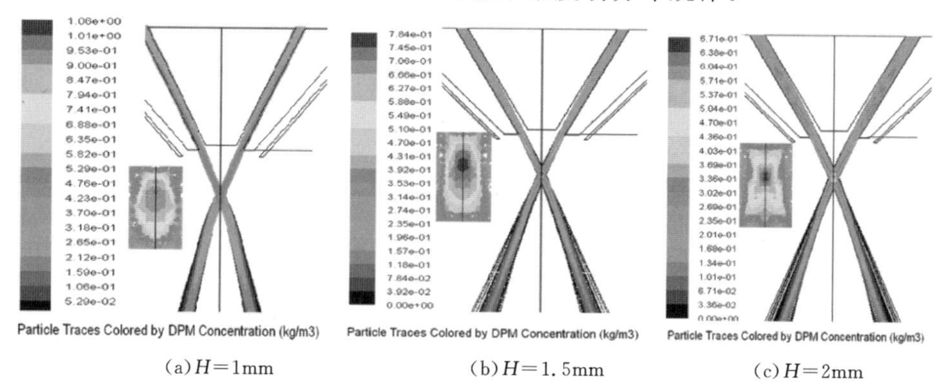

(a) $H=1$mm (b) $H=1.5$mm (c) $H=2$mm

图7-6 不同锥环间隙下粉末流场浓度分布

为分析粉腔间隙对粉末流场的影响规律，建立如图 7-7 所示坐标系，以喷嘴出口下端与喷嘴中心轴线交点为坐标原点 O，沿水平方向(也称为沿喷嘴径向)为 X 轴，沿喷嘴中心线方向(也称为喷嘴轴线)为 Y 轴。沿 X、Y 方向分别取一定数量点，找出这些点粉末浓度 C_F 的分布规律，并依据粉末浓度 C_F 的分布规律找出粉末汇聚焦距 f_p 及粉末汇聚直径 D_p 。表 7-3 为不同粉腔间隙下粉末汇聚区域最大粉末浓度 C_{Fmax} 、粉末汇聚焦距 f_p 以及粉末汇聚直径 D_p 。图 7-8(a)为 $Y=f_p$处沿 X 向粉末流场浓度的分布规律，图 7-8(b)为沿 Y 方向粉末流场浓度的分布规律。

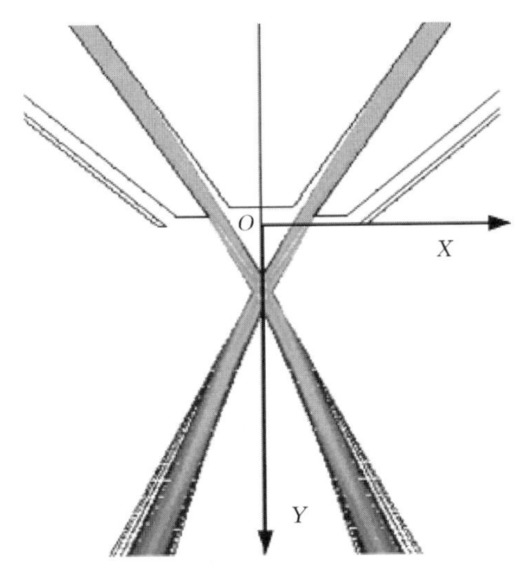

图 7-7　粉末流场浓度分布平面坐标系

表 7-3　不同粉腔间隙下粉末汇聚参数

粉腔间隙 H/mm	最大粉末浓度 C_{Fmax} /kg · m^{-3}	粉末汇聚焦距 f_p /mm	粉末汇聚直径 D_p /mm
1.0	0.966	4.2	0.9
1.5	0.779	4.9	1.2
2.0	0.660	5.4	1.4

由图 7-8 及表 7-3 可知，随锥环间隙增大，粉末流场浓度逐渐降低，粉末流场汇聚焦距及粉末流场汇聚直径均增大；粉末流场浓度沿径向及轴向均服从高斯分布，同时高斯分布的束腰半径增大，粉末流场汇聚性越差。原因

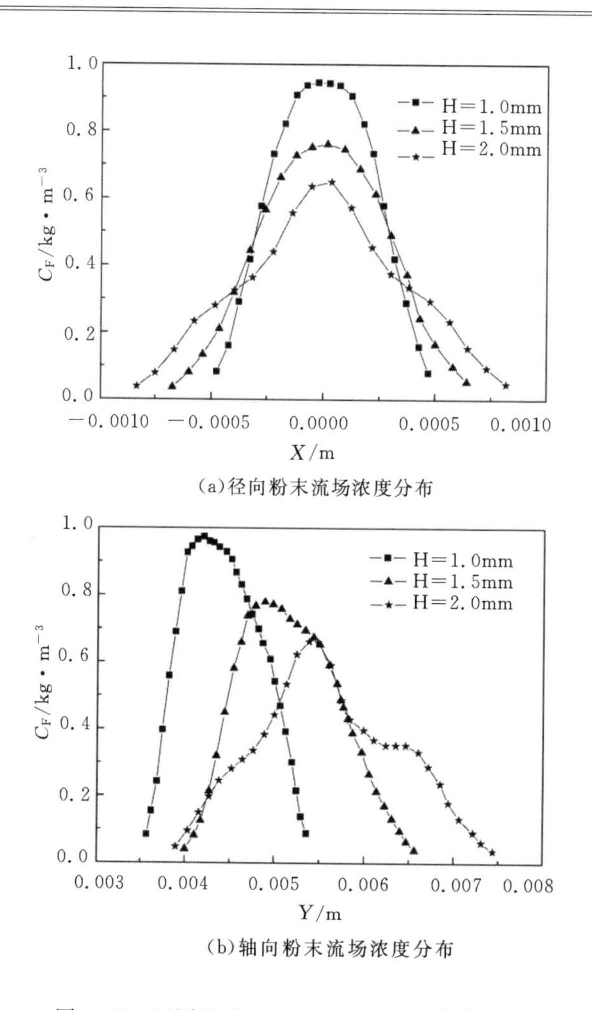

(a)径向粉末流场浓度分布

(b)轴向粉末流场浓度分布

图 7-8 不同间隙下粉末流场浓度值的分布曲线

是粉腔间隙越大，沿喷嘴入口进入的粉末，在进入喷嘴后其速度方向并没有发生变化。从喷嘴出口直接输送的粉末颗粒越多，圆锥形喷嘴没有起到束缚及匀粉作用，所以汇聚特性变差。从粉末流场浓度及粉末流场汇聚直径角度考虑，锥环间隙越小越好，粉末流场汇聚直径越小，粉末利用率越高。但同时也可知随着锥环间隙减小，粉末流场汇聚焦距变小，导致粉末流场汇聚点距离喷嘴出口的距离越近，易造成喷嘴出口部分被熔池辐射出的能量加热，进而引起喷嘴出口堵粉，以及碰撞反弹的金属粉末容易进入激光头内部污染保护镜，引起激光利用率降低。此现象与 Bi GJ[3] 等人研究发现喷嘴污染原因相同,由喷嘴出口距离基板较近导致。

综合考虑两者,选择 $H=1.5$ mm 为喷嘴粉腔间隙的优化值。

在粉腔锥环间隙 $H=1.5$ mm 条件下,分别选取三种粉腔锥角及保护气腔锥角进行计算:$\alpha_1=45°$,$\beta_1=30°$;$\alpha_2=60°$,$\beta_2=45°$;$\alpha_3=70°$,$\beta_3=50°$,其他参数与上述一致。图 7-9 为三种不同锥角下所对应粉末流场的浓度分布规律。

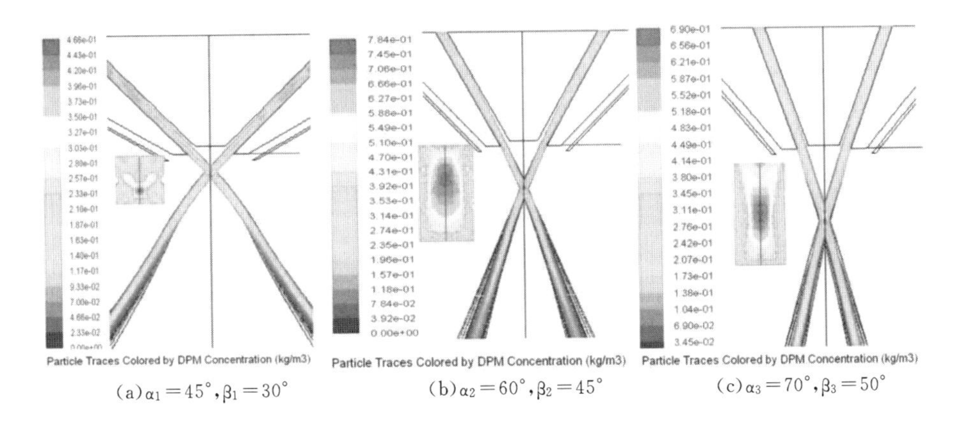

(a)$\alpha_1=45°$,$\beta_1=30°$　(b)$\alpha_2=60°$,$\beta_2=45°$　(c)$\alpha_3=70°$,$\beta_3=50°$

图 7-9　不同锥角下粉末流场的浓度分布

基于上述同样方法,在粉末流场汇聚区域沿 X、Y 方向分别取一定数量点,找出这些点粉末浓度 C_F 、粉末流场汇聚焦距 f_p 及粉末流场汇聚直径 D_p 。表 7-4 为不同粉腔锥角下粉末流场汇聚参数的计算值,图 7-10 为不同锥角下粉末流场浓度分布计算值。

表 7-4　不同粉腔锥角下粉末流场汇聚参数

粉腔锥角 α /°	最大粉末浓度 $C_{F\max}$ /kg · m^{-3}	粉末汇聚焦距 f_p /mm	粉末汇聚直径 D_p /mm
45	0.443	2.1	2.1
60	0.779	4.9	1.2
70	0.683	8.6	1.1

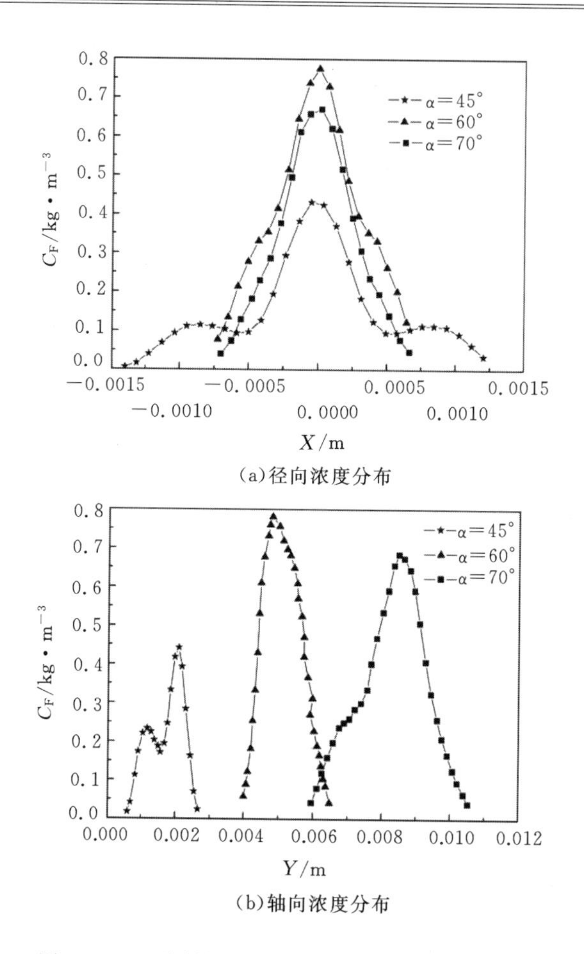

(a)径向浓度分布

(b)轴向浓度分布

图 7-10　不同粉腔锥角下粉末流场浓度分布曲线

由图 7-10 及表 7-4 可知，随粉腔锥角增大，粉末流场浓度先增大后降低，粉末流场汇聚直径先降低后逐渐趋于平缓，而粉末流场汇聚焦距显著增大，主要由喷嘴几何结构决定。

从粉末流场汇聚焦距考虑，较大的粉末流场汇聚焦距，可以在成形时使送粉喷嘴与熔池之间距离增大，具有防止粉末反弹堵塞喷嘴以及减少送粉喷嘴在堆积过程中受熔池辐射而发热的优点，所以粉腔锥角越大越好。从粉末流场汇聚直径考虑，粉腔锥角越大，粉末流场汇聚直径越小，有利于提高粉末流场利用率，从粉末流场汇聚浓度考虑应选择 $\alpha=60°$为宜，所以最后确定锥角$\alpha=60°$为喷嘴粉腔锥角优化值。

综上分析：将喷嘴粉腔间隙 H 定为 1.5 mm，粉腔锥角 α 定为 60°，作为喷嘴结构的主要优化设计值。

7.2.3 实例

为了验证同轴喷嘴中粉末流场汇聚特性，基于CCD(Charge Coupled Device)高速摄像机的可视化技术对粉末流场汇聚性进行了研究。可视化技术是探索及解决工程实际问题的重要手段[25]。采用可视化技术可获得粉末颗粒在喷嘴中流场分布规律，经过图像处理可以得到粉末流场汇聚焦距及汇聚点，为后续工艺实验调整提供依据。

1. 实验平台

实验平台包括同轴送粉系统、图像采集系统及工作台。同轴送粉系统由同轴喷嘴、送粉器、分粉器和氩气瓶组成；图像采集系统由CCD高速摄像机、配套的粒子运动分析软件及PC机组成。通过两个1300 W的摄影灯作为实验用的辅助光源。同轴喷嘴、辅助光源、高速摄像仪及工作台的相互位置如图7-11 (a)所示。光源布置与CCD成45°，采用双侧对称光源布置以减小有影区域范围。光线穿过粉末颗粒流场，通过粒子的散射后，透过粉末流场进入CCD获得粒子运动图像。搭建的同轴喷嘴粉末汇聚试验平台如图7-11 (b)所示。

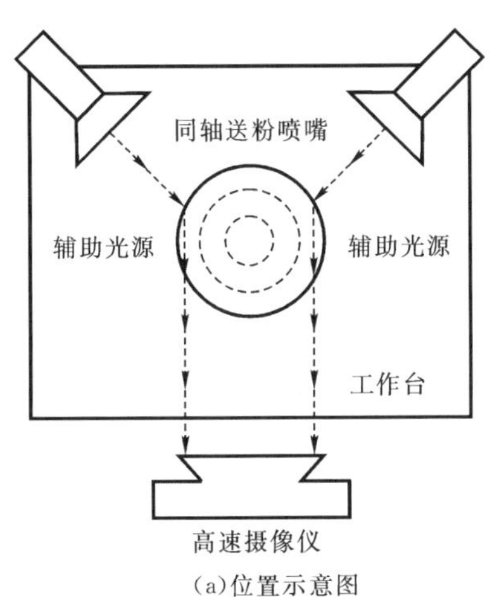

(a)位置示意图

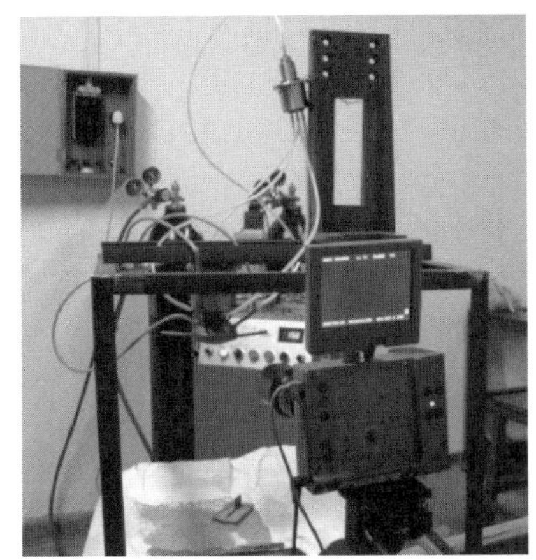

(b)实物图

图7-11 同轴喷嘴粉末汇聚实验平台

2. 结果及分析

为了模拟结果的正确性，工艺参数、粉末材料均与模拟参数相同。采用的粉末为316 L不锈钢，颗粒粒径 d_p 范围为15 μm～45 μm，载气流量 $q=6\ \mathrm{L\cdot min^{-1}}$，送粉量为 $M_p=12\ \mathrm{g\cdot min^{-1}}$。图7-12为其中一帧粉末流场汇聚状态。

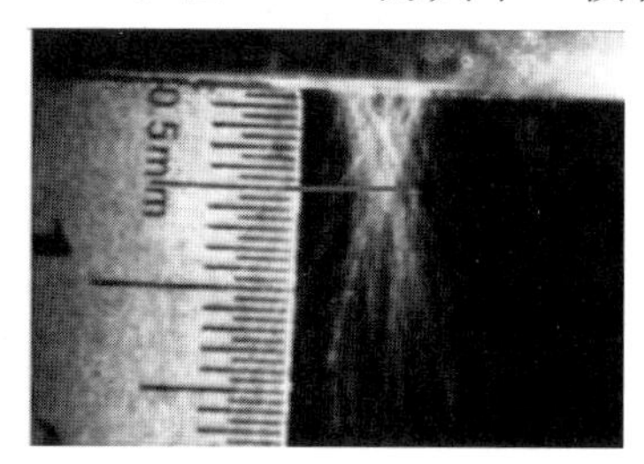

图7-12 粉末汇聚性

由图7-12可知，粉末流场经喷嘴汇聚后，汇聚焦距约5mm，汇聚直径约1.2 mm，与模拟结果基本一致。

7.3 实体结构对粉末流场汇聚特性的影响规律

7.3.1 实体结构的建模

在已有文献中大多仅研究自由状态下粉末流场的分布规律(如图7-13(a)所示)，而对于喷嘴下端存在成形件时粉末流场的汇聚特性很少涉及。因为粉末自由射流时粉末流场是无约束的，不受喷嘴下端基板及成形件的影响。而在实际LMDF成形中，成形件是在基板上逐层生长，粉末颗粒与成形件必然发生碰撞，随着堆积层数的增加，伴随成形件结构尺寸的变化，熔覆点粉末流场浓度、气相流场分布均发生变化。

本节针对喷嘴下端成型件结构对粉末汇聚特性的影响规律展开研究，以便揭示LMDF成形机理和指导LMDF成形工艺。为了获得粉末与成形件发生碰撞条件下粉末流场的分布规律，假设基材为平板，成形件为薄壁件，建立物理模型如图7-13(b)所示。首先实验分析在一定成形件高度及宽度下其对单道熔覆尺寸的影响规律。

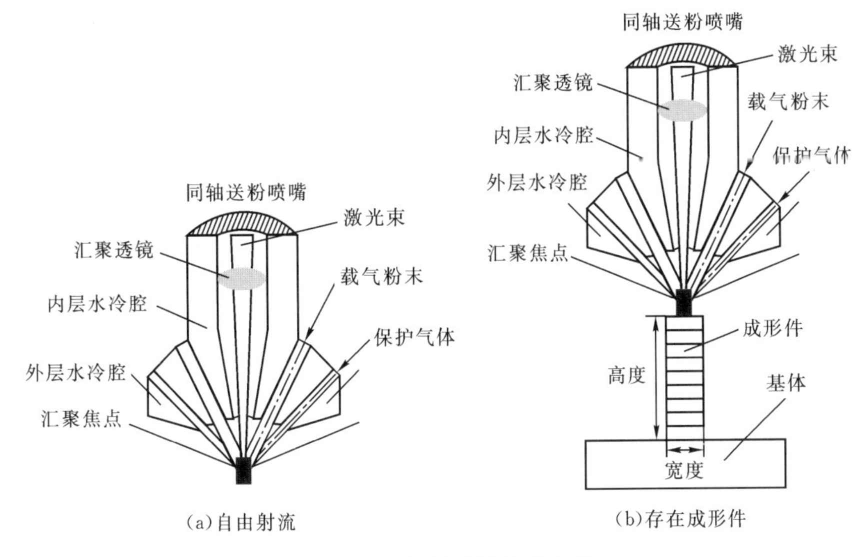

图7-13　同轴喷嘴物理模型

7.3.2　参数设计与网格划分

基于离散相模型，为了计算方便，假设如下：

①基材相对于喷嘴为无限大平面，且计算区域内基材为平面；

②在计算中成形件的横截面为矩形；

③成形件距喷嘴下端5mm(由自由射流时粉末汇聚焦距决定)；

④粉末颗粒与成形件间的碰撞为弹性碰撞，碰撞过程中无动能损失。

1.零件高度及宽度参数设计

本节仅介绍当成形件为薄壁件时，它对粉末流场特性的影响规律。成形件特征参数主要为高度及宽度，当两者不同时将对粉末流场产生不同影响，所以需要综合考虑。在本节中设计的成形件宽度和高度参数组合如表7-5及表7-6所示。

表7-5　成形件高度的设计参数

序号	1	2	3	4
宽度 B/mm	∞	2	2	2
高度 H/mm	0	5	10	20

表 7-6 成形件宽度的设计参数

序号	1	2	3	4
宽度 B/mm	0.5	1	2	4
高度 H/mm	10	10	10	10

2. 网格划分及边界条件的设定

由于物理模型为轴对称，计算时仅考虑其中 1/2 区域，二维计算区域大小为 50 mm×(20～40)mm，几何尺寸如图 7-14(a)所示，其网格划分如图 7-14(b)所示。

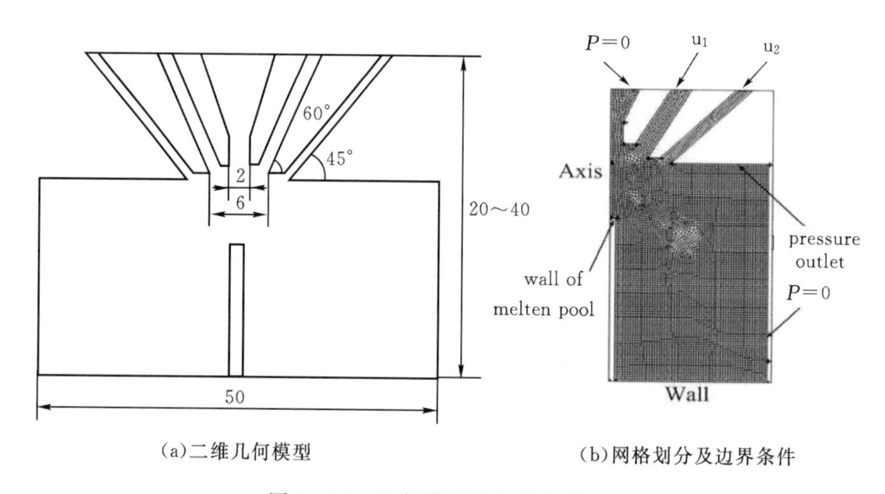

(a)二维几何模型 (b)网格划分及边界条件

图 7-14 几何模型及网格划分

采用离散相模型计算时，颗粒运动轨迹通过颗粒轨道基本方程进行求解获得。其边界条件可设为：

①速度进口边界(Velocity Inlet)；

②压力出口边界(Pressure Outlet)；

③壁面边界(Wall)：其中颗粒相冲击处其壁面边界为 Reflect，颗粒碰撞后经过喷嘴反弹落到基材上，基材边界为 Escape；

④轴对称边界(Axis)。

在应用离散相模型求解时，颗粒到达边界时可分为反弹(Reflect)、逃逸(Escape)、吸收(Trap)等状态。

7.3.3　计算与分析

1. 成形件高度对粉末流场的影响

设定计算参数为：载粉气速度 $u_1 = 1\ \mathrm{mm \cdot s^{-1}}$，外层保护气体速度 $u_2 = 2\ \mathrm{mm \cdot s^{-1}}$，送粉量 $M_p = 12\ \mathrm{g \cdot min^{-1}}$，粉末颗粒直径 $d_p = 45\ \mu\mathrm{m}$ 。图 7 - 15 是成形件高度 $H = 0$ mm 及 $H = 10$ mm 条件下粉末流场浓度分布的计算云图。

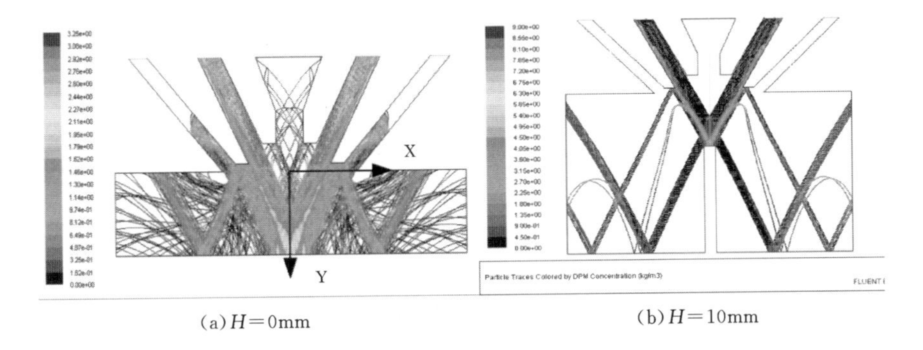

(a) H=0mm　　(b) H=10mm

图 7 - 15　粉末流场浓度分布云图

分别计算成形件高度 H=0 mm、H=5 mm、H=10 mm 及 H=20 mm 时粉末流场浓度分布规律，沿 X 方向（径向）和 Y 方向（轴向）浓度分布计算结果如图7 - 16所示。成形件不同高度对应的粉末汇聚焦距 f_p 、最大粉末浓度 $C_{F\max}$ 及在熔覆点（ $Y = 5$ mm ）粉末浓度 C_F 分别如表 7 - 7 及表 7 - 8 所示。

表 7 - 7　不同高度成形件对应粉末流场汇聚最大浓度 C_{Fmax} 及焦距 f

高度 H /mm	宽度 B/mm	$C_{F\max}$/ $\mathrm{kg \cdot m^{-3}}$	f/mm
0	∞	2.702	4.6
5	2	2.676	4.6
10	2	2.623	4.7
20	2	2.436	4.7

表 7-8 成形件不同高度下熔覆点粉末流场浓度 C_F

高度 H /mm	C_F/ kg·m^{-3}
0	2.534
5	2.433
10	2.416
20	2.311

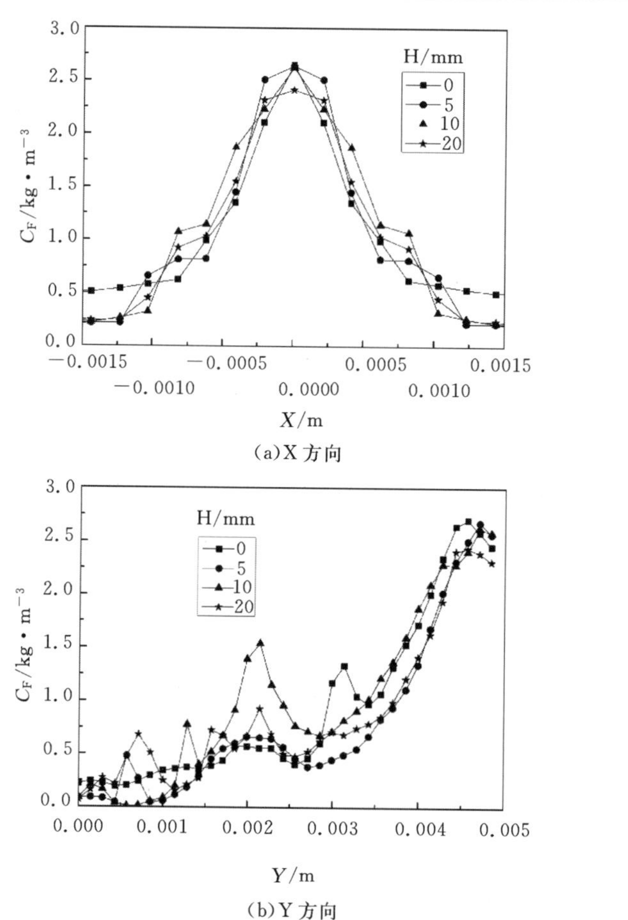

(a)X 方向

(b)Y 方向

图 7-16 成形件不同高度下径向及轴向粉末流场浓度分布

由图 7-16、表 7-7 及表 7-8 可知：X 方向粉末流场浓度分布近似服从高斯分布，与 Lin JM 及 Pinkerton AJ 计算结果一致[20,8]；随着成形件高度增加，Y 向粉末流场汇聚处 $C_{F\max}$ 值逐渐降低，从 2.702 kg·m^{-3} 减少到 2.436 kg·m^{-3}；在熔覆点粉末流场浓度由 2.534 kg·m^{-3} 降到 2.311 kg·m^{-3}；

与自由射流状态相比粉末流场汇聚点浓度增大，由 0.779 kg·m^{-3} 增加到 2.702 kg·m^{-3}，且汇集焦点上移，造成粉末流场汇集焦距由 5 mm[24] 减少到 4.6 mm，上移量为 0.4 mm；随成形件高度增加，粉末流场浓度降低，粉末流场汇聚焦距基本不变，但汇聚特性变差。

通过粉末颗粒追踪可知，在堆积过程中，与自由射流相比当喷嘴下端存在成形件时，被输送的粉末与基材或成形件发生相互作用，粉末颗粒发生反弹，部分粉末将与喷嘴下端碰撞。随成形件高度增加，粉末颗粒与基材碰撞强度减小，部分颗粒将脱离成形件，造成汇聚点及熔覆点粉末流场浓度降低，因而粉末流场汇聚特性变差。

2. 成形件宽度对粉末流场的影响

为分析成形件宽度下其对粉末流场的影响规律，成形件高度设为 $H=10$ mm，分别计算成形件宽度 $B=0.5$ mm、$B=1$ mm、$B=2$ mm 和 $B=4$ mm 时粉末流场浓度分布规律（如图 7-17 所示），粉末流场汇聚最大浓度 $C_{F\max}$ 及焦距 f 如表 7-9 所示，相应熔覆点粉末流场浓度 C_F 如表 7-10 所示。

表 7-9　成形件不同宽度下粉末流场汇聚最大浓度 $C_{F\max}$ 及焦距 f

宽度 B/mm	高度 H/mm	$C_{F\max}$/kg·m^{-3}	f/mm
0.5	10	1.993	4.9
1	10	2.263	4.7
2	10	2.578	4.7
4	10	2.769	4.6

表 7-10　成形件不同宽度下熔覆点粉末流场浓度 C_F

宽度 B/mm	C_F/kg·m^{-3}
0.5	1.864
1	2.223
2	2.416
4	2.649

由表 7-9、表 7-10 及图 7-17 可知，随成形件宽度增加，粉末流场汇聚点处浓度增大，最大浓度 $C_{F\max}$ 值由 1.993 kg·m^{-3} 增大到 2.769 kg·m^{-3}；粉末流场熔覆点浓度由 1.864 kg·m^{-3} 增大到 2.649 kg·m^{-3}。与自由射流相比粉末流场汇聚浓度增大且汇聚焦点上移，粉末流场汇聚焦距减小，粉末流

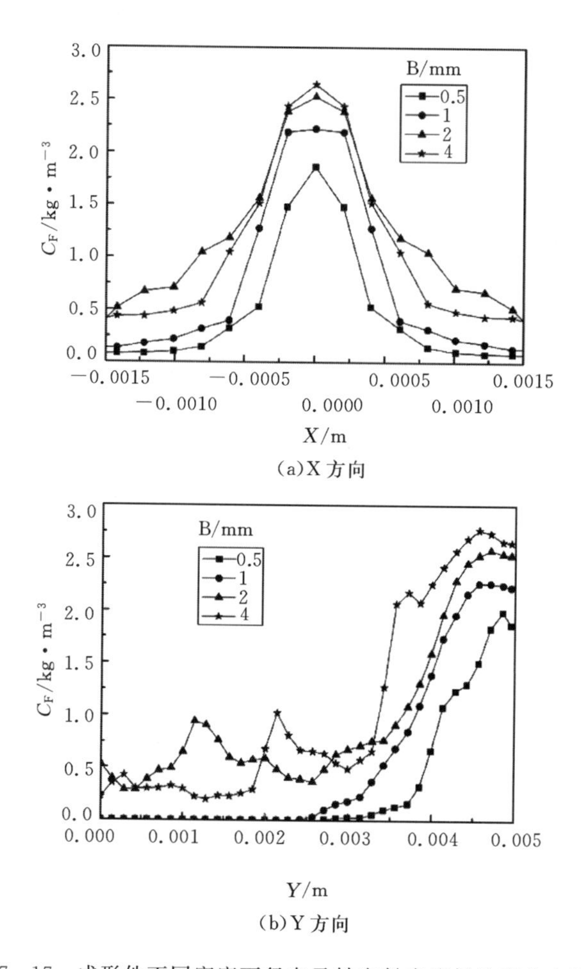

(a)X 方向

(b)Y 方向

图 7-17 成形件不同宽度下径向及轴向粉末流场浓度分布规律

场汇集焦距由 5 mm 减至 4.6 mm，上移量为 0.4 mm；随成形件宽度增加，汇聚焦点略微上移，粉末流场汇聚焦距由 4.9 mm 降至 4.6 mm，在熔覆点粉末流场浓度增大，粉末流场汇聚性变好。

主要原因是随成形件宽度增加，通过粉末颗粒追踪发现粉末粒子与成形件（或基材）碰撞后，部分颗粒逃出碰撞区域，部分颗粒又回到成形件上发生二次碰撞；当宽度增大时，碰撞粒子数目增多，反弹粒子与喷嘴下缘碰撞后与成形件发生二次碰撞的几率变大，颗粒浓度增大，造成汇聚浓度值升高且焦点位置沿轴线上移，所以粉末流场汇聚特性变好。

7.3.4 实例

为了验证数值计算的正确性，采用与模拟完全相同的工艺参数及材料进行单道成形实验。将不同宽度及高度的成形件放置在距喷嘴正下方5mm处(如图7-18所示)。本章通过间接方法以验证成形件结构尺寸变化对粉末流场分布的影响规律，由于直接利用CCD(charge coupled device)相机对粉末流场进行拍摄，需根据光强的强度去确定粉末流场浓度大小，而光强强度又不能准确地标定，同时还需要一些图像处理方面的知识才能分辨具体粉末流场浓度值[21]，操作起来较困难。在激光能量足够条件下，基于粉末流场浓度越大单道成形高度越大的原理，在选定试样上进行单道实验，之后对单道熔覆层截面尺寸(高度与宽度)进行测量，以分析成形件结构尺寸对粉末流场汇聚的影响规律，具体的实验结果如图 7-19 所示。

(a)不同高度

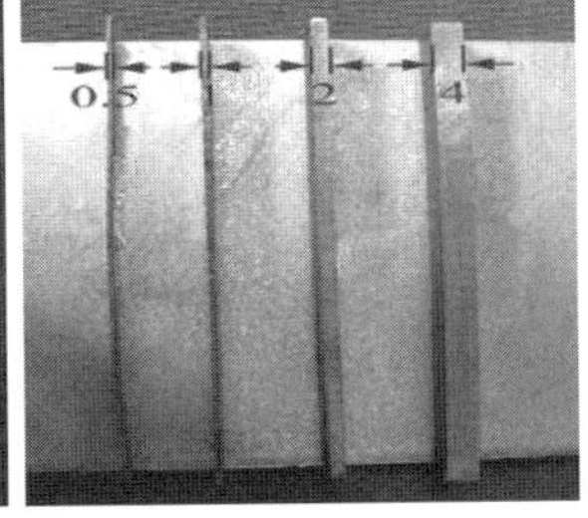

(b)不同宽度

图 7-18 成形件试样

从图 7-19 可知，随成形件高度增加，单道成形高度由 0.1 mm 降至 0.055 mm，呈下降趋势，单道成形宽度几乎稳定在 0.54 mm 左右；随成形件宽度增加，单道成形高度呈上升趋势，从 0.064 mm 增至 0.076 mm，单道宽度也保持在 0.53 mm 左右不变，实验结果与模拟结果基本一致。所以当堆积的成形件壁厚不均或随成形件高度逐渐变化时，堆积过程中会出现成形高度生长不均匀的现象，造成熔覆层表面不平整，进而降低成形质量。

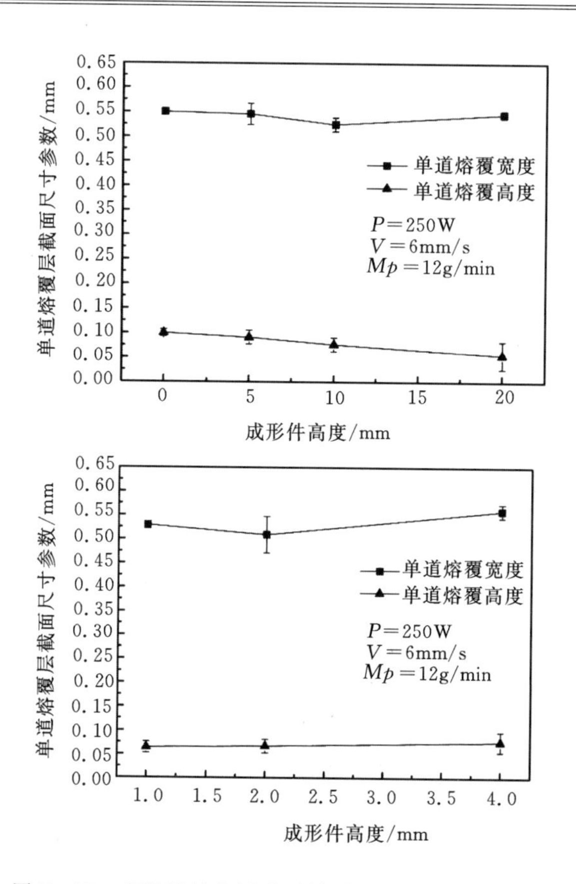

图 7-19 成形件结构尺寸对单道成形截面尺寸的影响

7.4 本章小结

基于气固两相流原理对同轴喷嘴内外流场的颗粒汇聚特性进行了模拟分析，得出如下结论：

1. 随着粉腔锥角的增大，粉末流场汇聚焦距增大；随着粉腔间隙的减小，粉末流场汇聚直径减小。基于粉末汇聚特性，对喷嘴的结构进行了优化设计。

2. 与自由射流状态相比，喷嘴下端存在成形件时粉末流场汇聚点浓度增大，粉末流场汇聚焦距减小，由 5 mm 减至 4.6 mm，上移量为 0.4 mm。随成形件高度增加，在熔覆处粉末流场浓度降低，粉末流场汇聚特性变差；随成形件宽度增加，在熔覆点粉末流场浓度增加，汇聚特性变好。并在不同成形件参数下进行单道成形实验，结果表明实测值与计算值基本一致。

3. 基于高速摄像机的可视化技术对粉末流场分布进行了实验研究。结果表明：所设计的同轴喷嘴具有较好的粉末流场汇聚特性，汇聚焦距为5 mm，汇聚直径约1.2 mm。

参考文献

[1]张兴全.激光再制造三维运动光束头[D].天津：天津工业大学，2007.

[2]狄科云.激光熔覆快速成形光内同轴送粉斜壁堆积的初步研究[D].苏州：苏州大学，2008.

[3]Bi G J, Bert Schürmann B, Gasser A, et al. Development and qualification of a novel laser-cladding head with integrated sensors[J]. International Journal of Machine Tools & Manufacture, 2007,47(3－4):555－561.

[4]张永忠，石开力，邢吉丰等.激光熔覆同轴送粉喷嘴：CN2510502Y[P]. 2002－9－11.

[5]杨永强，黄勇.环式同轴激光熔覆喷嘴：CN2707772Y[P]. 2005－7－6.

[6]胡乾午，曾晓雁.一种内置式激光熔覆喷嘴：CN1570190A[P]. 2005－1－26.

[7]Zekovic S, Dwivedi R, Kovacevic R. Numerical simulation and experimental investigation of gas flow from radially symmetrical nozzles in laser-based direct metal deposition[J]. International Journal of Machine Tool & Manufacture, 2007, 47(1):112－123.

[8]Pinkerton A J, Lin L. Modelling powder concentration distribution from a coaxial deposition Nozzle for laser-based rapid tooling[J]. Journal of Manufacturing Science and Engineering, 2004, 126(1):33－41.

[9]Lin J M. Numerical simulation of the focused powder streams in coaxial laser cladding[J]. Journal of Material Processing Technology, 2000,105(1):17－23.

[10]Pan H, Liou F. Numerical simulation of metallic powder flow in a coaxial nozzle for the laser aided deposition process[J]. Journal of Materials Processing Technology, 2005, 168(2):230－244.

[11]钟敏霖，张红军，刘长今.可调宽带双向对称送粉激光熔覆喷嘴：

CN1319459A[P]. 2001-10-31.

[12]李鹏. 基于激光熔覆的三维金属零件激光直接制造技术研究[D]. 华中科技大学，2005.

[13]黄卫东. 激光立体成形[M]. 西安：西北工业大学出版社，2007:41-42.

[14]张安峰，周志敏，李涤尘，等. 同轴送粉喷嘴气固两相流流场的数值模拟[J]. 西安交通大学学报，2008，42(9):1169-1173.

[15]张安峰，孙哲，李涤尘，等. 一种可调式激光同轴送粉喷嘴:CN101264519[P]. 2008-9-17.

[16]杨洸陈. 激光制造中同轴粉末流动量和质量传输[J]. 中国激光，2008，35(11):1664-1679.

[17]靳晓曙，杨洸陈，冯立伟，等. 激光制造中载气式同轴送粉粉末流场的数值模拟[J]. 机械工程学报，2007，43(5):161-166.

[18]杨洸陈，雷剑波，刘运武，等. 激光制造中金属粉末流浓度场的检测[J]. 中国激光，2006，33(7):993-997.

[19]杨楠，杨洸陈. 激光熔覆中粉嘴流场的数值模拟[J]. 中国激光，2008，35(3):452-455. 77

[20]Lin J M. Concentration mode of the powder stream in coaxial laser cladding[J]. Optics and Laser Technology，1999，31 (3)：251-257.

[21]王瑞金，张凯，王刚. Fluent 技术基础与应用实例[M]. 北京：清华大学出版社，2007.

[22]曹玮. 基于 CFD 的气动喷砂机理与喷砂流场特性研究[D]. 大庆：大庆石油学院，2006.

[23]Launder B E，Spalding D B. Lectures in Mathematical Models of Turbulence[M]. London：Academic Press，1972.

[24]Liu J C，Li L J. Study on cross-section clad profile in coaxial single-pass cladding with a low-power laser[J]. Optics and Laser Technology，2005，37 (6)：478-482.

[25]徐玉明，迟卫，莫立新. PIV 测试技术及其应用[J]. 舰船科学技术，2007，29(3):101-105.

第8章　激光金属直接成形工艺

8.1　引言

激光金属直接成形(Laser Metal Direct Forming,LMDF)过程即由一系列点(激光光斑诱导产生的金属熔池)形成一维单道,再由单道搭接形成二维面,最后由面形成三维实体。优化LMDF工艺参数(激光功率、扫描速度、送粉量、z轴增量、搭接率等)是提高零件力学性能和精度的重要方法[1]。但目前LMDF工艺参数的优化主要依靠大量实验来确定,尚未形成一套系统理论和方法[2]。并且,大多研究的激光光斑直径大于1mm[3],难以实现空心透平叶片的较小特征尺寸(如0.5～1 mm扰流柱)的制造。

本章以316L不锈钢粉末作为成形材料,建立单道成形尺寸的理论模型,为工艺参数的优化提供指导。介绍了激光功率、扫描速度、送粉量及粉末流场离焦量对熔覆层成形质量的影响规律,同时,为保证空心透平叶片的最小特征尺寸(如叶片尾缘排气边约0.5 mm),选用0.48 mm激光光斑直径,以探索叶片的LMDF成形行为。

(1)单道作为LMDF基本成形单元,是整个累积过程的基础,其特征尺寸的大小决定了零件的成形精度,已有文献研究了激光功率、扫描速度及送粉量对单道成形轨迹的影响[4-6]。本章通过建立工艺模型,结合实验方法探讨工艺参数对单道成形轨迹的影响,为工艺参数的选择提供依据。

(2)基于单道成形工艺,为保证薄壁件成形过程的稳定性及成形质量,介绍激光功率、z轴增量及粉末离焦量对薄壁件成形质量的影响规律。针对z轴增量建立理论模型,以揭示成形过程LMDF工艺规律。利用红外测温技术对熔池温度进行测量,以弄清激光功率对薄壁件壁厚精度的影响。依据粉末流场离焦量对单层成形高度的作用,找出粉末流场离焦量对薄壁件顶部平整度的影响。

(3)基于薄壁件成形工艺,分析了搭接率对三维实体零件的成形质量的影响，并依据成形结果提出了优化的扫描路径。

8.2 工艺参数对单道成形尺寸的影响

在 LMDF 成形过程中，单道截面尺寸直接决定了成形的最小特征尺寸。所以弄清工艺参数对单道轨迹截面尺寸的影响规律，获得合理的单道成形工艺参数是提高零件成形精度的基础。在一定假设及简化条件下，依据质量守恒定律及粉末流场三维空间浓度分布规律，建立单道成形截面形貌的数理模型。

8.2.1 单道成形尺寸的理论推导

1. 粉末流场浓度空间分布

粉末颗粒经由惰性气体输送到同轴喷嘴中，其空间的分布特性是由同轴喷嘴的粉腔锥角、粉腔间隙及粉末在粉腔中的导程等几何结构决定的[7]。依据同轴喷嘴结构及参考文献[8—10]，建立粉末流场空间分布的物理模型(见图 8-1)，进而获得三维空间粉末流场浓度分布规律。

在图 8-1 中，对粉末流场离焦定义如下：设粉末流场汇聚点为 O_2 ，激光汇集点为 O_1 ，熔覆点为 O_3 。以熔覆点为坐标原点，若粉末流场汇聚点与熔覆点不重合则称为粉末流场离焦，粉末流场离焦量用 Z_p 表示，其大小为粉末流场汇聚点与熔覆点间的线性距离。若熔覆点在粉末流场汇聚点上方称为负离焦，即 $Z_p < 0$ mm；若熔覆点在粉末流场汇聚点下方称为正离焦，即 $Z_p > 0$ mm 。以粉末流场汇聚点为坐标原点 O_2 ，建立坐标系为 $x_2O_2z_2$，得到

$$m(x,y,z) = \frac{2M_p}{\pi V_z R(z)^2}\exp\left[-\frac{2(x^2+y^2)}{R(z)^2}\right] \tag{8-1}$$

式中：$R(z)$ 为离焦量为 z 时，粉末流场汇聚中心到粉末颗粒浓度降为其中心浓度 $1/e^2$ 处的粉末流场汇聚半径，m；M_p 为送粉量，kg·s^{-1}；V_z 为 z 方向粉末速度分量，m·s^{-1}。

本章喷嘴模型与参考文献[8—10]中物理模型基本一致，在图 8-1 中区域 2($A'B'$ 与 AB 之间)、区域 3(AB 下方)粉末流场浓度的空间分布服从高斯分布[10]。不考虑粉末重力对粉末流动的影响，粉末流场汇聚半径 $R(z)$ 可求得如下：

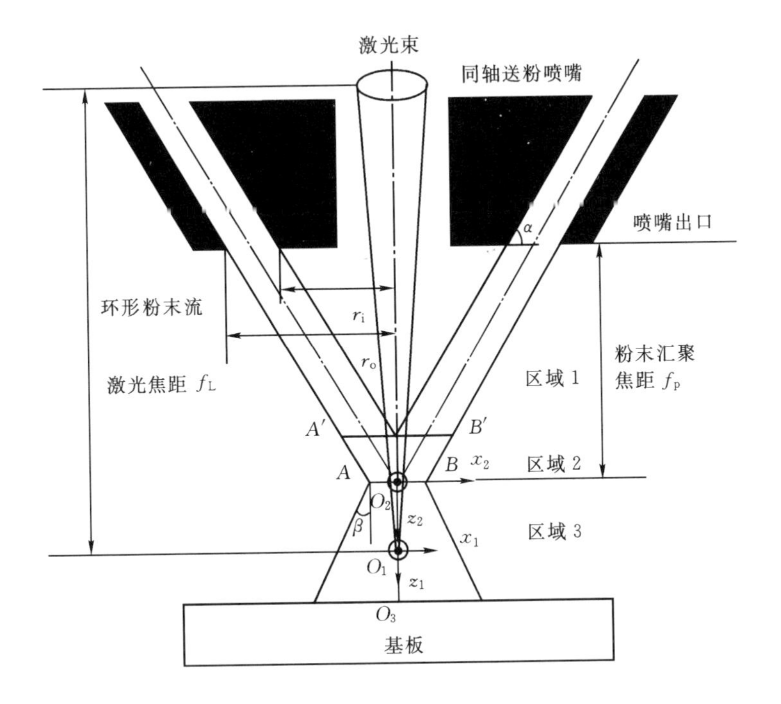

图8-1　粉末流场在空间分布模型示意图

$$R(z)=\begin{cases}R_p - z\cot\alpha, z<0\\R_p + z\tan\beta, z>0\end{cases} \tag{8-2}$$

式中：$x(z)$ 为最外层粉末的水平位移；α 为粉末入射角度；β 为粉末经喷嘴汇聚后的半发散角；R_p 为粉末流场最小汇聚半径，可由下式求出：

$$R_p = r_o - f_p\cot\alpha \tag{8-3}$$

式中：r_o 为喷嘴结构参数；f_p 为粉末流场汇聚焦距。

2. 模型假设

进入熔池的粉末全部熔化，不考虑粉末反弹、等离子体形成等因素；成形的单道形貌如图8-2所示，其截面为抛物线。若以熔池中心为坐标原点，单道成形宽度为 w，单道成形高度为 h，则单道成形截面曲线方程可表示为：

$$z=-\frac{4h}{w^2}y^2+h \tag{8-4}$$

熔池上表面为圆形，则熔池面域 S_D 方程为：

$$x^2+y^2=\left(\frac{w}{2}\right)^2 \tag{8-5}$$

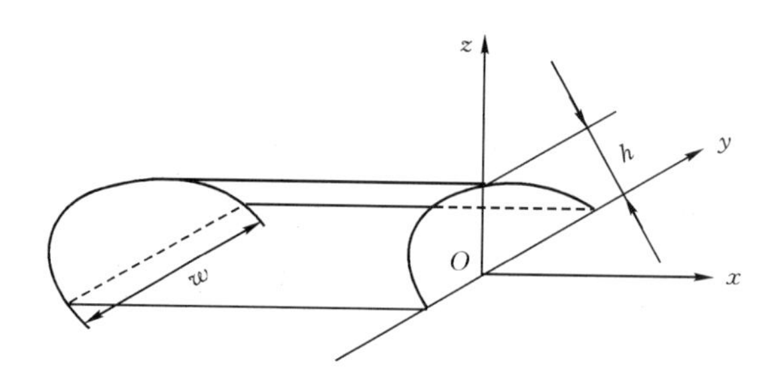

图 8-2 单道截面形貌示意图

3. 单道成形高度模型

由质量守恒定律得单位时间进入熔池的粉末质量 m_{in} 等于凝固成形的粉末质量 m_{s} ,即:

$$m_{\mathrm{in}} = m_{\mathrm{s}} \tag{8-6}$$

单位时间进入熔池的粉末质量 m_{in} 可由下式求出:

$$m_{\mathrm{in}} = v_z \cdot \iint_{S_D} M(x,y,z)\mathrm{d}s = M_{\mathrm{p}}\left[1-\exp\left(-\frac{w^2}{2R\,(z)^2}\right)\right] \tag{8-7}$$

由单道成形截面形貌,单位时间凝固成形的熔覆层质量 m_{s} 为

$$m_{\mathrm{s}} = \rho v_{\mathrm{s}} \int_{y0z} z(y)\mathrm{d}y = \frac{2}{3} v_{\mathrm{s}} w h \rho \tag{8-8}$$

联立式(8-7)和式(8-8)可得单道成形高度:

$$h = \frac{3M_{\mathrm{p}}\left[1-\exp\left(-\frac{w^2}{2R\,(z)^2}\right)\right]}{2 w v_{\mathrm{s}} \rho} \tag{8-9}$$

式中: ρ 为粉末密度; v_{s} 为激光扫描速度。

由式(8-9)可知,单道成形高度是扫描速度、送粉量、材料热物性参数、熔池宽度及粉末流场离焦量的函数。随送粉量的增大、扫描速度及材料密度降低,单道成形高度呈增大趋势;为了查明粉末流场离焦量对单道成形高度的影响规律,对式(8-9)进行简化:

$$\exp\left(-\frac{w^2}{2R\,(z)^2}\right) = 1+\left(-\left(-\left(\frac{w}{\sqrt{2}R(z)}\right)^2\right)\right)+\frac{\left(-\left(\frac{w}{\sqrt{2}R(z)}\right)^2\right)^2}{2!}+\frac{\left(-\left(\frac{w}{\sqrt{2}R(z)}\right)^2\right)^3}{3!}+\cdots+\frac{\left(-\left(\frac{w}{\sqrt{2}R(z)}\right)^2\right)^n}{n!} \tag{8-10}$$

由于单道成形宽度 w 远小于粉末流场汇聚半径 $R(z)$，由式(8-10)可知，第二项后面每项均为 $w/R(z)$ 的高阶无穷小，所以简化取第一项：

$$\exp\left(-\frac{w^2}{2R(z)^2}\right)=1-\frac{w^2}{2R(z)^2} \tag{8-11}$$

将式(8-11)代入式(8-10)中，可得：

$$h=\frac{3M_p w}{4R(z)^2 v_s \rho} \tag{8-12}$$

所以由式(8-12)可知，单层成形高度 h 随粉末流场离焦量 $R(z)$ 呈先增大后降低趋势；随熔池宽度 w 增大而增大。在粉末流场汇聚处 $R(z)=R_p$ 时，$R(z)$ 最小，单层成形高度 h 有最大值。原因是在激光能量足够条件下，单道成形高度随粉末流场浓度增大而增大，而在粉末流场汇聚处粉末流场浓度存在最大值。当成形宽度 w 增大时，则进入熔池的粉末量变多，所以单层成形高度 h 增大。

为了建模的方便，假设进入熔池的粉末全部熔化，而在实际成形过程中，由于粉末颗粒同时受表面张力及弹力的影响[11]，必然导致部分进入熔池的粉末被反弹出去，在此引入粉末利用率 η。依据参考文献及实验发现，在载气式同轴送粉方式中粉末利用率较低，一般在20%～40%[12,13]，所以在本模型中选用 $\eta=0.3$。代入式(8-12)可得：

$$h=\frac{3\eta M_p w}{4R(z)^2 v_s \rho} \tag{8-13}$$

4. 单道成形宽度模型

在LMDF成形过程中，熔池形状及尺寸不仅取决于进入熔池的粉末量，也与进入熔池的能量有关。当熔池处于准稳态时，由能量守恒定律可知：进入熔池的能量应等于进入熔池粉末所吸收的能量与从熔池流出的能量之和。设 P_{in} 为进入熔池的能量，P_m 为进入熔池的粉末吸收能量，P_{out} 为从熔池流出的能量，P_k 为通过热传导方式从熔池固-液边界向固体材料内部传递的能量，P_h 为通过对流方式从熔池表面散发的能量，P_ε 为通过热辐射方式从熔池表面向环境辐射的能量。因此可得式(8-14)：

$$P_{in}=P_{out}+P_m=P_k+P_h+P_\varepsilon+P_m \tag{8-14}$$

由参考文献[14,15]可知，经过热对流及辐射方式从熔池流出的热量及粉末所吸收的能量占有较小的比例，绝大部分能量通过热传导方式从熔池固-液边界传向固体材料内部，则可得：

$$P_{in}=P_{out}=P_k \tag{8-15}$$

进入熔池的能量可由下式求出：

$$P_{in} = P\alpha(1 - r_p) \tag{8-16}$$

结合参考文献[16]得出熔池宽度 $w(z)$ 模型，进行修正，可得熔池宽度：

$$w(z) = 2\left[\frac{P\alpha(1 - r_p)d(z)}{\rho\pi v_s c_p (T_m - T_0)\int_0^{2\sqrt{kt}} \mathrm{erf}\left(\frac{z}{2\sqrt{kt}}\right)\mathrm{d}z}\right]^{1/2} \tag{8-17}$$

式中：α 为粉末材料对激光能量的吸收率，取 $\alpha = 0.35$；r_p 为粉末云对激光初始能量的反射率，取 $r_p = 0.09$[14]；ρ 为粉末材料密度；c_p 为粉末材料比热；T_0 为初始温度；$d(z)$ 为激光坐标系中激光离焦量为 z 处的光斑直径；v_s 为激光扫描速度；T_m 为熔池温度；k 为热扩散系数；t 为零件表面任一点处于液态的时间。

零件表面任一点处于液态的时间 t 可近似求出：

$$t = \frac{d}{v_s} \tag{8-18}$$

式中：d 为激光光斑直径。

因为 $\mathrm{erf}(x) = \frac{2}{\sqrt{\pi}}\int_0^x \exp(-u^2)\mathrm{d}u$，且由函数 e^{-x^2} 的幂级数展开可得：

$$\mathrm{e}^{-x^2} = 1 + (-x^2) + \frac{(-x^2)^2}{2!} + \frac{(-x^2)^3}{3!} + \cdots + \frac{(-x^2)^n}{n!} \tag{8-19}$$

同理简化第一项，求出单道成形宽度：

$$w(z) = 2\left(\frac{P\alpha(1 - r_p)d(z)1/2}{2(T_m - T_0)\sqrt{\pi\lambda v_s \rho c_p}}\right)^{1/2} \tag{8-20}$$

由式(8-20)可知，熔池宽度是激光功率、扫描速度、光斑直径、粉末对激光吸收率、粉末对激光的反射率、熔池初始温度及材料热物性参数的函数。

为了对单道成形宽度及高度进行求解，建立如图8-3所示激光坐标系，找出激光光斑直径随激光离焦量的变化关系。以激光汇聚点为坐标原点 O_1，假设激光在汇聚焦点上下对称，则在激光离焦任意位置 z 处，光斑直径 $d(z)$ 可由下式计算求出：

$$d(z) = d_0 + \frac{D - d_0}{f_L}|z| \tag{8-21}$$

由激光光路汇聚参数可知，激光束经过透镜汇聚前光斑直径为 $D = 27$ mm，当激光汇聚时其光斑直径 $d_0 = 0.48$ mm，焦距 $f_L = 160$ mm。代入式(8-21)中：

$$d(z) = 0.48 + \frac{27 - 0.48}{160}|z| = 0.48 + 0.166|z| \tag{8-22}$$

以零件的最小特征尺寸 $w = 0.5$ mm 为目标，同时满足宽高比 $w/h =$

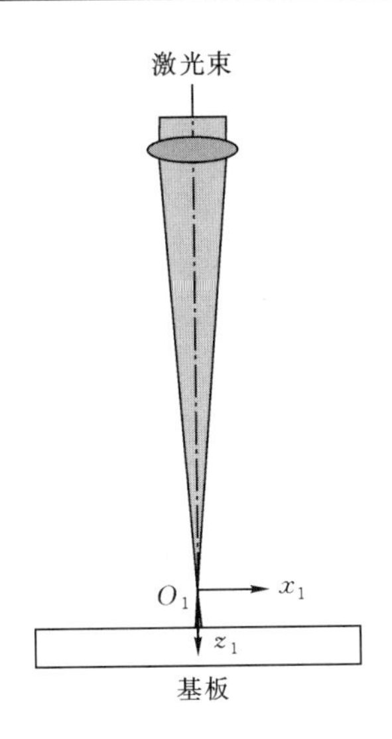

图 8-3　激光平面坐标系

5～6[17]的要求，根据工艺模型与工艺参数的关系，可以初步确定工艺参数范围，以进行单道成形工艺实验，然后将两者对比分析以验证工艺模型的准确性。

8.2.2　实验验证

实验基板材料为 316 L 不锈钢，尺寸为 150 mm×100 mm×8 mm；粉末材料选用 316L 不锈钢，其化学成分如表 8-1 和表 8-2 所示。根据计算及实验，工艺参数的选取范围如表 8-3 所示。为找出工艺参数对单道成形截面尺寸的影响规律，仅改变某一工艺参数，将其它参数固定，进行单道成形实验，成形轨迹长度为 80 mm。

实验前，将粉末放入 150 ℃真空干燥箱内，烘干以除去水分，增强粉末的流动性及传送均匀性。为保证实验结果的准确性，采用同样工艺参数重复实验三次，单道成形轨迹如图 8-4 所示。为了避免成形过程基板内部能量累积，在基板下方设计水冷系统，以保证基板内热量及时散失。实验后将单道成形试样通过线切割沿垂直于扫描方向切下，制成小试样，如图 8-5 所示。小试样经打磨抛光处理后分别用丙酮和酒精清洗，以消除试样表面的油脂及污渍，最后将制备好的小试样放在 KEYENCE VH-8000 光学显微镜下观察及测量其截面尺寸，测量示意图如图 8-6 所示。

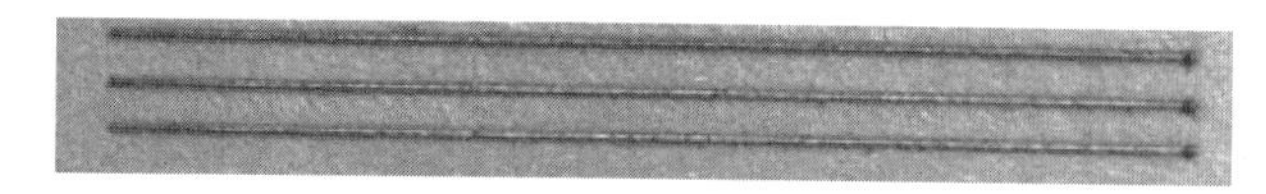

图 8-4 单道成形轨迹

表 8-1 316L 不锈钢基板的化学成分(质量分数/%)

材料	C	Si	Mn	P	S	Cr	Ni	Mo	Fe
316L	0.024	0.51	1.53	0.024	0.003	16.75	10.17	2.05	余量

表 8-2 316L 不锈钢粉末的化学成分(质量分数/%)

材料	目数	粒度/μm	C	Cr	Ni	Si	Mn	Mo	Fe
316L	-140~+325	50~100	0.04	17.6	12.1	1.12	0.15	2.20	余量

表 8-3 单道成形实验的基本工艺参数

参数名称	范围
激光功率 P/W	150,200,250,300
扫描速度 v/ mm · s^{-1}	2,4,6,8,10
送粉量 M_p/g · min^{-1}	7.8,8.8,9.8,10.9,12
载气流量 q/L · min^{-1}	8
保护气流量 Q/ml · min^{-1}	300

图 8-5 线切割试样

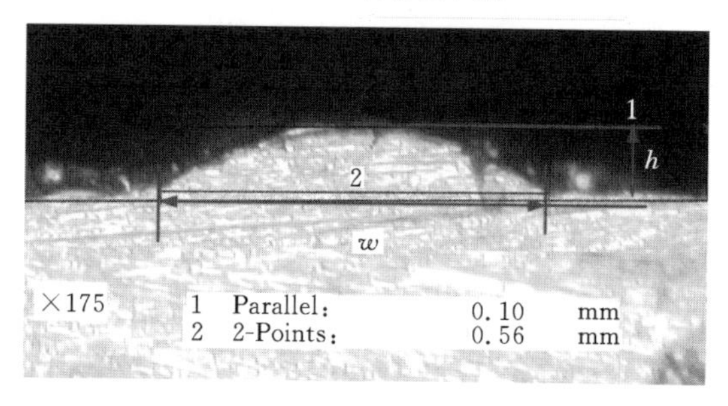

图 8-6 单道成形轨迹截面形貌

单道成形高度是LMDF的一个重要的参数，它的大小直接决定成形效率及成形质量。其值过小会造成成形效率较低，过大则会影响层与层之间冶金结合质量[17]，更为重要的是它的大小将作为后续多层堆积时 z 轴增量制定的依据，对它的准确控制也将直接影响零件 z 方向的成形质量。因为只有进入熔池的粉末才能被熔化、凝固形成熔覆层，所以进入熔池的粉末量成为影响单道成形高度的决定因素，工艺参数对单道成形高度的影响规律可以通过计算进入熔池粉末的熔化量进行分析[11]。

1. 工艺参数对单道成形高度的影响

激光功率对单道成形高度影响相对较为复杂，实验发现激光功率必需保持在一定范围内。激光功率过小，不能使进入熔池的粉末完全熔化，造成粘粉而影响熔覆层成形质量；激光功率过大，会使熔池的深度增大，造成液态金属表面张力小于其重力，促使熔化的金属向两侧流淌，严重时也会影响熔覆层的成形质量。

在一定激光功率范围，随着激光功率的增大，进入熔池的能量增大，被熔化的粉末量增大，促使熔池尺寸增大，单道成形高度呈上升趋势；若激光功率过大，将导致液态金属向两侧流淌，熔池宽度增大，其深度具有减小趋势，实际上降低了单道成形高度。而扫描速度对单道成形高度的影响相对较为简单，随扫描速度增大，单位时间内进入熔池粉末量减少，单道成形高度降低。

图8-7是单道成形高度随激光功率及扫描速度的变化规律。由图可知：随着激光功率增大，单道成形高度呈上升趋势；随着扫描速度增大，单道成形高度呈下降趋势。

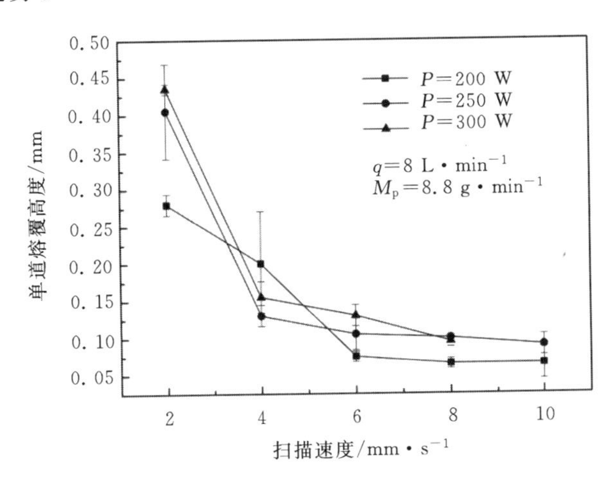

图8-7　单道成形高度与激光功率、扫描速度的关系曲线

送粉量对单道成形高度的影响较为简单，随着送粉量的增大，进入熔池的粉末量增大，单道成形高度增大。但在一定激光能量范围内，激光能量的粉末承载率(单位激光能量所能熔化的金属粉末量)是一定的[18]，在激光功率及扫描速度一定的条件下，所能熔化的粉末量是一定的，若送粉量过大，将会导致进入熔池的部分粉末不能熔化，出现粘粉现象，影响熔覆层质量，因此应准确控制送粉量。

图 8-8 为单道成形高度随送粉量的变化趋势。由图可知随送粉量增加，单道成形高度增大。

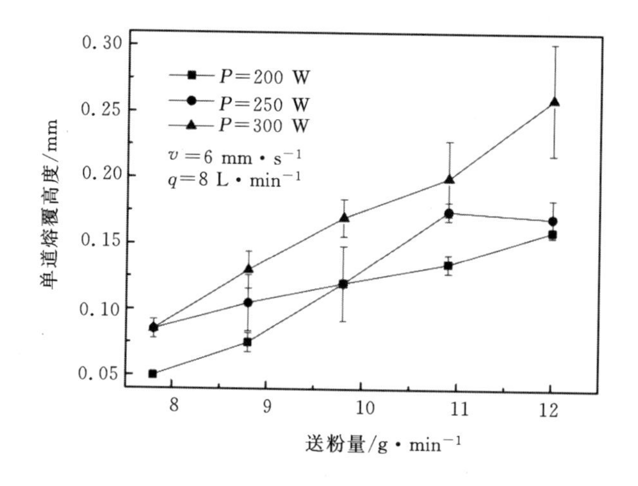

图 8-8 单道成形高度与送粉量、激光功率的关系

通过改变粉末流场离焦量，实验发现当喷嘴下端存在基板时，单道成形高度最大值不是出现在自由状态下粉末流场汇聚点 5 mm 处，而是出现在距离喷嘴出口 4 mm 处。由此推断当喷嘴下端存在基板或成形件时，粉末流场汇聚点上移，其汇聚焦距变小，由自由状态的 5 mm 变成 4 mm，这与第 8 章当喷嘴下端存在成形件时粉末流场的分布规律一致。

根据实验和同轴喷嘴结构特征，选择粉末流场离焦量：$-2 \leqslant Z_p \leqslant 4$ mm。因为喷嘴出口不能距离基板太近，否则反弹的粉末将会进入喷嘴内部造成喷嘴内激光出口堵粉，同时喷嘴出口距离基板也不能太远，否则易造成大量金属粉末不能进入熔池，影响粉末利用率，效率大大降低。由单道成形实验得到粉末流场离焦量对单道成形高度影响规律如图 8-9 所示。

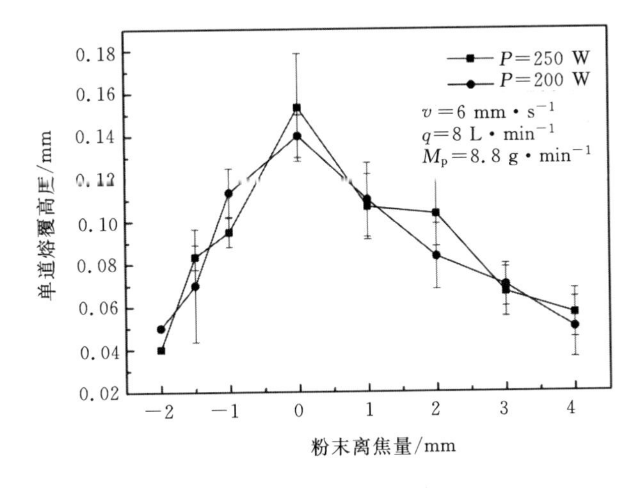

图 8-9　单道成形高度与粉末流场离焦量的关系曲线

由图 8-9 可知,单道成形高度随粉末流场离焦量呈先增大后减小趋势,在粉末流场汇聚点存在最大值。主要原因是粉末经喷嘴作用先汇聚后发散,其粉末流场浓度三维空间呈高斯分布[8],在粉末流场汇聚点浓度最大,进入熔池的粉末量最多,单道成形高度最大。随粉末流场离焦量增大,其浓度降低,进入熔池的粉末量减少,因此单道成形高度逐渐降低。

2. 工艺参数对单道成形宽度的影响

单道成形宽度是 LMDF 成形中又一个重要工艺参数,它的大小直接决定成形零件的最小特征尺寸。相对单道成形高度,单道成形宽度受工艺参数的影响相对较为简单,主要受光斑直径、激光功率及扫描速度的影响,而送粉量及粉末流场离焦量对单道成形宽度的影响并不明显。

工艺参数对单道成形宽度的影响规律如图 8-10 所示。由图可知:单道成形宽度随激光功率的增大而增大,随着扫描速度的增大呈下降趋势。送粉量对单道成形宽度的影响相对较小,在激光功率足够大时,随着送粉量的增大,单道成形宽度还是呈现略有增大的趋势。这是由于随激光功率增大及扫描速度降低,导致进入熔池的能量密度增大,熔池区域也越大(由宽度数理模型可知),所以单道成形宽度增加。随着粉末流场离焦量增大,单道成形宽度呈下降趋势,在粉末流场汇聚点处,由于其浓度最大,单道成形宽度存在最大值。粉末流场离焦量变化只会改变进入熔池的粉末量,而粉末量变化引起宽度的变化并不明显,所以在其他工艺参数不变的条件下,粉末流场离焦量对成形宽度的影响也很小。

为验证计算模型的准确性,任意选取 5 组工艺参数(见表 8-4)分别进行实验

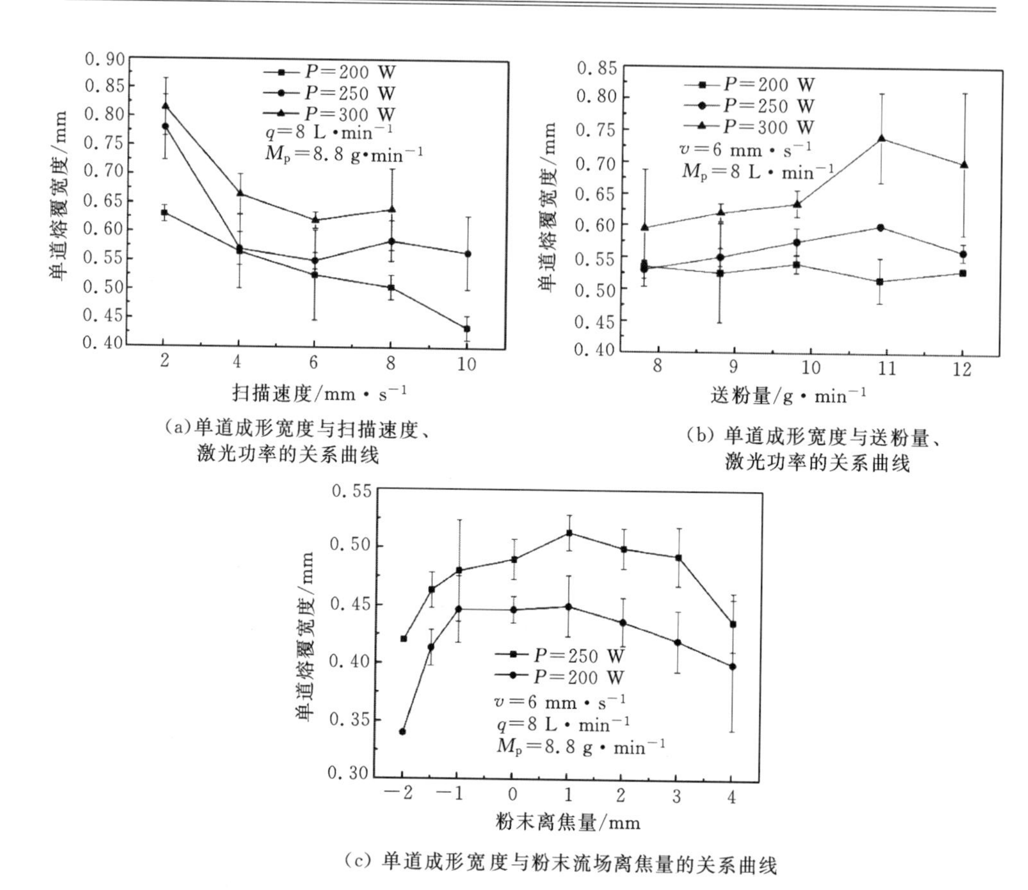

(a)单道成形宽度与扫描速度、激光功率的关系曲线

(b)单道成形宽度与送粉量、激光功率的关系曲线

(c)单道成形宽度与粉末流场离焦量的关系曲线

图 8-10 工艺参数对单道成形宽度的影响

及计算，由于金属材料热物性参数是温度的函数，在此仅取 1000 ℃ 时材料热物性参数，$c=500\ \mathrm{J\cdot kg^{-1}\cdot K^{-1}}$，$\rho=8.0\times10^{3}\ \mathrm{kg\cdot m^{-3}}$，$\lambda=34.75\ \mathrm{W\cdot m^{-1}\cdot K^{-1}}$[14]。实验结果及计算结果如图 8-11 所示。

表 8-4 实验工艺参数

序号	v_s/mm·s^{-1}	M_p/g·min^{-1}	P/W	w/mm
1	2	8.8	200	0.48
2	4	8.8	200	0.48
3	6	8.8	250	0.48
4	8	8.8	250	0.48
5	10	8.8	250	0.48

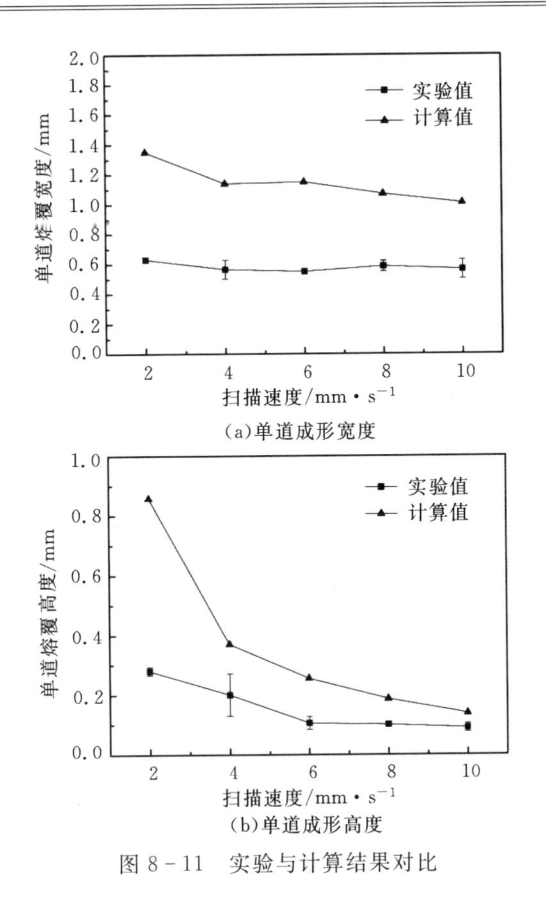

(a)单道成形宽度

(b)单道成形高度

图 8-11　实验与计算结果对比

对比图 8-11 可知，单道成形宽度及高度的计算值与实验值基本保持一致，说明所建模型的可靠性。同时可知，计算结果与实验结果存在一定的误差，无论单道成形宽度还是高度，其计算值均大于实验值，而误差产生的原因主要有以下几个方面。

(1)粉末流场浓度空间的分布函数为理想的高斯分布，实际情况更加复杂。

(2)假设进入熔池的粉末全部熔化，而实际成形中存在粉末反弹，粉末反弹量由载气流量及熔池表面张力大小决定[19]。虽然在修正中考虑了粉末利用率，但在实验中粉末利用率很有可能会更低，故造成计算结果偏大。

(3)在成形中金属材料热物性参数是温度的函数，而计算中仅取 1000 ℃时的平均值。

(4)为计算方便，在一些方程中，对公式进行了简化，也会造成计算误差。

8.2.3　工艺参数

1. 熔覆层成形质量的评定指标

(1)单道成形宽度设定为 0.5 mm,能够允许波动范围 5%以内,以满足空心透平叶片要求的最小特征尺寸。

(2)熔覆层宽高比 $\lambda = L/h = 5 \sim 6$ 为合理范围,定义如图 8-12(a)所示,宽高比较小时会导致单道成形质量较差,宽高比较大时虽然能提高熔覆层冶金结合质量,但同时导致成形效率过低[17]。图 8-12(b)为某一参数下单道成形截面图。

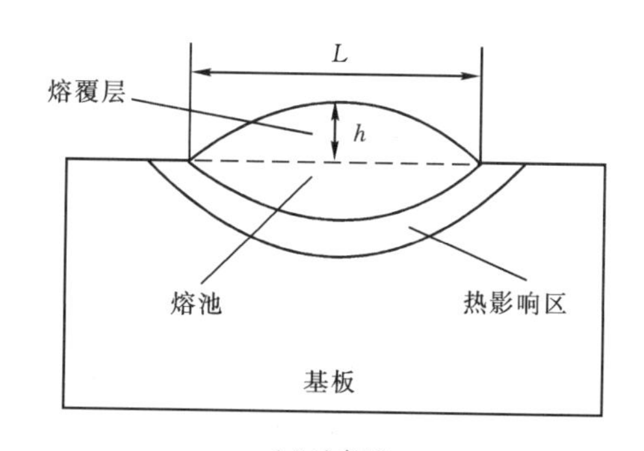

(a)示意图

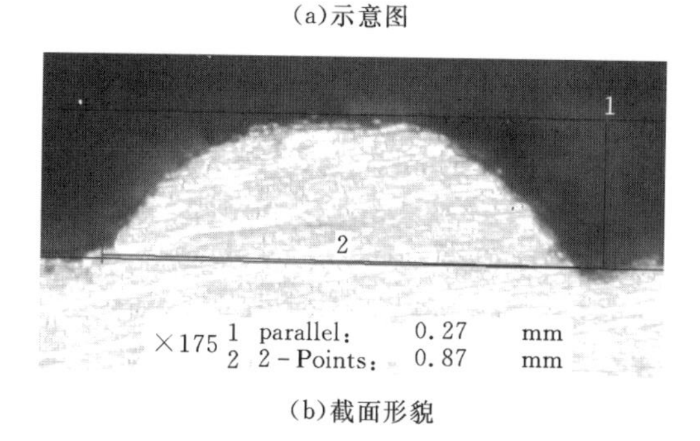

(b)截面形貌

图 8-12　熔覆层截面尺寸示意图

2. 正交表因素、水平的选择

在 LMDF 成形过程,影响成形件成形质量的因素很多,其中工艺参数主要有激光功率、扫描速度和送粉量。为了弄清各工艺参数对单道成形宽度及宽高比的影响,采用正交实验设计法中 $L_9(3^4)$ 进行分析,正交实验表的因素及其水平如表 8-5所示。

表 8-5　正交实验因素水平表

因素＼水平	1	2	3
激光功率/W	200	250	300
扫描速度/ $mm \cdot s^{-1}$	4	6	8
送粉量/$g \cdot min^{-1}$	6.3	7.8	8.8

3. 实验与分析

根据表 8-5 进行正交实验，单道成形宽高值如表 8-6 所示。

表 8-6　正交实验结果

实验编号	激光功率 P/W	扫描速度 v/ $mm \cdot s^{-1}$	送粉量 M_p/$g \cdot min^{-1}$	轨迹高 h/mm	评价指标	
					轨迹宽 w/mm	宽高比 λ
1	200	4	8.8	0.2	0.56	2.8
2	200	6	6.3	0.05	0.54	10.8
3	200	8	7.8	0.05	0.52	10.4
4	250	4	7.8	0.1	0.56	5.6
5	250	6	8.8	0.1	0.55	5.5
6	250	8	6.3	0.04	0.52	13
7	300	4	6.3	0.11	0.58	5.27
8	300	6	7.8	0.08	0.595	7.4
9	300	8	8.8	0.1	0.64	6.4

4. 直观分析

直观分析主要通过计算水平均值与级差以确定因素的最佳水平组合和因素的主次顺序。对实验数据进行处理后绘制了单道成形宽度及宽高比与因素水平的关系图(见图 8-13 及图 8-14)。

(1)对单道成形宽度的影响。

(2)对宽高比的影响。

由图 8-13 及图 8-14 可知：影响单道成形宽度的因素次序依次为激光功率＞送粉量＞扫描速度；影响宽高比的因素次序为扫描速度 ＞ 送粉量 ＞ 激光功率。综合考虑，优化后工艺参数：激光功率 250 W，送粉量 8.8 g/min，扫描速度6 mm/s。

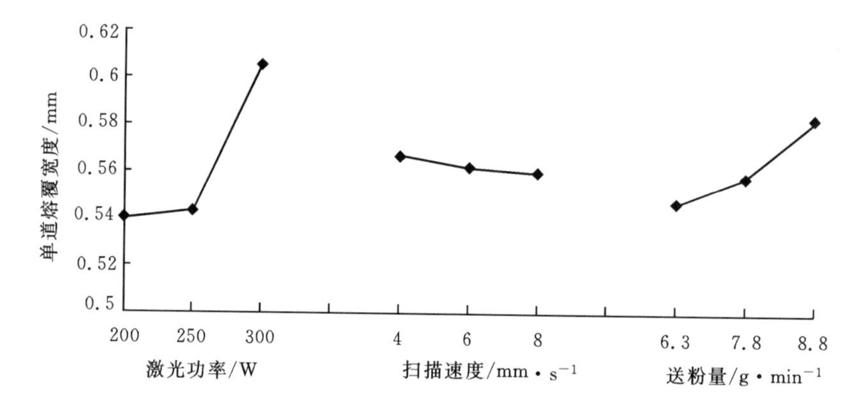

图 8-13 工艺参数对单道成形宽度的影响

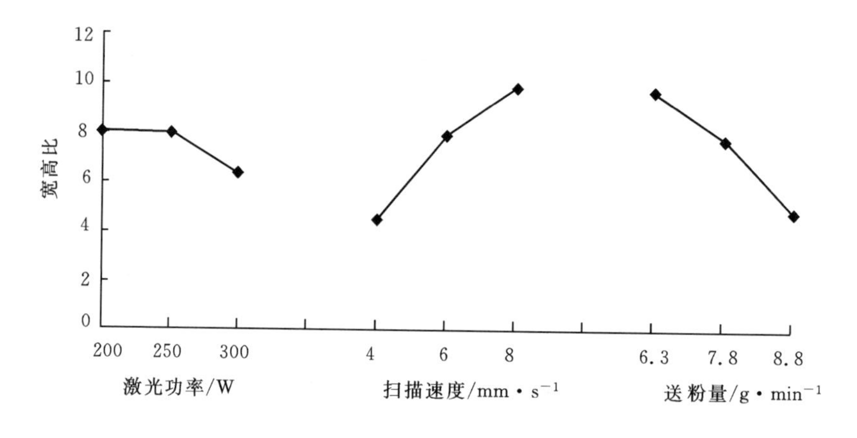

图 8-14 工艺参数对宽高比的影响

8.3 工艺参数对单道多层成形的影响

单道多层堆积指在单道成形基础上，每堆积一层同轴喷嘴及激光头装配部分沿 z 轴向上移动一增量 Δz，重复扫描。其壁厚由熔池宽度决定[3]，成形过程如图8-15所示。

为获得薄壁件成形工艺规律，在如表 8-7 所示工艺参数条件下，以薄壁件为研究对象进行堆积成形实验，采用“Z”字型往复扫描路径，堆积层数为 90 层，成形轨迹长度为 50 mm。

在成形过程中由于传热条件不断发生变化，为了获得壁厚均匀的薄壁零件，

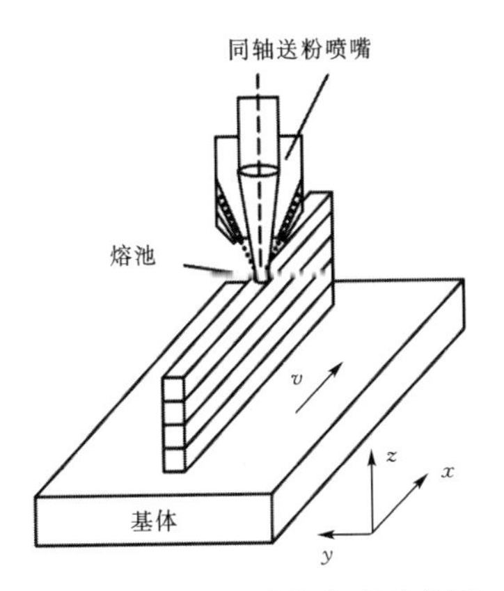

图 8-15　薄壁零件成形示意图

必须对熔池温度加以控制。通过红外热像仪进行检测，采用逐层变功率方法解决成形过程热量积累问题，以保证壁厚的均匀性。为了获得顶部平整的薄壁零件，研究 z 轴增量及粉末流场离焦量对成形质量的影响，结合粉末流场离焦量对单道成形高度的影响规律，以揭示粉末流场离焦特性对成形工艺稳定性的作用。

表 8-7　薄壁件 LMDF 成形工艺参数

激光功率 P/W	扫描速度 v/mm・s^{-1}	光斑直径 D/mm	送粉量 M_p/g・min^{-1}	载气流量 q/L・min^{-1}
250	6	0.48	8.8	8

8.3.1　评价指标

1. 顶部平整度

为了对薄壁件成形质量进行量化，提出顶部平整度作为衡量指标，即熔覆层顶端表面凸凹之间的差值，如图 8-16 所示。对图 8-16(a)由前向后投影，所测量的顶部平整度 s_T 如图 8-16(b)所示。

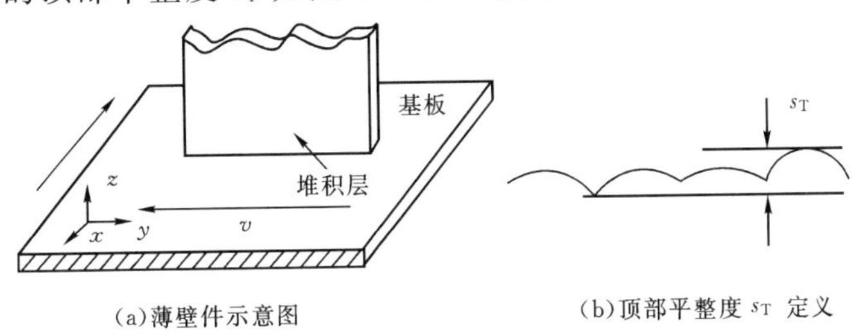

(a)薄壁件示意图　(b)顶部平整度 s_T 定义

图 8-16　薄壁件顶部平整情况示意图

采用 KEYENCE VHX－600 光学显微镜对薄壁件的顶部平整度进行测量。测量前首先通过显微镜观察定位某一确定部位，再分别测量 AB、CD、EF 三个区域（见图 8－17），找出此位置范围内波峰与波谷之间的差值，其测量范围是 1.5 mm。并以三位置中所得最大值作为这个薄壁件的顶部平整度，测量示意图如图 8－17(b)所示。

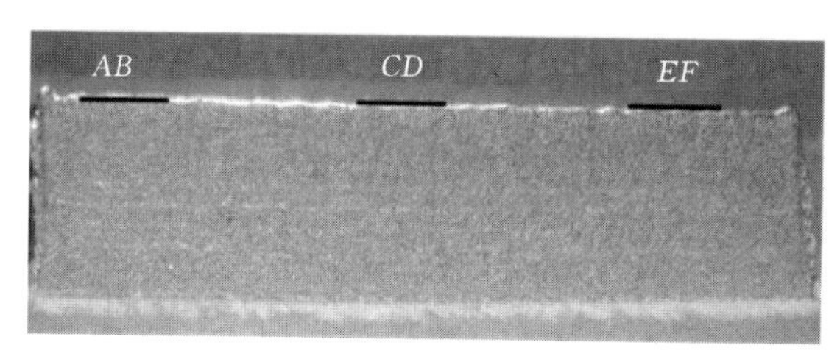

(a)顶部平整度测量位置

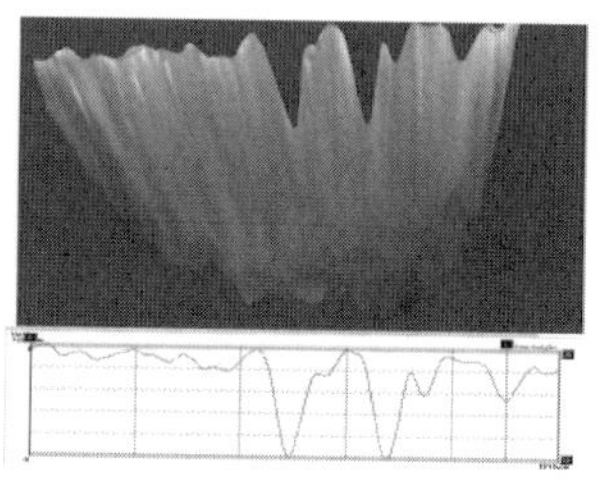

(b)顶部平整度测量示意图

图 8－17 薄壁件顶部平整度测量示意图

2. 高度增量和壁厚均匀性

为了保证薄壁件尺寸精度，必须控制堆积层高度增长量与分层厚度匹配以及壁厚均匀性。将成形薄壁件沿垂直扫描速度方向用线切割机截取横截面，以制备试样，经过粗磨、抛光及金相腐蚀（腐蚀液：$8gFeCl_3$＋$14mlHCL$＋$21mlH_2O$）处理，然后通过 KEYENCE VHX－600 光学显微镜观察及测量每层成形的高度及宽度（设堆积第 n 层时宽度为 w_n，高度为 h_n），对图 8－18(a)由右侧向左侧观察，所得实际熔覆层横截面形貌如图 8－18(b)所示。

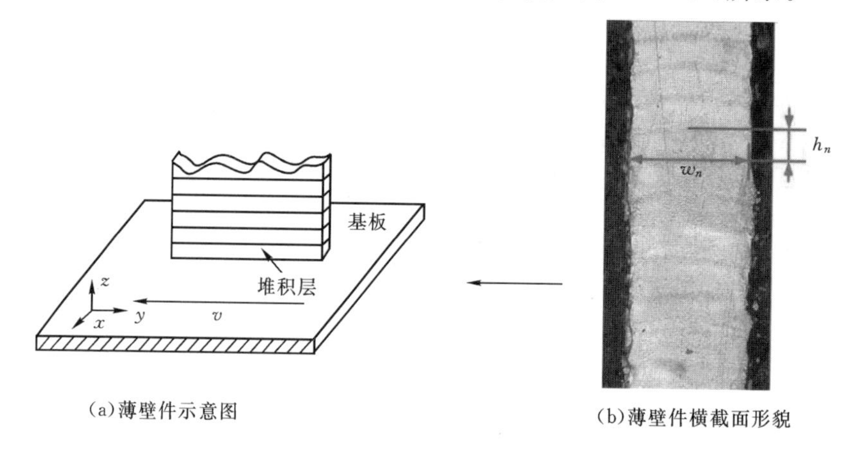

(a)薄壁件示意图　　(b)薄壁件横截面形貌

图 8－18 堆积薄壁件每层高度及宽度示意图

8.3.2　激光功率

在 LMDF 成形过程中，随着堆积层数的增加，熔池距离基板越来越远，传热条件由三维无限大的基板转变为二维的薄壁件。在后续熔覆层成形过程中，已堆积熔覆层相对于熔池而言阻碍了熔池向下传热，而进入熔池的能量绝大部分通过热传导进行散热[15]，熔池吸收的热量大于散热，所以随堆积层数的增加，熔池的能量不断积累，于是其冷却速度随堆积层增加逐渐降低。在恒定工艺条件下，如不控制能量的平衡，随着熔池温度的增加，熔覆层尺寸会增大，进而影响成形质量。

为了成形壁厚均匀的薄壁件，通过红外热像仪的红外传感技术对熔池温度进行实时测量，找出熔池温度随累加层数的变化规律，并采取逐层降功率措施以保持熔池温度的稳定性。

实验后将堆积薄壁件的横截面制备成小试样，并对其壁厚进行测量，找出薄壁件壁厚随累加层数的变化趋势，以及熔池壁厚与熔池温度的对应关系，为最终控制堆积层壁厚均匀性提供依据。

红外热像仪的采样频率设定为 50 帧/秒。图 8-19 为成形过程中任取一帧平行及垂直于扫描方向熔池区域温度场的视频截图。

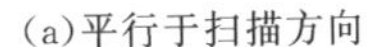

(a)平行于扫描方向

(b)垂直于扫描方向

图 8-19　熔池温度场分布

图 8-20 显示了在激光功率恒定条件下的成形薄壁件样件。图 8-20(a) 为平行于激光扫描方向的侧面，图 8-20(b) 为垂直于扫描方向的横截面。采用红外热像仪及光学显微镜分别对熔池温度及壁厚进行测量。

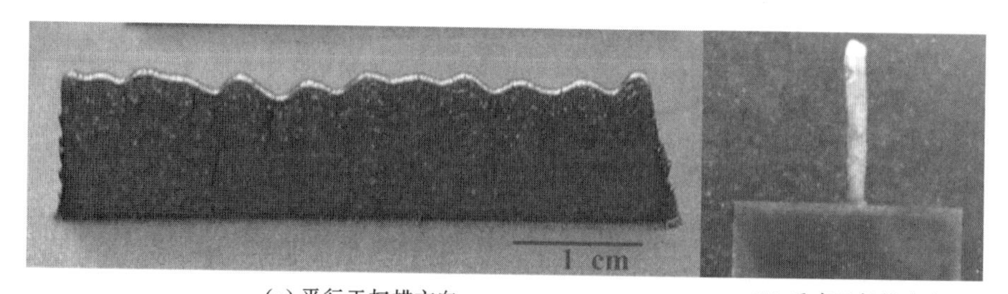

(a) 平行于扫描方向　(b) 垂直于扫描方向

图 8-20　功率恒定条件下成形薄壁件

薄壁件堆积过程前 50 层熔池温度随累加时间的变化规律如图 8-21(a) 所示。图 8-21(b)为薄壁件壁厚随累加层数的变化趋势。

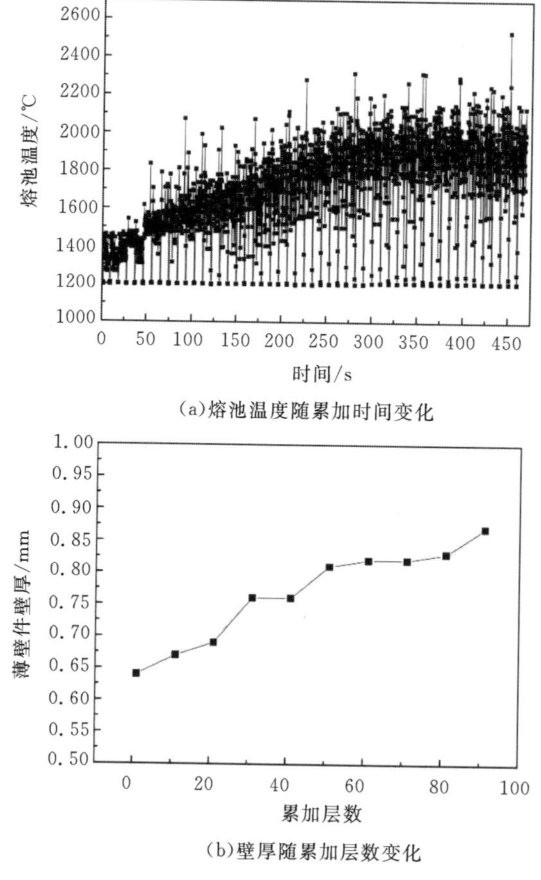

(a)熔池温度随累加时间变化

(b)壁厚随累加层数变化

图 8-21　功率恒定条件下熔池温度及壁厚变化曲线

由图 8-21(a) 可知，在成形至 270s(大约 30 层)之前，熔池温度一直处于上升阶段，当堆积至30层时熔池温度变化趋于平缓，处于“准稳态”状态，散热条件达到“准平衡”，熔池温度基本稳定在1800 ℃左右。由图8-21(b)可知，随堆积层数逐渐增大，至30层时壁厚增长趋势变缓，表明熔池趋于“准稳态”，与熔池温度随累加层数变化趋势吻合。

在激光功率恒定条件下，随累加层数增加，薄壁件横截面呈现“上宽下窄”的现象，导致堆积层壁厚不均，严重影响了薄壁件尺寸精度。若要保持薄壁件横截面壁厚均匀，必须在成形过程严格控制熔池温度，使之保持稳定。

依据参考文献[15]，当316L不锈钢材料熔池温度稳定在1670 ℃时，熔池能够很好保持其形貌。所以在薄壁件成形过程中以1670 ℃熔池温度为理想目标，根据红外热像仪测量出的温度信号为依据，调整激光功率，进而使熔池温度稳定在设定的范围。

在保持熔池温度稳定的条件下，得出激光功率随累加层数的变化趋势如图8-22所示。

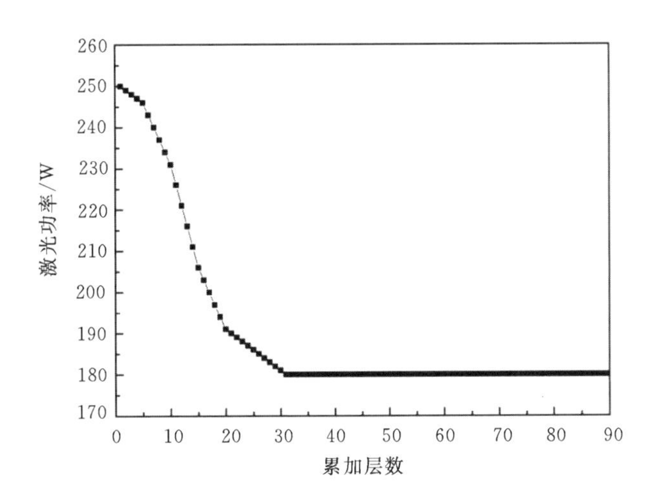

图8-22　激光功率随累加层数的变化曲线

对激光功率随累加层数的变化趋势进行指数拟合，找出激光功率P与累加层数n满足如下关系式：

$$P = 94.51\exp\left(-\frac{n}{12.26}\right) + 178.15\ (n > 0) \tag{8-23}$$

在保持熔池温度稳定的条件下，设激光功率随累加层数的变化趋势为α，则任意层激光功率为$P \cdot \alpha$。

采用逐层降功率方法，堆积的薄壁件如图8-23所示。采用红外热像仪及光学显微镜对熔池温度及壁厚进行测量，结果如图8-24所示。由图8-24

可知，在逐层降功率条件下成形薄壁件，熔池温度基本稳定在 1670 ℃左右，薄壁零件壁厚相对较为均匀，基本稳定在 0.7 mm。所以采用逐层降功率措施能够解决薄壁件在堆积过程中出现的热积累导致的壁厚不均问题，从而提高薄壁件的成形质量。

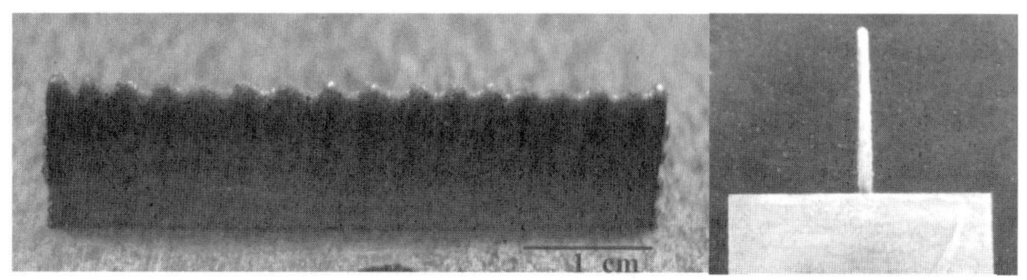

(a) 平行于扫描方向　　(b) 垂直于扫描方向

图 8-23　逐层降功率条件下成形的薄壁件

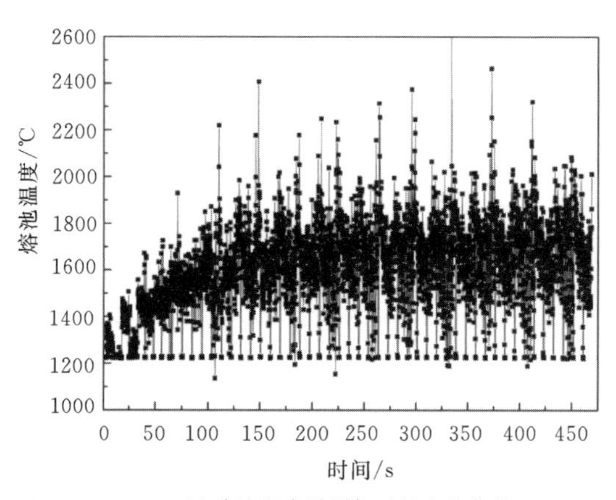

(a)熔池温度随累加时间变化曲线

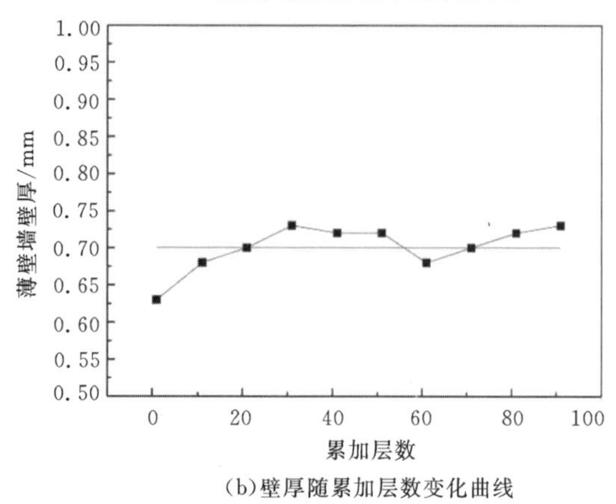

(b)壁厚随累加层数变化曲线

图 8-24　降功率条件下熔池温度及壁厚变化规律

由图 8-23 可知，成形的薄壁件顶部表面波浪起伏，平整度较差。主要原因是在堆积过程中由于偶然因素或工艺参数设定值存在波动，导致堆积层表面波浪起伏，这种现象会随堆积层层数的增加变得越来越明显[11,18]。为此，下面介绍 z 轴增量对薄壁件成形质量的影响规律。

8.3.3　z 轴增量

薄壁件成形截面形貌及尺寸除受激光功率、扫描速度、送粉量等参数影响外，z 轴增量是另一个重要影响因素。为了保证薄壁件生长均匀，必须选择合适的 z 轴增量，严格地说应保证 z 轴增量与模型分层厚度匹配。研究发现当 z 轴增量略小于单道成形高度时，堆积层表面形貌具有一定的"形貌自稳定效应"[20]，然而对 z 轴增量与单道成形高度的对应关系，并没有作出定量分析。本节针对 z 轴增量对薄壁件成形质量的影响展开了系统的研究，建立了相应的工艺模型，并进行了实验验证。

在薄壁件成形过程中，除第一层之外，从第二层开始堆积均是在前一层成形轨迹上进行，如图 8-25 所示。

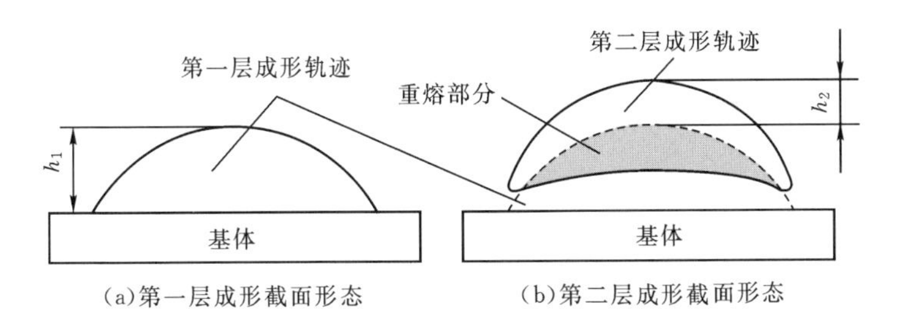

图 8-25　连续两层成形轨迹截面示意图

由图 8-25 可知，第一层与第二层重熔部分液态金属在重力及表面张力的作用下，沿着前一层成形轨迹未熔化部分向两侧流淌，形成如图 8-25(b)所示形态，液态金属的流淌会使后续的堆积层高度 h_2 低于第一层堆积的高度 h_1。所以在成形过程中就不能将 z 轴增量设定等于单道成形高度 h_1，否则经多层累加之后，会出现激光正离焦现象，最终导致堆积层高度不能稳定增加。下面基于"等体积法"对薄壁零件成形的 z 轴增量建立工艺模型，以找出合适的 z 轴增量。

为方便工艺模型的建立，需作以下假设：

(1)每道成形轨迹截面为抛物线，每条轨迹的横截面积均相同；

(2)成形轨迹的曲率保持不变。

横截面理想模型如图 8-26 所示。h_1 为堆积第一层时单道成形高度；w 为单道成形宽度；Δz 为 z 轴增量。在第一层成形轨迹基础上进行第二层堆积，由于第一层堆积轨迹的存在，将使当前轨迹与前一条轨迹重合部分的液态金属(曲边三角形 ABH)“补充、铺展”到曲边三角形 GHF 及 BCD 中的区域，只有这样才能保证每堆积一层，堆积层表面平整。

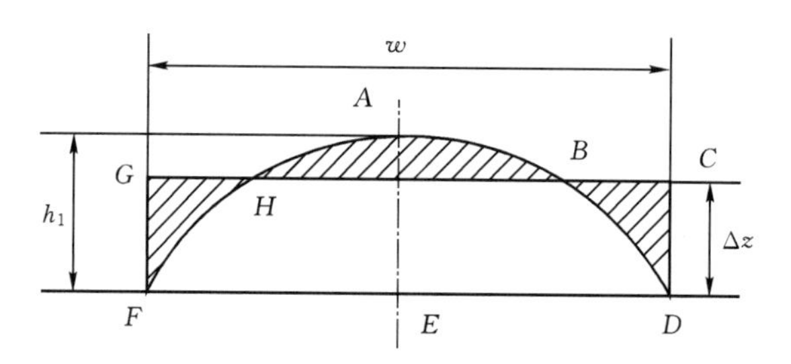

图 8-26 成形薄壁件 z 轴增量模型

根据图 8-26 所示理想模型，可得：

$$S_{ABH}=S_{BCD}+S_{GHF} \tag{8-24}$$

由式(8-24)可得：

$$S_{CDFG}=S_{ADF} \tag{8-25}$$

令 $FD=w, AE=h_1, CD=\Delta z$，根据图 8-26 则有：

$$S_{ADF}=\int_{-\frac{w}{2}}^{\frac{w}{2}} z\mathrm{d}x=\int_{-\frac{w}{2}}^{\frac{w}{2}}\left(-\frac{4h_1}{w^2}x^2+h_1\right)\mathrm{d}x=\frac{2}{3}wh_1 \tag{8-26}$$

$$S_{CDFG}=\Delta z\cdot w \tag{8-27}$$

由式(8-26)与式(8-27)可得：

$$\Delta z=\frac{2}{3}h_1 \tag{8-28}$$

由式(8-28)可知，Δz 是单道成形高度的函数。

为验证数理模型的合理性，选取两个 z 轴增量(单道成形高度 $\Delta z=0.10$ mm 和 z 轴增量模型计算值 $\Delta z=0.07$ mm)，采取逐层降功率规律，其它工艺参数如表 8-7 所示。进行薄壁零件的成形实验，成形的薄壁试件沿 x 轴方向分别如图 8-27 所示。对堆积薄壁的顶部平整度进行测量，平整度如表 8-8 所示。

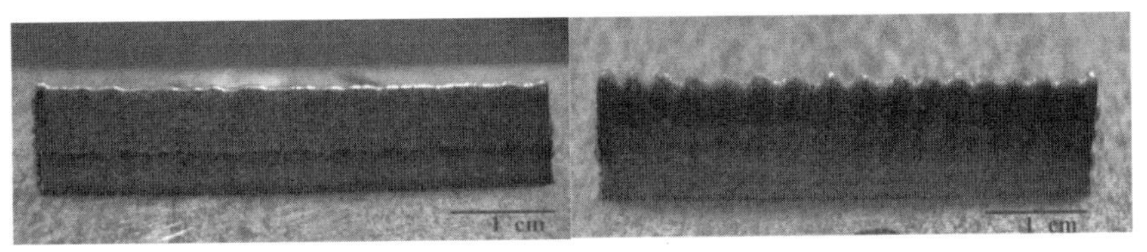

(a) $\Delta z=0.07$ mm　　(b) $\Delta z=0.10$ mm

图8-27　不同 z 轴增量成形的薄壁件

表8-8　不同 Δz 堆积薄壁件顶部平整度

z 轴增量 Δz/(mm)	顶部平整度 s_T /(mm)
0.07	0.472
0.10	1.226

对比图8-27和表8-8可知，当 $\Delta z=0.07$ mm时成形的薄壁件顶部平整度小，成形质量较好；当 $\Delta z=0.10$ mm时成形的薄壁件顶部平整度较大，堆积层上表面波浪起伏，成形质量相对较差。主要原因是当 $\Delta z=0.07$ mm时，Δz 小于第一层成形高度，成形下一层时会出现激光与粉末流场负离焦状态，激光光斑变大，激光能量密度降低，导致堆积层宽度及高度均降低，如此往复，直到满足由式(8-28)计算 z 轴增量 $\Delta z=0.07$ mm时才停止，此后单道成形宽度与高度将不再变化。

为了探索当 z 轴增量小于单层成形高度时如何成形顶部平整的薄壁件，下面对粉末流场离焦量对薄壁件成形质量的影响规律进行介绍。

8.3.4　粉末流场离焦量

在LMDF成形开环系统中，由于其成形过程受较多因素影响，即使采用优化后的工艺参数，若环境因素或硬件性能稍微存在扰动，均会引起熔池尺寸的波动。研究表明在特定工艺条件下熔池产生的微小波动若不及时加以控制，将会对零件的后续成形产生显著影响(见图8-28)，严重时会导致成形过程无法进行[5]。

为了解决零件熔覆层顶部不平整的问题，有学者通过闭环控制方法，提高零件的成形质量[21-23]。然而闭环控制不仅结构复杂，而且成本较高。在开环控制下通过实验发现在不同粉末流场离焦条件下成形的零件，其尺寸精度及顶部平整度存在显著差异。下面将介绍粉末流场离焦量对熔覆层成形质量的影响规律。

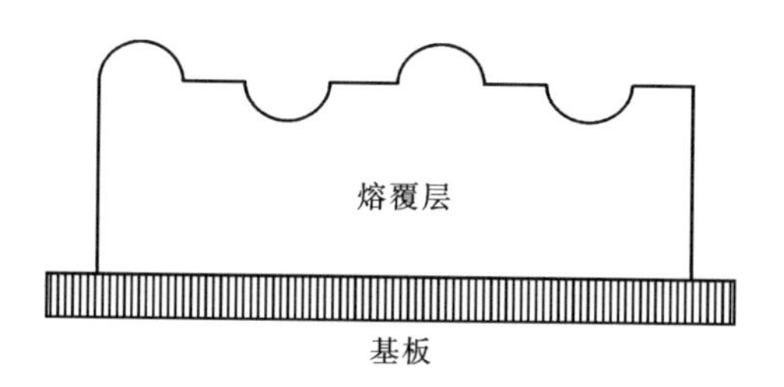

图 8-28 熔覆层顶部不平整示意图

1. 实验方法

在单道成形基础上，分别在三种不同粉末流场离焦量(Z_p =－1 mm，Z_p = 0 mm 及 Z_p =＋1 mm)条件下进行薄壁零件的成形实验。采取逐层降功率规律，z 轴增量等于单层成形高度，其它工艺参数如表 8-7 所示。实验后对成形薄壁件的顶部表面平整度、不同层数的堆积高度及壁厚分别进行了测量，最后对结果进行分析。

2. 实验结果及分析

在粉末流场离焦量 Z_p =－1 mm 、Z_p = 0 mm 及 Z_p =＋1 mm 条件下，成形薄壁件如图 8-29 所示。

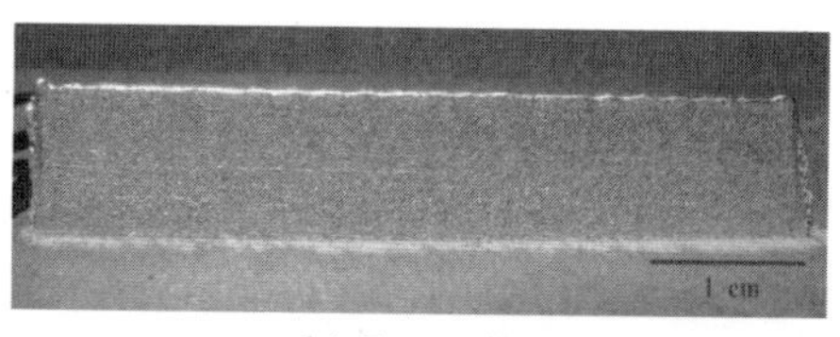

(a)Z_p= －1 mm

(b)Z_p=0 mm

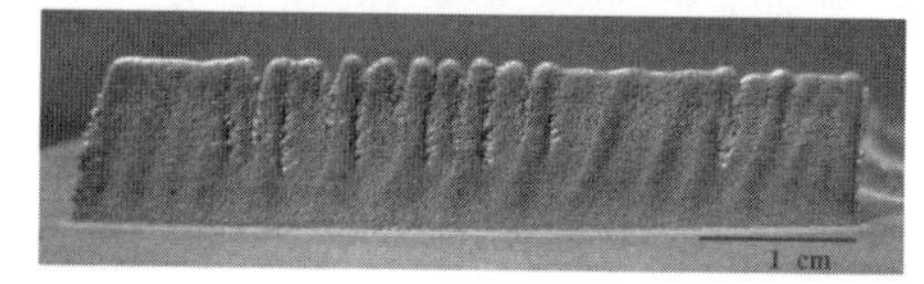

(c)Z_p=＋1 mm

图 8-29 不同粉末流场离焦量下成形的薄壁件

由图 8－29 可知，在三种不同粉末流场离焦量下成形的薄壁件两端均出现凸起现象，主要原因是由于两端扫描方向和扫描速度的改变，通常经过先加速后减速阶段，并且此阶段平均扫描速度较低，激光一直处于“开”状态，所以激光能量密度过大，导致两端凸起，此现象通过控制熔池温度进而调整激光功率得以有效解决。在粉末流场负离焦状态下成形薄壁件的顶部较平整，侧壁成形质量良好，而在粉末流场汇聚状态及粉末流场正离焦状态下成形薄壁件顶部平整度较差。

为了弄清粉末流场离焦量对薄壁件成形质量的影响规律，分别从成形薄壁件的宽度、高度及顶部平整度角度进行对比分析。

（1）对熔覆层顶部平整度的影响。

对三种不同粉末流场离焦量状态下成形薄壁件的顶部平整度进行测量，最大平整度值如表 8－9 所示。

表 8－9　薄壁件顶部最大平整度

粉末流场离焦量 Z_p /mm	平整度 s_T /mm
−1	0.325
0	1.098
+1	2.866

由表 8－9 可知，当粉末流场离焦量 $Z_p=-1$ mm 时，成形薄壁件的顶部平整度最小，成形质量好。随粉末流场离焦量增大，顶部平整度增大，薄壁件顶部成形质量变差。主要原因是在开环控制下，熔覆层增长高度与理想每层堆积高度的差值是随机的，在成形过程熔覆层表面出现凹凸不平，若在粉末流场汇聚状态下成形下一层，由于粉末流场浓度的降低，凸起处熔覆层厚度将减小，经过反复循环凸点将得到控制，但凹陷处同样会由于粉末流场浓度的降低导致熔覆层厚度减小，经过多次反复成形，凹陷处将越来越明显；若成形过程是在粉末流场正离焦下进行，当熔覆层表面出现不平后，成形下一层时凸点处粉末流场正离焦量减小，粉末流场浓度增大导致熔覆层高度增大，凸起现象加剧；同时在凹陷处粉末流场正离焦增大，粉末流场浓度降低导致熔覆层高度降低，凹陷严重，多层成形后零件表面会产生严重不平整，以致成形过程无法继续。

（2）对成形高度的影响。

图 8－30 为在三种不同粉末流场离焦量条件下，薄壁件的成形高度随累积层数的变化规律。

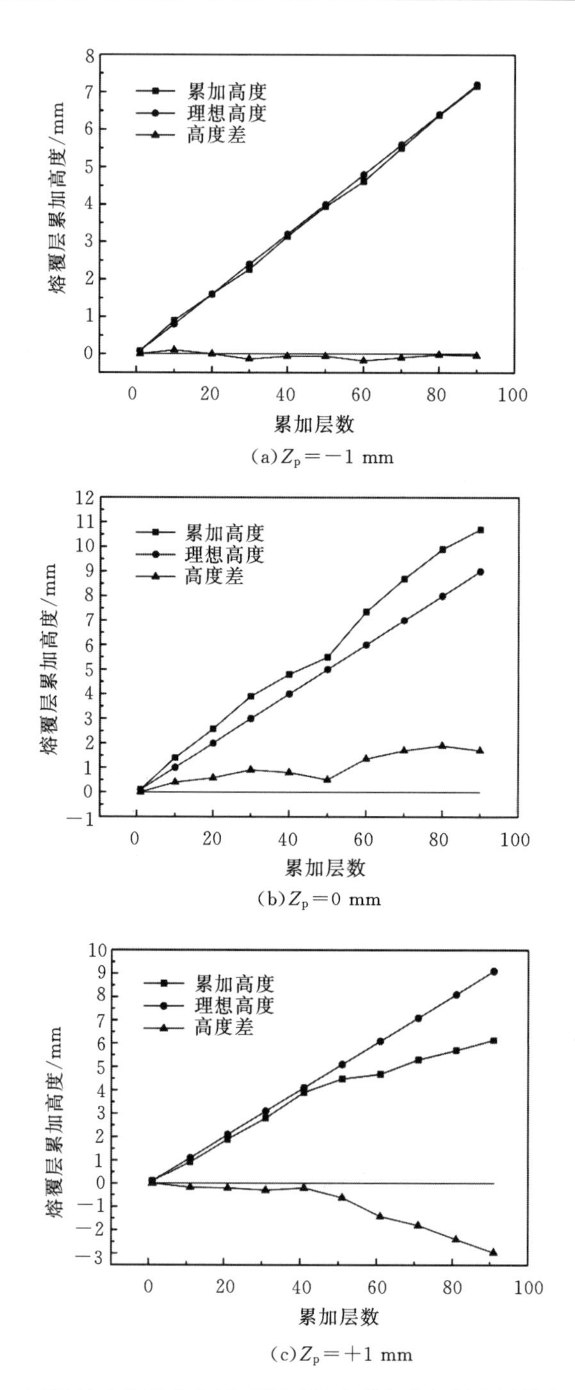

图 8-30 不同粉末流场离焦量下熔覆层成形高度与累积层数的关系曲线

由图 8-30 所示，熔覆层成形高度随累积层数的增大而增大。随粉末流场离焦量增大，熔覆层成形高度与理想值的差值随累加层数逐渐增大，而熔覆层理想高度由 z 轴增量及累积层数决定。当粉末流场离焦量 $Z_p=-1$ mm 时熔覆层高度增长相对较为均匀，在粉末流场离焦量 $Z_p=1$ mm 时高度增长均匀性较差。主要原因也可以从粉末流场浓度分布规律分析得出：在粉末流场正离焦状态下，当堆积至 40 层左右时熔覆层实际增长高度小于 z 轴增量值，随累加层数增加，粉末流场汇聚点逐渐远离熔池区域，导致进入熔池的粉末量减少，粉末利用率降低，单层成形高度降低。因此熔覆层成形高度与理想高度的差值逐渐增大，成形过程趋向不稳定，导致成形精度较差。

(3)对成形宽度的影响。

图 8-31 为在三种不同粉末流场离焦量条件下，熔覆层成形宽度随累积层数的变化规律。

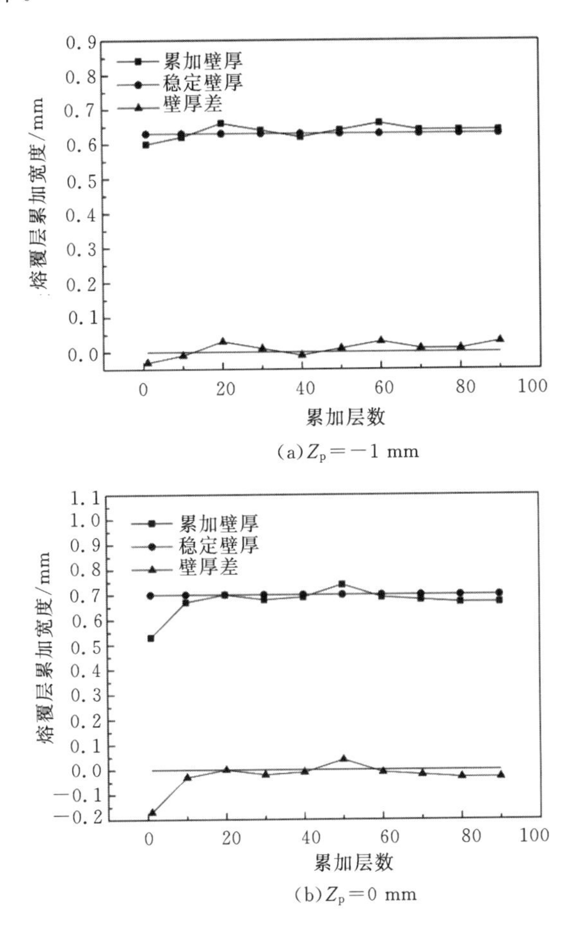

(a) $Z_p=-1$ mm

(b) $Z_p=0$ mm

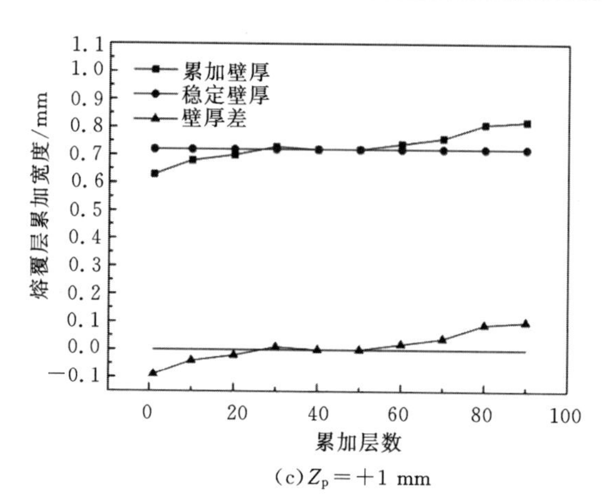

(c) $Z_p = +1$ mm

图 8-31 不同粉末流场离焦量下熔覆层成形宽度与累积层数的关系曲线

由图 8-31 可知，在粉末流场汇聚条件下，熔覆层的成形宽度基本稳定在 0.7 mm；当粉末流场离焦量 $Z_p = -1$ mm 时，熔覆层成形宽度基本稳定在 0.63 mm；当粉末流场离焦量 $Z_p = 1$ mm 时，前 40 层熔覆层的成形宽度基本稳定在 0.7 mm，但随累加层数增加，后续熔覆层的成形宽度逐渐增大。对比分析可知，在粉末流场负离焦状态下成形薄壁件，其壁厚差小于粉末流场汇聚及正离焦状态。

对于三种不同粉末流场离焦状态，开始时激光束均处于汇聚状态，激光能量密度是一致的，而粉末流场浓度随离焦量的增大呈先增大后降低趋势。由于熔覆层的宽度主要受激光光斑直径的影响，在三种情况下熔覆层的累加宽度差值较小，但是由于粉末流场离焦状态时粉末流场浓度小于汇聚状态时粉末流场浓度，所以粉末流场处于离焦状态时熔覆层的壁厚要略小于汇聚状态时的壁厚。但当粉末流场处于正离焦状态时，由于随累加层数增大，熔覆层成形高度逐渐降低，造成在熔覆点激光离焦量逐渐增大，进而光斑直径逐渐变大，所以壁厚也逐渐增大。

(4)讨论。

为了探索在不同粉末流场离焦量条件下，熔覆层表面平整度、高度及宽度随累加层数的变化规律，结合粉末流场离焦量与单道成形高度的变化关系，查明不同粉末流场离焦量状态下喷嘴出口与熔覆层间距离关系。

由图 8-32 可知，当粉末流场离焦量 $Z_p < 0$ mm 时，随粉末流场离焦量的增大，单道成形高度逐渐增大，主要原因是粉末流场浓度逐渐增大。当粉末流场离焦量 $Z_p = 0$ mm 时，单道成形高度存在最大值。

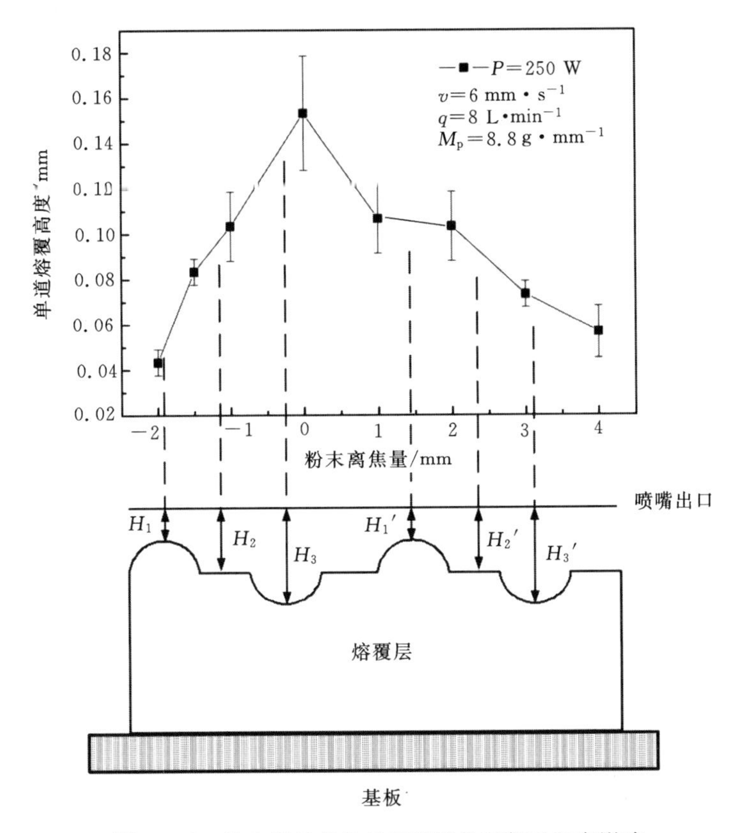

图 8-32　粉末流场离焦量对薄壁件顶部平整度影响

为了解释不同粉末流场离焦量下单道成形高度的变化规律，在此引入喷距概念(指喷嘴出口距基板或熔覆层的距离)，用 H 表示：

$$H = f_p + Z_p \tag{8-29}$$

式中：f_p 为粉末经喷嘴后粉末流场汇聚焦距，在第 7 章可知同轴喷嘴的粉末流场汇聚焦距 $f_p = 4$ mm 。

在图 8-32 中，当粉末流场离焦量 $Z_p = -1$ mm 时，设喷嘴出口相对熔覆层正常位置(顶端平整部位)处喷距为 H_2。当熔覆层顶端出现凸凹不平时，在凸点处，设喷距为 H_1 ，小于正常位置喷距为 H_2 ，即 $H_1 < H_2$ 。当成形下一层时，喷距 H_1 位置对应单道成形高度小于喷距 H_2 位置处熔覆层高度，凸点部位的累加高度将小于正常位置熔覆层高度，经过多层后凸点可消除。同理当熔覆层顶部出现凹陷时，设此时喷距为 H_3 ，结合图 8-32 可知，大于正常位置对应喷距 H_2 ，即 $H_3 > H_2$ 。随着后续层堆积进行，喷距 H_3 位置对应熔覆层高度将大于正常位置熔覆层高度，凹陷得以弥补。经过多层往复，凸点部位即可消除，凹陷得到补偿，从而达到形貌“自稳定”目的。相反，当粉末流场离焦量 $Z_p > 0$ mm时，根据图8－32同理分析可知，当熔覆层顶部出现凸凹不平时，凸点及凹陷不但不能自动消除，还会造成凸点及凹陷部位逐渐加剧。因此，在粉末流场负离焦量条件下，能够成形出表面平整、高度增长均匀的薄壁零件。

为了更好的理解“自愈合”成形机理，量化最佳粉末流场负离焦量，下面进行数学理论推导。由图8－32可知：当粉末流场离焦量 $Z_p < 0$ mm时，单道成形高度与喷距（或粉末流场离焦量）近似成线性关系，设线性方程为：

$$h_{n+1} = kH_n + b \tag{8-30}$$

式中：k 为直线的斜率；b 为直线的截距；h_{n+1} 为成形第 $n+1$ 层时单道成形高度；H_n 为成形第 n 层时喷距。

设成形第 $n+1$ 层喷距为 H_{n+1}，z 轴增量为 Δz，可得如下关系式：

$$H_n + \Delta z = H_{n+1} + h_{n+1} \tag{8-31}$$

将式(8－30)代入式(8－31)可得：

$$H_{n+1} = (1-k)H_n + (\Delta z - b) \tag{8-32}$$

设成形第一层时喷距为 H_0，则可推出：

$$H_n = \left(H_0 + \frac{b-\Delta z}{k}\right)(1-k)^n - \frac{b-\Delta z}{k} \tag{8-33}$$

当满足 $|1-k| < 1$，即 $0 < k < 2$ 时：

$$\lim_{n\to\infty} H_n = \frac{\Delta z - b}{k} \tag{8-34}$$

所以，当累加层数 n 足够大时，喷距 H_n 处于稳定。根据喷距与粉末流场离焦量关系，可得出经多层堆积后粉末流场离焦量为：

$$|Z_p| = |f_p - \lim_{n\to\infty} H_n| = \left| f_p - \frac{\Delta z - b}{k} \right| \tag{8-35}$$

对图8－32中的离散点利用最小二乘法原理进行线性回归，可得直线方程为：

$$h_{n+1} = 0.613H_n + (-1.672) \tag{8-36}$$

说明：回归系数 k 的物理意义是当粉末流场处于负离焦状态时，喷距每增大1 mm，单道成形高度增加0.613 mm；截距 b 的物理意义是当喷距为0 mm时，单道成形高度为－1.672 mm，显然此值是不符合实际情况的。在本实验中 z 轴增量为 $\Delta z = 0.08$ mm，代入式(8－34)可得：

$$\lim_{n\to\infty} H_n = \frac{\Delta z - b}{k} = \frac{0.08-(-1.672)}{0.613} = 2.9\ \text{mm} \qquad (8-37)$$

经过多层堆积之后喷距稳定在2.9 mm，在开始堆积时喷距设为 $H=3$ mm，即粉末流场离焦量 $Z_p=-1$ mm为最佳离焦量。本实验回归系数 $k=0.613$，属于(0～2)范围内，经多层成形后，最终凸起部位可以消除，凹陷的部位能够补偿，从而达到形貌“自稳定”效果。

在LMDF成形中，熔覆温度是一个很重要的参数，直接决定成形件壁厚精度[23]。为了使壁厚均匀，在成形中需要保持熔池温度的稳定，通过逐层降功率方法可以有效控制熔池的温度，从而保持壁厚的均匀。

8.4　工艺参数对多道多层成形的影响

采用LMDF工艺成形三维实体零件，除激光功率、送粉量、扫描速度、z轴增量等工艺参数外，还需要确定最佳搭接率和扫描路径。

为了获得平整的熔覆层表面，必须选择合理的搭接率。图8-33显示了不同搭接率下成形轨迹示意图。若搭接不足，将导致成形轨迹表面凸凹不平，继而影响续堆积层的成形质量；当搭接过度时，堆积层呈现凸起，依然会影响成形质量，严重时会导致成形过程无法继续。因此，选择合适的搭接率至关重要，以实现如图8-33(b)所示的理想搭接状态。

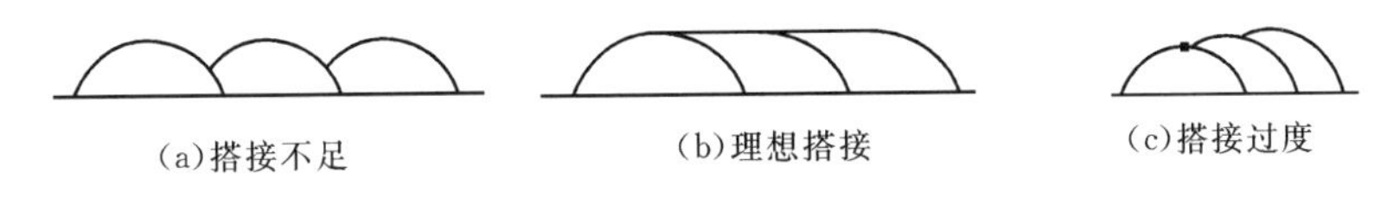

图8-33　多道搭接关系示意图

目前确定成形轨迹间的最佳搭接率有较多文献报道[4,11,24]，主要有实验法和数值模型方法。本章采用文献中搭接率计算模型获得理想搭接率。

依据文献[4,11,24]中轨迹间中心距及临界搭接率的计算公式如下

轨迹间中心距 c：

$$c = \frac{\left(\frac{(w/2)^2+h^2}{2h}\right)^2 \arcsin\frac{wh}{(w/2)^2+h^2} - \frac{(w/2)^2-h^2}{2h}(w/2)}{h} \qquad (8-38)$$

临界搭接率 η_c：

$$\eta_c = \frac{w - c}{w} \tag{8-39}$$

式中：w，h 分别为单道成形宽度与高度。由式(8－38)及式(8－39)可知，搭接率由单道成形宽度与高度决定。

8.4.1 评价指标和成形特征

1. 评价指标

对于多道多层堆积的实体零件，其成形质量的评价指标主要指高度增长均匀性。采用基于三角测量原理的激光位移传感器，对熔覆层每层增长高度进行检测，设第 n 层高度为 h_n，如图 8－34 所示。

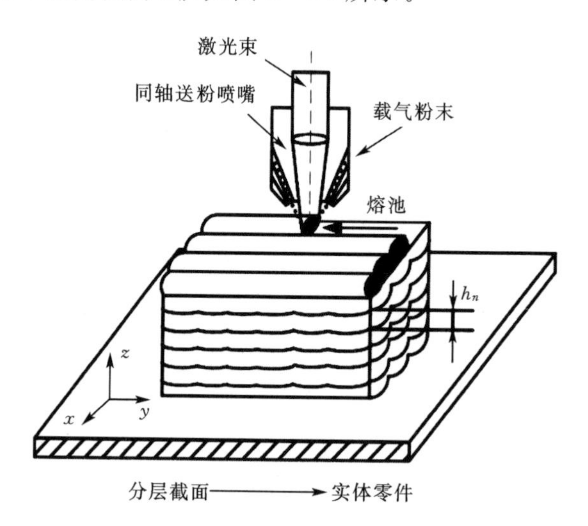

图 8－34 三维零件成形示意图

激光位移传感器安装如图 8－35 所示。

激光位移传感器的工作原理：将传感器垂直安装在同轴喷嘴上，使传感器发出的激光与激光器发出的激光平行。测量前以基板为基准，调整传感器，标定好所测高度与所输出电压的对应关系，之后打开激光进行三维零件的成形，每堆积一层，数控系统控制工作台移动一个偏距(激光束汇聚点与传感器发出的激光束汇聚点之间的距离)，以将熔覆层移至传感器正下方，传感器发出的激光经熔覆层表面反射后被传感器接收，利用光学三角测量原理获得堆积层高度，进而输出对应的电压，根据对应关系获得熔覆层生长高度。

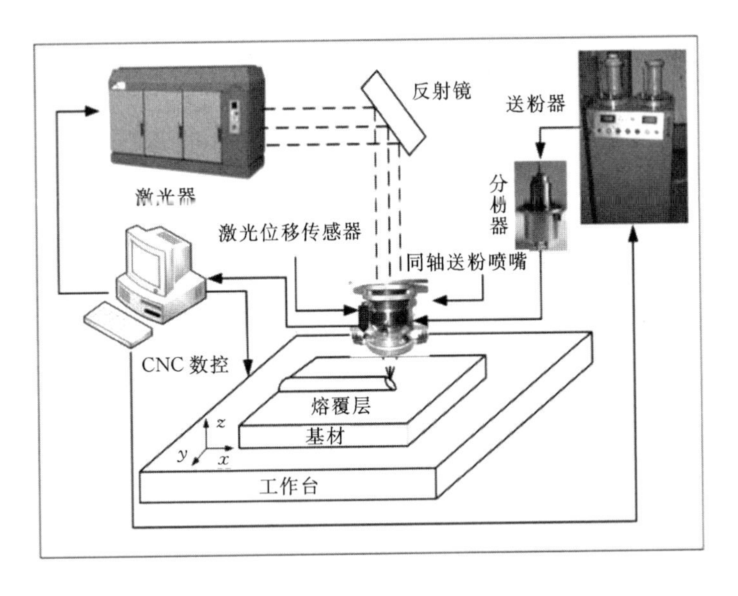

图 8-35　激光位移传感器安装示意图

2. 多道多层成形特征

(1)实验方法。

采用如图 8-36 所示扫描顺序(即对称扫描路径),进行四道轨迹的搭接成形实验。由于此前采用的喷嘴汇焦距较小,喷嘴出口距离熔覆点较近,易出现喷嘴堵粉等问题,为此,西安交通大学自行设计了第二代同轴喷嘴,优化工艺参数及 z 轴增量和填充间距如表 8-10 所示,采用逐层降激光功率方法,初始激光功率设定为 270 W,堆积层数 $n=100$ 。

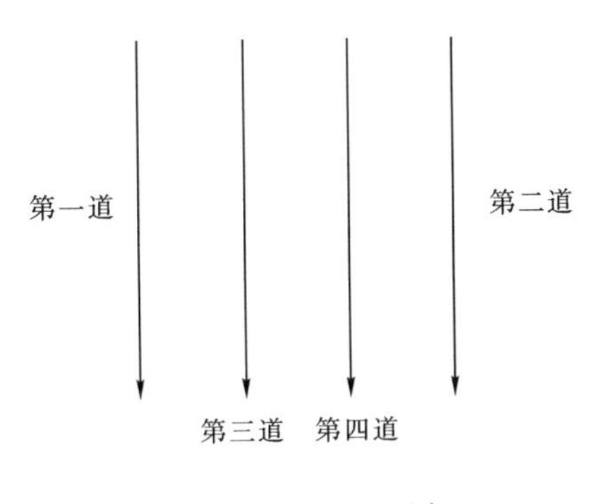

图 8-36　扫描顺序

表 8-10 实验工艺参数

送粉量 M_p/g·min^{-1}	载气流量 q/L·min^{-1}	扫描速度 v/mm·s^{-1}	粉末流场离焦量 Z_p/mm	z轴增量 Δz/mm	填充间距 C/mm
7.8	8	10	−3	0.15	0.4

(2)实验结果及分析。

在上述实验条件下,成形矩形方块及圆环如图 8-37 所示。

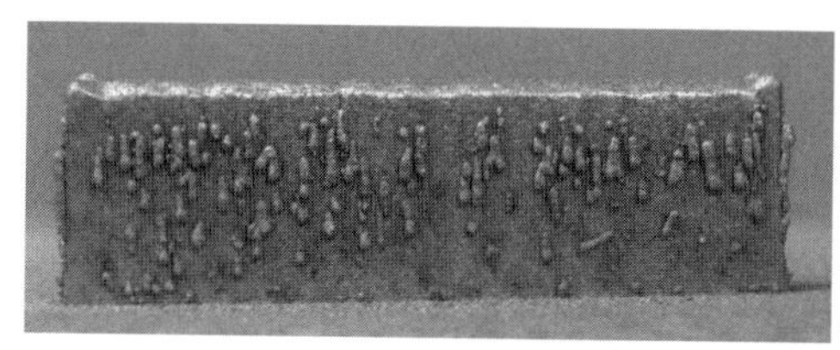

(a)矩形方块

(b)圆环

图 8-37 矩形及圆环形零件

从图 8-37 可知,无论矩形方块还是圆环零件,侧壁均存在严重的粘粉现象,且随着堆积层数的增大,成形薄壁零件侧壁塌陷越来越明显。产生这种现象的原因可能由成形过程能量分布不均导致,为了查明内在作用机制,进行如下实验研究。

8.4.2 搭接率

在基板上进行 5 道轨迹成形,实验工艺参数如表 8-10 所示,激光功率 270W,堆积层数为 5 层。实验次序是先熔覆一层(成形轨迹长度为 60 mm),z 轴提升一增量;根据同样工艺参数及方式进行第二层成形,成形轨迹长度为 40 mm;在堆积两层基础上,再连续堆积第三层,成形轨迹长度为 20 mm,图 8-38为成形过程示意图。实验后,分别从试样的 $A—A$、$B—B$ 和 $C—C$ 三个横截面处通过线切割机切取第一层、第二层和第五层搭接的试件以制成小试样,经砂纸打磨后将其截面放在光学显微镜下观察及测量。

表 8-11 搭接率与填充间距的关系

填充间距 C/mm	0.48	0.45	0.4	0.38	0.35	0.3	0.25
搭接率 η/%	20%	25%	33.3%	36.7%	41.7%	50%	58.3%

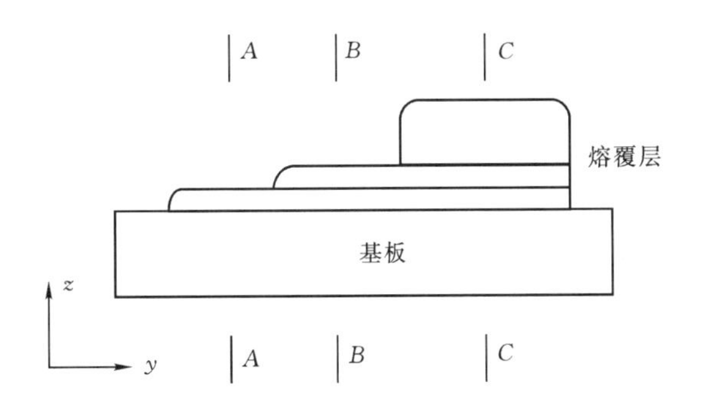

图 8-38　成形试样示意图

在不同搭接率下进行轨迹成形，其横截面如图 8-39 所示，填充间距如表 8-11所示。图 8-40 显示了随堆积层数增加熔覆层的高度及其理想高度的变化趋势。

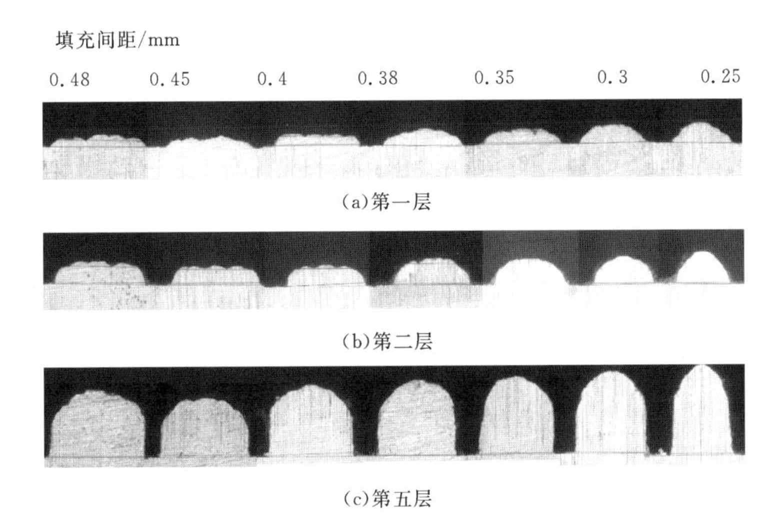

(a)第一层

(b)第二层

(c)第五层

图 8-39　不同搭接率下成形试样横截面

由图 8-39 可知，从第一层熔覆层表面平整度考虑，当填充间距 $C=0.4$ mm 时对应理想搭接率，熔覆层表面平整。当填充间距 $C<0.4$ mm 时，随填充间距降低(搭接率逐渐增大)，轨迹间出现明显过搭接，造成凸起。随累加层数增加，对于任何填充间距所成形的试样截面，堆积层截面均出现凸起，且随填

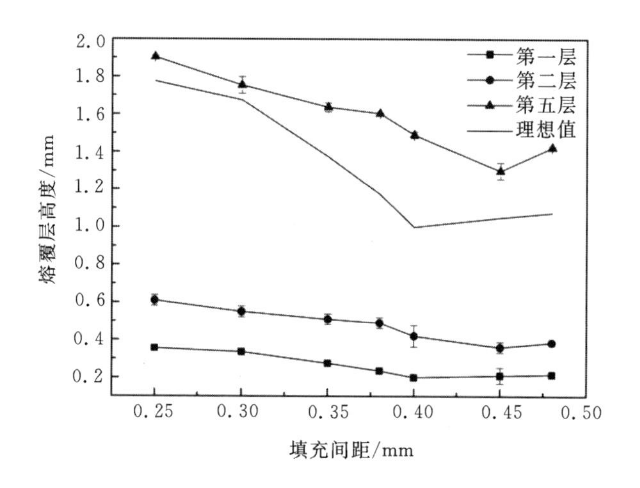

图 8-40 熔覆层高度与填充间距的关系曲线

充间距减小，凸起趋势更加明显。在图 8-40 中，五层堆积高度值均高于前五层理想总高度(等于第一层堆积高度的 5 倍)，随累积层数增大，开始堆积时即使采用较小搭接率出现欠搭接，但是在堆积一定层数后堆积层截面依然会出现过搭接现象，导致凸起即内部高轮廓低的现象。

原因如下：堆积第一层与后续层的区别在于传热条件的变化，随累加层数增大，距离基板越来越远，传热条件由开始的三维逐渐变成二维传热，对于顶层熔覆层而言，底层熔覆层相当于障碍物，减慢了向底层传热的速率，所以传热效果越来越差。或者说已堆积的熔覆层相当于给后续熔覆层起到预热作用，造成后续熔覆层的熔池温度逐渐增大，进而导致熔池尺寸逐渐增大，同时进入熔池的粉末量也越来越多，每层堆积高度逐渐增大。由搭接率理论模型可知，熔覆层宽度及高度增大，相当于间接增大搭接率，造成过搭接现象，所以随累加层数的增大熔覆层出现内部凸起和轮廓凹陷的趋势逐渐明显。

为此，本章提出了一种轮廓变速度策略，可以通过解决熔覆层横截面凸起问题，来提高熔覆层成形质量。

8.4.3　变速度

为了解决侧壁塌陷及粘粉问题,必须控制熔覆层上表面形貌,以免出现凸起或者凹陷现象。下面将探讨轮廓变速度策略(见图8-41),即轮廓扫描速度小于填充扫描速度。由工艺参数对熔覆层尺寸影响规律可知:当扫描速度减小,进入熔池的粉末量相对越多,在激光能量足够大的条件下,熔覆层高度越大,将促使熔覆层上表面呈现凸起(见图8-41(a))和凹陷现象越明显(见图8-41(b));为平衡由传热条件引起热积累导致的凸起现象,促使熔覆层上表面保持理想平整(见图8-41(c)),具体实验方案如下。

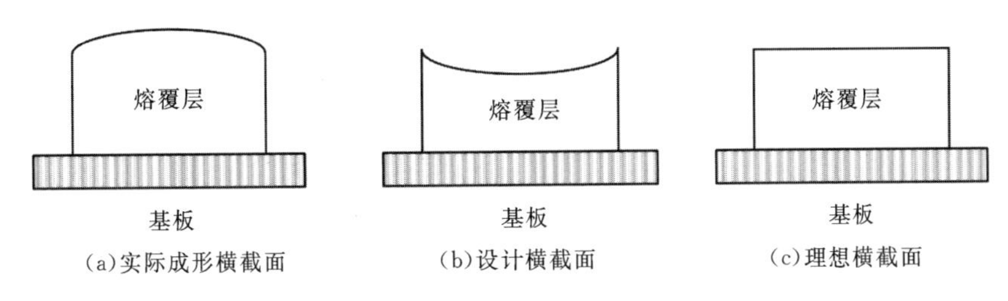

图8-41　熔覆层横截面形貌示意图

1. 实验方法

基于图8-42所示扫描模式(填充扫描速度$V=10\ \mathrm{mm\cdot s^{-1}}$,轮廓扫描速度分别为$v=6\ \mathrm{mm\cdot s^{-1}}/7\ \mathrm{mm\cdot s^{-1}}/8\ \mathrm{mm\cdot s}/\ 9\ \mathrm{mm\cdot s^{-1}}$),进行四道搭接成形实验。其它工艺参数如表8-10所示,堆积层数$n=100$,采用逐层降激光功率,激光初始功率为270 W。每堆积10层测量一次高度数据,并对数据进行处理。

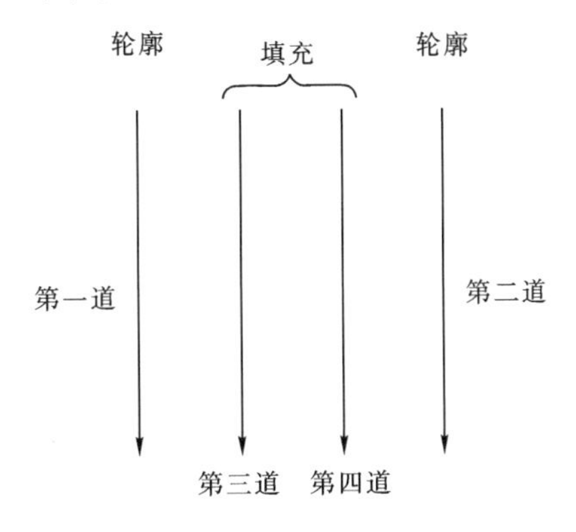

图8-42　四道扫描模式示意图

2.实验结果

采用不同轮廓扫描速度,成形了四道矩形样件(见图 8-43)。对堆积层总高度以及每 10 层堆积高度进行测量及处理,寻找内在成形规律。

(a)轮廓扫描速度 $v=6\ mm\cdot s^{-1}$　(b)轮廓扫描速度 $v=7\ mm\cdot s^{-1}$

(c)轮廓扫描速度 $v=8\ mm\cdot s^{-1}$　(d)轮廓扫描速度 $v=9\ mm\cdot s^{-1}$

图 8-43　不同轮廓扫描速度下成形矩形零件

不同轮廓扫描速度条件下堆积层增长高度随累加层数变化趋势,如图 8-44所示。堆积层每层增长高度与理想值差值随累加层数的变化,如图 8-45所示。

从图 8-43 可知,通过轮廓降扫描速度方式成形的矩形零件,侧壁均出现塌陷及粘粉现象,顶部成形质量差。结合图 8-44 对比分析可知,在不同轮廓扫描速度条件下,随累加层数的增加,第四道堆积的增长高度始终大于第二道的增长高度,且随轮廓扫描速度增加,第四道增长高度与第二道增长高度的高度差逐渐增大,造成顶部平整度越来越大。为了寻找最优轮廓扫描速度,通过数据处理对成形高度最大的第四道与最小的第二道的高度差进行比较,结果如表 8-12 所示。

表 8-12　第四道堆积高度与第二道堆积高度差

轮廓扫描速度 $v/mm\cdot s^{-1}$	总层数 n	第二道增长高度 h/mm	第四道增长高度 h/mm	高度差 $\lvert\Delta h\rvert$ /mm
6	95	17.02	19.05	2.03
7	95	17.73	18.30	0.57
8	95	14.38	15.94	1.56
9	95	10.70	15.28	4.58

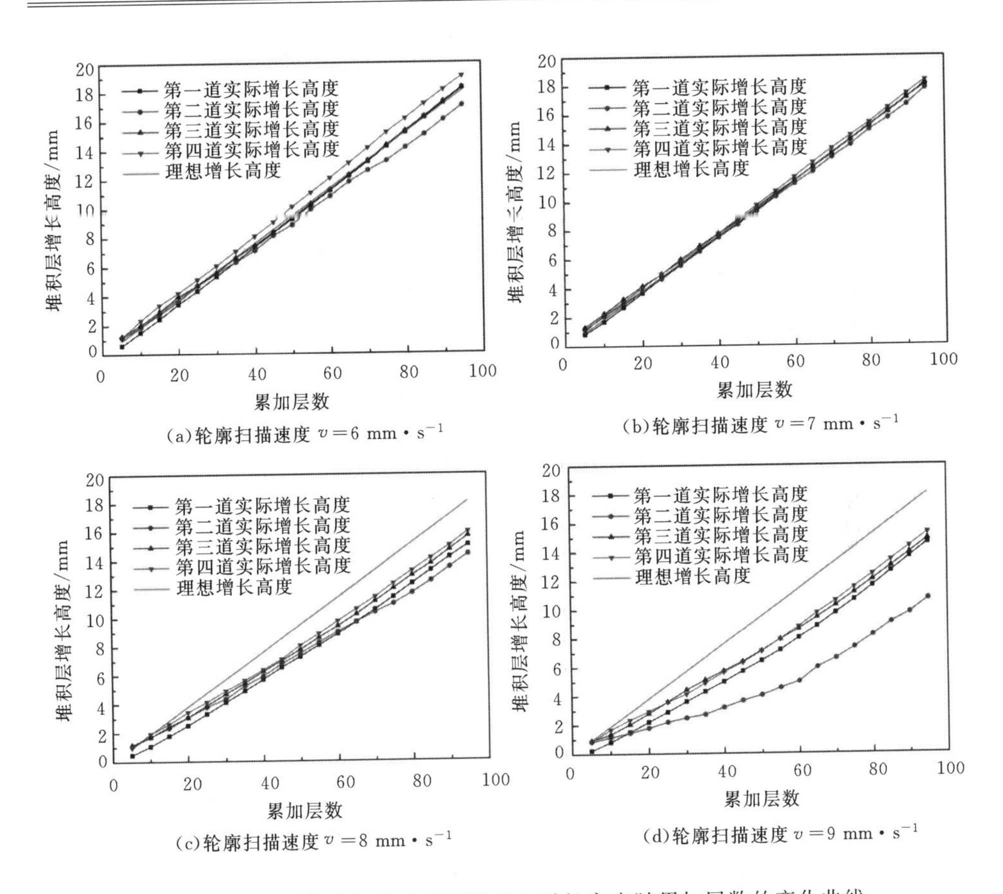

(a)轮廓扫描速度 $v=6\ \mathrm{mm\cdot s^{-1}}$

(b)轮廓扫描速度 $v=7\ \mathrm{mm\cdot s^{-1}}$

(c)轮廓扫描速度 $v=8\ \mathrm{mm\cdot s^{-1}}$

(d)轮廓扫描速度 $v=9\ \mathrm{mm\cdot s^{-1}}$

图 8-44　不同轮廓扫描速度下堆积层增长高度随累加层数的变化曲线

由图 8-43、图 8-44 及表 8-12 可知，随轮廓扫描速度增加，第四道高度增量与第二道高度增量差呈先降低后逐渐增大趋势。当轮廓扫描速度 $v=7\ \mathrm{mm\cdot s^{-1}}$ 时，高度差达到最小；当轮廓扫描速度 $v>7\ \mathrm{mm\cdot s^{-1}}$ 时，高度差值 $|\Delta h|$ 逐渐增大，侧边出现凹陷。当轮廓扫描速度过低（如轮廓扫描速度 $v=6\ \mathrm{mm\cdot s^{-1}}$），高度差 $|\Delta h|$ 大于轮廓扫描速度 $v=7\ \mathrm{mm\cdot s^{-1}}$ 所对应的高度差 $|\Delta h|$，高度增量依然不均匀，成形质量依然较差。因此，初步选定轮廓扫描速度为 $7\sim8\ \mathrm{mm\cdot s^{-1}}$ 为宜。

对比分析图 8-44 及图 8-45 可知，随轮廓扫描速度增加，第二道平均高度增量偏离理想高度值，逐渐增大，当轮廓扫描速度 $v>7\ \mathrm{mm\cdot s^{-1}}$ 时，每一道堆积层平均高度增量均小于理想高度值；表 8-13 为随累加层数变化过程，第二道平均每层高度增量标准差的最大值 $|\overline{\Delta h}|_{\max}$，反映了成形过程堆积层横截面出现的凸凹不平整程度。

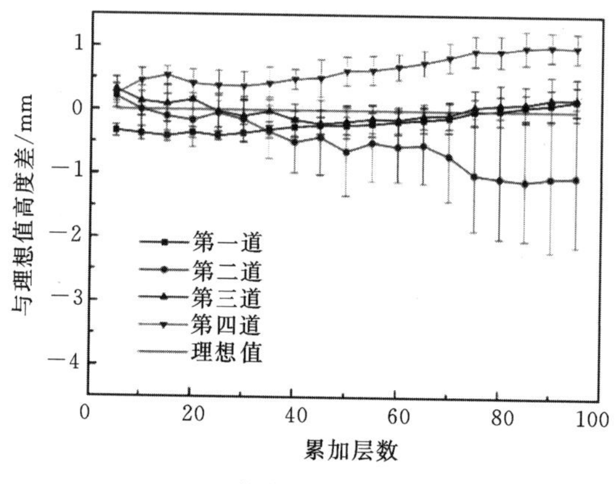

(a)轮廓扫描速度 $v=6\ \mathrm{mm\cdot s^{-1}}$

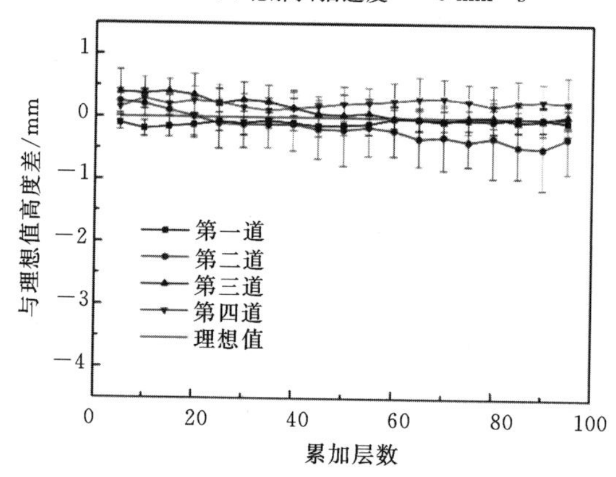

(b)轮廓扫描速度 $v=7\ \mathrm{mm\cdot s^{-1}}$

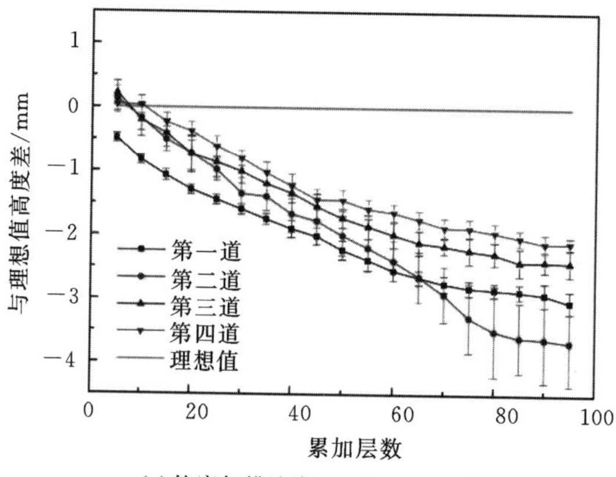

(c)轮廓扫描速度 $v=8\ \mathrm{mm\cdot s^{-1}}$

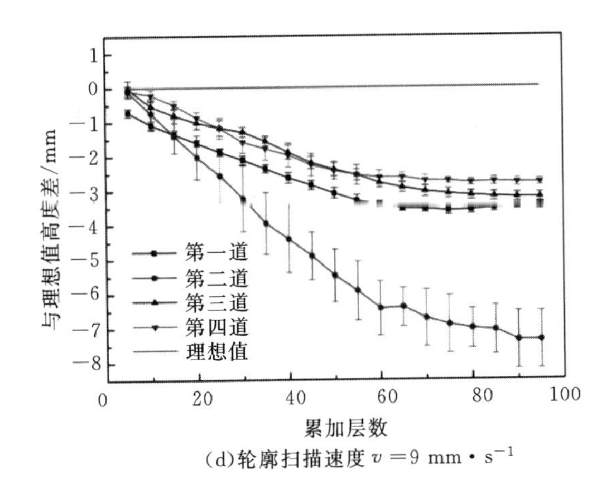

(d)轮廓扫描速度 $v=9\ \mathrm{mm\cdot s^{-1}}$

图 8-45　堆积层增长高度与理想值的差值随累加层数变化曲线

表 8-13　第二道平均每层高度增量最大标准差

轮廓扫描速度 $v/\mathrm{mm\cdot s^{-1}}$	平均每层增长高度标准差最大值 $\lvert\overline{\Delta h}\rvert_{\max}$ /mm
6	1.17
7	0.66
8	0.72
9	0.97

分析表 8-13 可知，随轮廓扫描速度增加，第二道平均高度增量标准差最大值 $\lvert\overline{\Delta h}\rvert_{\max}$ 呈先减小后增大趋势。当轮廓扫描速度 $v=7\ \mathrm{mm\cdot s^{-1}}$ 时，堆积层平均高度增量标准差最大值最小；当轮廓扫描速度 $v=6\ \mathrm{mm\cdot s^{-1}}$ 时，堆积层平均高度增量标准差最大值最大，堆积层高度增量波动较大，造成顶部平整度较差。虽然降低轮廓扫描速度能够增大轮廓累加高度，但是当轮廓扫描速度过低时会造成能量密度过大，熔池塌陷，进而导致侧壁粘粉，堆积层高度凸凹不平，顶部平整度较差。

综上分析，从高度增长均匀且顶部平整度考虑，轮廓扫描速度不宜过大，否则会造成堆积层高度降低，出现中间高、两边低的趋势；同时也不能过小，否则易造成熔池塌陷。依据本章实验：填充扫描速度为 $10\ \mathrm{mm\cdot s^{-1}}$，轮廓扫描速度为 $7\sim8\ \mathrm{mm\cdot s^{-1}}$ 较为合适。

为了验证轮廓变扫描速度的方法，采用先轮廓后填充的混合扫描路径，设定轮廓扫描速度为 $8\ \mathrm{mm\cdot s^{-1}}$，填充扫描速度为 $10\ \mathrm{mm\cdot s^{-1}}$，其它工艺参数如表 8-10 所示。基于逐层降激光功率的方法，初始激光功率设定为 270 W。

图 8-46即为通过轮廓变扫描速度策略成形的矩形方块及圆环零件，其中，矩形方块共 100 层，圆环共 450 层。

(a)矩形方块　　(b)圆环

图 8-46　基于轮廓变速度的成形零件

由图 8-46 可知，通过轮廓降扫描速度策略能够有效解决图 8-43 所示侧壁塌陷问题，成形质量良好。具体分析如下。

降低轮廓扫描速度，以使轮廓堆积高度大于填充堆积层的高度，实体零件上表面呈现内部凹陷趋势，以与随累加层数增加出现凸起相平衡，保证熔覆层表面平整，避免侧壁塌陷及粘粉。但是相对轮廓扫描速度不变时，降低轮廓扫描速度一方面增大了熔覆层高度，同时也会导致轮廓吸收能量增大。但在降低扫描速度时间内，同时进入熔池的粉末量增加，以至于能量的增量仅能满足金属粉末增量熔化需求量。因此，熔池温度不易过热，成形质量通常较好。

8.5　本章小结

(1)通过单道成形实验，得出工艺参数(包括激光功率、扫描速度、送粉量及粉末流场离焦量等)对单道成形截面尺寸的影响规律，依据质量守恒定律建立了单道成形截面尺寸的理论模型，发现单道成形高度满足如下函数：

$$h=\frac{3M_{\mathrm{p}}\left[1-\exp\left(-\frac{w^{2}}{2R\,(z)^{2}}\right)\right]}{2wv_{\mathrm{s}}\rho}$$

(2)通过薄壁件成形实验，得出了 z 轴增量对薄壁零件顶部形貌的影响规律，基于“等体积法”建立了 z 轴增量工艺模型，获得了最佳提升量 Δz，从而实现了顶部平整薄壁零件的成形。

(3)得出了激光功率及粉末流场离焦量对薄壁件成形质量的影响规律。为解决能量累积造成的壁厚不均问题，提出了逐层降功率策略，弄清了在保持熔池温度稳定条件下激光功率随累加层数的变化规律，基于该规律能够成形出壁厚均匀的薄壁件。研究发现在粉末流场负离焦条件下，激光金属直接成形过程具有“形貌自稳定”效应。当成形件表面出现凹凸不平时，凹陷处粉末负离焦量减小，下一层熔覆层高度增加；凸起处粉末负离焦量增大，下一层熔覆层高度减小，从而实现成形过程的“形貌自稳定”，并基于粉末离焦量与单道熔覆高度的关系，推导出最佳粉末离焦量计算公式。

参考文献

[1] 李鹏. 基于激光熔覆的三维金属零件激光直接制造技术研究[D]. 武汉：华中科技大学，2005.

[2] Kobryn P A, Moore E H, Semiatin S L. The effect of laser power and traverse speed on microstructure, porosity, and build height in laser-deposited Ti-6Al-4V[J]. Scripta Materialia, 2000, 43 (4): 299 - 305.

[3] 刘继常. 激光单道熔覆成形的金属零件壁厚模型的研究[J]. 材料科学与工艺，2005，13(1):99 - 102.

[4] Zhang K, Liu W J, Shang X F. Research on the processing experiments of laser metal deposition shaping[J]. Optics and Laser Technology, 2007, 39 (3): 549 - 557.

[5] Li Y M, Yang H, Lin X, et al. The influences of processing parameters on forming characterizations during laser rapid forming[J]. Materials Science and Engineering a-Structural Materials Properties Microstructure and Processing, 2003, 360 (1 - 2): 18 - 25.

[6] 于君，陈静，谭华，等. 激光快速成形工艺参数对沉积层的影响[J]. 中国激光，2007，34(7):1014 - 1018.

[7] 杨洗陈. 激光制造中同轴粉末流动量和质量传输[J]. 中国激光，2008，35(11):1664 - 1679.

[8] Lin J M. Concentration mode of the powder stream in coaxial laser cladding[J]. Optics and Laser Technology, 1999, 31 (3): 251 - 257.

[9] Pinkerton A J, Li L. Modelling powder concentration distribution from a coaxial deposition nozzle for laser-based rapid tooling[J]. Journal of Manufacturing Science and Engineering-Transactions of the Asme, 2004, 126 (1): 33 - 41.

[10] Yang N. Concentration model based on movement model of powder

flow in coaxial laser cladding[J]. Optics and Laser Technology, 2009, 41 (1): 94 - 98.

[11] 黄卫东，林鑫，陈静，等. 激光立体成形[M]. 西安：西北工业大学出版社，2007:10 - 12.

[12] Lin J, Steen W M. Design characteristics and development of a nozzle for coaxial laser cladding[J]. Journal of Laser Applications, 1998, 10 (2): 55 - 63.

[13] 杨洗陈，王建军，刘运武，等. 非载气式激光同轴送粉试验研究[J]. 中国激光，2004，31(01):120 - 124.

[14] Pinkerton A J, Li L. The significance of deposition point standoff variations in multiple-layer coaxial laser cladding (coaxial cladding standoff effects)[J]. International Journal of Machine Tools & Manufacture, 2004, 44 (6): 573 - 584.

[15] Hofmeister W, Griffith M, Ensz M, et al. Solidification in direct metal deposition by LENS processing[J]. Jom-Journal of the Minerals Metals & Materials Society, 2001, 53 (9): 30 - 34.

[16] Liu J C, Li L J. Effects of powder concentration distribution on fabrication of thin-wall parts in coaxial laser cladding[J]. Optics and Laser Technology, 2005, 37 (4): 287 - 292.

[17] 乌日开西・艾依提. 微束等离子弧熔覆快速制造技术基础研究[D]. 西安：西安交通大学，2008.

[18] 杨林，钟敏霖，黄婷，等. 激光直接制造镍基高温合金零件成形工艺的研究[J]. 应用激光，2004，24(6):345 - 349.

[19] 李延民. 激光立体成形工艺特性与显微组织研究[D]. 西安：西北工业大学，2001.

[20] Bi G J, Gasser A, Wissenbach K, et al. Investigation on the direct laser metallic powder deposition process via temperature measurement [J]. Applied Surface Science, 2006, 253 (3): 1411 - 1416.

[21] Mazumder J, Dutta D, Kikuchi N, et al. Closed loop direct metal deposition: art to part[J]. Optics and Lasers in Engineering, 2000, 34 (4 - 6): 397 - 414.

[22] Bi G J, Gasser A, Wissenbach K, et al. Identification and qualification of temperature signal for monitoring and control in laser cladding[J]. Optics and Lasers in Engineering, 2006, 44 (12): 1348 - 1359.

[23] Griffith M L, Schlienger M E, Harwell L D, et al. Understanding thermal behavior in the LENS process[J]. Materials & Design, 1999, 20 (2 - 3): 107 - 113.

[24] Aiyiti W, Zhao W H, Lu B H, et al. Investigation of the overlapping parameters of MPAW-based rapid prototyping[J]. Rapid Prototyping Journal, 2006, 12 (3): 165 - 172.

第9章 激光金属直接成形残余应力

9.1 引言

LMDF 工艺是一个局部快速加热和冷却的成形过程,成形件内部容易产生较大的残余应力,导致零件开裂。因此,研究成形件内部残余应力一直是 LMDF 领域的热点。特别是当成形轮廓较为复杂的薄壁件时,某些部位将出现较大的残余应力,以致薄壁件发生翘曲变形,无法实现高精度。图 9-1 为薄壁透平叶片轮廓,各个位置曲率半径不同。在成形该透平叶片轮廓过程中,曲率半径 R 最小的部位容易发生翘曲,并且随着成形高度 H 的增加,薄壁透平叶片变形程度也有所不同。通过数值模拟和实验相结合的方法,研究了曲率半径 R 和高度 H 对复杂轮廓薄壁件残余应力的影响规律,同时研究了不同扫描路径对减小薄壁件内部残余应力的作用规律。

图 9-1 LMDF 成形的透平叶片轮廓

对于 LMDF 成形残余应力的影响因素,目前主要包括扫描路径、填充路径以及成形材料,主要研究方法采用数值模拟[1-7]。针对 LMDF 成形薄壁件残余应力,最早可追溯到 M. L. Griffith 等以 H13 工具钢四方空心盒为成形对象,他们发现沿平行激光束扫描方向的残余应力以拉应力为主,沿沉积高度方向的残余应力以压应力为主[4]。

Wang 等研究了扫描速度和扫描功率对薄壁件残余应力大小的影响[8]，如图 9-2 所示，他们提出扫描速度对 z 方向的残余应力影响较小，较大的激光功率对 z 方向的残余应力影响较大。扫描速度对 y 方向的残余应力影响较大，当扫描速度较小时，y 方向残余应力为压应力，当扫描速度较大时则变为拉应力。

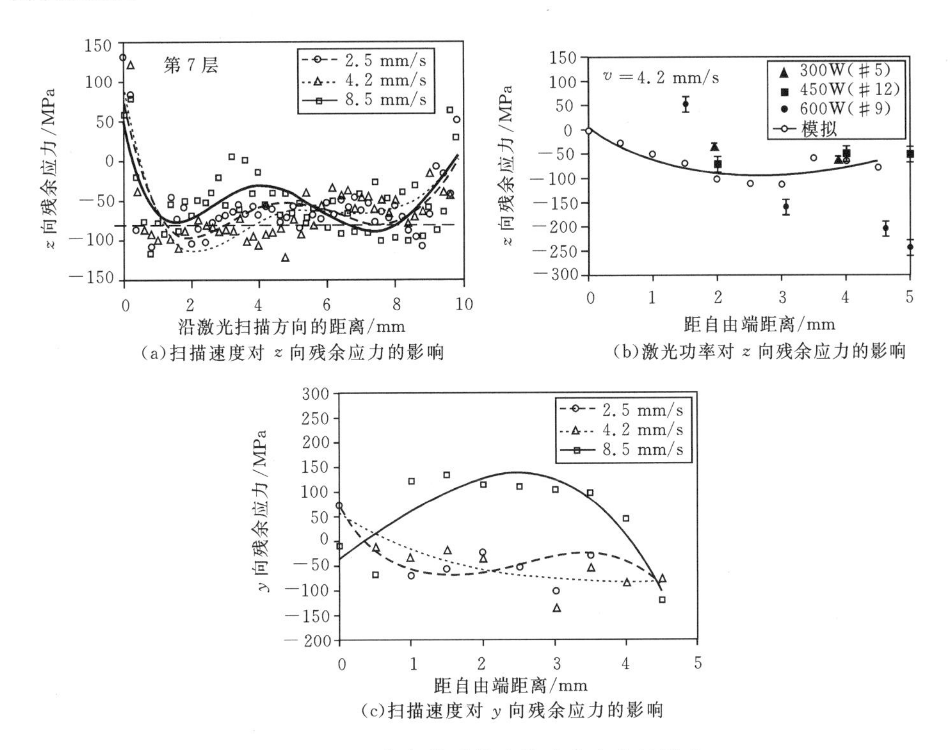

(a)扫描速度对 z 向残余应力的影响
(b)激光功率对 z 向残余应力的影响
(c)扫描速度对 y 向残余应力的影响

图 9-2　工艺参数对薄壁件残余应力的影响

杨健等发现板型样件[9]的 LMDF 成形残余应力为平行于激光束扫描方向的应力，与激光光束扫描方向垂直的应力相对较小，并且平行于激光束扫描方向的应力在靠近基材处表现为压应力，随着层数增加压应力减小并逐步改变为拉应力。石力开[10]等通过有限元模拟发现拉应力区的位置随着激光束运动不断变化，试样开裂和翘曲发生在应力集中的位置。贾文鹏[11]等模拟了空心透平叶片激光金属成形过程中应力的变化规律，发现残余应力与熔覆的最后一层的应力分布规律基本相同，只是叶片顶部等效应力有所提高，等效应力梯度趋于缓和。此外，作者也研究了扫描路径对薄壁件残余应力的影响规律，发现单向扫描比往复扫描残余应力大 25%左右，并且在单向扫描路径下容易产生特定方向的裂纹[12]。

然而对于复杂结构零件的 LMDF 成形，轮廓曲率半径对残余应力和变形均有影响，目前针对不同曲率半径对残余应力影响的研究近乎空白，并且在减小残余应力的措施方面报道较少。

9.2 薄壁件几何结构对残余应力的影响

9.2.1 物理模型

激光金属成形基于材料累加成形原理，通过 ANSYS 软件中的“生死单元”技术可以进行成形过程的模拟，其基本功能通过 APDL 编程语言来实现。基于 ANSYS 的“生死单元”技术，可以建立激光金属成形过程温度场和应力场计算模型。ANSYS 处理应力计算的方法有间接法和直接法两种，间接法即先计算温度场，然后将温度值作为边界条件以计算应力场；直接法是一次性完成温度场和应力场的耦合计算。基于直接耦合法计算应力，即只包含一个分析过程，通过计算包含所需物理量的单元矩阵或载荷向量矩阵，进行多场直接耦合[5,13—19]。

经过粉末云反射以及激光内部损耗后，到达熔池的激光能量假设为激光总能量的 30%，模拟中基材和粉末材料均为 DZ125L，主要影响因素包括激光热源分布、热物性参数、边界条件处理、单元的选择及网格划分等。

(1)热源模型。

本章假设经过光源发射的激光是均匀分布的，以面载荷的形式加载在基材表面，其能量密度表达式如(9-1)：

$$-k\frac{\partial T}{\partial z}=\eta\cdot\frac{Q}{\pi R^{2}}\cdots,r\leqslant R \tag{9-1}$$

式中：k 为导热系数，W·(m·K)$^{-1}$；η 为激光利用率；Q 为激光功率，W；R 为光斑有效半径，m。

(2)热物性参数。

金属材料的物理性能参数如比热容、热导率、弹性模量、屈服应力等一般随温度变化而变化。当温度变化较小时，可采用材料物理性能参数的平均值进行计算。但在 LMDF 成形过程中，工件局部迅速加热到很高的温度，整个工件温度变化剧烈，如果不考虑材料的物理性能参数随温度的变化，那么计算结果会有很大的偏差。因此，在 LMDF 温度场的模拟计算中需要给定材料的各项物理性能参数随温度的变化值。DZ125L 高温合金粉末热物性参数如图 9－3 所示。

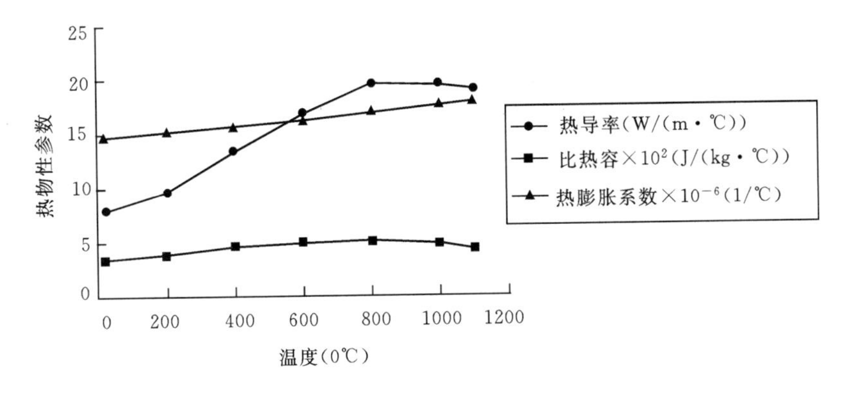

图 9－3　DZ125L 高温合金热物性参数曲线图

(3)简化和假设。

激光金属成形是一个复杂的工艺过程，工艺参数较多。在成形过程中存在热传导、辐射、对流、金属的熔化和凝固、开裂和变形等现象。在解决实际问题中，由于边界条件的差异、计算方法的限制、动态过程的复杂性，在建立模型时作如下简化：

①基板的初始温度是周围的环境温度为 20 ℃；

②边界条件为对流传热；

③潜热处理被认为是随温度变化的比热容；

④激活的单元熔池在熔化温度，忽略熔池的对流传热；

⑤LMDF 成形开始阶段的应力假设为自由应力；

⑥基板的参考温度为环境温度，熔覆材料的参考温度是金属材料的熔点。

9.2.2　残余应力模拟计算

1. 几何模型及网格划分

图 9－4 显示了不同曲率半径 R 和高度 H 条件下薄壁件模型和网格划分，模型分为基板和成形件两部分，基板单元为 Solid70，成形件单元为 Solid5，每个单元为近似六面体。在相同高度 H 和不同 R 条件下，分别提取 a、

b、c 和 d 点处的残余应力值，取四点处残余应力平均值作为该曲率半径条件下圆筒的残余应力。在相同 R 和不同高度 H 条件下，分别从薄壁圆筒底部开始由低到高确定不同点的位置，提取不同点的应力值代表不同高度处的残余应力。

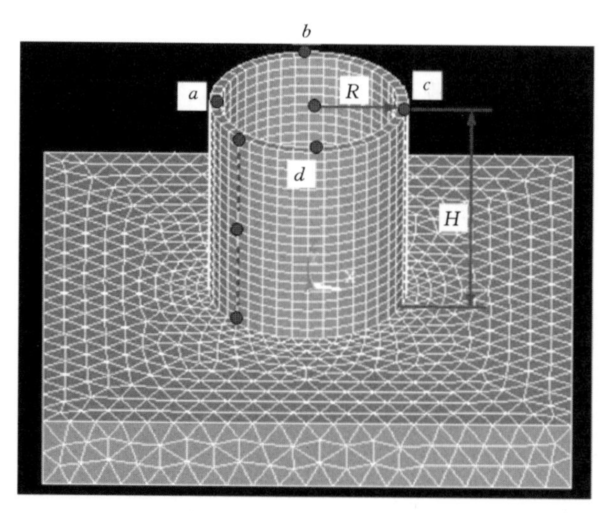

图 9-4 薄壁件网格划分模型

2. 模拟参数

为了研究曲率半径 R 和高度 H 对残余应力的影响规律，需要模拟在相同高度 H 条件下随着薄壁件曲率半径的变化，残余应力的变化情况，以及在相同曲率半径 R 条件下随着高度的增加曲率半径的变化情况。表 9-1 和表 9-2 分别给出了模拟过程中所采用的曲率半径和高度的取值，研究曲率半径对残余应力的影响时，当高度 H 太小时很难在后续实验中得到测量值来验证，所以取 H 为 5 mm。

表 9-1 薄壁件不同曲率半径 *R* 模拟参数

曲率半径 R/mm	2.5	5	7.5	10	12.5	15	17.5	20	22.5	25
圆筒高度 H/mm	5									

表 9-2 薄壁件高度 *H* 模拟参数

高度 H / mm	15	
曲率半径 R / mm	3	5

3. 结果和讨论

(1)曲率半径 R 对薄壁件残余应力的影响。

图 9－5 为成形 50 层薄壁件(曲率半径 R 分别为 2.5 mm、5.0 mm、15 mm、25 mm，时间为开始 5 s)内部 z 向应力 σ_z 分布云图，图 9－6 为不同曲率半径下圆筒 z 向的应力 σ_z 变化图，图 9－6 中 σ_z 为圆筒上、中、下三个点处应力值的平均值。由图可知当曲率半径 R 从 2.5 mm 增至 25 mm 的过程中，圆筒的 σ_z 逐渐减小，当 R 为 18～20 mm 左右时 σ_z 基本保持不变，应力值 σ_z 稳定在 310～330 MPa 左右。

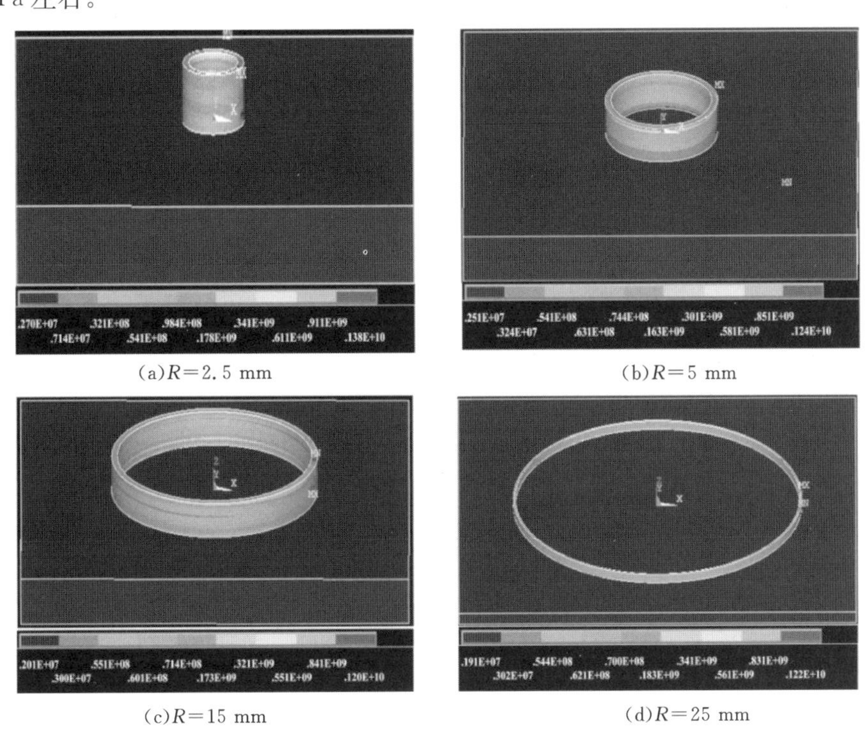

(a)R=2.5 mm　(b)R=5 mm　(c)R=15 mm　(d)R=25 mm

图 9－5　不同曲率半径薄壁圆筒 z 向残余应力分布云图

当曲率半径较小时，由于薄壁件内容易发生热积累，将导致已凝固部分温度较高，从而使得后续成形过程中熔池温度较高。图 9－7 所示为成形不同曲率半径的薄壁圆筒在第 50 层起始点位置时熔池内部 z 向的温度梯度，可见当曲率半径 R 较小时熔池 z 向的温度梯度较大，随着曲率半径 R 增大，z 向的温度梯度逐渐减小，从而使得应力值逐渐减小。当 R 减小为 18 mm 左右时，曲率半径 R 对温度梯度的影响已经很小，所以对残余应力 σ_z 的影响也非常小。

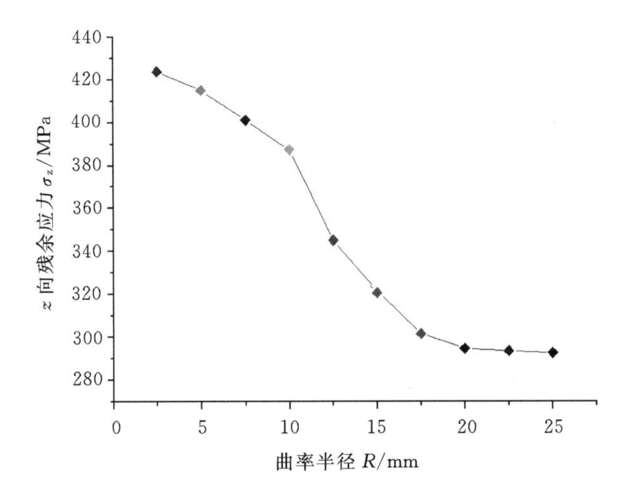

图 9-6 不同曲率半径薄壁圆筒 z 向残余应力变化图

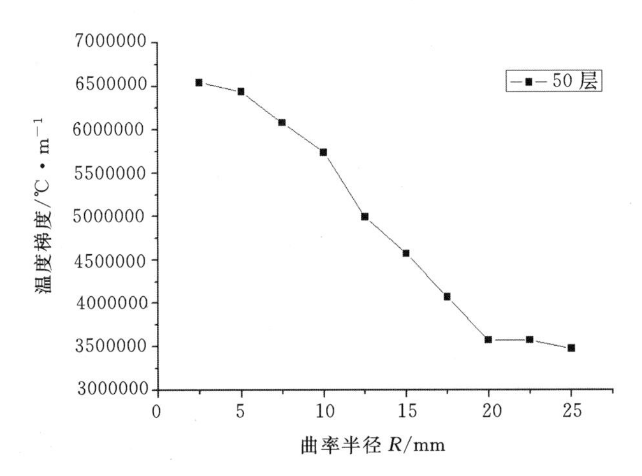

图 9-7 不同曲率半径 R 下熔池 z 向温度梯度

图 9-8 所示为不同曲率半径下薄壁圆筒的周向应力 σ_o 分布云图。图 9-9 所示为不同曲率半径下圆筒周向应力 σ_o 的变化图。由图可知，曲率半径在 2.5～20 mm 范围之内，随着曲率半径 R 增大，周向残余应力 σ_o 逐渐增大。当曲率半径 R 增大到25 mm左右时，z 向的残余应力基本保持在 420 MPa 左右。

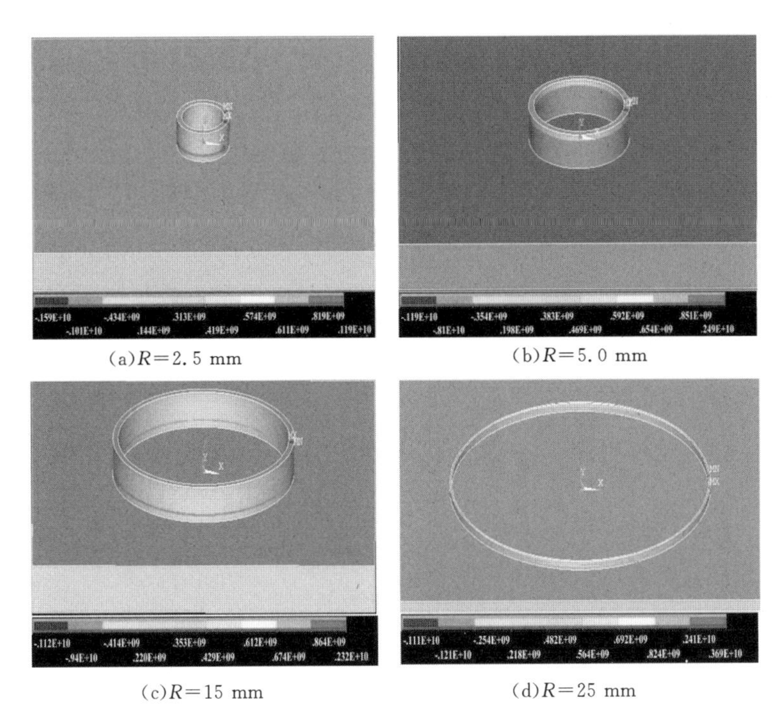

(a)R=2.5 mm　　(b)R=5.0 mm

(c)R=15 mm　　(d)R=25 mm

图 9-8　不同曲率半径下薄壁件周向残余应力 σ_o 分布云图

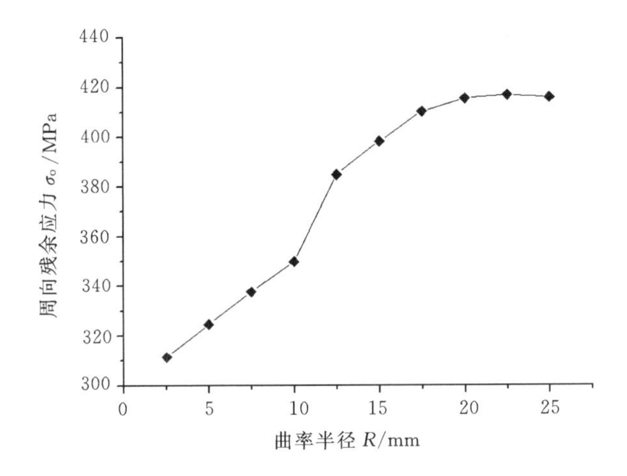

图 9-9　不同曲率半径下薄壁件周向应力 σ_o 变化

这是由于随着曲率半径 R 增大，传热条件逐渐发生变化，曲率半径 R 不同的薄壁圆筒在成形相同层数时熔池温度明显减小，然而熔池内部沿周向温度梯度没有减小，反而有增大趋势(见图 9-10)，从而导致熔池凝固过程中产生较大的残余应力。

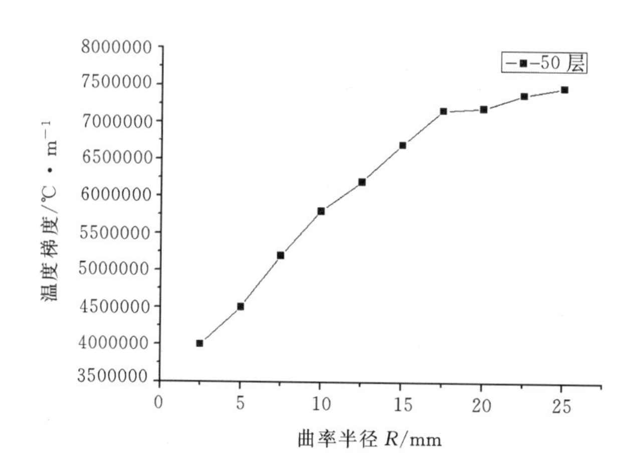

图 9-10　不同曲率半径下薄壁件熔池周向温度梯度

(2)薄壁件高度 H 对薄壁件残余应力的影响。

图 9-11 所示为薄壁圆筒(曲率半径为 3 mm 和 5 mm，高度为 15 mm)成形结束 5 s 后，在高度 H 方向上残余应力 σ_z 的分布云图。图 9-12 所示为两个圆筒随着高度 H 变化残余应力的变化情况。从图 9-12 可知，随着高度 H 增加，z 向的残余应力 σ_z 先从 140 MPa 增加，当高度 H 增加为 5 mm 左右时，σ_z 增加到 320 MPa，当高度 H 超过 10 mm，残余应力 σ_z 稳定在 200 MPa 左右。

这是由于在成形的初期阶段，熔池经历了不同的传热过渡形式，经过一定的过程熔池才能进入稳定成形阶段。所以当成形从不稳定到稳定的过程中，残余应力逐层累积，在距离基板一定高度处达到最大值，于是出现变形，通过一定量的变形，应力值得到调整，从而逐步达到稳定。

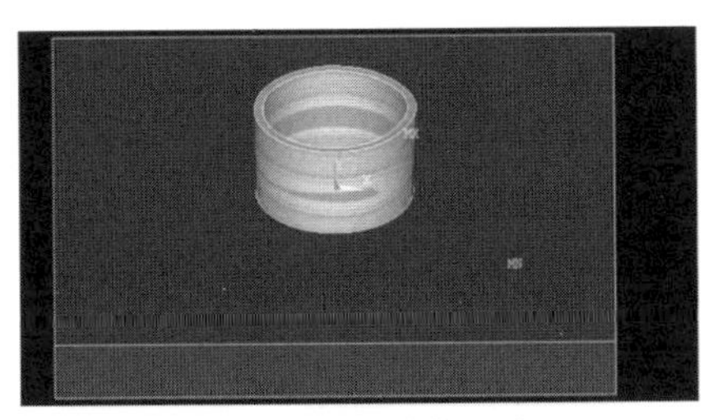

(a)残余应力分布云图

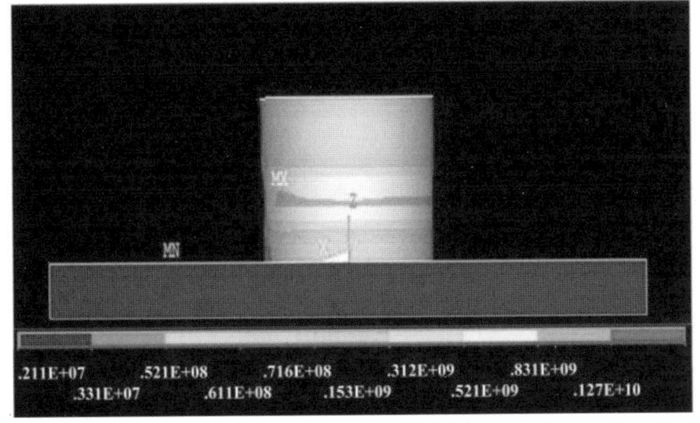

(b)$R=3$ mm

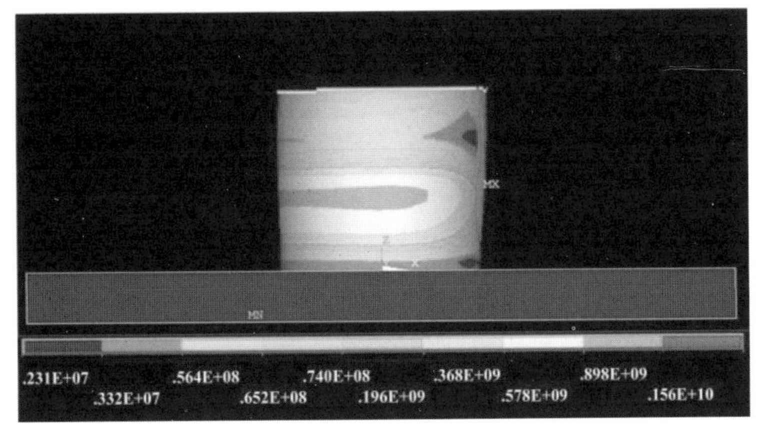

(c)$R=5$ mm

图 9-11　高度对薄壁件 z 向残余应力的影响

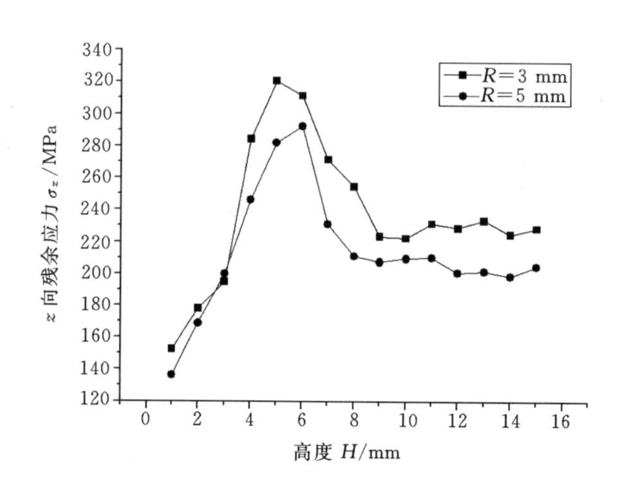

图 9-12 z 向残余应力随薄壁圆筒高度的变化

图 9-13 所示为薄壁圆筒(曲率半径为 3 mm 和 5 mm,高度为 15 mm)成形结束 5 s 后,其周向应力 σ_o的分布云图,图 9-14 所示为 σ_o随高度的变化情况。可见在开始 3 mm 之内 σ_o为负值,在第一层 σ_o大约为-150 MPa 左右,当高度 H 达到2~3 mm左右时,σ_o约为 0 MPa,而当高度 H 增加为 4~5 mm 左右时,应力 σ_o为 150~180 MPa,并且随着高度 H 的增加基本保持稳定,在成形最后 3 层之内残余应力值 σ_o较大,可以达到 380~400 MPa。

这是由于在成形过程中,传热条件发生转变,残余应力 σ_o逐渐从压应力转化为拉应力,在 H=4 mm 时达到最大值。并且压应力在成形件顶部较大,然而在成形后续层过程中,凝固层相当于经历了多次热循环,从而将对已有凝固层残余应力起到释放作用,所以成形过程 σ_o最大值基本保持稳定,最大值随着高度的增加逐步增加,在成形件的绝大多数位置,σ_o保持在 150~200 MPa 左右。

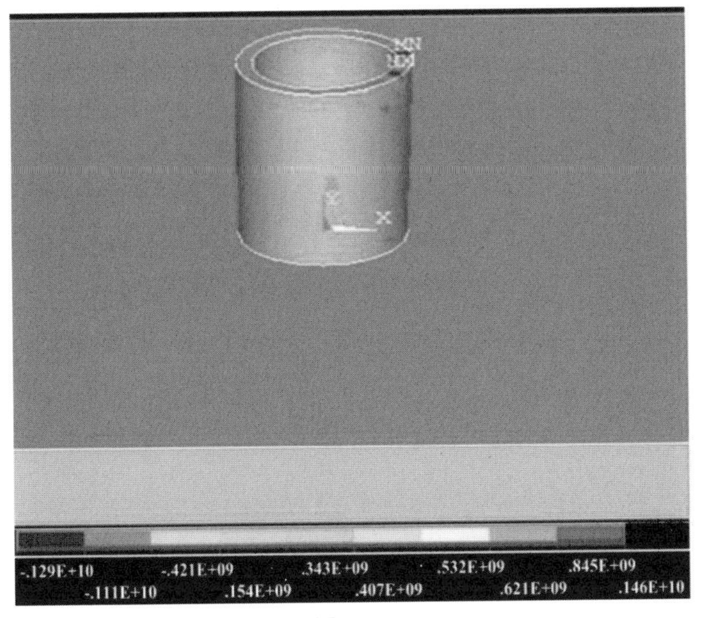

(a)$R=3$ mm

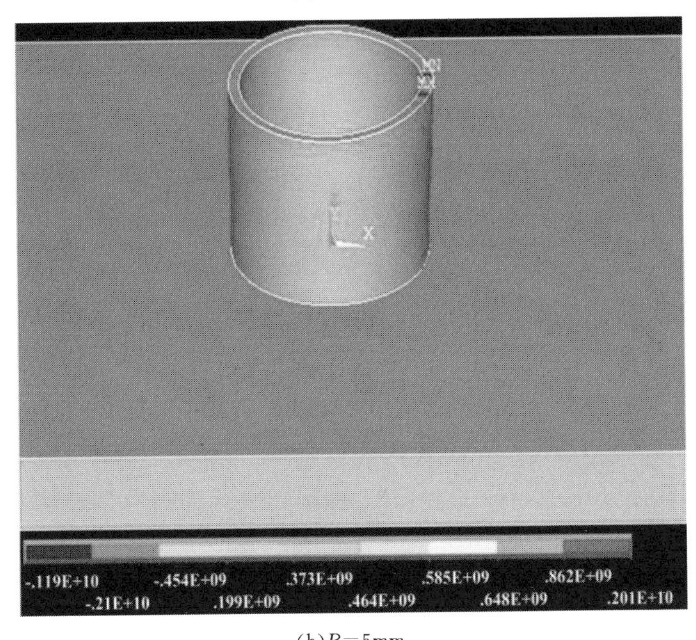

(b)$R=5$mm

图 9-13　高度对薄壁圆筒周向残余应力的影响

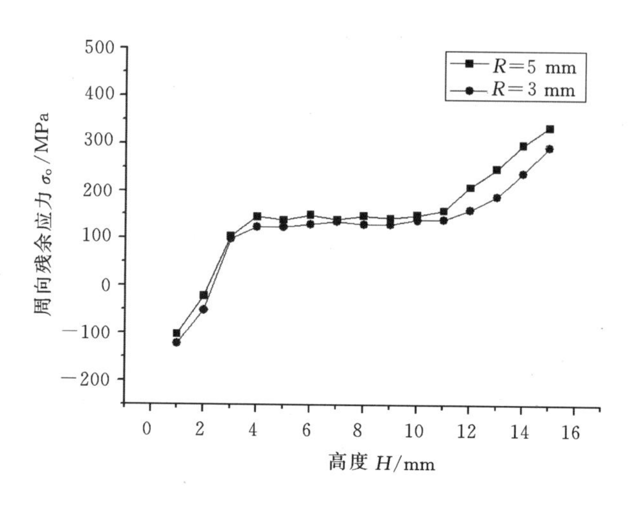

图 9-14 周向残余应力随薄壁圆筒高度 H 的变化

9.2.3 实验验证

1. 实验

在本实验中，主要工艺参数如表 9-3 所示，实验材料为 DZ125L，具体实验步骤如下。

表 9-3 主要工艺参数

激光功率 P/W	扫描速度 v/mm·s^{-1}	送粉率 M_p/g·min^{-1}	载气量 Q /L·min^{-1}	z 轴提升量 /mm	气氛氧含量 /10^{-6}(ppm)
260～270	6～10	3.7～6.8	4	0.1	50～100

(1)成形两组薄壁圆筒，第一组成形高度为 5 mm，曲率半径 R 为 5 mm、10 mm、15 mm、20 mm、25 mm 的薄壁圆筒；第二组成形高度 H 为 15 mm，曲率半径 R 为 3 mm 和 5 mm 的薄壁圆筒；成形方式为顺时针扫描。

(2)图 9-15 显示了两组薄壁圆筒不同位置的应力测量点。图 9-15(a)为高度一定条件下随着曲率半径的变化圆筒顶部边缘残余应力的测量点，图 9-15(b)显示了总高度 H 为 15 mm，曲率半径为 5 mm，圆筒随着高度 H 从 0 mm 到15 mm的变化过程中残余应力的测量点。

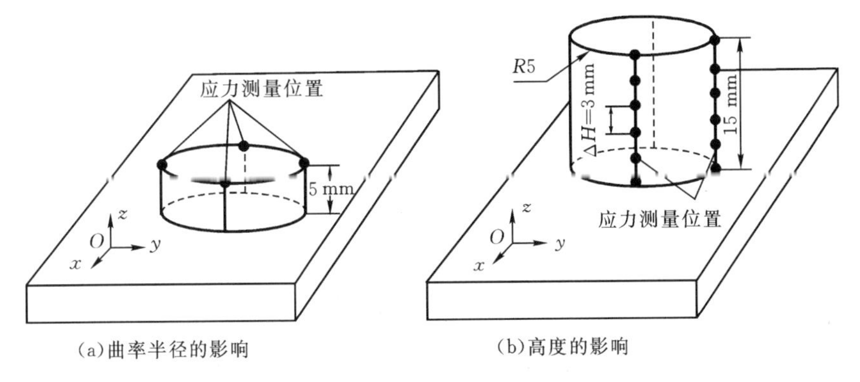

(a)曲率半径的影响 (b)高度的影响

图 9-15 残余应力测定示意图

2. 结果分析

(1)曲率半径 R 对薄壁件残余应力的影响。

图 9-16 为成形的不同曲率半径的薄壁件，图 9-17 为测定的残余应力。其中图 9-17(a)为 z 向应力的变化情况，可见随着曲率半径 R 增大，z 向的应力 σ_z 逐步减小，当曲率半径增大到 20 mm 后，σ_z 固定在 400 MPa 左右。图 9-17(b)为周向应力 σ_{o} 的变化情况，可见随着曲率半径 R 增大，σ_{o} 增加较快，而当 R 大于 20 mm 后，σ_{o} 逐渐稳定在 700 MPa。实验结果和模拟结果符合较好。

(a)R=5 mm

(b)R=15 mm

(c)R=25 mm

图 9-16 不同曲率半径 R 的薄壁圆筒

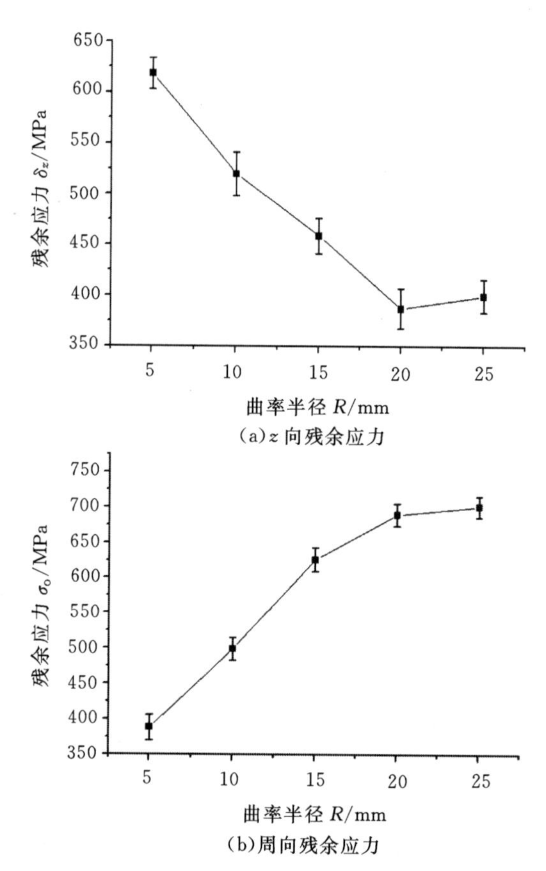

(a) z 向残余应力

(b)周向残余应力

图 9-17 残余应力随曲率半径 R 的变化规律

(2)高度 H 对薄壁圆筒残余应力的影响。

图 9-18 为圆筒(曲率半径 R 为 5 mm,高度为 15 mm)周向和 z 向随着高度变化残余应力的变化情况。可见随着高度 H 增加,z 向的残余应力 σ_z 先增加后整体减小,当 H 达到 5~6 mm 左右时残余应力 σ_z 达到最大值 800 MPa 左右,随着 H 进一步增加,σ_z 稳定在 500 MPa 左右。周向残余应力 σ_o 随着高度 H 增加,在最初 20 层内从 −100 MPa 迅速增加到 320 MPa,随着 H 继续增加,σ_o 保持在 400 MPa 左右,当接近圆筒顶部时,σ_o 继续增加至 700 MPa。实验结果和模拟结果符合较好。

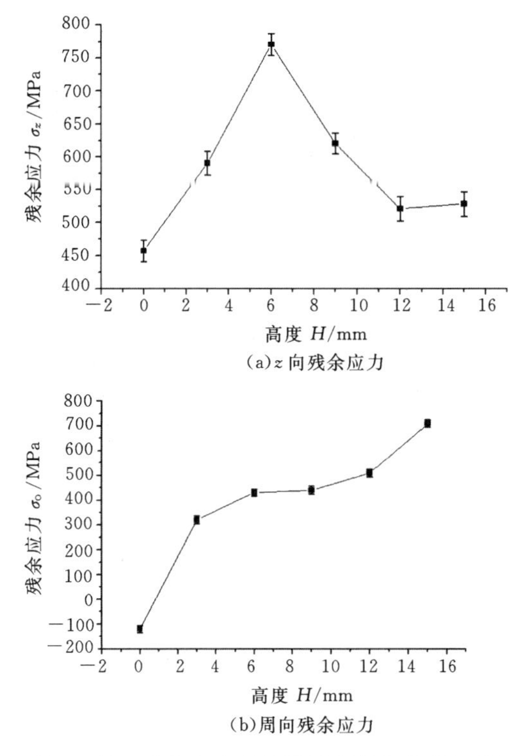

(a) z 向残余应力

(b) 周向残余应力

图 9-18　残余应力随薄壁圆筒高度的变化规律

9.3　扫描路径对薄壁件残余应力的影响

LMDF 过程中残余应力对成形精度影响较大，尤其在薄壁复杂零件成形过程中，如果扫描路径不合理，成形零件将发生严重的变形，甚至成形过程无法继续。合理的扫描路径将显著减小薄壁件内部残余应力。所以本节将重点讨论不同扫描路径对薄壁件残余应力的影响，在此基础上找到合理的扫描路径，从而保证成形复杂薄壁零件的精度。

9.3.1　实验方法

1. 扫描路径

当基板温度为 25 ℃时，采用 4 种扫描路径成形直径 20 mm 的圆筒，成形件和扫描路径如图 9-19 所示。在图 9-19(a)中，圆筒每层的扫描路径均为顺时针扫描;在图 9-19(b)中,圆筒每成形一层扫描方向变化一次,分别在顺时针和逆时针之间转换;在图 9-19(c)中,圆筒每成形两层扫描方向变化一次;在图 9-19(d)中,圆筒每层成形分为两段成形,每成形一层起始点位置变换一次,例如:第一层先成形 $\overrightarrow{abc}$ 然后成形 $\overrightarrow{adc}$,第二层时先成形 $\overrightarrow{bcd}$ 然后成形 $\overrightarrow{bad}$ 。

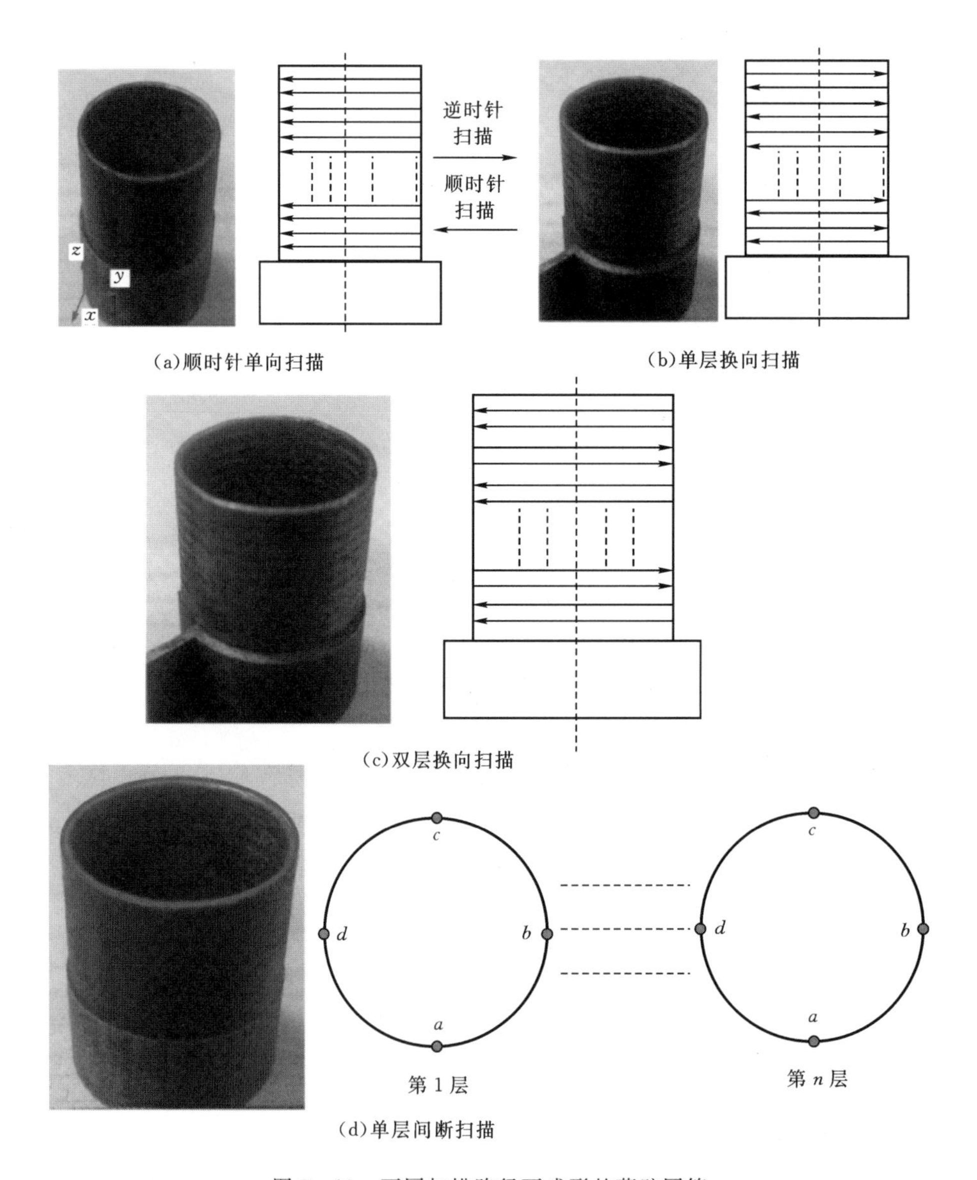

(a)顺时针单向扫描

(b)单层换向扫描

(c)双层换向扫描

(d)单层间断扫描

图 9-19 不同扫描路径下成形的薄壁圆筒

2. 残余应力测量方法

按照图 9－15(b)中方法测量不同圆筒的残余应力。

9.3.2　实验结果

1. 扫描路径对周向残余应力的影响

图 9－20 所示为不同扫描路径下不同薄壁圆筒内部周向残余应力大小的比较。从图可知，单向扫描周向应力最大，双层换向扫描次之，层内间断扫描和单层换向扫描残余应力相对较小。

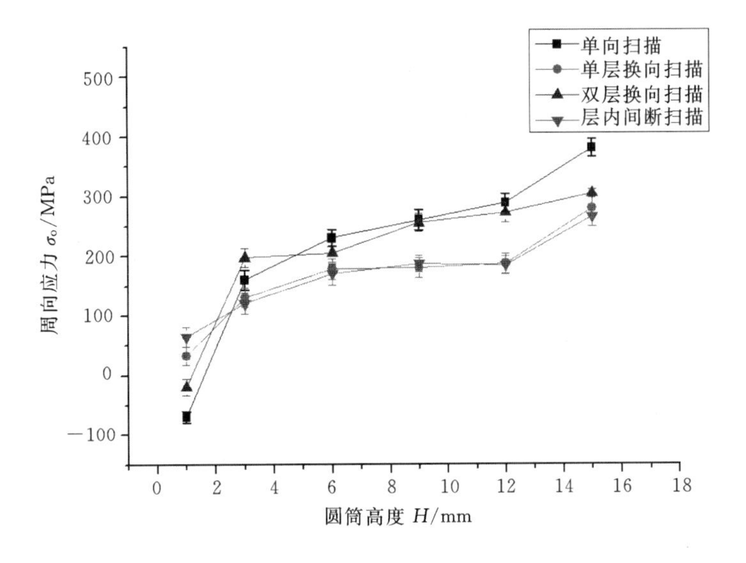

图 9－20　不同扫描路径下周向残余应力

2. 扫描路径对 z 向残余应力的影响

从图 9－21 可知在不同的扫描路径下，随着圆筒高度 H 的增加，z 向残余应力均先增大，然后稳定在 200 MPa 左右，且不同的扫描路径残余应力的变化很小。

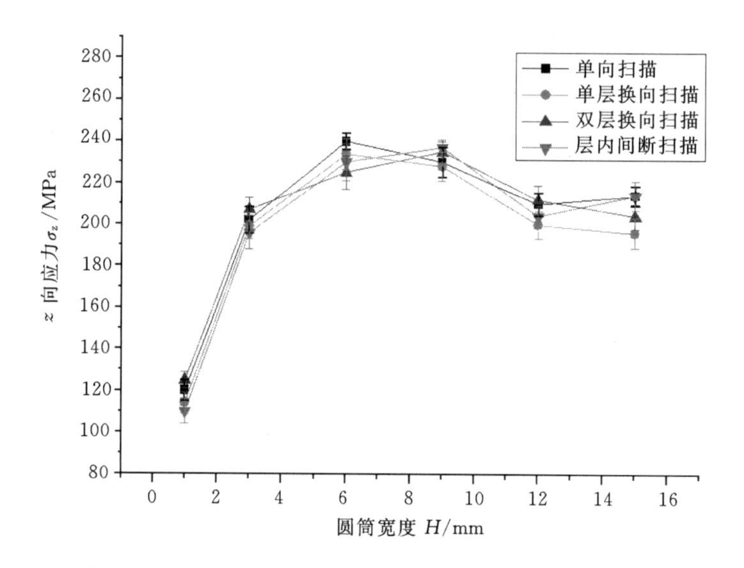

图 9-21 不同扫描路径下 z 向残余应力

9.3.3 实验分析

不同扫描路径下残余应力差异与熔池沿着不同方向的温度梯度存在内在联系。图 9-22 和图 9-23 所示为基于 ANSYS 模拟的成形不同薄壁圆筒不同高度时熔池沿着薄壁圆筒周向的温度梯度变化曲线，模型中温度梯度的提取位置与图 9-15(b)中薄壁圆筒应力测量点位置相同。从图 9-22 中可知单层换向扫描和层内间断扫描两种扫描路径，熔池的周向温度梯度最小，而单向扫描条件下熔池的周向温度梯度最大；从图 9-23 中可知，z 向的温度梯度在不同扫描路径条件下变化不大。

温度梯度的大小决定了熔池后沿凝固速度的快慢，在较大温度梯度下容易生成较大的残余应力，所以根据图 9-22 和图 9-23 中温度梯度的变化关系，可知单层换向扫描路径和层内间断扫描路径下薄壁圆筒件残余应力较小是合理的。

另外，在 LMDF 成形过程中对已凝固部分进行重复加热，相当于对已熔覆层起到重熔回火的作用。单向扫描路径下应力虽然有一定的释放，但相对于单层换向扫描路径来说，单向扫描路径对应力的释放能力，尤其是对周向应力的释放能力要小得多。

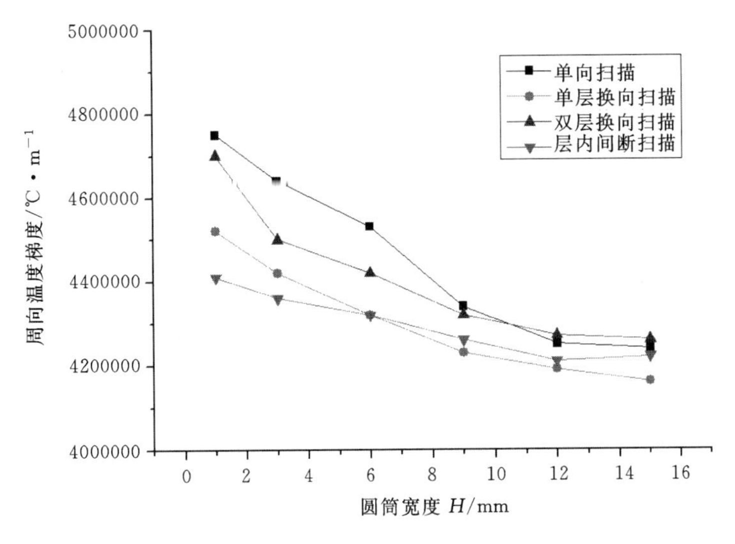

图9-22　不同扫描路径下薄壁圆筒周向温度梯度

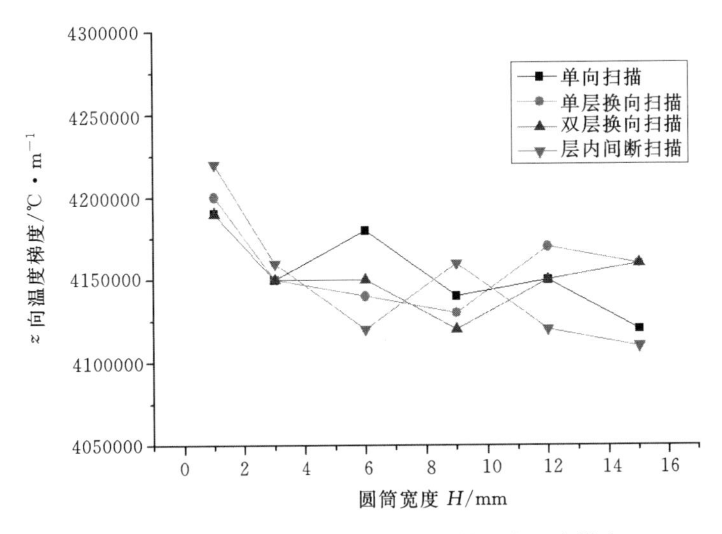

图9-23　不同扫描路径下薄壁圆筒 z 向温度梯度

9.4　薄壁透平叶片样件的制造

薄壁透平叶片是具有代表性的轮廓形貌比较复杂的薄壁件之一，由于其轮廓的不同位置曲率半径基本不同，所以对成形工艺要求较高，否则，容易发生如图9-1那样的翘曲。基于本章研究，采用如下参数成形薄壁透平叶片，在一定程度上解决了透平叶片变形和翘曲的问题。

(1)扫描路径:单层换向扫描;

(2)扫描速度:10 mm/s;

(3)激光功率:240~280 W;

(4)喷管倾斜角度:30°。

图 9-24 为成形的薄壁透平叶片样件轮廓,与图 9-1 中透平叶片轮廓相比:优化的扫描路径成形的叶片表面较为光滑,上表面平整,基本没有变形;图 9-25 为成形具有 10°倾斜角的薄壁透平叶片样件,其侧壁粗糙度为 12.24~18.72 μm。x,y,z 三个方向的理论尺寸分别为 65.00 mm、29.00 mm、53.00 mm,实际尺寸为 65.08 mm、29.06 mm、52.84 mm,成形精度较高。

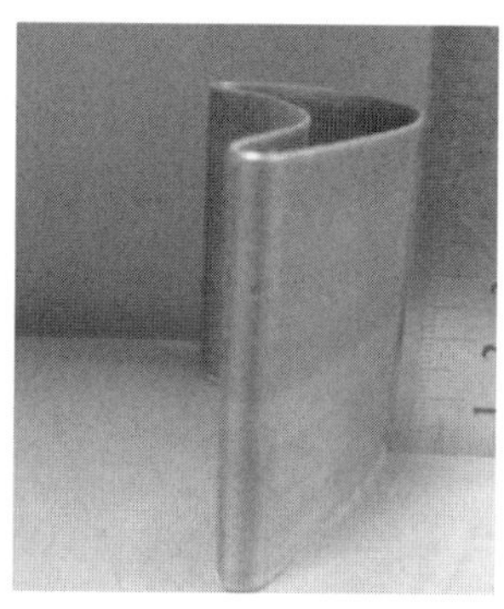

图 9-24 薄壁透平叶片样件

图 9-25 薄壁倾斜透平叶片样件

9.5　本章小结

本章研究了薄壁件随轮廓曲率半径和高度变化内部残余应力的分布规律，以及不同的扫描路径对薄壁件内部残余应力的影响，得出如下结论。

(1)当 LMDF 成形变曲率的薄壁件时，随着曲率半径 R 增大薄壁件 z 向残余应力先减小，然后逐渐趋于稳定；而周向残余应力则先增大，然后逐渐趋于稳定。在选定工艺条件下，z 向的残余应力在曲率半径约 17～20 mm 时稳定在 320～380 MPa，而周向残余应力在曲率半径约为 20～22 mm 时稳定在 400～420 MPa。

(2)随着高度 H 增加 z 向的残余应力先增大后减小，最后趋于稳定；而周向残余应力在最初几层，迅速从压应力转化为拉应力并保持稳定，然而在成形件顶部拉应力又有明显的累积。在选定工艺参数条件下，在高度为 4～5 mm 的位置 z 向残余应力的最大值为 670～690 MPa；而周向残余应力在高度 H 为4～5 mm时稳定在 360～400 MPa，在成形件顶部拉应力达到 700 MPa 左右。

(3)通过优化扫描路径可以明显降低薄壁件内部周向残余应力，但扫描路径对 z 向的残余应力影响不大；相对于其它扫描路径，单层换向扫描可以显著降低周向残余应力，约为 200 MPa，基本消除了曲率半径较小的薄壁件部位变形，实现了轮廓形貌复杂且有倾斜特征的 DZ125L 薄壁透平叶片的制造。

参考文献

[1]Nickel A H, Barnett D M, Prinz F B. Thermal stresses and deposition patterns in layered manufacturing[J]. Materials Science and Engineering: A, 2001, 317 (1): 59 - 64.

[2]姚国凤，陈光南．激光熔凝加工中瞬时温度场及残余应力数值模拟[J]．应用激光，2002，22 (2)：4.

[3]龙日升，刘伟军，卞宏友，等．扫描方式对激光金属沉积成形过程热应力的影响[J]．机械工程学报，2007，43(11)：74 - 811.

[4]Griffith M L, Schlienger M E, Harwell L D, et al. Understanding thermal behavior in the LENS process[J]. Materials & Design, 1999, 20(2): 107 - 113.

[5]Rangaswamy P, Holden T M, Rogge R B, et al. Residual stresses in components formed by the laserengineered net shaping (LENS®) process [J]. The Journal of Strain Analysis for Engineering Design, 2003, 38 (6): 519 - 527.

[6]Pinkerton A J, Wang W, Li L. Component repair using laser direct metal deposition[J]. Proceedings of the Institution of Mechanical Engineers, Part B: Journal of Engineering Manufacture, 2008, 222(7): 827 - 836.

[7]Moat R J, Pinkerton A J, Li L, et al. Residual stresses in laser direct metal deposited Waspaloy[J]. Materials Science and Engineering: A, 2011, 528(6): 2288 - 2298.

[8]Wang L, Felicelli S D, Pratt P. Residual stresses in LENS-deposited AISI 410 stainless steel plates [J]. Materials Science and Engineering: A, 2008, 496(1): 234 - 241.

[9]杨健，陈静，杨海欧，等. 激光快速成形过程中残余应力分布的实验研究[J]. 稀有金属材料与工程，2004，33(12)：1304 - 1307.

[10]石力开，高士友，席明哲，等. 金属直薄壁件激光直接沉积过程的有限元模拟Ⅲ，沉积过程中变形的分析[J]. 金属学报，2006，42(5)：459 - 462.

[11]贾文鹏，林鑫，陈静，等. 空心叶片激光快速成形过程的温度/应力场数值模拟 [J]. 中国激光，2007，34(9)：1308 - 1312.

[12]李涤尘，卢秉恒，张安峰，等. 扫描方式对激光金属直接成形 DZ125L 高温合金薄壁件开裂的影响[J]. 中国激光，2012，39(10)：32 - 39.

[13]Mazumder J, Dutta D, Kikuchi N, et al. Closed loop direct metal deposition: art to part[J]. Optics and Lasers in Engineering, 2000, 34 (4 - 6): 397 - 414.

[14]郭华锋，周建忠，胡增荣. 金属粉末激光烧结温度场的三维有限元模拟[J]. 工具技术，2006，40(11)：13 - 18.

[15]Jiang W, Yahiaoui K, Hall F R. Finite element predictions of temperature distributions in a multipass welded piping branch junction[J]. Journal of Pressure Vessel Technology-Transactions of the Asme, 2005, 127 (1): 7 - 12.

[16]张朝辉. ANSYS 热分析教程与实例解析[M]. 北京：中国铁道出版社，2007.

[17]马琳，原津萍，张平，等. 多道激光熔覆温度场的有限元数值模拟[J]. 焊接学报，2007，28 (7)：4.

[18]倪红芳，凌祥，涂善东. 多道焊三维残余应力场有限元模拟[J]. 机械强

度，2004，26（2）：5.

[19]苏荣华，刘伟军，龙日升. 不同基板预热温度对激光金属沉积成形过程温度场的影响[J]. 工程设计学报，2009，16（1）：7.

第 10 章　激光金属直接成形组织

10.1　引言

由于 LMDF 凝固固液界面具有极高温度梯度，凝固速率很快，严重偏离平衡，所以属于非平衡凝固。它形成的组织晶粒细密，具有定向外延生长的特点，受到国内外学者广泛关注和研究。Hunt [1]建立了柱状晶/等轴晶转化(Colunmar to Equiaxed Transition，CET)的理论解析模型，他认为当等轴晶体积分数小于 0.66%时，凝固组织可能为柱状晶，而当大于 49%时，凝固组织为等轴晶，在两者之间为柱状晶和等轴晶混合的生长形态。Gäumann[2—5]等对 LMDF 组织生长进行了深入研究，对 Hunt 模型进行修改建立了新的理论模型，以超耐热合金 CMSX－4 为研究材料，得出局部凝固组织与凝固条件的关系，如公式(10－1)。该公式充分考虑了形核率和形核过冷度等因素，由公式可知温度梯度和凝固速度对等轴晶体积分数起重要影响。研究了 LMDF 工艺参数对组织的影响规律，并通过实际控制工艺参数进行了单晶叶片激光修复，与理论模型相符合，使快速定向凝固理论获得进一步发展。

$$\frac{G^n}{V} = a\left[\sqrt[3]{\frac{-4\pi N_0}{3\ln(1-\varphi)}\cdot\frac{1}{n+1}}\right]^n \tag{10-1}$$

式中：G 为温度梯度；V 为凝固速度；N_0 为形核率；φ 为等轴晶体积分数；a，n 为材料相关的系数。

国内西北工业大学黄卫东课题组[6—10]结合 Gäumann 模型进行了讨论，发现对 316L 不锈钢来说成形实验参数均落在柱状晶生长范围内，未发生柱状晶与等轴晶的转变；而对 Rene95 合金来说则恰好落在柱状晶/等轴晶转化曲线两侧，说明在相同的工艺条件下，Rene95 合金比 316L 不锈钢易于生成等轴晶组织，并被实验结果所证实。在研究激光金属直接成形 316L/Rene88DT 功能梯度材料时进一步研究了熔覆层的柱状晶/等轴晶转变机理，采用多组元线性化叠加方法，提出了一个适用于多元合金凝固柱状晶/等轴晶转变的理论模型，与实验结果很好的吻合。

LMDF的组织与成形过程温度场有着密切的关系，特别是搭接区域由于受到重复热作用组织发生变化。但由于实际成形温度高，变化快，一般测量方法难以满足要求，随着计算机技术的发展，国内外很多学者采用数值模拟加实验验证的方法对此进行研究分析。

Wen[11]等考虑了激光与粉末的相互作用、熔池的流动、传质、凝固等过程，建立了综合的瞬态三维多道搭接模型，并预测了成形后的轮廓，与实际相吻合，为工艺参数选取及工艺控制提供了有效的参考。Zhang[12]等建立了三维动态数值模型，结合实际的金相组织以及温度测量，将温度和应力综合考虑，很好的解释了晶粒的生长以及裂纹产生。Ghosh[13]等建立了简单的三维热力耦合有限元模型，结合实际材料研究了组织的变化过程以及应力的变化，能够合理解释裂纹和断裂情况。

国内中科院力学所He[14]等综合考虑了热输入、材料的添加、相变等因素，建立了两道搭接的三维模型，充分考虑实际成形过程，得出了第一道熔覆层对第二道的影响规律以及熔池内部的传质规律。哈尔滨工业大学威海分校赵洪运[15]建立了多道搭接模型，对成形过程温度场及应力场进行了深入分析，结合实验合理解释了裂纹的产生规律。装甲兵工程学院马琳[16]等使用了ANSYS进行了多道熔覆的模拟，得出不同道熔覆层中心点温度的变化规律。

LMDF和传统热加工有很大区别，反复加热冷却，组织与传统加工方法有一定差别且内应力很大，而为满足零件的直接使用大多金属需进行后热处理，对于此相关学者也针对不同材料研究了LMDF后热处理工艺。

Qi[17]等研究了标准热处理对激光金属直接成形Inconel 718合金成形后组织和性能的影响。他们从组织结构分析，合理解释了成形后热处理件比没有热处理的抗拉强度低，但延展性更好的原因，为后续后热处理提供了参考。Dinda[18]等研究了激光金属直接成形Inconel 625合金组织在800～1200 ℃的热稳定性，发现柱状晶组织在1000 ℃以下较为稳定，而在1200 ℃左右，变成再结晶的等轴晶组织。

西北工业大学黄卫东课题组[19—25]研究了Rene 95、GH4169、Inconel 718、TA15、TC4、TC11、Ti60等材料热处理对于LMDF后组织和性能的影响，由于不同材料的热处理工艺及其产生的影响不一样，这里不做详细叙述。但是，目前还存在以下主要问题。

(1)对于LMDF定向生长的研究处于探索阶段，虽然建立了相关的CET模型，但并没有建立实际的工艺参数，包括激光功率、扫描速度、光斑大小等与晶粒生长的联系，因此需要大量的基础实验来进行整理分析，找出工艺参数对定向生长的影响规律。

(2)对于 LMDF 的数值模拟模型大多过于复杂,难以推广,或者过于简单,没有实际参考意义。很少有研究成形过程温度场对组织的影响规律的,因此很有必要建立简单实用的数值模型对此进行分析研究。

(3)热处理研究对于零件的实际应用有着重要作用,但 LMDF 与传统加工方法的组织差别很大,因此热处理工艺有所不同,对于此相关研究较少,特别是针对 DZ125L 高温合金的 LMDF 后热处理还未见相关报道。

10.2 DZ125L 高温合金的 LMDF 成形组织

10.2.1 DZ125L 高温合金

DZ125L[26]是低偏析沉淀强化型定向凝固镍基高温合金,适用于制作 1000 ℃以下工作的航空燃气轮机透平转子叶片和 1050 ℃以下工作的导向叶片等高温零件。元素主要成分如表 10-1 所示,其中以 Al、Ti、Ta 元素形成 γ'相达到弥散强化效果,以 W 和 Wo 元素起固溶强化作用,而 C 和 B 元素则形成晶界强化。铸造组织主要包括:γ 基体,γ'(Ni_3(Al、Ti)) 强化相,$\gamma+\gamma'$共晶和 MC 碳化物。它们的主要特性及作用如下。

表 10-1 粉末及基板的化学成分(质量分数/%)

合金	C	Cr	Co	Mo	W	Al	Ti	Ta	B	Ni
DZ125L 粉末	0.09	9.70	9.64	2.18	7.14	4.90	3.12	3.78	0.015	余
DZ125 基板	0.07	9.09	10.00	2.09	7.17	4.48	3.05	3.64	0.011	余

1. γ 基体

基体是以镍为基的固溶体,面心立方结构,以 γ 表示。γ 相中能溶解大量的 W、Mo、Cr、V 等元素,起固溶强化作用。固溶于基体中的 W 和 Mo 除强烈提高高温强度和抗蠕变性能外,还能促进 γ'相的沉淀,调整 $\gamma-\gamma'$相间的错配度,或形成晶界,对合金的抗蠕变性能也起积极作用。

2. γ'相

γ'相是镍基高温合金中的主要强化相,具有长程有序的面心立方结构,是 A_3B 型金属间化合物,化学式为 Ni_3Al。由于 γ'和基体 γ 之间晶体结构相同,错配度很小(0.05%~1.0%),界面能很低。在高温下与 γ 相长期保持共格关系而难于聚集粗化。另外，γ′为有序相，当位错切割时会引起很高的反相畴界能，造成强烈的时效强化效果。同时，在 800 ℃以下 γ′相的强度随温度的升高而提高，且塑性也较高，不会出现严重的脆化现象。

此外，γ′相中除 Al 和 Ti 外，还可以溶入 Co 和 Cr 等元素，这些元素的进入使 γ′相的组成更加复杂，强化作用显著。γ′相的形态和尺寸对合金的高温性能有着重要影响。

3. 碳化物

碳化物是镍基高温合金中普遍存在的一类相。MC 碳化物主要元素是 Ti 和 Ta，也富集一些 W 和 Mo；而 Cr、Ni、Co 很少，几乎没有 Al。

10.2.2　单层定向晶生长特点

1. 单层单道

图 10－1(a)为低倍下激光金属直接成形 DZ125L 高温合金单道单层典型组织形貌图，可以看出底部为柱状枝晶生长，到顶部为等轴晶生长。

图 10－1(b)为底部界面处形貌，可以看到在熔覆层与基板之间形成白亮的平面晶带，而后以柱状枝晶生长。这种平面晶形成的原因是与基体相接触的液相，由于基体的强烈冷却作用，在固液界面形成很大的温度梯度，而此时冷却速度却几乎为零，几乎不存在成分过冷，界面的失稳扰动很小，可以看成是稳定的平界面，最终导致凝固界面以低速的连续平面晶方式生长。由于熔覆层主要通过基体散热，热流方向垂直于界面，因此界面前沿存在很高的正温度梯度，使得晶粒以柱状树枝晶外延生长。因此基体晶粒的取向不同使得外延生长的组织有所不同。这主要是因为柱状枝晶的生长与胞晶的位向有关，热流方向不改变晶轴的生长方向，只是选择一个择优生长方向，本实验粉末及基板均为面心立方材料，面心立方材料择优生长方向为三个＜100＞方向，因此晶粒的生长方向为三个＜100＞方向中与热流方向夹角最小的一个方向。

图 10－1(c)为柱状枝晶组织形貌图，其中一次枝晶 λ_1 间距均匀，为 5 μm 左右。通过公式(10－2)可知，λ_1 与温度梯度 G 和凝固速率 V 成反比[27]，虽然底部和上部 G 与 V 有所不同，但由于 G 与 V 均在同一数量级，枝晶一次间距相差不大

$$\lambda_1 \propto V^{-a} G^{-b} \tag{10-2}$$

式中：a，b 为与合金相关的常数。

由图 10－1(d)可见熔覆层上部发生了 CET 转变。由于 Gäumann 模型研究

材料与DZ125L相似，均为高温合金，因此采用相同参数，具体如公式(10-3)、图10-2所示。从图中可以看出，当处于A点时，晶粒成等轴晶生长，处于B点时晶粒成柱状晶生长，C点为转变曲线上一点，为临界转变点。通过图中分析可知，DZ125L高温合金发生转变的临界温度梯度在$3.5\times10^6\ \text{K}\cdot\text{m}^{-1}$左右。由于熔池主要通过基板散热，导致温度梯度$G$从熔池底部到顶部逐渐下降，顶部低于临界转变梯度会发生CET转变

$$\frac{G^n}{V} > K \tag{10-3}$$

式中：n,K为与合金有关的系数，此处取n为3.4，K为2.7×10^{24}。

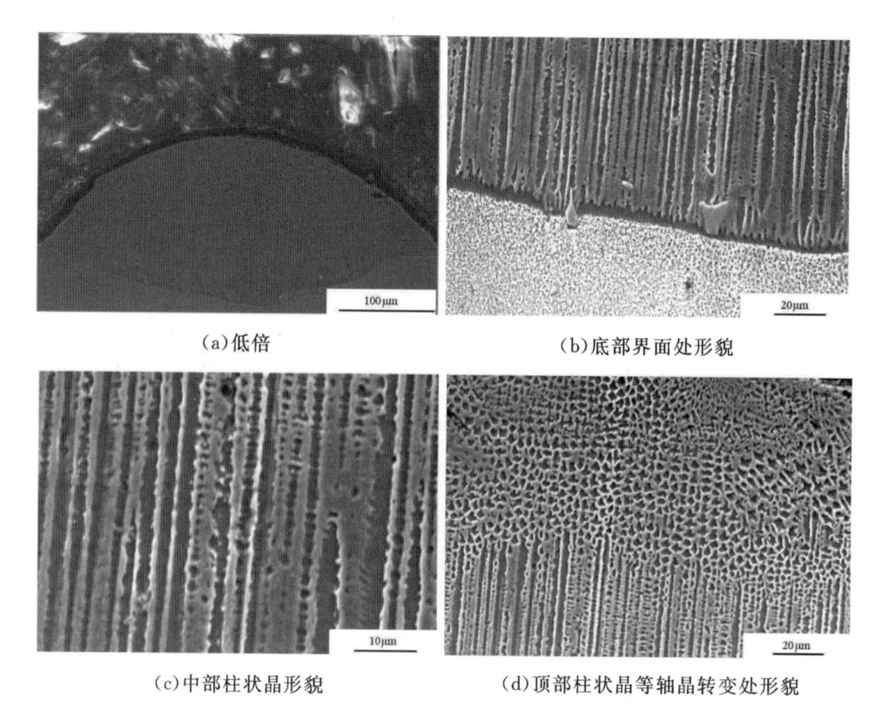

(a)低倍 (b)底部界面处形貌

(c)中部柱状晶形貌 (d)顶部柱状晶等轴晶转变处形貌

图10-1 激光金属直接成形DZ125L高温合金单道单层组织形貌图

LMDF是个复杂的过程，包括物质的传递与流动及热量的传递。对于给定成分的合金，决定晶粒生长的主要因素为G和V。由于LMDF“熔池小”，实际无法直接测量温度梯度和冷却速度，因此还需研究成形工艺，探索工艺对LMDF晶粒生长的影响。

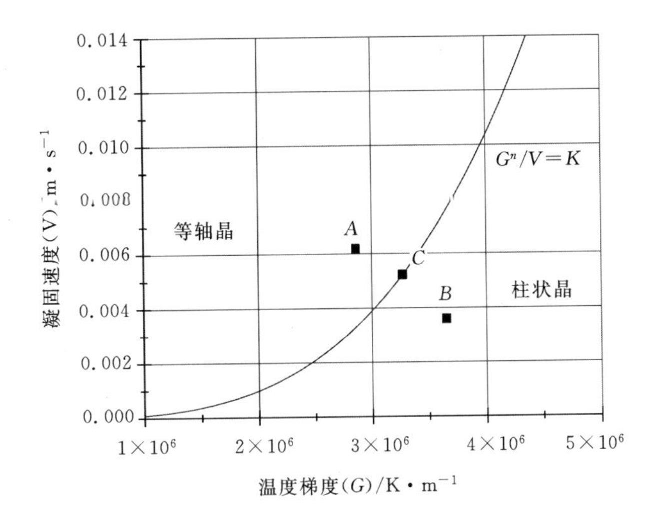

图 10－2　DZ125L 高温合金 CET 曲线

2. 单层双道

两道间距 Δx 太小会导致重熔率过大，热量积累严重，甚至无法成形，根据单道宽度选定 Δx 为 0.30 mm、0.32 mm、0.34 mm、0.36 mm，研究两道间距对晶粒生长的影响，具体如表 10－2 所示，其中“＝”表示平行扫描方式，“Z”表示 Z 字形扫描方式。

表 10－2　不同 Δx 试样工艺参数

试样编号	激光功率 P/W	扫描速度 v/ mm·s^{-1}	z 轴提升量 Δz/mm	扫描方式	两道间距 Δx/mm
L1	230	10	0.06	＝	0.30
L2	230	10	0.06	＝	0.32
L3	230	10	0.06	＝	0.34
L4	230	10	0.06	＝	0.36

图 10－3 为不同 Δx 组织形貌图，从图中可以看出试样 L1 、L2 、L3 、L4 在搭接处均有外延生长，在顶部出现转向枝晶，但 L1 外延生长最高，柱状晶最高处达到 180 μm 以上。在一定范围内，Δx 越小重熔率越大，前一道作为后一道的冷却基底越多，形成的温度梯度越大，同时受到前一道在宽度方向的影响越小，形成沿着高度方向的温度梯度，因此 Δx 为 0.30 mm 时能够形成良好的外延定向生长。

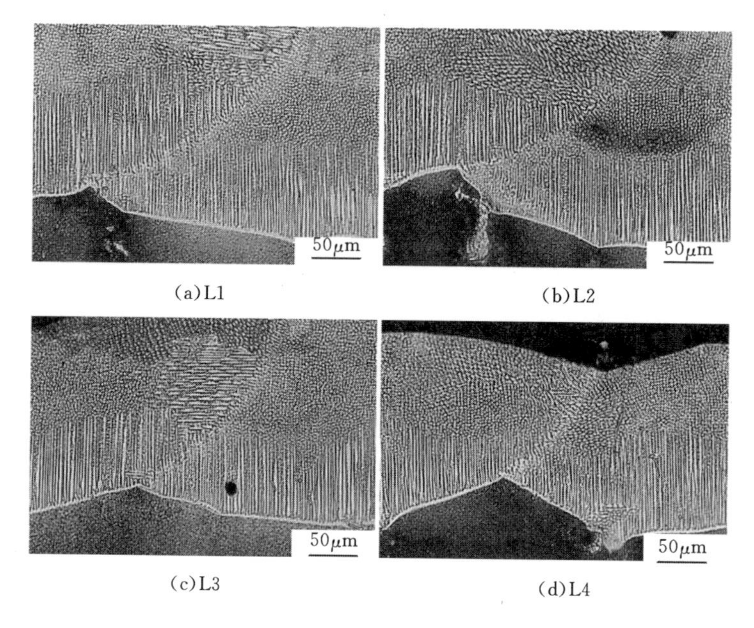

(a)L1 (b)L2 (c)L3 (d)L4

图 10-3 不同两道间距的试样组织形貌图

10.2.3 多层定向晶生长特点

图 10-4 显示了单道多层成形示意图及实物图，图 10-5(a)和(b)为单道多层底部组织形貌。由图 10-5 可见沿着成形高度方向为连续定向生长的柱状晶组织，层与层之间圆弧形界面明显，为良好的外延生长。出现明显界面是由于熔化过程中晶粒间成分偏析造成的。定向生长方向并非严格地沿着高度方向生长，而是和高度方向存在一个夹角，在实验室中一般控制这个夹角在5°内。由于在熔池发生凝固时，冷却主要通过基板和已成形的熔覆层，这就形成了定向生长晶粒的方向与热流方向相反，而重熔的上一层的晶粒作为形核基底，因此能够在层与层之间延续定向生长。图 10-5(c)和(d)为单道多层中部组织形貌，由部分柱状晶和等轴晶组成，在层与层之间没有形成良好的定向生长。图 10-5(e)和(f)为单道多层顶部组织形貌，为大小不一的等轴晶。同时不论是在底部、中部还是顶部在单道多层的两侧面都为方向不一致的杂乱枝晶。这些与单道多层成形过程中温度梯度有直接关系，底

部刚开始成形由于基体作用温度梯度高，随着成形层数的增加，热量积累，而金属之间的热传导散热比与空气的对流散热快得多导致温度梯度下降，层与层之间无法定向延续生长，在顶部组织如同单道单层组织，而单道多层侧壁由于与空气的对流温度梯度低，难以形成定向生长组织。

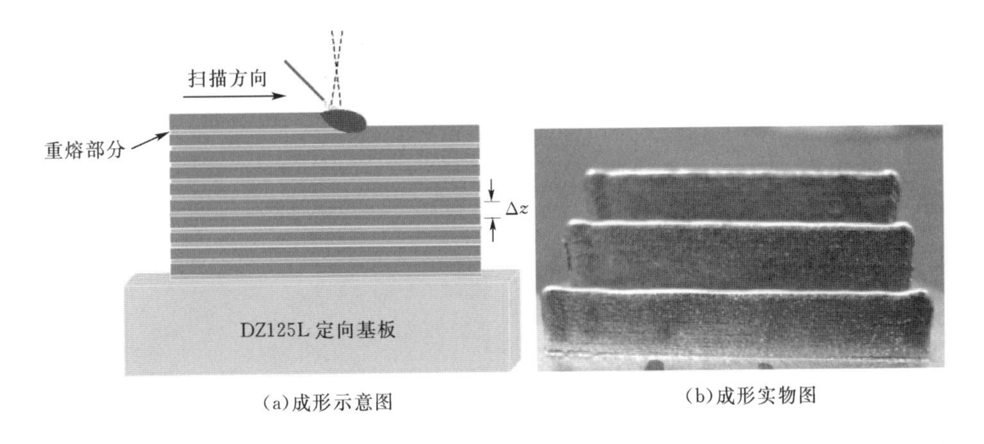

(a)成形示意图　(b)成形实物图

图 10-4　LMDF 单道多层成形示意图及实物图

因此为了单道多层的定向生长，需要严格控制温度梯度，同时为了保证延续性需将前一层形成的等轴晶重熔掉，保证柱状晶生长的温度梯度，即控制重熔深度。而顶部与侧壁少量非柱状晶可以通过后续机加工除去。

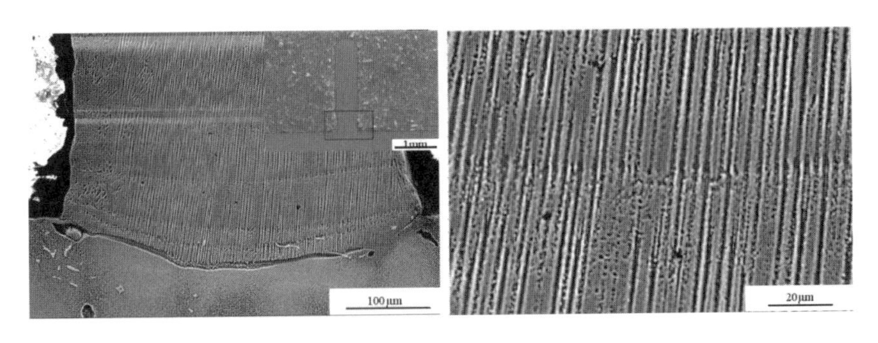

(a) 低倍底部组织形貌　(b) 高倍底部组织形貌

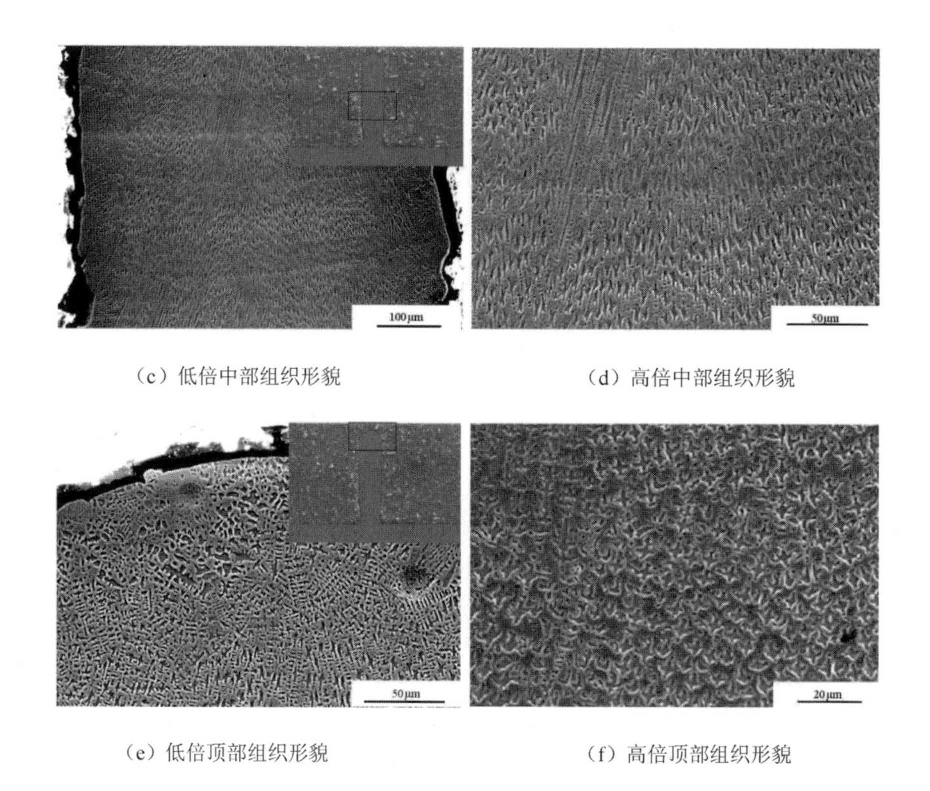

(c) 低倍中部组织形貌　　(d) 高倍中部组织形貌

(e) 低倍顶部组织形貌　　(f) 高倍顶部组织形貌

图 10-5　激光金属直接成形 DZ125L 单道多层典型组织形貌

10.2.4　定向生长的影响因素

在 DZ125L 成形工艺的基础上，本章主要针对 DZ125L 成形的微观组织和力学性能进行了研究。由于激光金属直接成形技术是一种新的热加工及材料成形技术，其成形过程中的材料凝固行为与传统的加工方法有显著的不同。

激光金属直接成形技术由于自身的工艺特点，成形过程中具有很大的自上而下的温度梯度，研究表明激光熔池内的温度梯度可以达到 $10^5 \sim 10^6$ K/m，冷却速度可以达到 $10^2 \sim 10^5$ K/s，属于近快速凝固的范畴[28]。

零件的力学性能是由其内部的微观组织决定的，由于成形过程中激光熔池内部的传热和凝固特征，激光金属直接成形技术成形的零件内部微观组织通常为沿着成形方向强制生长的柱状晶组织，即定向晶组织。所成形的高温合金 DZ125L 薄壁零件典型的微观组织如图 10-6 所示，其中图 10-6(a)是零件的截面示意图,图 10－6 (b)和图 10－6 (c)分别是薄壁靠近基板附近的纵截面和横截面的金相图,可以看出成形零件的内部为定向晶组织,枝晶的生长方向和成形方向(竖直方向)一致,而且组织细密均匀,晶粒细小(一次枝晶间距在 10μm 左右,二次枝晶退化甚至消失),而细小的晶粒有利于零件获得优良的力学性能。

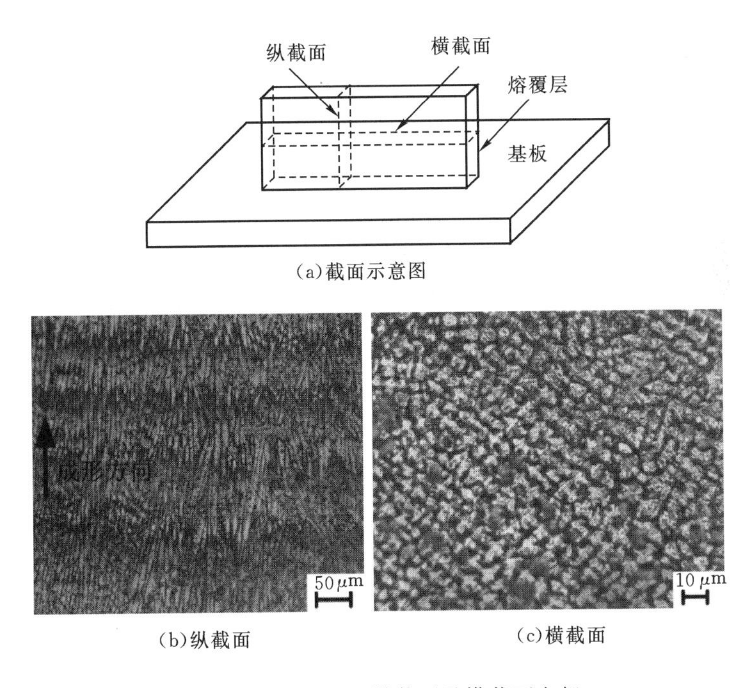

图 10－6　DZ125L 纵截面及横截面金相

虽然激光金属直接成形技术有利于零件内部获得定向晶组织,但凝固是一个复杂的过程,激光金属直接成形过程也受到多种因素的影响,想要使成形零件内部的定向晶组织连续、大面积生长还需要不断地从机理上和工艺上进行研究,协调各个因素之间的关系。成形零件的定向晶组织生长受多种因素的影响,分析如下。

1. 基板的晶体取向

由于激光熔池本身的传热特性,凝固过程始终自熔池底部向熔池顶部进行,而在凝固过程中液态金属与其固相基底始终保持接触,相比于熔池中的形核,熔池与基底界面处的形核过冷通常最低,也就是说提供了很好的外延生长基底,进而导致熔池随后的冷却凝固过程呈现出典型的强制性凝固外延柱状生长的特点,使得基体的晶体取向能够在成形过程中逐层传递下去,所以基板的晶体取向对成形零件的组织有显著影响[28]，采用也是定向晶组织的基板有利于成形零件获得定向晶组织。

为了对比不同晶体取向的基板对成形组织的影响，分别在316L不锈钢基板（非定向基板）和DZ125L定向基板上成形了DZ125L薄壁零件，成形零件与基板结合处的微观组织如图10-7(a)和(b)所示。由图可以看出在定向基板上成形时熔覆层较好的继承了基板的定向特性，组织是明显的外延生长定向晶组织。而在非定向基板上成形时，零件的底部未能获得整齐平行生长的柱状晶组织。

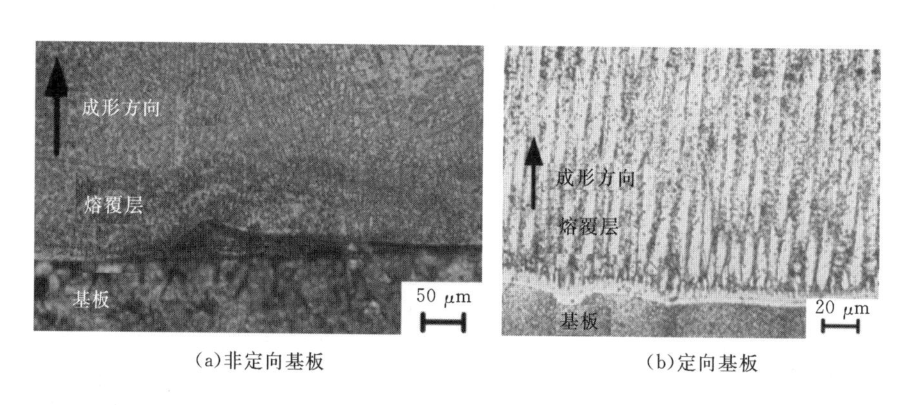

(a)非定向基板　　(b)定向基板

图10-7　不同晶体取向基板对成形组织的影响

对此问题，冯莉萍[29]针对镍基高温合金Rene95，具体系统地研究了基板的晶体取向对熔覆层组织的影响规律，通过实验指出在多晶基体上得到的熔覆层是多晶组织，在单晶基材上得到的是单晶组织，并研究了在单晶基材的不同晶面上熔覆时熔覆层的组织变化。激光成形的这种特性使之可以用来修复单晶叶片而不破坏叶片的单晶组织，这项技术已经获得应用。

虽然基板的晶体取向并不是成形零件定向晶生长的决定性因素，但在非定向的基板上生长定向晶往往需要更加严格的工艺控制，所以从工艺控制和定向晶连续生长方面来考虑，想要获得定向晶的连续生长，成形零件时最好采用定向晶基板。

2. 熔池内部的热流方向和温度梯度

根据凝固学的知识知道，在激光金属直接成形的凝固过程中，枝晶的最终生长方向是激光熔池内的热流方向和材料本身的择优生长方向共同作用的结果，晶体实际的生长方向是选择与热流方向最接近的最优生长方向。而对于某种材料来说，其择优生长方向是一定的，所以激光熔池内的热流方向显著影响着枝晶的生长方向，而熔池内不同部位的热流方向是有区别的，激光熔池的形状及内部不同位置的热流方向示意图如图 10－8 所示。

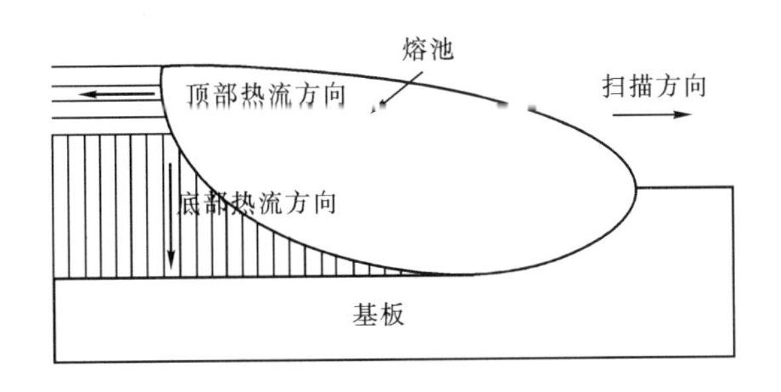

图 10－8　激光熔池内热流方向示意图

由于高温合金 DZ125L 是面心立方体结构，因此三个<100>方向都是其最优生长方向。由图可知，熔池热流方向在底部时是沿着成形方向（竖直方向），所以[001]方向与热流方向最一致，是晶体实际的生长方向，因此熔池底部的枝晶一般都沿着[001]方向生长。而随着熔池形状的变化，在熔池顶部时，热流方向接近水平，使得[010]方向与热流方向最接近，该方向将会取代[001]方向在晶体生长中处于最有利的地位，最后的效果就是当底部的外延柱状晶组织还没有生长到熔池的表面时，熔池尾部沿着[010]方向生长的枝晶就已经凝固，就会出现在该部位晶体沿着[010]方向生长的现象，即转向枝晶现象。实验中成形 DZ125L 薄壁时在熔池末端出现的转向枝晶如图 10－9(a)所示。在成形实体零件时，单道之间需要搭接形成冶金结合，在搭接区域，前面已经凝固的熔覆层相当于是一个冷源，也会导致熔池内热流方向的改变，出现转向枝晶的现象，如图 10－9 (b)所示。

转向枝晶的出现不利于成形零件内部定向晶组织的连续生长，需要去除。经过上面的分析可知，转向枝晶主要出现在熔池后沿热流方向改变的部分，成形过程中的重熔深度越大，熔池顶部水平热流方向所占的比例就越大，在凝固过程中就越容易出现转向枝晶。针对这一问题，可以在保证成形质量的前提下，适当地减小激光功率和提高扫描速度，从而减小重熔深度，使熔池后沿的坡度变缓，这样熔池顶部沿水平方向的热流方向部分就会减少，可以减轻甚至消除转向枝晶现象，采用这种方法获得的在熔池末端没有出现转向枝晶的薄壁成形组织如图 10－10 所示。同时，顶部的转向枝晶也可以通过下一层熔覆时重熔的方式消除掉。

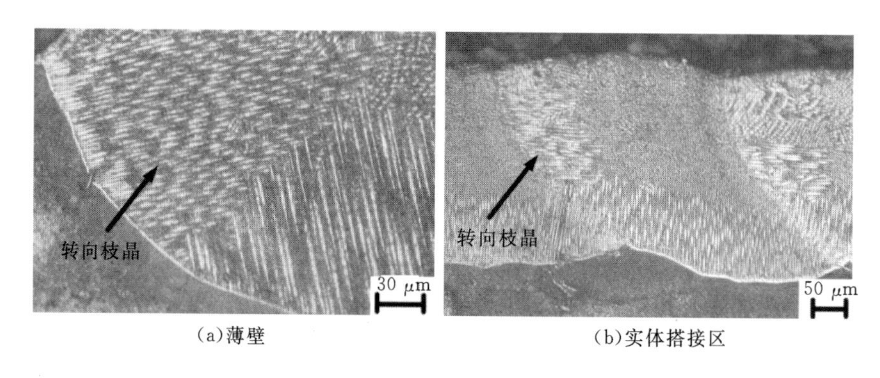

(a)薄壁 (b)实体搭接区

图 10-9 转向枝晶现象

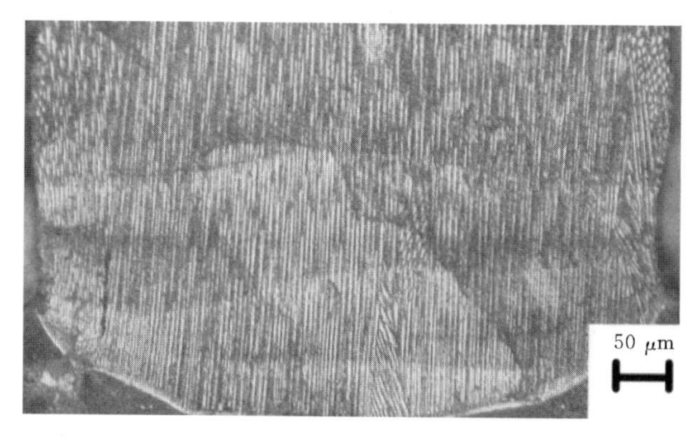

图 10-10 无转向枝晶现象

从激光熔池的底部到顶部，由于熔池内的温度梯度逐渐降低，金属的凝固速度逐渐增大，在熔池的顶部可能会形成等轴晶，也就是发生柱状晶/等轴晶转变(Columnar to Equiaxed Transition，CET)。在传统的凝固理论中，有专门描述这一现象的 Hunt 模型[1]和 Gäumann 模型[5]等理论，给出了是否发生 CET 的判断条件，但主要是针对二元合金。西北工业大学的黄卫东[30]等人在前人研究的基础上，发展了一个适用于多元合金凝固的 CET 特性的数值模型，并将之应用于激光金属直接成形领域，得到了 Rene95 高温合金、Ti-6Al-4V 钛合金和 316L 不锈钢等材料激光直接成形的 CET 数学模型，绘制了相应的 CET 曲线，根据成形所用的工艺参数，可以预测出激光金属直接成形中的组织形态，与实验结果符合较好。

本文中成形的高温合金 DZ125L 熔池底部和顶部的不同组织如图 10-11 所示，可以看出在熔池的底部，组织为明显的外延生长的定向晶组织，但是在熔池的顶部，发生了柱状晶/等轴晶转变，导致顶部的组织为等轴晶组织。

柱状晶向等轴晶转变需要激光熔池内的温度梯度和凝固速度达到一定的条件，若能优化工艺，使得熔池内的温度梯度和凝固速度处在柱状晶生长条件的范围内，就能避免 CET 的发生，获得无等轴晶的组织。谭华[31]就通过理论分析和工艺优化实现了这一想法，获得了从底部到顶部完全无等轴晶组织的成形试样，试样的顶部全是转向枝晶组织。

在成形过程中，即使在顶部形成等轴晶组织，其所占的比例也通常较小，可以在成形下一层时通过重熔的方式消除掉，保证定向晶的外延生长，而成形零件最后一层顶部的等轴晶部分可以通过机加工的方法去除掉，最终保证零件内部的定向晶组织是连续生长的。

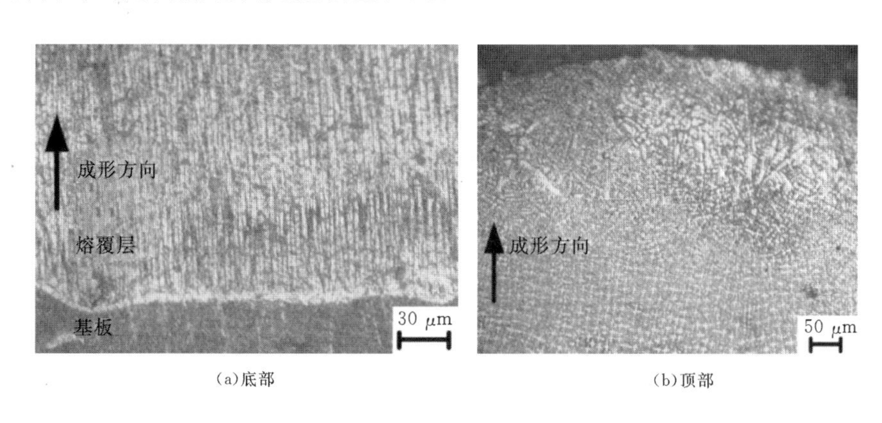

(a)底部　(b)顶部

图 10-11　熔池底部定向晶和顶部等轴晶

3. 单层提升量

如上所述，成形零件时，在熔覆层的顶部可能会出现转向枝晶或等轴晶等非定向晶组织，隔断定向晶的生长，为了获得连续生长的定向晶组织，需要控制合适的提升量 Δz，把上一层顶部的非定向晶组织重熔掉，同时还要兼顾成形效率问题。如果提升量太大，顶部的等轴晶不能被完全重熔掉；提升量太小则重熔深度过深，影响成形效率，而且还可能会引起流淌，影响零件的成形质量。

根据前期测量的 DZ125L 单层熔覆层的高度，用不同的提升量 Δz 来进行工艺试验，根据不同提升量下零件的成形质量和微观组织来确定合适的提升量 Δz，其中提升量 $\Delta z=0.2$ mm 和 $\Delta z=0.1$ mm 时熔覆层的内部组织如图 10-12 所示。

从图 10-12(a)中可以看出熔覆层的层间区域有明显的非定向晶组织，

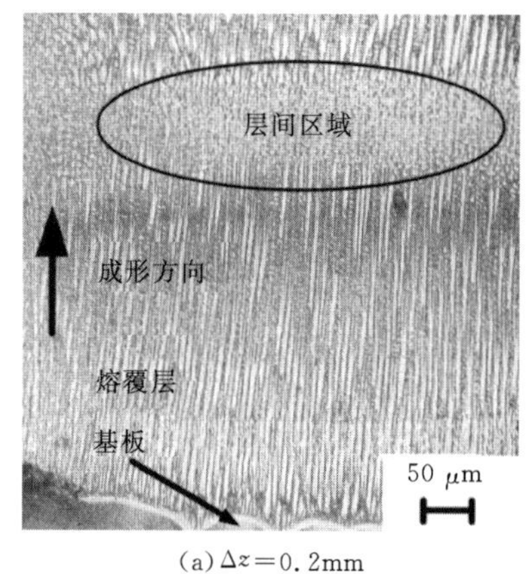

(a) $\Delta z=0.2$mm

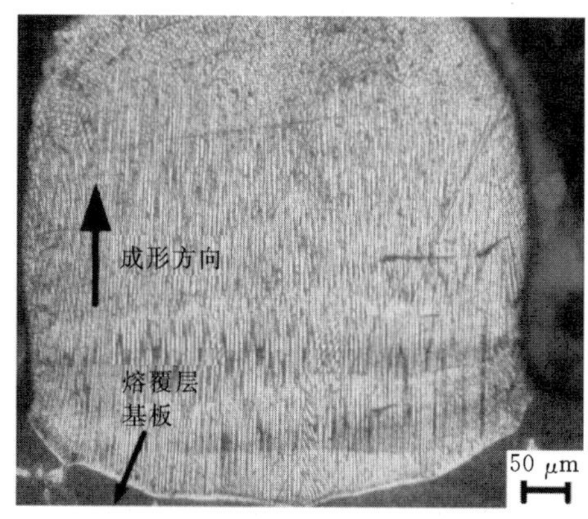

(b) $\Delta z=0.1$mm

图 10-12 提升量 Δz 对定向晶组织的影响

这是因为提升量 Δz 取值太大，导致重熔深度小，上一层顶部的等轴晶没有被完全重熔掉，使定向晶的连续生长被隔断。图 10-12(b)中的试样共熔覆了 4 层，可以看出其定向晶生长的连续性较好，层间没有明显的非定向晶组织，表明重熔深度合适，使整个熔覆层获得了连续生长的定向晶组织。

10.2.5 组织缺陷

1. 微观裂纹

在激光金属直接成形的零件中，可能会出现裂纹、气孔、夹杂、层间结合不良等缺陷，而裂纹是其中最常见，也是对零件损害最大的一种缺陷，会严重降低零件的力学性能，造成零件报废。所以裂纹的防止与消除也是激光金属直接成形领域一个很重要的研究方向。陈静[32]等分析了激光金属直接成形过程中冷裂纹和热裂纹两种不同的裂纹产生原因和机理，并指出不管是热裂纹还是冷裂纹的形成，其原因都是熔覆层中的热应力。

除了前面提到的宏观裂纹，成形零件内部还会出现一些微观裂纹，而晶界是零件内部定向晶组织的薄弱环节，裂纹一旦产生，就会沿着晶界迅速扩展，产生沿晶开裂现象，成形 DZ125L 熔覆层产生的沿晶开裂现象如图 10-13 所示。而转向枝晶或等轴晶由于枝晶方向和定向晶不同，会在一定程度上抑制沿晶开裂，所以微观裂纹多终止在转向枝晶或等轴晶处。

裂纹的消除一直是激光直接成形技术中的一个难点，各家科研机构也采用了多种办法，可以在成形前预热基板，减小熔覆层和基板的温度差，降低内应力；在成形过程中加强散热、防止热积累。本课题组在成形实验中采用了冷却水循环流动来冷却基板，带走多余热量，随着成形高度的增长成形零件的温度逐渐升高，可以逐步降低激光功率，在一定程度上减少热积累。成形后可以对零件进行去应力退火等热处理方法来去除内应力，防止裂纹的产生。

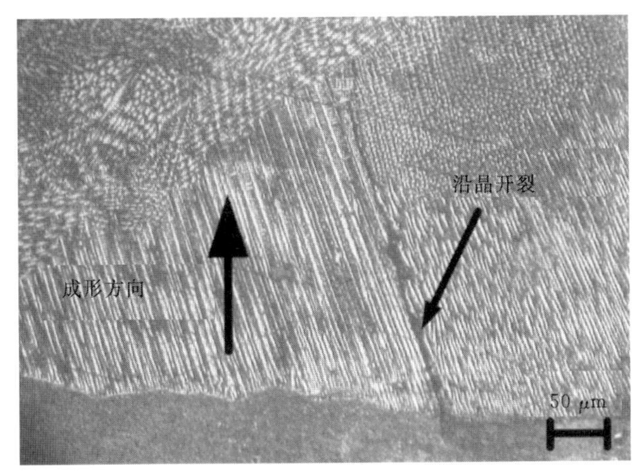

图10-13　沿晶开裂

2. 成分偏析

在焊接领域，众多研究表明焊接熔池内部存在对流运动，激光金属直接成形中的熔池也一样存在流动。目前的研究结果证明激光熔池内熔体的对流驱动力主要来自两种不同的机制，一是熔池水平温度梯度决定的浮力引起的自然对流，另一是表面张力差引起的强制对流机制，二者的综合作用决定了熔池内部的流动特征。一般浮力驱动的自然对流速度较小，在微米每秒的数量级上，远小于表面张力梯度引起的强制对流，因此可以忽略不计，仅考虑表面张力梯度引起的强制对流。

一般情况下，液态金属的表面张力温度系数都小于零，DZ125L也是如此，即熔体温度越高表面张力系数越小，而在激光直接成形过程中，熔池的中心温度比边沿温度高，那么熔池边沿的表面张力就大于熔池中心的表面张力，这样就形成了表面张力差，在表面张力差的作用下近自由表面的金属熔体会由熔池中心流向熔池边沿，从而使液面产生了高度差，由此所形成的重力梯度又驱使熔体从边沿向中心回流，从而形成熔池内液态金属的双环形对流，激光熔池内部横截面的对流示意图如图 10 - 14 所示。

有研究表明熔池内熔体对流的流动速度可以到达 153.3 mm/s，远高于成形过程中的激光扫描速度[33]。在激光金属直接成形的凝固过程中，熔池内强烈的对流可以使各元素分布均匀，有利于消除成分偏析。成分偏析对合金的力学性能、抗裂性能及耐腐蚀性能等都有不同程度的损害。在扫描电镜下对成形的 DZ125L 薄壁零件沿着宽度方向上进行能谱(EDS)分析，分析位置如图 10 - 15(a)所示，各元素的分布如图 10 - 15(b)所示，可以看出各元素分布均匀，无明显偏析。

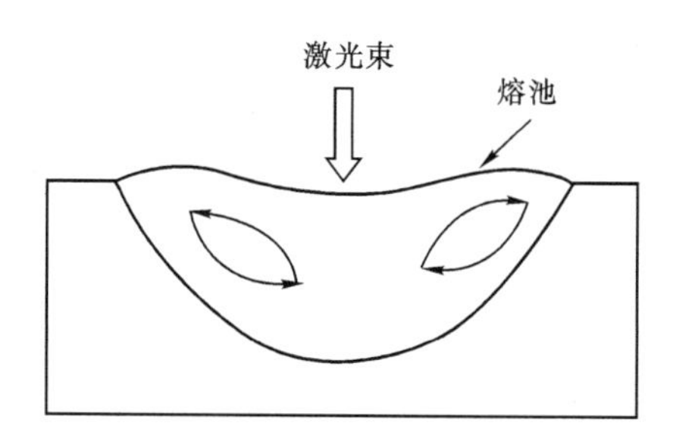

图 10 - 14　熔池内部对流示意图

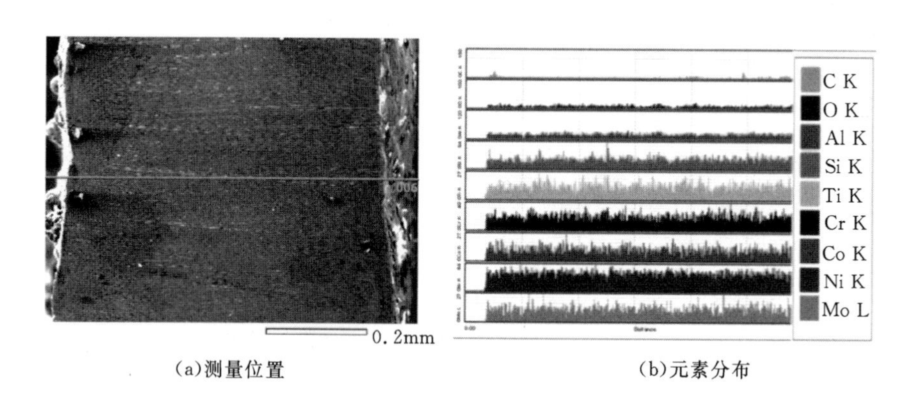

(a)测量位置　(b)元素分布

图 10 - 15　测量位置及元素分布

10.2.6　力学性能

1. 试样制备

在前期 DZ125L 成形工艺的基础上成形拉伸试样，基板采用 DZ125L 定向基板，成形过程所用的主要工艺参数如表 10－3 所示。整个成形过程在简易保护箱内进行，所用载粉气体和向保护箱内充的保护气体均为纯氩，保证成形区域的氧含量在 300ppm 以下，尽量防止成形过程中 DZ125L 在高温下发生氧化。

拉伸试样标准采用室温条件下的美国板材拉伸标准[34]，选取试样的标准尺寸如图 10－16 所示。

表 10－3　成形试样所用主要工艺参数

激光功率 P/W	扫描速度 v/mm · s^{-1}	送粉量 M_p/g · min^{-1}	载气流量 q/L · min^{-1}	提升量 Δz /mm
260	10	3.6	4	0.1

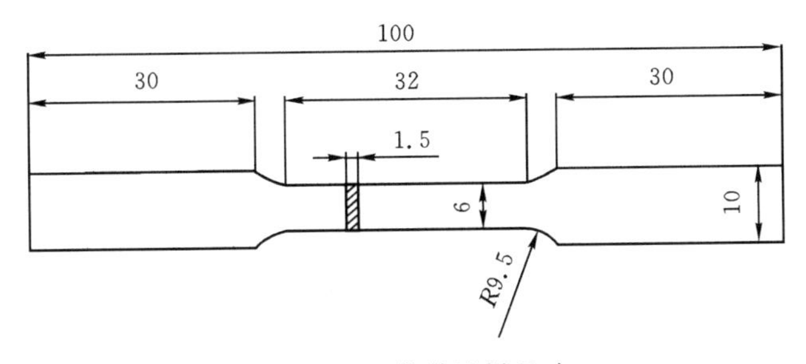

图 10－16　拉伸试样尺寸

为了全面分析成形 DZ125L 零件的不同方向上的力学性能，成形了两组试样，一组是拉伸方向沿着成形方向，另一组是垂直于成形方向，每组最后切割成三个拉伸试样，求其力学性能的平均值。

拉伸方向沿着成形方向的拉伸试样成形实物图如图 10－17 (a)所示，试样线切割示意图如图 10－17 (b)所示，切割打磨后最终的拉伸试样如图 10－17(c)所示。因为成形工艺不是很成熟的原因，成形的拉伸试样还是有所缺陷，但中间的拉伸部分被打磨到平整光滑。同样，拉伸方向垂直于成形方向的试样如图 10－18 所示。所有的拉伸试样都未经过任何热处理。(注：由于定向基板的尺寸限制，拉伸方向垂直于成形方向的拉伸试样在总长度上小于标准试样的长度 100 mm，为 80 mm，加工后两端的夹持部分为每端 20 mm，保证中间的拉伸部分和标注试样一致)。

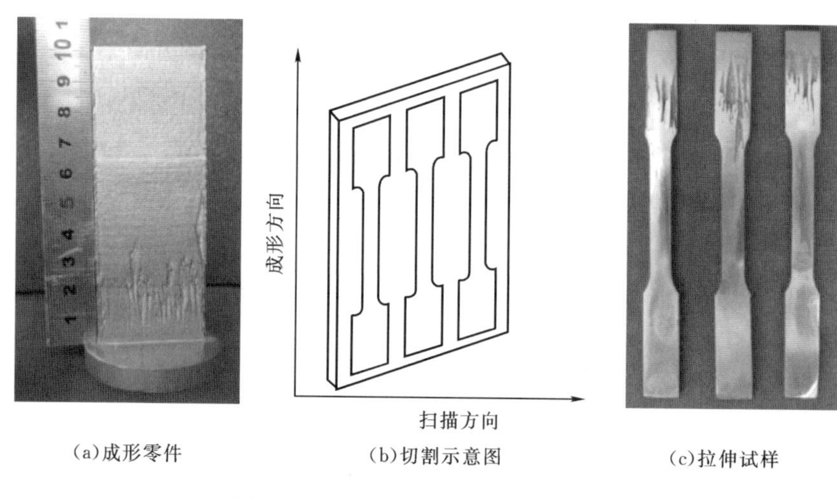

(a)成形零件　(b)切割示意图　(c)拉伸试样

图 10-17　沿着成形方向的拉伸试样

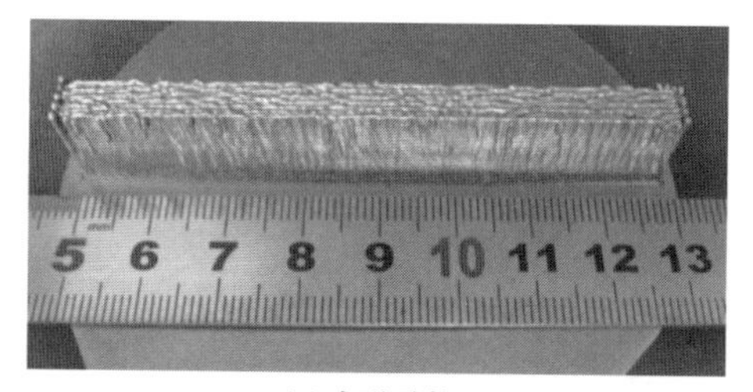

(a)成形零件

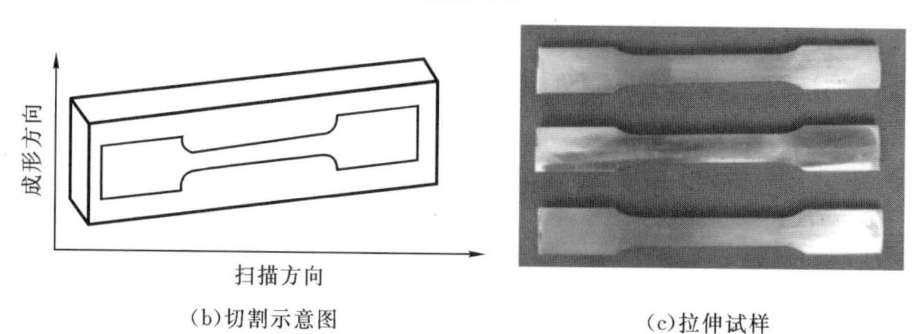

(b)切割示意图　(c)拉伸试样

图 10-18　垂直于成形方向的拉伸试样

2. 拉伸性能测试

试样制备完成后，在室温条件下，用 INSTRON 119 型号拉伸机进行拉伸试验，加载速度为 1 mm/min，其中拉伸方向沿着成形方向的一个拉伸试样的位移-应力如图 10-19 所示。因为加工打磨等原因，最终试样拉伸部分的实际尺寸可能和理想尺寸有所差别，拉伸实验前可以先测出拉伸部分的实际尺寸，并由拉伸载荷换算出实际的拉伸应力。沿着成形方向拉伸试样的实际尺寸和相关拉伸性能数据如表10－4所示，垂直于成形方向的数据如表10－5所示（因为拉伸试样内部存在缺陷，影响了试样的性能，导致有的试样的屈服强度没有测出来）。

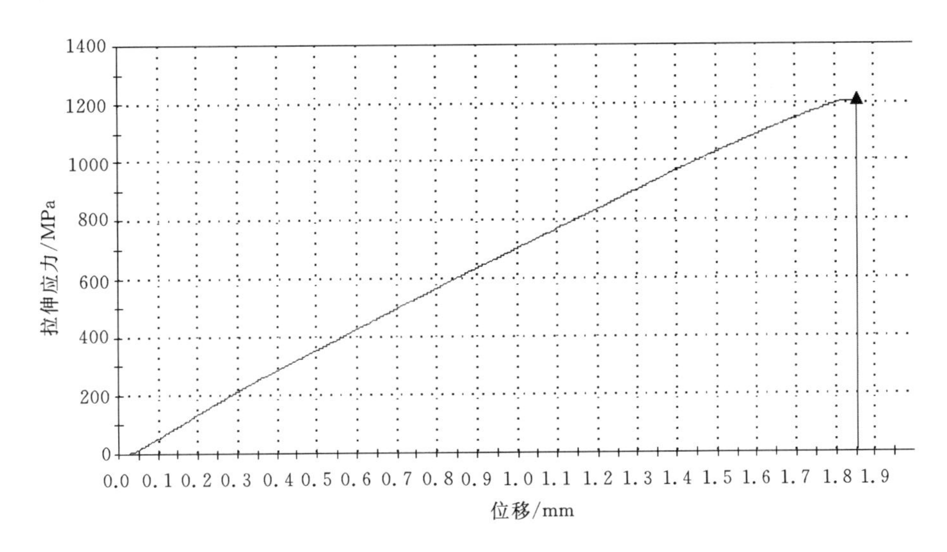

图10－19　试样拉伸图

表10－4　室温条件下DZ125L沿着成形方向的力学性能

试样序号	拉伸部分实际尺寸 宽度×厚度/mm	最大载荷/kN	拉伸强度 σ_b/ MPa	屈服强度 $\sigma_{0.2}$/ MPa	延伸率 δ/%
1	5.6×1.3	6.66	914.84	732.40	5.6
2	5.5×1.2	8.64	1309.10	573.35	7.4
3	5.8×1.4	6.31	777.10	—	5.0
平均值		7.20	1000.35	652.88	6.0

表10－5　室温条件下DZ125L垂直于成形方向的力学性能

试样序号	拉伸部分实际尺寸 宽度×厚度/mm	最大载荷/kN	拉伸强度 σ_b/ MPa	屈服强度 $\sigma_{0.2}$/ MPa	延伸率 δ/%
1	6.0×1.8	6.45	597.22	394.80	5.2
2	6.2×1.5	6.62	711.83	291.01	5.6
3	6.0×1.5	6.04	671.11	—	5.6
平均值		6.37	660.05	342.91	5.5

从测试数据中可以看出，第一组试样的平均拉伸强度为1000.35 MPa，第二组的平均拉伸强度为660.05 MPa，沿着成形方向上的试样的拉伸强度要优于垂直于成形方向上的，这主要是和试样内部定向晶的生长方向有关，沿着成形方向是定向晶的生长方向，所以性能较好。两组试样的韧性都较差，延伸率较小。

室温条件下，采用铸造定向凝固方法制造的DZ125铸件的力学性能如表10－6所示（纵向为定向凝固方向，横向为垂直定向凝固方向）。与之相比，激光金属直接成形的DZ125L在沿着定向晶生长方向的拉伸性能是其76.1%，延伸率是其44.4%，在垂直于定向晶生长方向的拉伸性能是其60.3%，延伸率是其37.2%。在扫描电镜下观察试样断口时发现多个试样内部存在裂纹，如图10－20所示。裂纹的存在严重影响了试样的拉伸性能和韧性，若能消除成形过程中的裂纹，成形件的力学性能将会有大幅度的提高。

表10－6 室温条件下传统方法DZ125的力学性能

取向	拉伸强度 σ_b/ MPa	屈服强度 $\sigma_{0.2}$/ MPa	延伸率 δ/%
纵向	1315	990	13.5
横向	1095	850	14.8

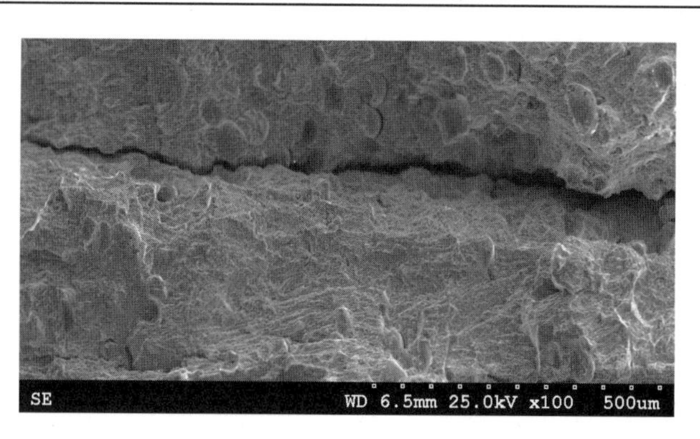

图10－20 试样内部的裂纹

拉断后的拉伸试样如图10－21所示，在HITACHI S－3000扫描电子显微镜下观察试样的断口形貌，如图10－22所示，可以看出试样的断口为韧窝状，是韧性断裂。

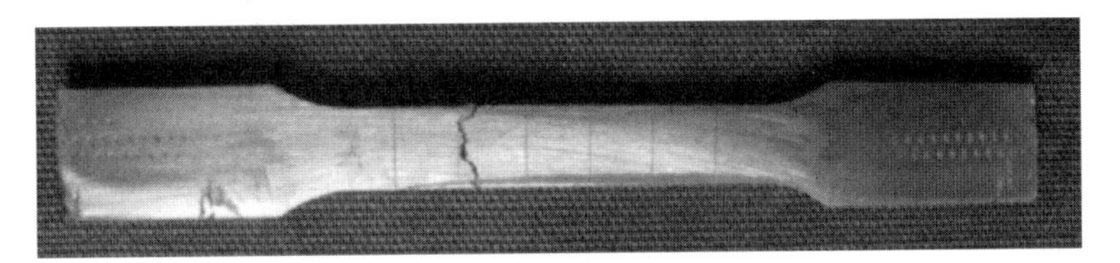

图 10－21　试样拉断后

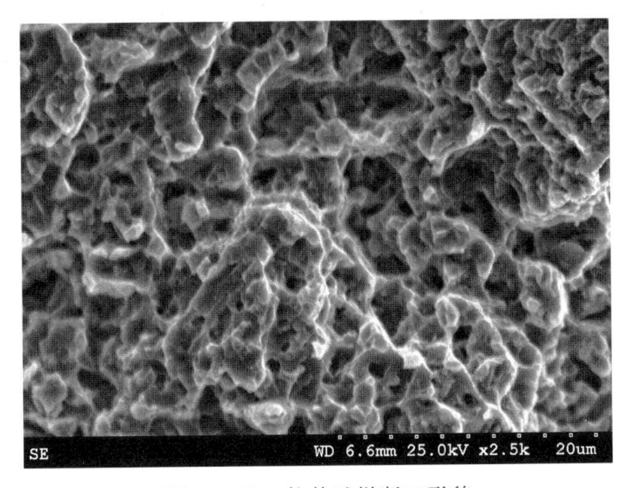

图 10－22　拉伸试样断口形貌

3. 硬度测试

在不同的激光功率下成形 DZ125L 薄壁试样，其成形的主要工艺参数如表 10－7所示。用 Everone MH－5 型号的显微硬度计测量各试样的显微硬度，测量时加力 100 g，加载时间为 10 s。

表 10－7　实体成形工艺参数

送粉量 $M_p/g \cdot min^{-1}$	载气量 $q/L \cdot min^{-1}$	激光功率 P/W	扫描速度 $v/mm \cdot s^{-1}$
3.6	4	260	10

试样显微硬度测试位置示意图如图 10－23 (a)所示，从试样底部到顶部依次选取五个位置。测量出不同激光功率下成形试样的显微硬度值如图 10－23 (b)所示，可以看出在不同激光功率下成形试样的显微硬度值都在 450～550HV 之间，硬度较高。对成形所用的 DZ125L 定向基板也进行了测试，其显微硬度的平均值为 423.8 HV，成形试样的显微硬度要高于定向基板的显微硬度。

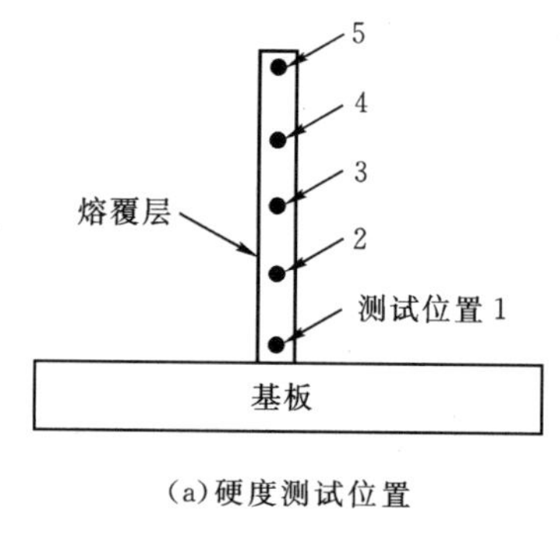

(a)硬度测试位置

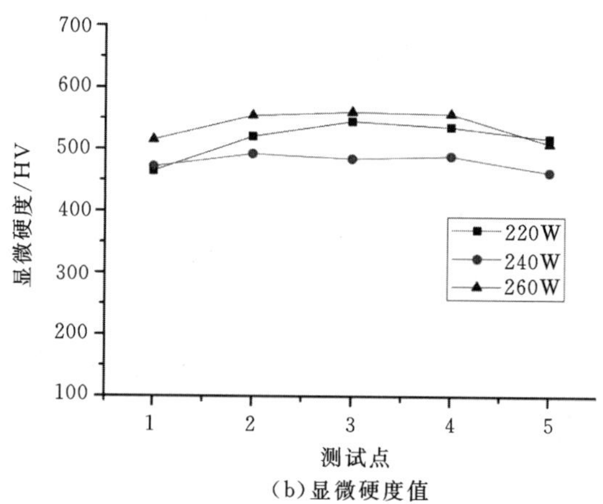

(b)显微硬度值

图 10-23 硬度测试位置示意图及不同工艺参数下的硬度值

10.3 液氩冷却对定向组织生长的影响

本节基于液氩喷射冷却的方法以缓解成形过程透平叶片内部的热积累，确保熔池内部始终保持合适的自下而上的温度梯度，使得柱状晶组织从基板开始由下至上连续生长，获得既细小又致密的柱状晶组织，测量了液氩喷射冷却条件下零件内部不同部位的显微硬度变化规律。

10.3.1 液氩喷射实验

表 10-8 为液氩喷射冷却实验工艺参数，分别在液氩喷射冷却和正常空冷两种情况下成形薄壁件，比较液氩喷射冷却对薄壁件柱状晶组织生长的影响。液氩流量为 1 L/min，喷嘴出口液氩温度为－190 ℃。

液氩喷射冷却原理如图10-24所示，液氩喷嘴和激光头连为一体结构，喷嘴可跟随激光头在x，y，z方向上运动。当喷嘴随激光头在y方向上做往复运动时，将液氩直接喷射到薄壁件两侧以降低温度。液氩喷射冷却条件下实验步骤为：(1)首先在基板上采用多道搭接方法成形薄壁件到10～20层，层厚0.10～0.15 mm；(2)暂停激光成形，通过喷嘴将液氩喷射到已成形薄壁件的两侧壁；(3)然后在已冷却薄壁件顶层继续激光成形；(4)再成形10～20层后，重复步骤(2)～(4)，直至薄壁件成形完成。在基板上开始成形前60层依靠基板强制水冷，不进行液氩喷射冷却。

表10-8　实验工艺参数

参数名称	参数取值范围
激光功率/W	230～260
扫描速度/mm·s^{-1}	6～10
送粉量/g·min^{-1}	5～10
光斑直径/mm	0.48
保护气流量/ml·min^{-1}	Ar：2～5
载气流量/L·min^{-1}	Ar：6～10
搭接率/%	30～40
道数	8
层数	60

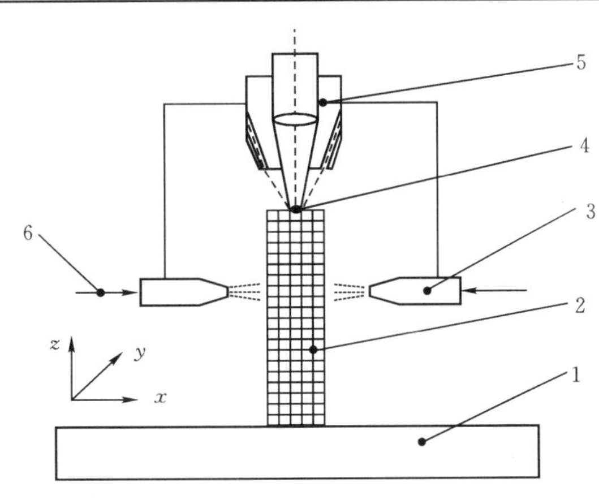

图10-24　液氩喷射冷却原理示意图

1—基板；2—薄壁件；3—液氩喷嘴；4—熔池；5—激光头；6—液氩

液氩喷射冷却成形系统主要由液氩喷射冷却装置组成,激光金属直接成形系统包括:(1) Nd:YAG 激光器(英国 GSI 公司生产):型号为 JK1002SM,额定功率为 1 kW,聚焦距离为 160 mm,光斑直径为 0.5 mm;(2) 送粉器:北京航空制造工程研究所研制,型号为 DSPF-2;(3) 同轴喷嘴,喷嘴粉末汇聚焦点距喷嘴出口处为 13 mm,粉末汇聚直径为 2 mm,西安交通大学自行研制;(4) 三轴联动工作台。液氩喷射冷却系统包括:(1)自增压式液氮罐,型号:YDZ-50,容积:50 L,最大排量:4 L/min,工作压力:0.09 MPa;(2) 自制液氩喷嘴;(3)喷嘴夹具。

实验用金属粉末和基板材料的化学成分如表 10-9 所示,粉末粒度为 50～100 μm,基板几何尺寸为 150 mm×100 mm×8 mm。实验前,将金属粉末真空烘干以去除水分,基板经过砂纸打磨后再分别用丙酮、乙醇清洗去除油脂与污渍。如图 10-25(a)所示,将成形件沿垂直于激光扫描方向切割成试样,经过打磨、抛光,采用王水(1 mlHNO_3+3 mlHCl)进行腐蚀。

如图 10-25(b)所示,在 S-3000 N 扫描电镜下观察试样上部和下部的微观组织。显微硬度测量如图 10-23(a)所示,从基板与薄壁件结合处向上,每隔 2 mm 测量显微硬度 5 次,由下向上共测量 5 个不同位置的显微硬度。显微硬度计型号为 HXD-1000TMC,采用了 200 g,1.961 N 加载,加载时间 15 s。

表 10-9 316L 不锈钢粉末和基板的化学成分(质量分数/%)

化学成分	Cr	Ni	Mo	Si	Mn	C	P	S	Fe
316L 粉末	17.60	12.10	2.20	1.12	0.15	0.04	—	—	剩余
316L 基材	16.75	10.17	2.05	0.51	1.53	0.024	0.024	0.003	剩余

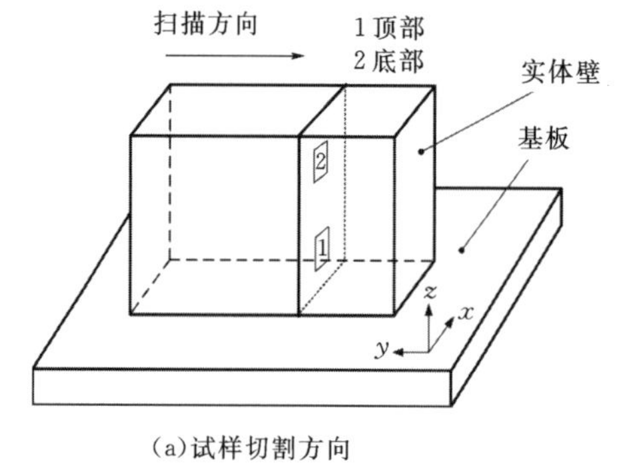

(a)试样切割方向

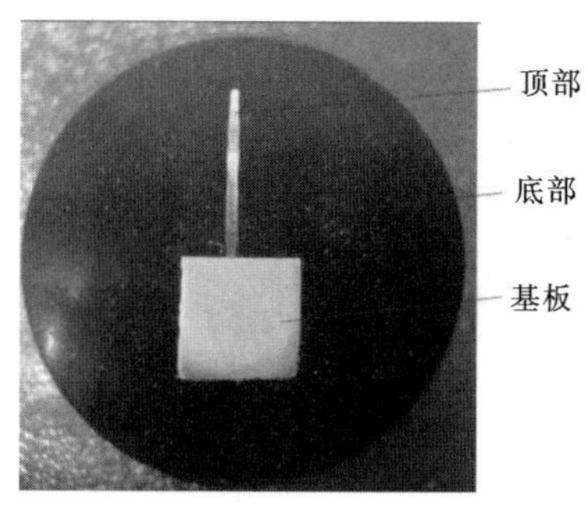

(b)镶嵌试样

图 10-25 试样制备

10.3.2　结果与分析

1. 微观组织

图10-26为两种冷却条件下成形薄壁件沿垂直激光扫描方向截面的金相显微图。图10-26(a)和图10-26(b)分别为正常冷却条件下成形薄壁件下部和上部金相显微组织，在薄壁件下部大部分为垂直扫描方向沿沉积方向生长的柱状晶组织，而在薄壁件上部出现细小的等轴晶组织和较短的不同方向的非柱状晶，竖直向上的柱状晶组织基本消失。

在激光金属直接成形初始阶段，由于激光熔池所特有的高温度梯度、高凝固速度等特点，熔池凝固内部保持自下而上的温度梯度，虽然柱状晶组织受到基材多晶的影响，但大部分柱状晶组织还是沿着从熔池底部到顶部的方向延续生长。由于在激光金属直接成形过程中热量不断的积累，导致当成形件逐层堆积到一定高度后，成形件内部由上而下的温度梯度降低，导致熔池在凝固时较难保持自上而下的温度梯度，从而影响柱状晶的完整定向生长。因为熔池凝固条件容易发生变化，在本实验参数范围之内熔池凝固过程发生柱状晶/等轴晶转变，成形件中等轴晶组织逐渐增多，达到一定数量后阻断了柱状晶组织的生长[35,36]，最终成形件内部80%左右的柱状晶组织逐渐转变为等轴晶，还有少量沿不同方向生长的转向晶。

图10-26(c)和图10-26(d)分别为液氩喷射冷却条件下成形薄壁件下部和上部的金相显微图。在薄壁件下部大部分为沿沉积方向生长的柱状晶组织，成形件上部虽然出现部分等轴晶，但依然有50%左右沿沉积方向的柱状晶组织。

这是因为成形件通过液氩喷射冷却以后，热积累现象暂时消除，在后续成形过程中熔池内依然保持合理的温度梯度，等轴晶出现机率降低，大部分柱状晶组织连续完整生长。但是采用液氩喷射冷却的方法依然无法完全消除零件表面层的转向晶和热积累现象，随成形件层数增加，熔池内平均温度梯度有所升高，根据枝晶的一次间距λ与扫描速度v和温度梯度G之间存在的近似关系$\lambda \propto v^{-a}G^{-b}$($a$,$b$为与合金相关的常数)，成形件上部枝晶间距较下部有所增加，柱状枝晶也较为粗大[37]。

2. 显微硬度

图10-27为正常冷却和液氩喷射冷却条件下成形薄壁件不同位置处的显微硬度值。从图可知，从基板开始随着薄壁件高度增加，两种条件下成形

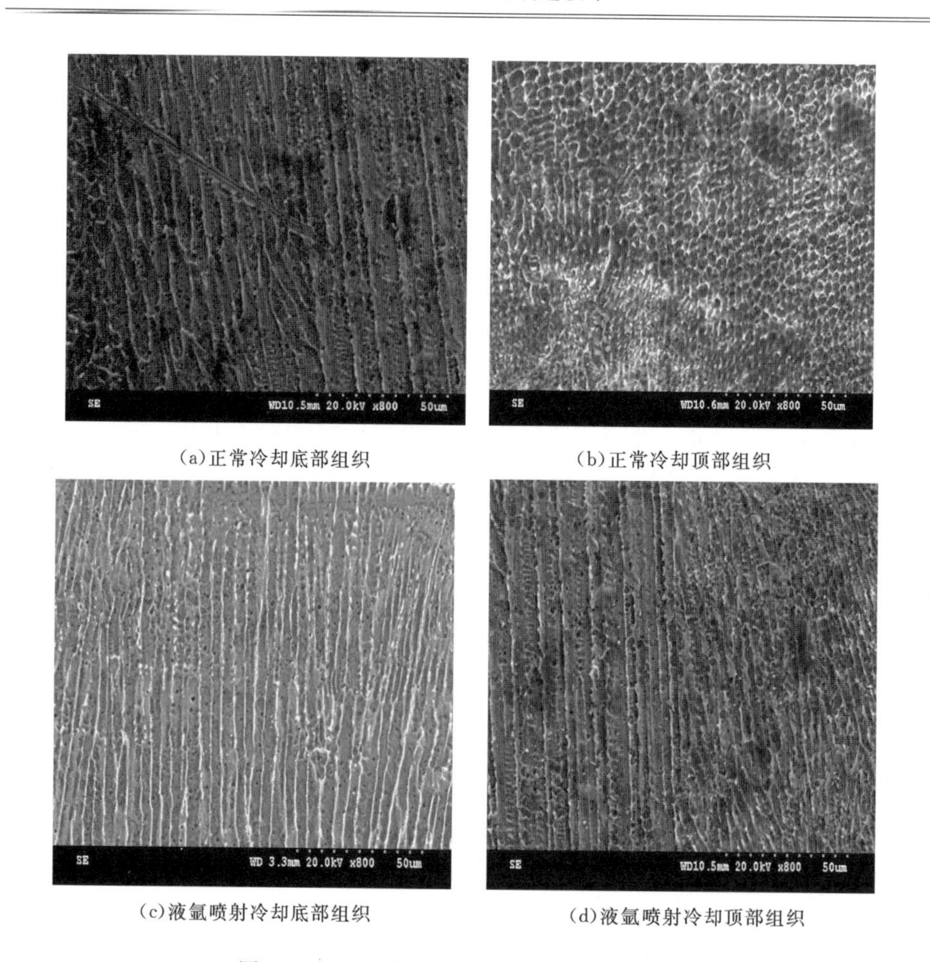

(a)正常冷却底部组织　(b)正常冷却顶部组织

(c)液氩喷射冷却底部组织　(d)液氩喷射冷却顶部组织

图 10-26　不同冷却条件下薄壁件显微组织

件的显微硬度值都有所降低；相同高度下，液氩喷射冷却条件下薄壁件显微硬度值明显高于正常冷却条件下薄壁件显微硬度。

在正常冷却条件下，随着薄壁件高度增加，薄壁件内部热积累逐渐加重，熔池凝固时从底部到顶部的温度梯度降低，热流方向发生变化。正常冷却条件下成形薄壁件内部等轴晶和转向晶数量增多，内部柱状晶组织开始向等轴晶转变，晶粒粗化，并出现不同方向的杂晶，这就导致了显微硬度值随高度的增加而降低。

在液氩喷射冷却条件下，热积累现象得到了一定缓解，但由于激光能量密度较大，输入集中，所以每次冷却以后虽然暂时缓解了热积累，但由于薄壁件传热条件较差并且 316L 材料导热能力不如铜合金和铝合金，随着层数的增加热积累现象依然能够出现，导致熔池凝固时无法保持较大的自上而下的温度梯度。虽然液氩喷射冷却条件下薄壁件内部还能保持大部分柱状晶组织的连续生长，但由于枝晶一次间距从底部的 5～20 μm 增大到顶部的 10～35 μm，导致薄壁件组织显微硬度从下到上逐渐减小。

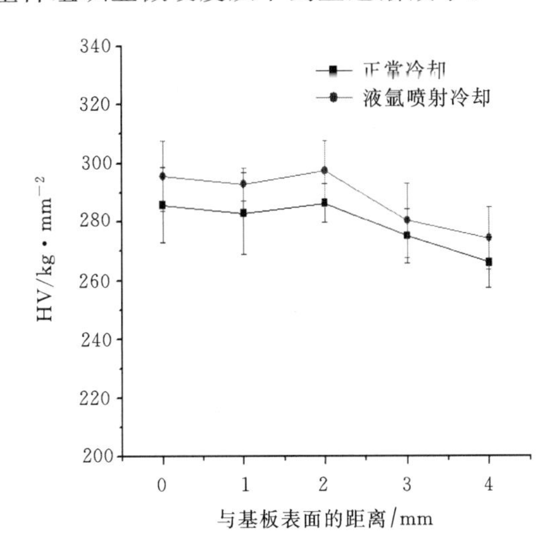

图 10-27　液氩喷射冷却与正常冷却条件下的硬度值

在激光金属直接成形过程中，通过液氩喷射冷却的方法能有效的缓解成形件内部的热积累效应，成形件组织和性能得到了明显改善。(1)由于熔池凝固过程能保持较大的自上而下的温度梯度，所以成形件内部大部分柱状晶组织能从基板开始自下而上连续生长，有效防止了柱状晶向等轴晶的转变。(2)热积累现象得到了缓解使得成形件内部枝晶细化，一次枝晶间距减小，显微硬度值有了明显的提高。

10.4　本章小结

(1)对激光金属直接成形 DZ125L 高温合金组织研究发现，激光金属直接成形 DZ125L 高温合金组织致密，熔池底部晶粒定向外延生长，其中一次枝晶间距为 5 μm 左右，在熔池顶部发生 CET 转变。研究发现激光功率和扫描速度对定向生长组织影响比较复杂，通过优化激光功率 220～240 W，扫描速度 10 mm·s^{-1}能够获得柱状晶高度达 100 μm 以上，柱状晶占整个熔覆层 85%以上的良好定向生长组织。

(2)单道单层时，温度从熔池底部向顶部逐渐增大，z 轴方向温度梯度最大，晶粒沿着 z 轴方向定向生长，温度梯度在顶部小于 3.5×10^{6} K·m^{-1}，将发生等轴晶转变。在两道搭接处，y 轴方向温度梯度大于其余两个方向，容易出现转向枝晶，Z 字形扫描方式相比平行扫描方式在搭接处更容易出现转向枝晶。两道间距 Δx 为 0.30 mm 时能够在搭接处形成良好的外延定向生长。

参考文献

[1] Hunt J D. Steady state columnar and equiaxed growth of dendrites and eutectic[J]. Master Sci Eng, 1984, 65: 75 - 83.

[2] Kurz W, Bezencon C, Gäumann M. Columnar to equiaxed transition in solidification processing[J]. Science and Technology of Advanced Materials, 2001, 2 (1): 185 - 191.

[3] Gäumann M, Henry S, Cleton F, et al. Epitaxial laser metal forming: analysis of microstructure formation[J]. Materials Science and Engineering a-Structural Materials Properties Microstructure and Processing, 1999, 271 (1 - 2): 232 - 241.

[4] Gäumann M, Bezencon C, Canalis P, et al. Single-crystal laser deposition of superalloys: Processing-microstructure maps[J]. Acta Materialia, 2001, 49 (6): 1051 - 1062.

[5] Gäumann M, Trivedi R, Kurz W. Nucleation ahead of the advancing interface in directional solidification[J]. Materials Science & Engineering A (Structural Materials: Properties, Microstructure and Processing), 1997, 226 - 228:763 - 769.

[6] Lin X, Li Y, Wang M, et al. Columnar to equiaxed transition during alloy solidification[J]. Science in China, Series E: Technological Sciences, 2003, 46 (5):475 - 489.

[7] 冯莉萍，林鑫，陈大融，等. 材料对激光多层涂覆定向凝固显微组织的影响[J]. 航空材料学报，2004，24 (1)：5.

[8] 林鑫，李延民，王猛，等. 合金凝固列状晶/等轴晶转变[J]. 中国科学 E 辑，2003，33 (7)：12.

[9] 林鑫，杨海欧，陈静，等. 激光快速成形过程中 316L 不锈钢显微组织的演变[J]. 金属学报，2006，42 (4)：8.

[10] 杨森，黄卫东，刘文今，等. 激光超高温度梯度快速定向凝固研究[J].

中国激光，2002(5)：475－479.
[11] Wen S, Shin Y C. Comprehensive predictive modeling and parametric analysis of multitrack direct laser deposition processes[J]. Journal of Laser Applications, 2011, 23 (2):022003.
[12] Zhang C, Li L, Deceuster A. Thermomechanical analysis of multi-bead pulsed laser powder deposition of a nickel-based superalloy[J]. Journal of Materials Processing Technology, 2011, 211 (9):1478－1487.
[13] Ghosh S, Choi J. Modeling and experimental verification of transient/residual stresses and microstructure formation in multi-layer laser aided DMD process[J]. Journal of Heat Transfer-Transactions of the Asme, 2006, 128 (7): 662－679.
[14] He X, Yu G, Mazumder J. Temperature and composition profile during double-track laser cladding of H13 tool steel[J]. Journal of Physics D-Applied Physics, 2010, 43 (1):015502.
[15] Zhao H Y, Zhang H T, Xu C H, et al. Temperature and stress fields of multi-track laser cladding[J]. Transactions of Nonferrous Metals Society of China, 2009, 19 (SUPPL. 2): s495－s501.
[16] 马琳，原津萍，张平，等. 多道激光熔覆温度场的有限元数值模拟[J]. 焊接学报，2007，28 (7)：4.
[17] Qi H, Azer M, Ritter A. Studies of standard heat treatment effects on microstructure and mechanical properties of laser net shape manufactured INCONEL 718[J]. Metallurgical and Materials Transactions a-Physical Metallurgy and Materials Science, 2009, 40A (10): 2410－2422.
[18] Dinda G P, Dasgupta A K, Mazumder J. Laser aided direct metal deposition of Inconel 625 superalloy: Microstructural evolution and thermal stability[J]. Materials Science and Engineering A(Structural Materials: Properties Microstructure and Processing), 2009, 509 (1－2): 98－104.
[19] 赵卫卫，林鑫，刘奋成，等. 热处理对激光立体成形 Inconel718 高温合金组织和力学性能的影响[J]. 中国激光，2009(12)：3220－3225.
[20] 黄瑜，陈静，张凤英，等. 热处理对激光立体成形 TC11 钛合金组织的影响[J]. 稀有金属材料与工程，2009(12)：2146－2150.
[21] 刘奋成，林鑫，赵卫卫，等. 固溶温度对激光立体成形 GH4169 高温合金组织和性能的影响 [J]. 稀有金属材料与工程，2010(9)：1519－1524.

[22] 杨海欧. Rene95 合金激光立体成形显微组织与力学性能研究[D]. 西安：西北工业大学，2002.
[23] 张方，陈静，薛蕾，等. 激光立体成形 Ti60 合金组织性能[J]. 稀有金属材料与工程，2010(3)：452 - 456.
[24] 张霜银，林鑫，陈静，等. 热处理对激光立体成形 TC4 残余应力的影响[J]. 稀有金属材料与工程，2009(5)：774 - 778.
[25] 张小红，林鑫，陈静，等. 热处理对激光立体成形 TA15 合金组织及力学性能的影响[J]. 稀有金属材料与工程，2011(1)：142 - 147.
[26] 郭建亭. 高温合金材料学[M]. 北京：科学出版社，2008.
[27] Jackson K A, Hunt J D, Uhlman D R, et al. On the origin of the equiaxed zone in castings[J]. TSM of Aime, 1966, 236: 149 - 158.
[28] 黄卫东，林鑫，陈静，等. 激光立体成形[M]. 西安：西北工业大学出版社，2007：15 - 20.
[29] 冯莉萍. 激光多层涂覆定向凝固研究[D]. 西安：西北工业大学，2002：30 - 31.
[30] 黄卫东，李延民，冯莉萍，等. 金属材料激光立体成形技术[J]. 材料工程，2002(3)：34 - 37.
[31] 谭华. 激光快速成形过程温度测量及组织控制研究[D]. 西安：西北工业大学，2005：59.
[32] 陈静，杨海欧，李延民，等. 激光快速成形过程中熔覆层的两种开裂行为及其机理研究[J]. 应用激光，2002，22(3)：300 - 304.
[33] 陈静，谭华，杨海欧，等. 激光快速成形过程中熔池形态的演化[J]. 中国激光，2007，34(3)：442 - 446.
[34] 王滨. ASTM 金属材料拉伸试样介绍[J]. 理化检验-物理分册，2004，40(9)：477 - 480.
[35] 张永忠，石开力，等. 激光熔覆同轴送粉喷嘴：CN2510502Y[P]. 2002 - 9 - 11.
[36] 黄卫东. 激光立体成形[M]. 西安：西北工业大学出版社，2007：41 - 42.
[37] Moat R J, Pinkerton A J, Li L, et al. Residual stresses in laser direct metal deposited Waspaloy[J]. Materials Science and Engineering: A, 2011, 528(6): 2288 - 2298.

第 11 章　激光金属直接成形透平叶片

11.1　引言

空心透平叶片形状结构复杂，且轮廓曲率分布变化较大(见图 11－1)。在基于 LMDF 技术成形空心透平叶片的过程中，当激光扫描至曲率变化较大部位时，由于扫描速度方向的不断变化，在插补直线段两端扫描速度不断的加速或者减速，而激光功率始终不变，使得激光能量密度波动，易在叶片局部位置存在较大的温度梯度[1,2]，导致凸起、塌陷或粘粉等缺陷(见图 11－2)。目前，国内外研究者大多针对薄壁透平叶片展开研究，针对凸起问题，主要通过闭环控制，实时改变激光功率以保持熔池温度稳定，解决由零件结构引起散热不均的问题。

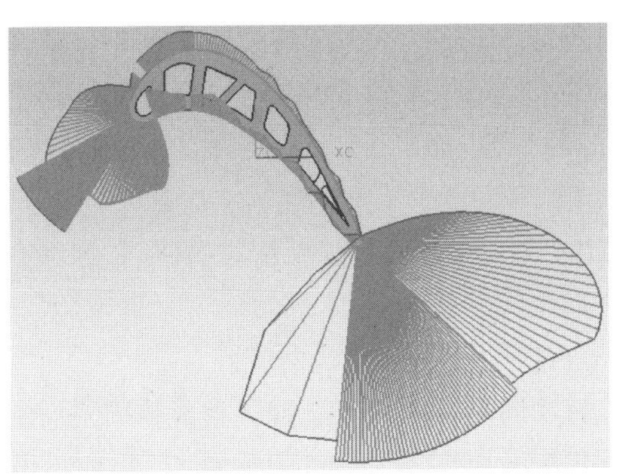

图 11－1　空心透平叶片轮廓曲率分布

本章针对燃气轮机空心透平叶片的曲率变化，采用数值模拟及实验相结合的方法，对空心透平叶片成形工艺展开研究。通过有限元分析，找出透平叶片轮廓曲率变化对熔池温度场的影响规律，进而查明不同曲率下熔池温度场的分布规律；提出变激光功率方法以保持熔池温度稳定，获得激光功率随曲率的变化规律。

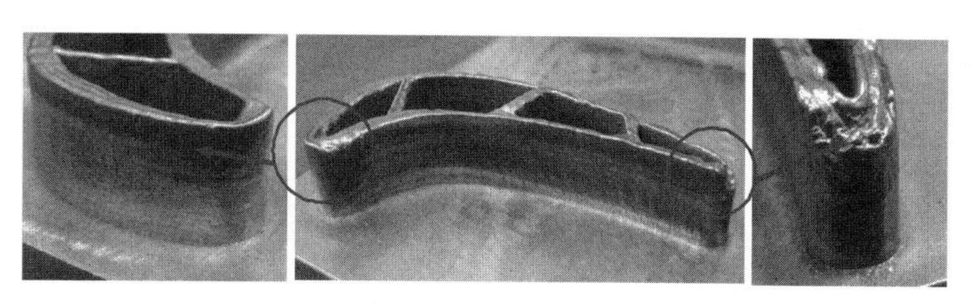

图 11-2　空心透平叶片拐角处缺陷

11.2　透平叶片扫描路径

11.2.1　光栅式扫描路径

光栅式扫描路径算法比较简单，主要通过求取直线和多边形的交点。具体步骤如下：

(1)沿指定方向，以设定间距构造一组平行直线；

(2)取任意直线求与多边形外轮廓的交点集 A，以及与所有孔的交点集 B，得到所有交点 $A+B$；

(3)将所有交点按 X 或 Y 单调递增排序，得到一组有序点集 C；

(4)判断点集 C 的个数，如果为 1，则该条直线与轮廓相切，如果为其它奇数，则计算有误；

(5)点集中(N，$N+1$)个点之间就是需要扫描的线段，其中 $N=1,3,5,\cdots$；

(6)重复(2)，直到获得所有平行线的交点。

经实验证明，该算法满足 LMDF 工艺对光栅式扫描路径的要求。图 11-3 是利用该算法生成的几个轮廓填充效果(为方便起见，仅画出了原始轮廓)，图 11-3(a)是含有一个方孔外轮廓的扫描路径示意图，图 11-3(b)是实心轮廓的扫描路径示意图，图 11-3(c)是含有两个圆孔外轮廓的扫描路径示意图。

对于简单形状(比如方块等)，如果采用光栅式填充方式，可以获得较好的填充效果，扫描路径生成也比较简单。沿着扫描线方向的侧成形面一般质量较好，由线段端点构成的侧面则质量较差。这是因为在 LMDF 成形过程中，在线段的端点总会有个加减速过程，单位时间单位成形轨迹粉末熔化量

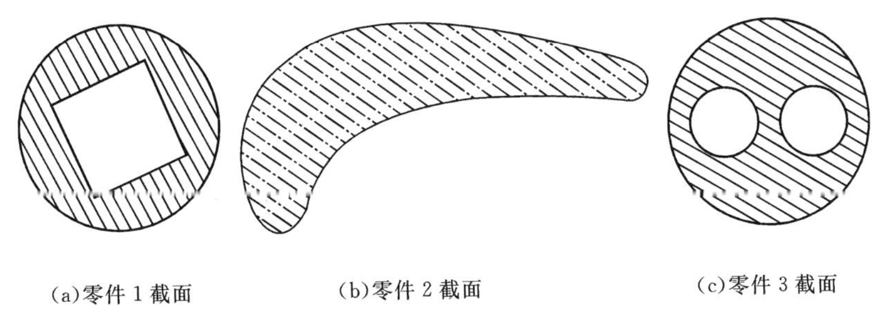

图 11-3　光栅式扫描路径填充效果

不同,导致成形面表面粗糙度较差。通过线段两端添加延长线(当激光束扫描到线段末端时不减速,仅关闭激光)的方法可以避免该现象。

由于扫描轨迹两端扫描速度的差异将导致成形缺陷,针对复杂曲面零件时将更明显。因此,对于透平叶片零件需进行纯光栅式填充(见图 11-4(a)),然后基于该路径成形 80 层,上表面较平整,但是侧壁容易出现竖状条纹以及严重粘粉现象(见图 11-4(b))。

光栅式扫描路径生成的扫描轨迹在端点容易出现阶梯现象,当零件轮廓曲率变化较大时现象较明显。图 11-4(b)中右边图片是激光扫描一层后的熔覆层形貌,可以清晰观察到锯齿现象。如果减小激光光斑尺寸,采用更小的平行线间距,则可以减弱该现象。当实际扫描轮廓边缘时由于激光光斑尺寸的影响,将出现细微阶梯,从而影响制件的精度。另外在材料冷却凝固过程中伴随着一定的收缩,如果每层激光扫描方向相同,整个面上的收缩方向一致,容易导致成形零件翘曲变形。

综合以上分析,可以得到结论:光栅式扫描实体顶面较平整,填充致密度、平整度较好,但是由于以下原因将导致纯光栅扫描时侧壁质量较差。

(1)LMDF 成形设备性能决定了光栅路径两端的加减速不可避免;在激光功率较强或者激光光闸关闭后,激光能量积累较多,在光闸打开的瞬间具有“首点重”的现象,虽然有些激光器或者控制卡提供了首脉冲抑制功能,但是效果有限,还是影响了扫描轨迹的起点成形质量。这些因素决定了扫描轨迹两端成形质量较差。

(2)当实体零件侧壁为曲面时,阶梯现象较为严重。这是累加成形原理带来的误差,不可避免。

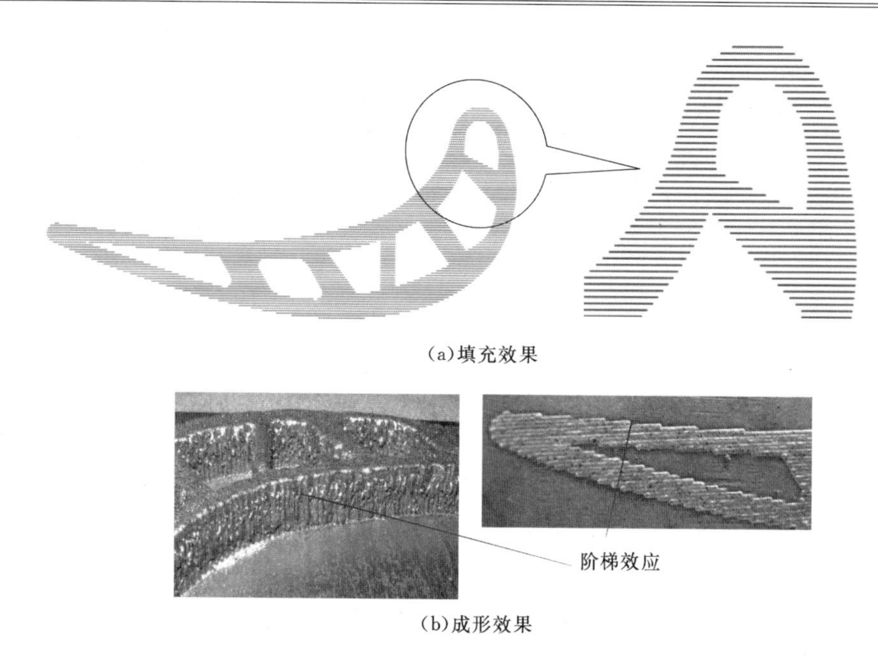

(a)填充效果

(b)成形效果

图 11-4 光栅式扫描路径成形实例

11.2.2 轮廓式扫描路径

轮廓式扫描路径是指扫描路径的形状与设计轮廓相似，实际扫描轨迹由设计轮廓偏置形成。在 LMDF 成形中需要扫描轨迹填充均匀，等距偏置设计轮廓才能满足要求。等距偏置线的生成方法有直接偏置修剪法、Voronoi 法、直骨架(Staight Skeleton,SK)法等。

直接偏置修剪法，需要对交点进行分析，计算量大，难以探测轮廓退化，容易产生自相交。Voronoi 法与 SK 法唯一的不同在于对多边形凹点(reflex vertices)的处理上，Voronoi 法生成的是一个圆弧，而 SK 法生成的仍然是直线段(见图 11-5(a))。

采用 Voronoi 法与 SK 法均可避免繁琐的后处理，而且 SK 法一旦构建完成，对于任意复杂的多边形，包括带孔的多边形，其生成偏置线的算法都是非常简便且可靠的。

CGAL 是一个计算几何算法库，它提供了一些非常方便的数据结构和算法，诸如三角化、Voronoi 图、多边形多面体的布尔操作、曲线编排、网格生成、几何处理、凸包算法等。利用其中的 2D Straight Skeleton and Polygon Off-

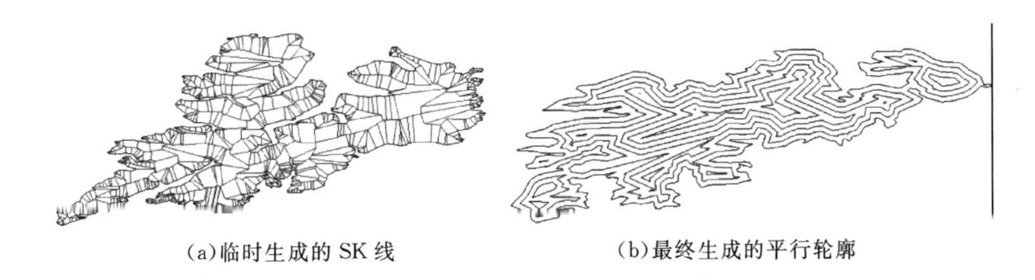

(a)临时生成的 SK 线　(b)最终生成的平行轮廓

图 11-5　SK 法生成偏置轮廓线

setting 算法可以解决 LMDF 成形切片数据中的轮廓偏置问题。图 11-5(b)是利用 SK 法生成的带孔的轮廓偏置线。

将 SK 法应用到 LMDF 成形工艺,操作步骤如下:

(1)构建一个带孔多边形 PolygonWithHoles;

(2)将 PMR 文件中轮廓整理后,外轮廓存入 PolygonWithHoles 的 Outerboundary,孔存入 PolygonWithHoles 的 Holes 数组;

(3)对 PolygonWithHoles 构建 SK 法;

(4)指定偏置距离,生成 Offseted Polygon WithHoles。

LMDF 成形工艺要实现实体区域完全填充,需要进行多次偏置,直到偏置轮廓线填满整个实体区域。当重复上述步骤时,非凸多边形会蜕变为两个或以上的多边形,每次偏置后,需要判断返回的多边形数量,如果和原始多边形数量不一致,则说明发生了蜕变,下一次偏置就要对返回的 N 个多边形分别进行偏置。如此操作,每次都要存储返回的多边形,而且每次返回的多边形之间不好存储。最重要的是,如果对返回的多边形进行偏置,就要重新构建 SK 法,效率会大大降低,因为构造 SK 法是该算法中最耗时的操作。

所以,在 LMDF 成形工艺中进行轮廓式填充,假设以距离 d 偏置 N 道轮廓线,按照以下步骤操作:

(1)对原始轮廓构造 SK 法,偏置计数 $I=0$;

(2)$I=I+1$,设置偏置距离为 $I \cdot d$,对原始轮廓进行偏置;

(3)如果 $I \geqslant N$ 偏置完成,返回;否则重复步骤(2)。

图 11-6、图 11-7 是利用以上算法完成的透平叶片轮廓模型填充效果。

仔细观察光栅式扫描件,可以发现沿着扫描线方向成形面质量较好。如果采用轮廓扫描路径,则所有的侧面都是沿着扫描线方向。轮廓式扫描线连续,激光不会产生空行程,从而不需频繁开关激光,延长了激光器的使用寿命。沿零件轮廓进行激光扫描,扫描路径不断地改变方向,而且扫描线相应变短,由于收缩引起的内应力更分散,减少了翘曲变形的可能。在图 11-8 中

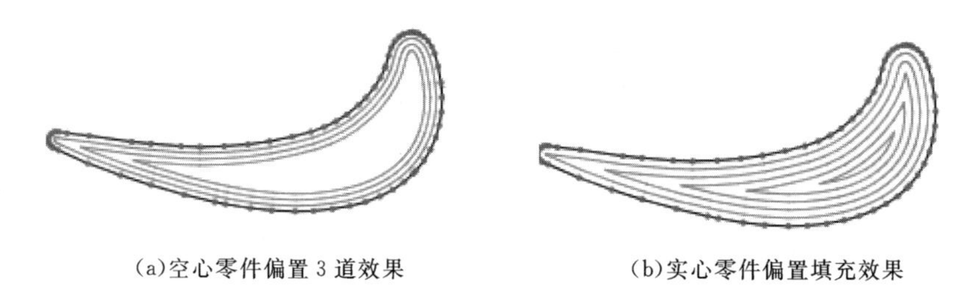

(a)空心零件偏置3道效果　　(b)实心零件偏置填充效果

图11-6　轮廓式扫描路径填充效果

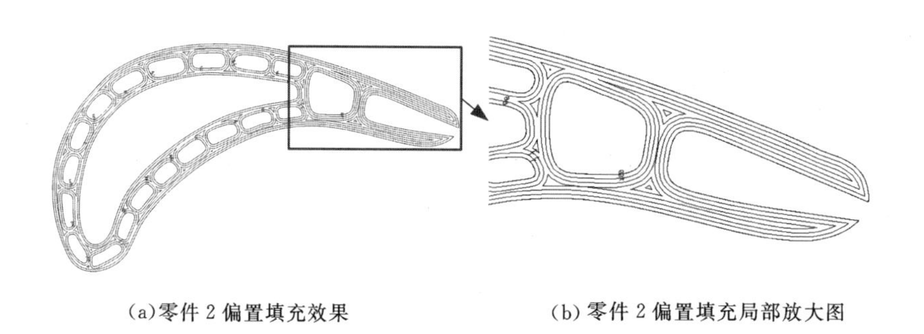

(a)零件2偏置填充效果　　(b)零件2偏置填充局部放大图

图11-7　轮廓式扫描路径填充效果

对零件竖直方向粗糙度测量5次，Ra（μm）分别为17.6、18.6、12.8、14.0、11.8，平均值为14.96 μm。由此可见采用轮廓路径扫描时，透平叶片侧壁成形质量较好。

采用轮廓式扫描路径成形壁厚均匀的零件时，不仅运动连续，扫描效率高，而且侧壁成形质量较好。当壁厚发生变化时，轮廓扫描路径就会出现问题，具体分析如下。

以带孔轮廓为例，设内轮廓和外轮廓之间的距离（即壁厚）为D，轮廓偏置距离为d，当d和D不为整数时，则对它们乘以10的幂，使其成为整数以便分析。

$$\begin{cases} Q = \text{Floor}(\dfrac{D}{d}) \\ R = D \mid d \end{cases}$$

式中：Q是D除以d的商向下取整；R是D除以d的余数。

(a)轮廓扫描件凸面

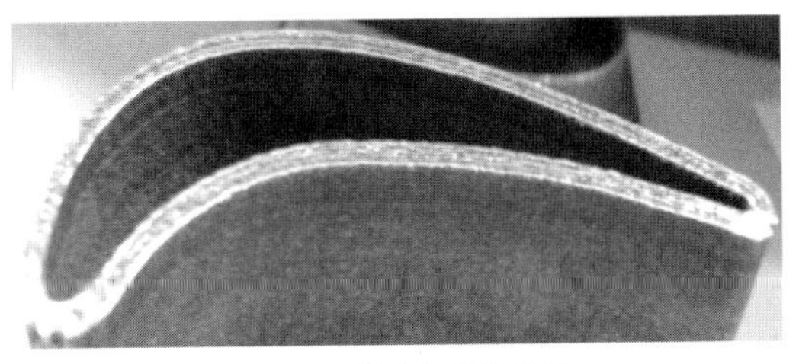

(b)轮廓扫描件凹面

图 11－8　基于轮廓扫描路径成形的均匀壁厚零件

当基于 SK 法生成偏置轮廓时，因为内外轮廓同时向实体部分偏置，所以成形壁厚均匀零件时存在两种情况：在 $R=0$ 情况下，当 Q 为奇数时(理想情况)，轮廓线刚好均匀填充壁厚方向，如图 11－9 中 A 附近；当 Q 为偶数时，在零件中间部位出现一条宽为 $2d$ 的间隙，如图 11－9 中 B 附近。在 $R\neq 0$ 情况下，当 Q 为奇数时，在零件上留下一条宽度为 $R+d$ 的间隙；当 Q 为偶数时，在零件上留下一道宽度为 R 的间隙，当 R 接近 0 时，最后两道轮廓距离非常近，如图 11－9 中 C 所示。

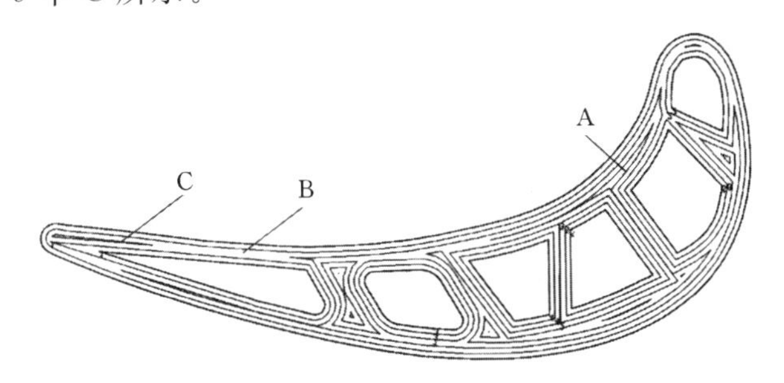

图 11－9　轮廓偏置扫描路径

图 11－10 是基于轮廓扫描路径成形的壁厚不均匀透平叶片样件。由于轮廓偏置算法固有的缺点，叶片壁产生了间隙或过搭接。透平叶片上表面局部产生了缝隙、局部出现了凸起，导致成形过程无法继续。

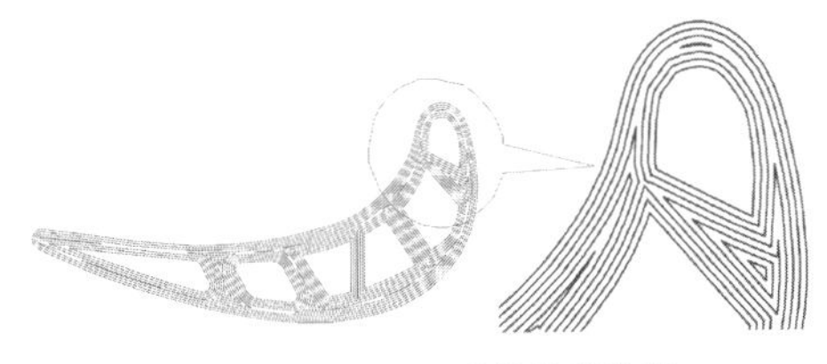

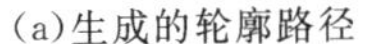

(a)生成的轮廓路径

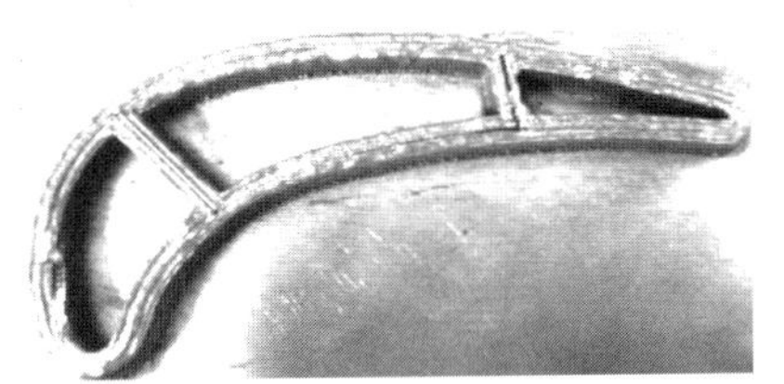

(b)轮廓扫描成形效果

图 11－10　轮廓式填充路径及成形效果

由此可见,轮廓式扫描路径产生的缺陷是由于算法自身原理造成的,如果想解决该问题,需要对算法进行改进,或者通过其他方法消除间隙或过搭接。

11.2.3 混合式扫描路径

混合式扫描路径是在实体边缘采用轮廓扫描路径,在实体内部采用光栅式填充。零件边缘不局限于设计的第一道轮廓。混合式扫描路径算法:先将轮廓偏置指定次数,再获得最后一层轮廓的光栅填充数据。图 11-11 是混合式扫描路径的填充效果。

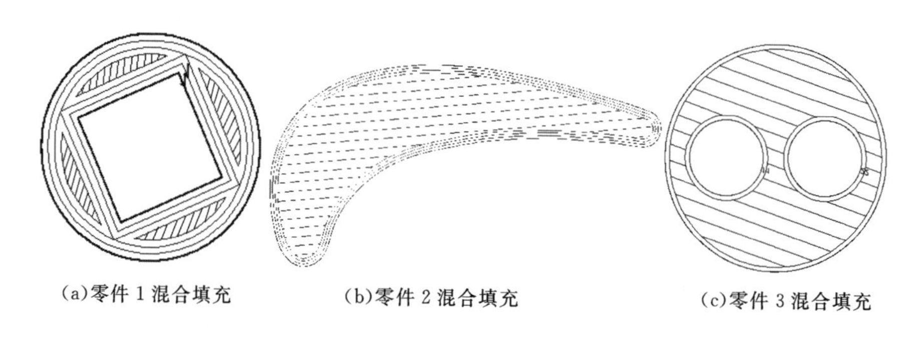

(a)零件 1 混合填充　(b)零件 2 混合填充　(c)零件 3 混合填充

图 11-11 混合式扫描路径填充效果

为了保证零件侧壁质量以及填充致密,可采用混合式扫描路径成形透平叶片,即叶片截面的边缘区域采用轮廓偏置扫描路径,以提高零件侧壁精度,内部通过光栅式填充保证成形叶片致密度。

图 11-12 是基于混合式填充方式的扫描路径及成形效果。图中扫描路径没有对轮廓进行偏置,实验中轮廓可能偏置多道,再采用光栅式扫描路径对剩余区域进行填充。图 11-12(b)零件轮廓边缘没有锯齿现象,而且填充致密。基于混合式扫描路径成形了复杂透平叶片零件(见图 11-13),在图 11-13(a)中透平叶片零件竖直方向随机测量 5 次粗糙度,*Ra* 和 *Rz* 值如表 11-1 所示。

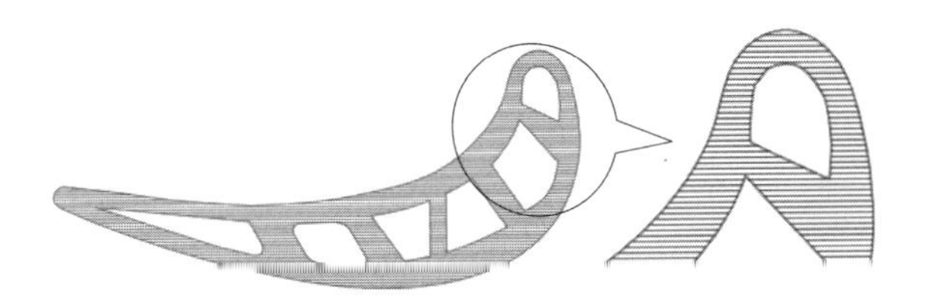

(a)混合路径算法及其局部放大图

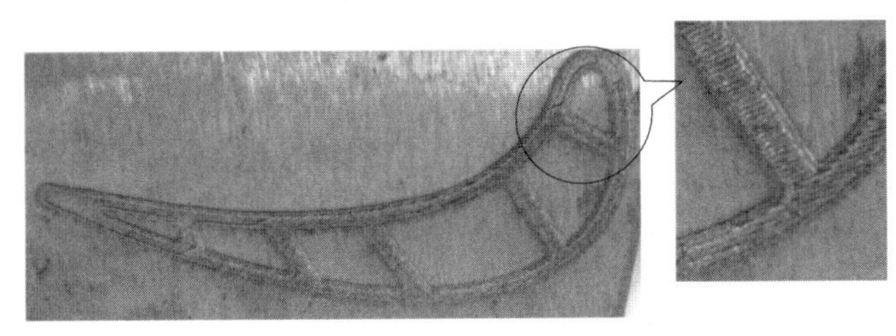

(b)混合路径成形效果及局部放大图(扫描一层)

图 11-12　混合扫描路径及成形实例

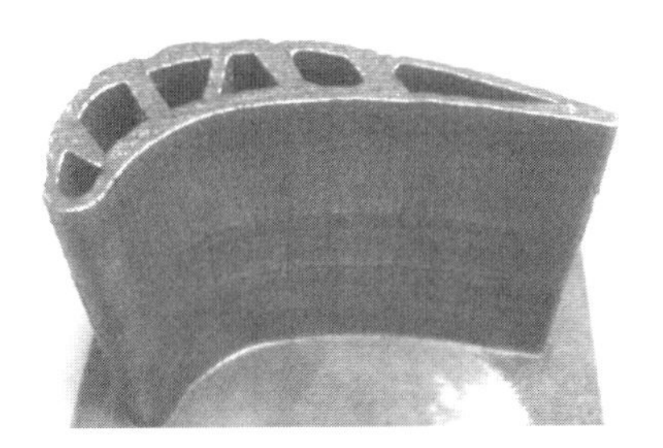

(a)扫描成形件 1

(b)扫描成形件 2

图 11-13　混合扫描路径成形透平叶片样件

表 11-1　实体透平叶片侧壁粗糙度

测量次数	1	2	3	4	5
Ra	9.0	10.2	10.8	9.0	9.4
Rz	53	50	58	48	47

由表 11-1 可知:混合式扫描路径可以保证复杂变壁厚零件成形过程的连续性,也可实现零件上表面的平整性和良好的侧壁成形质量。在激光光斑直径不易改变的情况下,该扫描算法是确保激光金属立体成形质量的必要条件之一。

11.3 透平叶片 LMDF 成形温度场特征

11.3.1 数理模型建立

1. 热源模型

激光光斑的光强呈高斯分布，在激光光斑半径以外光强忽略不计，其能量密度表达式如下：

$$-k\frac{\partial T}{\partial z}=\eta\frac{P}{\pi R^2}\exp(\frac{-2r^2}{R^2})\cdots,r\leqslant R \tag{11-1}$$

式中：k 为导热系数；η 为激光利用率；P 为激光功率；R 为激光光斑半径；r 为光斑内部点到光斑中心的距离。

2. 材料的热物性参数

材料的热物性参数准确与否对成形过程计算结果的准确性有重要影响。一般来说，金属材料的热物性参数是关于温度的函数，并不是一个定值[3]，且材料的热物性参数常常是非线性的，获得材料的热物性参数比较困难，尤其是在高温段范围内。本章中基板和粉末均采用 316L 不锈钢，其热物性参数主要是通过文献来获取的[4]，如表 11-2 所示。

表 11-2 316L 不锈钢热物性参数

温度 T/ ℃	比热 C/J·kg·℃$^{-1}$	热传导率 k / W·m·℃$^{-1}$	密度 ρ/1.0×10^3 kg·m^{-3}
20	477	12.6	8
100	496	14.7	8
200	515	16.3	8
300	525	18.0	8
400	550	19.8	8
500	577	20.8	8
600	582	22.6	8
700	611	23.9	8
800	640	25.5	8

续表 11－2

温度 T/ ℃	比热 C/J·kg·℃$^{-1}$	热传导率 k / W·m·℃$^{-1}$	密度 ρ/1.0×10^{3} kg·m^{-3}
900	669	26.4	8
1000	675	27.5	8
1100	711	28.6	8
1200	739	29.7	8
1430	760	31.7	8
2000	812	42	8

3. 边界条件

对流是堆积层表面与其周围流体之间基于温差而形成的热量交换，对流换热分为自然对流与强制对流。在实验中，基材表面与周围空气间的换热属于自然对流，而基板下部通过冷却水传热属于强制冷却，可以在模拟中通过设定对流系数大小来实现。

辐射是指物体本身发射电磁能，并被其它物体吸收转变为热量的交换过程。物体自身的温度越高，则单位时间内辐射的热量越多。热传导和热对流在传递热量过程中均需要传热介质，而热辐射无须任何传热介质。在工程中通常考虑两个或两个以上物体之间的热辐射，系统中每个物体既向外辐射能量又吸收热量。它们之间的热量传递可以利用斯蒂芬-玻尔兹曼方程来求解。

在堆积起始阶段基材温度对数值模拟计算结果有重要影响，在模型中通过设置起始温度作为热传导方程求解的起始条件。

金属粉末在加热过程中会出现由固态向液态转变的过程，即相变问题，伴随吸收或释放一定的热量，在一定程度上会影响熔池的冷却时间和凝固后的微观组织。为了考虑相变潜热对计算结果的影响，在 ANSYS 中通过定义不同温度下的焓值来考虑，其表达式为[5]：

$$\Delta H(T) = \int_0^T \rho c(t)\mathrm{d}t \qquad (11-2)$$

式中：H 为热焓值，J·m^{-3}；ρ 为材料密度，kg·m^{-3}；c 为材料比热，J·kg^{-1}·K^{-1}。

4. 模型及网格划分

基于 APDL 编程进行模拟过程计算。建立有限元模型及网格划分如图 11－14所示。堆积层模型采用 ANSYS 中的 Solid70 三维 8 节点对实体单元进行网格划分，堆积层的单元尺寸为 0.5 mm×0.5 mm×0.2 mm；基材尺寸为

100 mm×75 mm×4 mm，采用 ANSYS 的自由网格划分。堆积扫描路径为 Z 字型。由于基板及堆积层表面存在热对流，在其表层运用了 SURF152 单元。

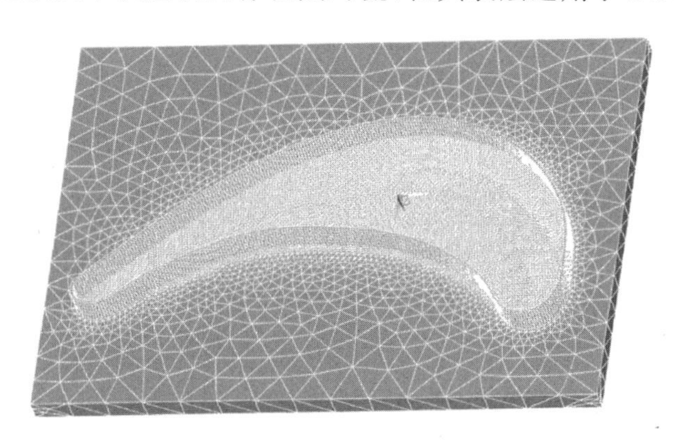

图 11-14 有限元模型及网格划分

11.3.2 模拟结果分析

计算所采用基本的工艺参数为：激光功率 $P = 250$ W，扫描速度 $v = 6\ mm \cdot s^{-1}$，光斑直径 $D = 0.5$ mm，材料对激光的利用率取 $\eta = 0.35$[6]。扫描第一层熔池温度随累加时间的变化趋势如图 11-15 所示。

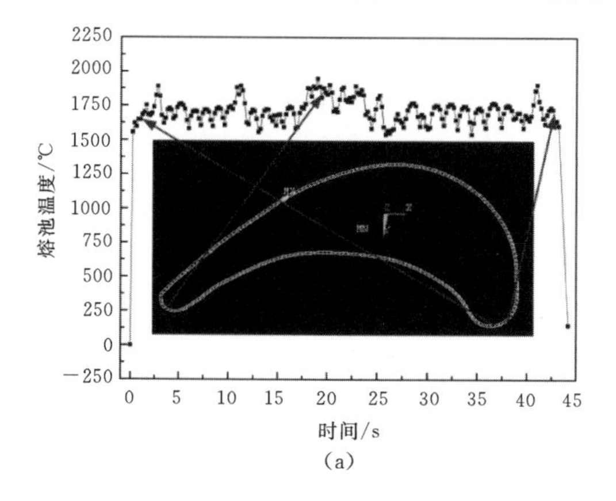

(a)

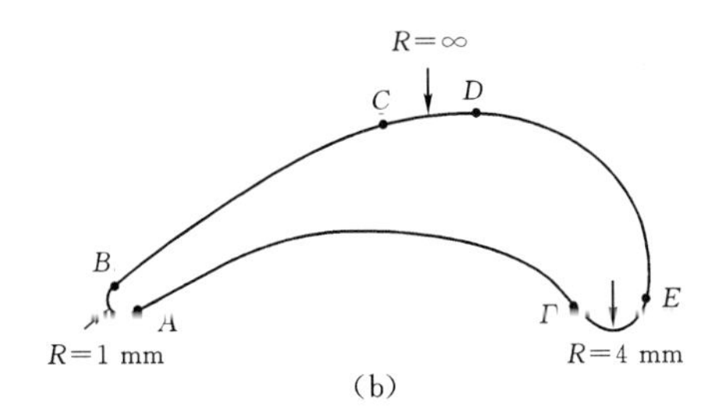

(b)

图 11 - 15　熔池温度随累加时间的变化

由图 11 - 15 可知，随累加时间的变化，熔池温度存在波动。在曲率变化较大部位（*AB* 段和 *EF* 段）和接近直线段内（*CD* 段）取平均值，得出 *AB* 段内熔池平均温度为 1867.8 ℃，*CD* 段内平均温度为 1568.3 ℃，温度差达到 299.5 ℃。由于曲率变化，造成熔池温度相差较大，能量分布不平衡，在曲率变化较大处能量累加，导致拐角严重塌陷。将熔池温度随曲率变化的这种现象，称之为“曲率效应”。

而塌陷产生的机理可由进入熔池的能量进行解释。激光能量密度可由式（11 - 3）进行计算：

$$E = \frac{P}{Dv} \tag{11-3}$$

式中：E 为激光能量密度，$J \cdot mm^{-2}$；P 为激光功率，W；D 为激光光斑直径，mm；v 为扫描速度，$mm \cdot s^{-1}$。

透平叶片拐角处塌陷现象与 CNC 工作台在曲率变化较大处直线插补的加速及减速密切相关。当激光扫描到拐角区域时，由于扫描方向的改变造成扫描速度的减速和加速，曲率越大，需要插补直线段的数量越多，进而在插补线段内激光扫描速度的平均速度越小，因此由式（11 - 3）计算所得曲率变化较大处激光能量密度将高于曲率变化小的部位（接近直线段部分），进而导致曲率变化较大处熔池温度也大于曲率变化较小位置熔池温度。当 LMDF 工艺采用过低的能量密度时，在零件的曲率变化较大位置（即拐角处）所堆积的高度会高于曲率变化较小位置高度，从而在拐角处产生凸起现象。反之，如果采用过高的能量密度时，则在拐角处发生塌陷现象。因此，本章提出在拐角处降低激光功率的方法以防止由能量密度过高而导致缺陷的出现。

下面基于有限元分析研究曲率的变化对熔池温度的影响规律，查明在熔池温度稳定条件下激光功率随曲率的变化趋势。

为了查明曲率变化对熔池温度场的影响规律，基于数值模拟的方法对薄壁圆环零件堆积过程进行分析，以获得熔池温度随不同曲率的变化趋势，进而获得在保持熔池温度稳定的条件下激光功率随圆环曲率的变化规律。由于轮廓曲率与轮廓圆弧半径成反比关系，在计算中轮廓曲率变化是通过变化轮廓圆弧半径来实现的。选择薄壁圆环半径范围有：$R=1$ mm，$R=2$ mm，$R=3$ mm，$R=4$ mm，$R=5$ mm，$R=6$ mm，$R=8$ mm，$R=10$ mm，$R=15$ mm 和 $R=\infty$（即薄壁件）。

变曲率的有限元模型及网格划分如图 11-16 所示。

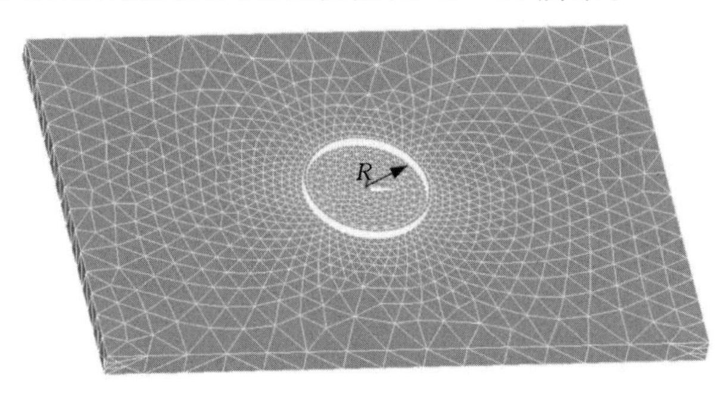

图 11-16　有限元模型及网格划分

在计算结果中由于每一层不同载荷步计算的熔池温度随累加时间存在波动，所以将计算出这一层各步随时间变化的熔池温度值全部提取出来，之后求取这一层熔池温度值的平均值作为这一层熔池温度值。图 11-17 及图 11-18 为当轮廓圆弧半径 $R=1$ mm 及 $R=4$ mm 时，所提取的某一步所对应的熔池温度场分布云图。将不同圆弧半径计算出的熔池温度场进行数据处理，找出熔池温度随圆弧半径的变化趋势如图 11-19 (a)所示。

由图 11-19 (a)可知，随轮廓圆弧半径增大，熔池温度逐渐降低。当轮廓圆弧半径 $R>4$ mm 时，熔池温度随轮廓圆弧半径变化趋于平缓，可认为当透平叶片轮廓半径 $R>4$ mm 时，对熔池温度场分布影响不大。同理，以薄壁件第一层熔池温度 1570 ℃为评价指标，在堆积不同圆弧半径时调整激光功率以保持熔池温度的恒定，获得激光功率随轮廓圆弧半径的变化趋势如图 11-19 (b)所示。

对计算的熔池温度随圆弧半径 R 的变化趋势进行指数拟合，可得熔池温度随圆弧半径的变化趋势如下：

$$T=303.18\exp(-\frac{R}{2.36})+1578.06 \tag{11-4}$$

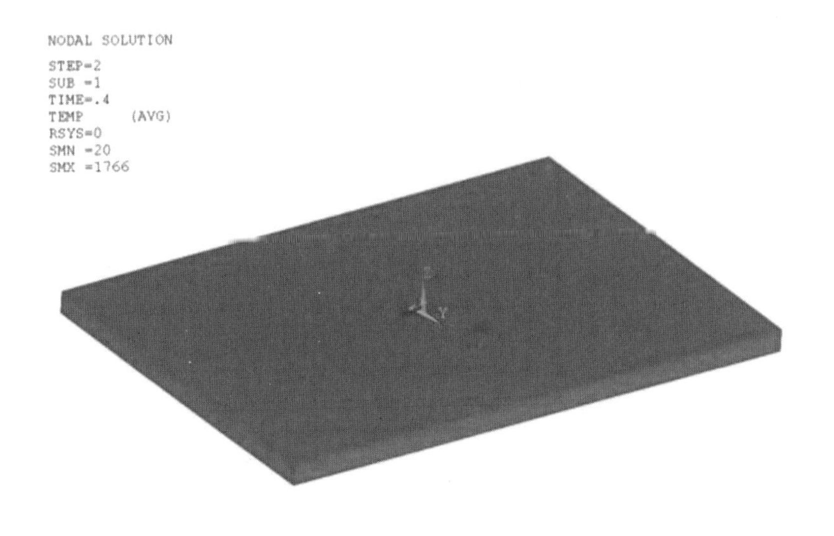

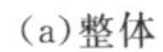
(a)整体

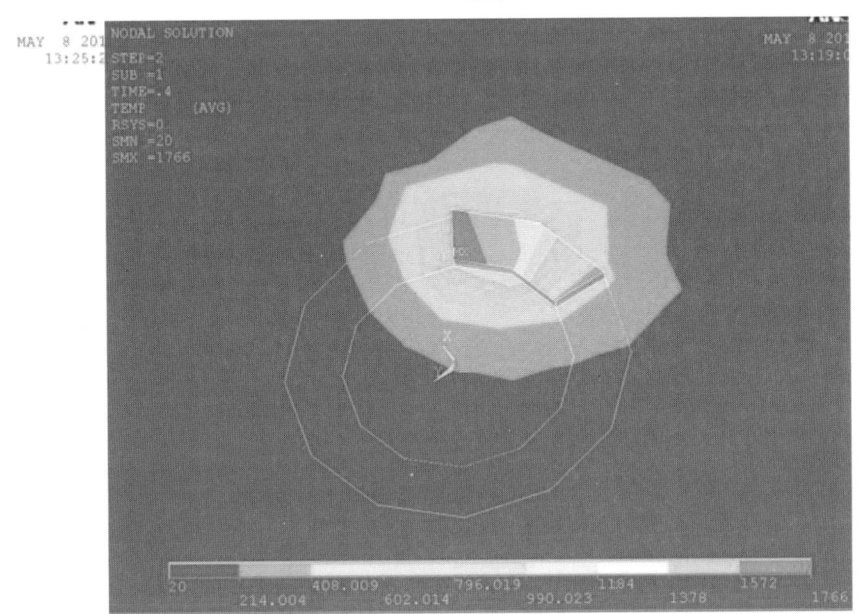

(b)局部

图 11-17　圆弧半径为 1 mm 某一步熔池温度场分布规律

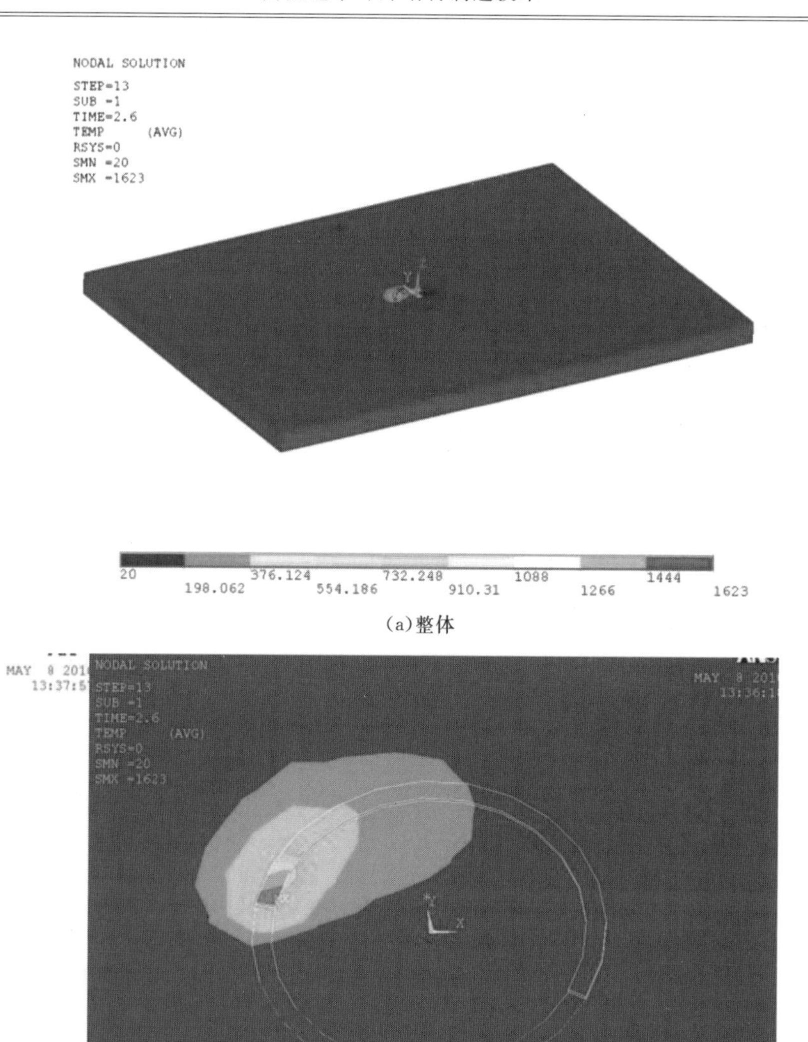

(a)整体

(b)局部

图 11-18 圆弧半径为 4 mm 某一步熔池温度场分布规律

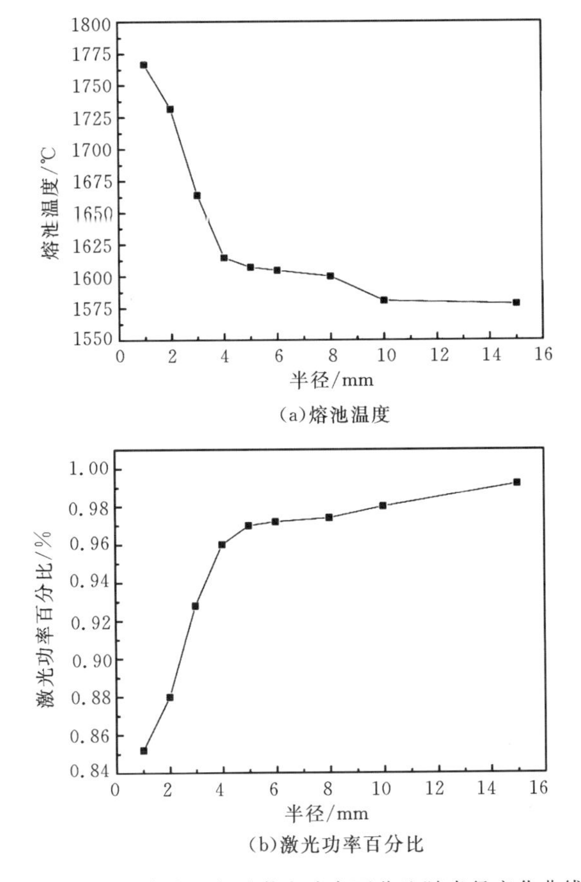

(a)熔池温度

(b)激光功率百分比

图11-19　熔池温度及激光功率百分比随半径变化曲线

依据圆弧半径 R 与曲率 k 的倒数关系，熔池温度随轮廓曲率的变化趋势满足如下关系：

$$T = -284.81\exp\left(-\frac{k}{0.52}\right) + 1815.60 \tag{11-5}$$

同理，对激光功率 P 随轮廓圆弧半径 R 的变化趋势进行指数拟合，可得激光功率随圆弧半径的变化趋势如下：

$$P = -0.22\exp\left(-\frac{R}{2.30}\right) + 0.99 \tag{11-6}$$

并依据圆弧半径 R 与曲率 k 的倒数关系，获得激光功率随轮廓曲率的变化趋势如下：

$$P = 0.21\exp\left(-\frac{k}{0.58}\right) + 0.81 \tag{11-7}$$

由式(11－7)可知,在保持熔池温度稳定条件下,激光功率随轮廓曲率呈降低趋势。设激光功率随轮廓曲率变化百分比为 β,在保持熔池温度稳定的前提下,可知任意曲率处激光功率满足:$P\cdot\beta$。

针对曲率变化较大特征的零件,在保持熔池温度稳定条件下,设第一层激光功率为 P,激光功率随累加层数的降低百分比为 α,随轮廓曲率降低百分比为 β,则可得任意层及任意曲率处激光功率为:$P\cdot\alpha\cdot\beta$。

11.3.3 实验验证

1. 实验方法

为验证激光功率随累加层数及曲率变化规律的正确性,分别采用两种激光功率进行薄壁透平叶片(见图 11－20)的成形实验:一种是激光功率恒定,另一种是激光功率随堆积层数及轮廓曲率变化。激光功率的变化通过数控系统编程来实现。由于薄壁透平叶片曲率的复杂性,采取近似处理的方法,仅在两个拐角处 $R=1$ mm(AB 段)及 $R=4$ mm(EF 段)处依据曲率变化降低激光功率,其他部位近似为薄壁件。共累加 15 层,其它工艺参数如表 11－3 所示。实验前,将金属粉末进行烘干以去除水分,基板经过砂纸打磨后再经乙醇、丙酮清洗以去除油脂与污渍。实验后取拐角 $R=4$ mm 处截面,经过线切割机切割制成试样,经砂纸打磨及丙酮清洗,后进行金相腐蚀,将试样放在 Hitachi S－3000N 扫描电镜下观察及测量横截面的壁厚。

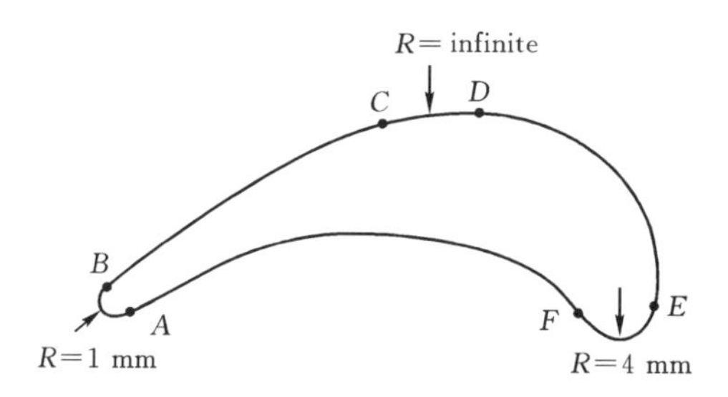

图 11－20 薄壁透平叶片轮廓示意图

表 11－3 实验工艺参数

初始激光功率 P/W	扫描速度 v/mm·s^{-1}	光斑直径 D/mm	粉末离焦量 Z_p /mm	送粉量 M_p/ g·min^{-1}	载气流量 q/L·min^{-1}
250	6	0.48	－1	8.8	8

2. 实验结果

在激光功率恒定及激光功率变化(随层数及两个拐角处变激光功率)两种条件下,堆积的薄壁透平叶片样件在 $R=4$ mm 处横截面分别如图 11-21 及图 11-22 所示。

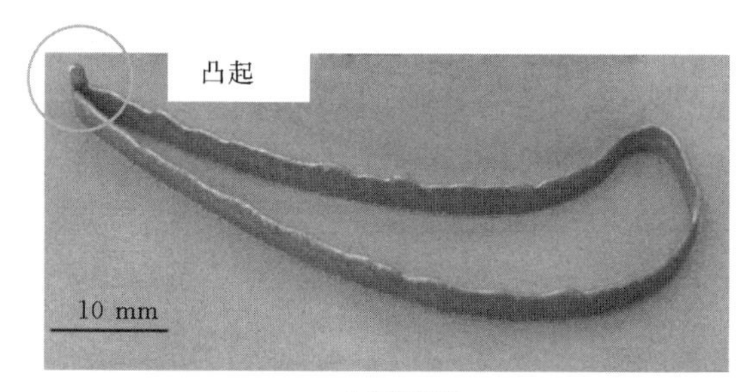

(a)薄壁件

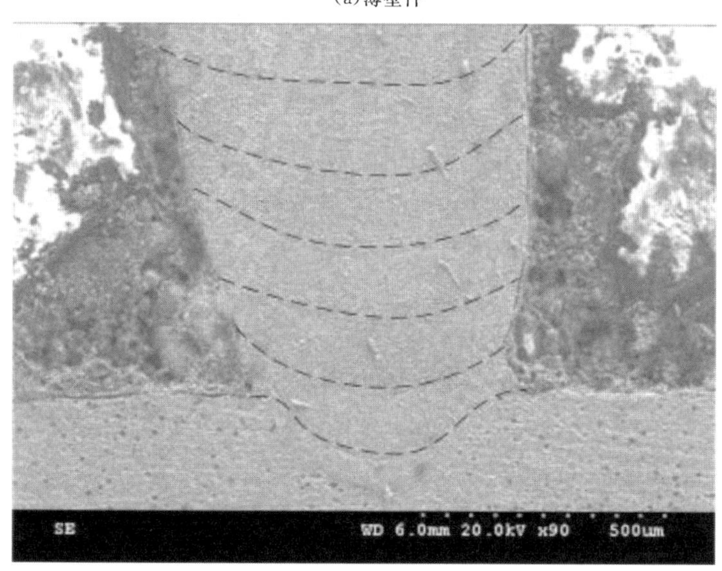

(b)横截面

图 11-21　功率恒定时堆积的薄壁件及其横截面

由图 11-21 可知,在激光功率恒定的条件下,熔池温度随累加层数分布不均匀,呈现"上粗下细"的现象,造成壁厚不均,原因与前述部分相同,且在轮廓拐角圆弧半径 $R=1$ mm 处出现明显的凸起,主要原因是在堆积拐角处时扫描方向改变,扫描速度降低,造成能量密度过大,进而导致凸起现象。为了提高薄壁透平叶片壁厚的成形质量,采用计算出的激光功率随累加层数及曲率变化规律进行实验,所堆积薄壁件的横截面壁厚相对均匀,且拐角处没

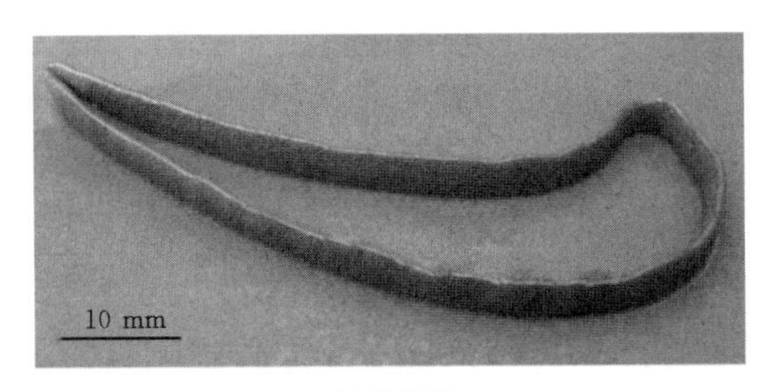

(a)薄壁件

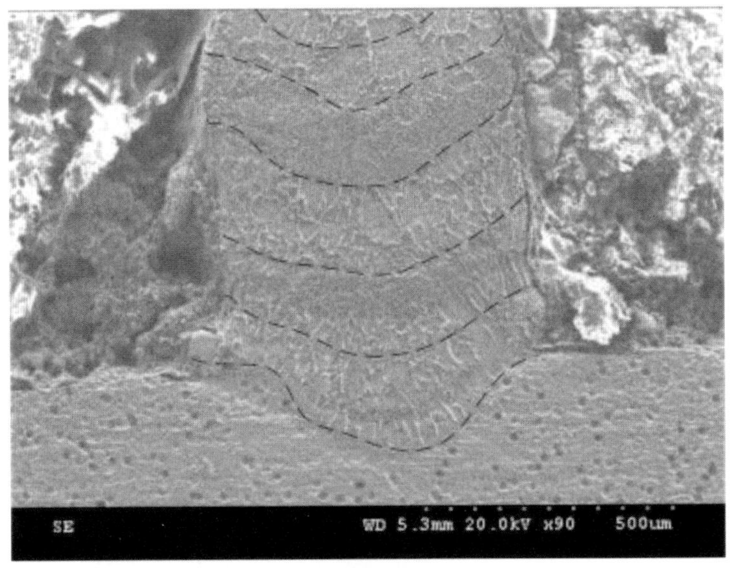

(b)横截面

图 11-22 降功率时堆积的薄壁件及其横截面

有出现凸起,达到了提高成形质量的目的。

为了进一步对壁厚随累积层数的变化趋势进行量化,分别在如图 11-20 所示三个位置(R=1 mm,R=4 mm 与 R= infinite(∞)),制备试样以查明横截面壁厚随累加层数的变化趋势,横截面的壁厚测量结果如图 11-23 所示。

从图 11-23 可知,在激光功率恒定条件下,随累加层数及轮廓曲率的增大,壁厚增大到某一值后逐渐趋于稳定;在变激光功率条件下,壁厚相对较为均匀,提高了壁厚的成形精度,由此表明计算结果的正确性。但是随累加层数增加,壁厚有降低的趋势,说明计算结果有一定的误差性。

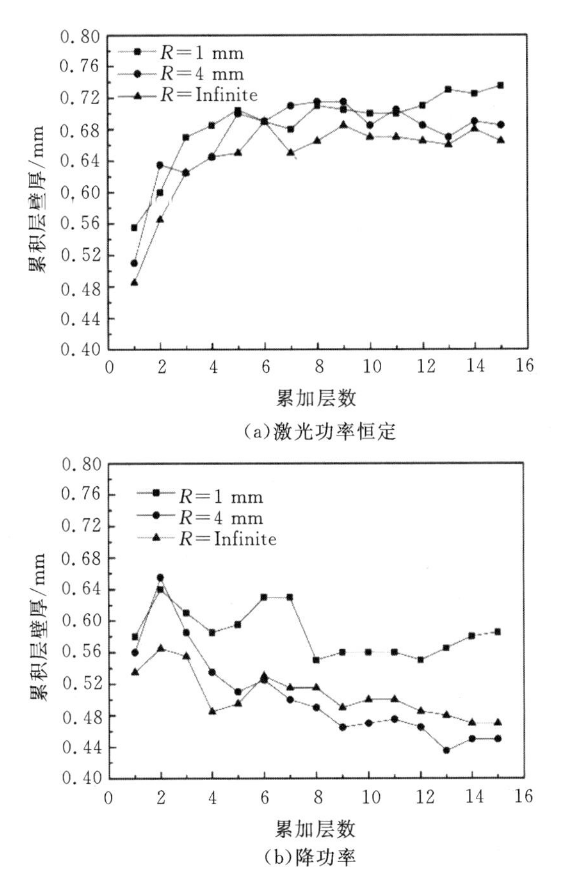

图 11-23　薄壁件累加层壁厚随累加层数的变化曲线

11.4　透平叶片制造

11.4.1　单层壁空心透平叶片

针对三维零件扫描路径，国内外均进行了大量的探索[7-9]，具有代表性的有美国 Los Alamos 国家实验室 Milewski JO[10] 等人针对 LMDF 工艺的填充路径，从算法上分别采用平行线填充路径、轮廓填充路径和螺旋形填充路径以对堆积零件的成形精度进行对比研究，结果表明：采用混合填充路径，能够成形组织致密无孔洞的样件。

基于逐层和拐角处降激光功率的方法，采用“轮廓＋填充”算法和轮廓扫描速度小于填充扫描速度的混合扫描路径,成形了单层壁空心透平叶片。设定轮廓扫描速度为 8 mm·s^{-1} ,填充扫描速度为 10 mm·s^{-1} ,其他工艺参数如表 11-4 所示,共堆积 650 层,初始激光功率设定为 270 W,所堆积的透平叶片样件如图 11-24 所示。

表 11-4 基本工艺参数

送粉量 M_p/g·min^{-1}	载气流量 q/L·min^{-1}	粉末离焦量 Z_p /mm	z 轴增量 Δz/mm	填充间距 C/mm
7.8	8	−3	0.15	0.4

图 11-24 单层壁空心透平叶片

由图 11-24 可知,通过逐层及曲率降功率方法有效改善了透平叶片拐角处的成形质量,通过轮廓变扫描速度策略能够有效地解决侧壁塌陷的问题。采用型号 Taylor Hobson SURTRONIC 25 粗糙度仪对实体空心透平叶片的侧壁进行测量,测量方向与 z 轴方向平行,任意选择五个部位,每个部位测量数据 5 次,获得实体零件侧壁粗糙度平均值 $Ra = 10.04\ \mu m$ 。

11.4.2 双层壁空心透平叶片

基于表 11-4 工艺参数,成形的双层壁空心透平叶片样件如图 11-25 所示,叶片成形质量良好,拐角处无粘粉及塌陷现象。采用同样的方法在透平叶片的五个部位进行测量,获得实体零件侧壁粗糙度平均值 $Ra = 9.8\ \mu m$ 。

图 11 - 25　双层壁空心透平叶片

11.5　本章小结

本章针对空心透平叶片自身的轮廓曲率变化对成形质量的影响展开了研究，得出以下主要结论。

(1)研究了透平叶片轮廓曲率变化对熔池温度场的影响规律，发现在成形过程中熔池温度存在明显的曲率效应。透平叶片轮廓曲率变化较大部位的平均温度高于曲率变化最小部位 300 ℃。由于能量分布不平衡，在曲率变化较大处易造成能量累积，出现凸起或坍塌等缺陷。

(2)通过数值模拟系统研究了熔池温度场随圆环半径的变化趋势，获得熔池温度与圆环曲率的关系：$T = -284.81\exp(-\frac{k}{0.52}) + 1815.60$ 。由此表明：透平叶片曲率越大，熔池温度越高。

(3)获得在保持熔池温度稳定的条件下激光功率随曲率的变化趋势：$P = 0.21\exp(-\frac{k}{0.58}) + 0.81$ 。基于激光功率随累加层数的变化，在保持熔池温度稳定条件下，获得激光功率随累加层数及曲率的变化趋势。

(4)基于“先轮廓后填充”扫描路径、轮廓扫描速度小于填充扫描速度、随成形层数及曲率变功率的工艺措施，能够实现单层壁及双层壁空心透平叶片的制造。

参考文献

[1]Bi G J, Gasser A, Wissenbach K, et al. Characterization of the process control for the direct laser metallic powder deposition[J]. Surface & Coatings Technology, 2006, 201 (6): 2676 - 2683.

[2]Bi G J, Schurmann B, Gasser A, et al. Development and qualification of a novel laser-cladding head with integrated sensors[J]. International Journal of Machine Tools & Manufacture, 2007, 47 (3 - 4): 555 - 561.

[3]郭华锋，周建忠，胡增荣. 金属粉末激光烧结温度场的三维有限元模拟[J]. 工具技术，2006，40(11):13 - 18.

[4]Jiang W, Yahiaoui K, Hall F R. Finite element predictions of temperature distributions in a multipass welded piping branch junction[J]. Journal of Pressure Vessel Technology-Transactions of the Asme, 2005, 127 (1): 7 - 12.

[5]张朝辉. ANSYS 热分析教程与实例解析[M]. 北京：中国铁道出版社，2007.

[6]Mazumder J, Dutta D, Kikuchi N, et al. Closed loop direct metal deposition: art to part[J]. Optics and Lasers in Engineering, 2000, 34 (4 - 6): 397 - 414.

[7]尚晓峰，刘伟军，王天然，等. 金属粉末激光成形扫描方式[J]. 机械工程学报，2005，41(7):99 - 102.

[8]Kulkarni P, Dutta D. Deposition strategies and resulting part stiffnesses in fused deposition modeling[J]. Journal of Manufacturing Science and Engineering-Transactions of the Asme, 1999, 121 (1): 93 - 103.

[9]Kim D S. Polygon offsetting using a Voronoi diagram and two stacks[J]. Computer-Aided Design, 1998, 30 (14): 1069 - 1076.

[10]Milewski J O, Dickerson P G, Nemec R B, et al. Application of a manufacturing model for the optimization of additive processing of Inconel alloy 690[J]. Journal of Materials Processing Technology, 1999, 91 (1 - 3): 18 - 28.

索 引